Die Autoren
widmen dieses Buch
ihren Familien,
die mit großer Geduld
dem Entstehen
dieses Werkes
zugeschaut haben.

Umschlagfotos:
Titel und Rücken: Der Bohrschwamm *Cliona delitrix* - Hans A. Baensch
Rückseite: o. l. Lederkoralle *Alcyonium palmatum* - Dr. Harry Erhardt
o. r. Schwamm *Latrunculia magnifica* - Dr. Harry Erhardt
u. l. Nacktschnecke *Hexabranchus sanguineus* - Norbert Wu

CIP-Kurztitelaufnahme der Deutschen Bibliothek

Erhardt, Harry; Moosleitner, Horst
MEERWASSER ATLAS Band 2: Wirbellose Tiere von H. Erhardt;
H. Moosleitner. - 1. Auflage 1995 -
Melle: Mergus, 1995.
ISBN 3-88244-021-X

NE: Patzner, Robert A.: [Mitverf.]

Satz: MERGUS®-Verlag GmbH, Melle
Lithos: Mergus Lithoart, Singapur
Druck: MERGUS PRESS, Singapur
Redaktion: Dr. Harry Erhardt
Herausgeber: Hans A. Baensch

Printed in Singapore

Dr. Harry Erhardt Dr. Horst Moosleitner

MEERWASSER ATLAS

Band 2
Wirbellose Tiere

unter Mitarbeit von:
Dr. Robert A. Patzner

MERGUS®
Verlag GmbH für Natur- und Heimtierkunde
Hans A. Baensch - Melle - Germany

Vorwort

Das Interesse an wirbellosen Tieren hat in den letzten 10 Jahren sowohl bei Tauchern als auch insbesondere bei Aquarianern stark zugenommen. Im Band 1 des Meerwasser Atlas haben wir uns ausschließlich mit Anemonen (Blumentieren) und Krebsen (Zehnfüßer) befaßt.
Im vorliegenden Band 2 werden nun viele anderen Tiergruppen (Klassen, Ordnungen) vorgestellt. Es kann nur ein kleiner Teil, selbst in einem 1.000-Seiten-Buch, dargestellt werden. Es gibt etwa 1.000 Anemonenarten und ca. 10.000 Krebstierarten. Man wird sie niemals bildmäßig ganz erfassen können. Die Auswahl der Tiere für diesen Band erfolgte ganz eindeutig nach den Kriterien der Häufigkeit der Tiere, den Tauchtiefen, die auch Tauchanfänger (bis 40 m) erreichen können, und nicht zuletzt nach den Möglichkeiten, einen Großteil der Tiere auch im Aquarium halten zu können. Aus jeder Tierklasse haben wir einige markante Beispiele ausgesucht, um dem meeresbiologisch Interessierten einen Überblick von der Vielfalt der Meerestiere zu geben.
Noch kein Buch über "niedere Tiere" - also Wirbellose - hat sich so ausführlich im Hinblick auf die Pflege mit diesen Naturschönheiten befaßt.
Mit 1.000 Farbbildern und einer ausführlichen Textinformation bekommt der Leser einen Einblick in die Vielfalt der Meerestiere, wie sie ihm so leicht in einem Buch nicht wieder geboten wird.

Die folgenden Bände des Meerwasser Atlas werden sich ausschließlich mit Fischen befassen - mit solchen Fischfamilien, die noch nicht in Band 1 vorgestellt wurden.

Die Zuordnung von Arten innerhalb der einzelnen Tierfamilien war nicht immer ganz einfach.
Namhafte, spezialisierte Wissenschaftler aus aller Welt haben daran mitgewirkt. Oft ist der Artstatus, zumindest nach Fotos, nicht festzulegen. Wir mußten in diesen Fällen bei der Artangabe auf "species" zurückgreifen, zumal viele Meerestiere bisher wissenschaftlich noch nicht bekannt sind oder bisher nicht beschrieben wurden.
Zunehmend setzt sich aber auch bei den Wissenschaftlern der Trend zum Tauchen fort. Die Tiere wurden am natürlichen Fundort

fotografiert, dann eingesammelt und bestimmt bzw. neu beschrieben.
Es wird noch Jahrzehnte dauern, bis auch nur ein Bruchteil der Tiere exakt anhand von Fotos nachbestimmt werden kann. Erschwerend kommt hinzu, daß die einzelnen Arten je nach Vorkommensgebiet und Umwelt die verschiedensten Farb- und Formbildungen aufweisen. Es bleibt zu hoffen, daß uns die Meere mit ihren Millionen Naturschönheiten erhalten bleiben. Als Taucher und Aquarianer sollten wir alles daransetzen, unseren Beitrag dazu zu leisten.
Die Nachzucht von Tieren in Meeresanlagen und im Aquarium wird noch weitere Fortschritte machen. Dafür gibt es Lichtblicke (Tridacna), Krebstiere, Austern, Miesmuscheln etc. Die Verschmutzung der Meere durch Industrie- und Flußabwässer ist jedoch so deutlich, daß man davon spricht, in ca. 20 Jahren gäbe es keine Korallenriffe mehr. Alle Ozeane der Erde stehen miteinander in Verbindung. Durch Strömungen werden chemikalische Verunreinigungen (Schwermetalle, Phosphate etc.) selbst in die entlegensten Winkel der Weltmeere getragen. Diese Vergiftung kann selbst die reinigende Urkraft der Meere auf Dauer nicht mehr bewältigen.

Melle, im Januar 1995

Danksagung

Unser Dank gilt vielen Meeres-Aquarianern und Unterwasserfotografen, die dem Aufruf gefolgt waren, bei der Realisierung des Meerwasser Atlas Band 2 mitzuwirken. Sie haben uns ihre Bilder zur Ansicht und ihre Beiträge zur kritischen Durchsicht zugeschickt. Diejenigen von ihnen, die über das übliche Maß hinaus mitgearbeitet haben, stellen ihre Beiträge persönlich in diesem Band vor.
Bei der großen Anzahl der zu bearbeitenden Tierstämme war es notwendig, weltweit Spezialisten zu gewinnen, ohne deren Sachkenntnis und fachliche Kompetenz die Bestimmung der zahlreichen Arten nie möglich gewesen wäre. Sie haben uns uneigennützig geholfen und ihnen gilt unser spezieller Dank.
Heute ist kein Mensch mehr in der Lage, die Vielfalt der Wirbellosen Tiere zu überschauen. Zu viel ist in den letzten Jahrzehnten zusammengetragen worden. Zudem ist es in den meisten Fällen sehr problematisch, wenn nicht sogar unmöglich, eine Artbestimmung anhand von Diapositiven vorzunehmen. Gerade bei den Schwämmen, den Weich- und Hornkorallen wird eine eindeutige Determinierung normalerweise anhand von Skelettmaterial vorgenommen, was in den meisten Fällen nicht vorlag und auch nicht beschafft werden konnte. Das gilt aber auch für die Hydroiden, die Moostierchen, die Meeresborstenwürmer, die Haar- und Schlangensterne und auch für die Manteltiere, die nur dann eindeutig bestimmt werden können, wenn ein betreffendes Exemplar dem Taxonomen vorliegt. So konnten viele der herrlichen Unterwasseraufnahmen von Wirbellosen Tieren nicht in den Meerwasser Atlas Band 2 aufgenommen werden, da selbst die anerkanntesten Spezialisten die abgebildeten Tiere aus den geschilderten Gründen nicht bestimmen konnten.
Dennoch, so hoffen wir, ist es uns gelungen, viele bekannte Arten zusammenzutragen, um diesen Band als einzigartiges Nachschlagewerk benutzen zu können. Wir wissen, daß wir bei der großen Artenvielfalt der Wirbellosen Tiere nur ein Stückwerk liefern, denn viele hundert Bände müßten gefüllt werden, um das zu beschreiben, was an Wirbellosen Tieren bis heute taxonomisch erfaßt ist.
Wir haben dieses Werk nicht ausschließlich für Meerwasser-Aquarianer konzipiert, obwohl viele der vorgestellten Arten bereits seit Jahren Pfleglinge in Meerwasser-Aquarien sind. Es ist vielmehr

unser Anliegen, einen breiteren Interessentenkreis zu gewinnen, der sich aus Schnorchlern, Tauchern, Biologen, Studenten, Unterwasserfotografen, Wissenschaftlern und allen anderen Interessierten zusammensetzt. Sie können aus der Vielfalt der Informationen das herauslesen, was sie besonders interessiert und somit einen tieferen Einblick in die Vielfalt der Arten, Formen und Lebensweisen der Wirbellosen Tiere gewinnen.

Wir danken folgenden Wissenschaftlern ganz herzlich für Ihre Mitarbeit:

Dr. J. Godeaux (Salpen)
Dr. Manfred Grashoff (Octocorallia)
Dr. Csesa Hartmann-Schröder (Polychaeta)
Dr. John N. A. Hopper (Porifera)
Prof. Dr. Donald E. Keith (Octocorallia)
Dr. Loisette Marsh (Asteroidea)
Prof. Dr. Hans-Jörg Marthy (Mollusca-Cephlaopoda)
Prof. Dr. David L. Meyer (Crinoidea)
Dr. Claude Monniot (Tunicata)
Dr. Rich Mooi (Echinoidea)
Dr. Leslie Newman (Plathelminthes)
Dr. Leer von Ofwegen (Octocorallia)
Dr. Frank W. E. Rowe (Holothuroidea)
Dr. Klaus Rützler (Porifera)
Dipl. Biol. Sabine Schoppe (Ophiuroidea)
Prof. Dr. Helmut Schuhmacher (Hexacorallia)
Prof. Dr. Manfred Sieger (Manuskript - teilweise)
Dr. Rob van Soest (Porifera)
Dr. Armin Svoboda (Hydroidea)
Dr. Jean Vacelet (Porifera)
Dr. W. Vervoort (Hydroidea)
Dr. George F. Warner (Antipatharia)
Dr. Erhard Wawra (Mollusca - teilweise)
Prof. Dr. A. Wöhrmann-Repenning (Manus. teilw.)
Dr. Natalie Yonow (Nudibranchia, Opistobranchia)
Dr. Sven Zea (Porifera)
Dr. Helmut Zibrovius (Stylastcridae)

Ein Dankeschön auch an Helmut Debelius, der das Kapitel Nacktschnecken vorbereitete.

Inhaltsverzeichnis

Die weiteren Themen wie Muscheln, Gliederwürmer, Stachelhäuter (Seesterne, Seeigel etc.) und Seescheiden werden im Meerwasser Band 3 behandelt.

Zeichenerklärungen für die Artbeschreibungen

Fam.:	Familie
Deutsche Namen:	Hier wurden die gebräuchlichsten Handelsnamen verwendet. Vielfach wurden auch neue deutsche Namen vorgeschlagen und häufig wurde auch der deutsche Name ganz weggelassen. Sollten Ihnen in dem einen oder anderen Fall deutsche Namen bekannt sein, so schreiben Sie uns ruhig. Wir fügen diese dann in der nächsten Auflage ein. Neben dem lateinischen Namen steht der Erstbeschreiber mit dem Jahr der Erstbeschreibung. Sofern Name und Jahreszahl in Klammern stehen, wurde die Art zunächst mit einer anderen Gattungsbezeichnung beschrieben.
Vork.:	Vorkommen. Hier ist das natürliche Verbreitungsgebiet gemeint.
GU:	Geschlechtsunterschiede. ♂ = Männchen, ♀ = Weibchen.
Soz.Verh./Vgs.:	Sozialverhalten/Vergesellschaftung. Hier wird die Verträglichkeit gegenüber anderen Arten und Tiergruppen dargestellt und, wo möglich, Hinweise gegeben, mit welchen Arten oder Tiergruppen man sie vergesellschaften kann oder, besser, nicht vergesellschaften soll.
Hält.B.:	Hälterungsbedingungen. Hier werden die wichtigsten Abweichungen zu den normalen Hälterungsbedingungen aufgeführt. Zusätzliche Informationen erhalten Sie aus der Fußleiste bei jedem Text zu den Tieren. Da Meerwassertiere (außer Rotes Meer) stets zu den gleichen Wasserbedingungen zu pflegen sind, wird hier auf pH-, Redox-Wert oder Karbonathärte nicht noch einmal näher eingegangen.
Licht:	Lichtbedarf. Sonnenlichtzone = 30.000 bis 50.000 Lux; Mittellichtzone = 10.000 bis 20.000 Lux; Dämmerlichtzone = 500 bis 1.000 Lux. Diese Werte gelten an der Wasseroberfläche des Aquariums gemessen.
ZU/Verm.:	Zucht oder Vermehrung. Soweit uns bekannt, werden Hinweise für die Zucht einzelner Tierarten gegeben. In den meisten Fällen liegen keine Erfahrungsberichte vor und wir bitten bei etwaigen Zuchterfolgen um Ihre Mitteilung.

Zeichenerklärungen für die Artbeschreibungen

FU: K = Karnivore (Fleisch- und Fischfresser)
H = Herbivore (Pflanzenfresser)
O = Omnivore (Allesfresser)
Bei den einzelnen Tierarten sind nähere Hinweise für die einzelnen Futterarten gegeben. Dabei bedeutet z.B. FD Futterstoffe = gefriergetrocknete Futtermittel FD =Freeze dried.

Bes.: Besonderheiten. Hier werden Punkte angeführt, die nicht in den anderen Rubriken unterzubringen sind.

T: Temperatur.

L/Ø : Länge/Durchmesser. Bei den Fischen und Krebstieren wird die Gesamtkörperlänge inklusive Schwanz angegeben. Bei den Blumentieren ist der Durchmesser aufgeführt. Bei diesen Tieren eine Länge anzugeben, hielten wir für falsch.

BL: Beckenlänge. Da Aquarien in Europa meist nach ihrer Länge gehandelt werden, haben wir uns auf diese Angabe beschränkt. Im Ausland werden Becken meist nach dem Inhalt gehandelt.

WB: Wasserbewegung. l = leicht, m = mittel, s = stark.

WR: Wasserregion. u = unten, m = Mitte, o = oben.

BS: Beschaffbarkeit. 1 = regelmäßig im Handel, 2 = selten im Handel, 3 = kaum im Handel, 4 = nicht im Handel (eventuell geschützte Art).

SG: Schwierigkeitsgrad, Haltbarkeit.

1= Eine Art für Anfänger. Damit sind Aquarianer gemeint, die ohne Vorkenntnisse in die Meerwasseraquaristik einsteigen. In diese Gruppe haben wir nur Arten eingeordnet, die sehr robust sind und die eigentlich nur sehr eklatante Pflegefehler übelnehmen.

2 = Für Anfänger nach einem halben Jahr Praxis.

3 = Für Fortgeschrittene mit etwa 2 Jahren Praxis in der Meerwasseraquaristik.

4 = Für Fortgeschrittene mit Spezialkenntnissen. Hier sind etwa auch giftige Tiere eingeordnet, die jedoch nicht unbedingt schwierig zu pflegen sein müssen. Meist sind es jedoch Arten, die sehr schwierig zu ernähren sind und extrem gute Wasserbedingungen benötigen, also sollte ein Anfänger von solcher Art gekennzeichneten Tieren zunächst einmal die Hände lassen.

Stamm: Porifera

Unterwasserlandschaft der Insel Saba (Karibik)

Aplysina sp., Karibik

Stamm: Porifera

Schwämme gehören zu den vielzelligen Organismen und bilden einen hochspezialisierten und doch primitiven Stamm an der Basis der Metazoa.
Bis in die heutige Zeit sind über 5000 Schwammarten beschrieben worden, und es ist als sicher anzunehmen, daß noch weitere Arten hinzukommen werden, wenn man beginnt, unterseeische Höhlen, die Tiefsee und die Antarktis intensiv zu erforschen.
Schwämme sind ausschließlich sessile, in der Grundform becherförmige Tiere, die keine eigentlichen Organe ausbilden, kein Nervensystem entwickeln und statt einer Muskulatur nur kontraktile Zellen besitzen. Die Masse ihres Körpers (Mesohyl) besteht aus einer Grundsubstanz, in die frei bewegliche Zellen eingebettet sind. Man kann hier etwa 10 verschiedene Zelltypen unterscheiden, die unterschiedliche Aufgaben erfüllen. Da ihre Differenzierung reversibel ist, vermutet man, daß es sich bei den meisten Zelltypen um verschiedene funktionelle Zustände vielleicht nur einer Zellart handelt. Hinsichtlich ihres Stoffwechsels, ihrer Osmoregulation und ihrer Ernährung ist jede Zelle nahezu autark.
Eine epithelartige Zellformation (Deckschicht, Pinakoderm) überzieht den Schwamm äußerlich und kleidet auch die ihn durchziehenden Kanäle aus. Es handelt sich dabei um eine Lage polygonaler, flacher Zellen, die von zahlreichen, verschließbaren Poren durchbrochen wird; durch sie hindurch wird das Wasser in den Schwamm eingestrudelt.
Der innere Hohlraum eines Schwammes wird von einer Gastrodermis, auch als Choanoderm oder Gastrallager bezeichnet, ausgekleidet, das von einer Vielzahl von Kragengeißelzellen gebildet wird. Ihre Zellen tragen lange und schwingende Geißeln, um deren Basis sich ein kragenartig angeordneter Ring von Mikrovilli befindet.
Zwischen dem Pinakoderm und der Gastrodermis befindet sich eine bindegewebsähnliche Mittelschicht, die auch Mesophyl genannt wird, in der bewegliche Zellen wandern, die verschiedene Aufgaben im Schwamm zu erfüllen haben.
Der oft recht umfangreiche Schwammkörper besitzt ein Skelett aus einzelnen Nadeln, das den Tieren Form, Festigkeit und Stütze bietet. Die Nadeln (Spiculae) werden von besonderen Skelettbildnern, den Skleroblasten, ausgeschieden und können aus Kalk

(Kalkschwämme) oder Kieselsäure (Kieselschwämme) bestehen. Hornschwämme dagegen besitzen eine organische Gerüstsubstanz aus Spongin. Die systematische Einordnung der Schwämme erfolgt anhand ihrer Skelettnadeln, die arttypisch geformt sind.
Wie bereits erwähnt, ist die epitheliale Deckschicht eines Schwammes von zahlreichen Poren durchsetzt, die mit einem reich verzweigten, dreidimensionalen Kanalsystem in Verbindung stehen. Diese Poren können durch sogenannte Porocyten geöffnet und geschlossen werden. Das umfangreiche Kanalsystem mündet in zentral gelegene Gastralräume, von wo aus das durch die Kragengeißelzellen filtrierte Wasser wieder aus einer Hauptöffnung (Osculum) abgegeben wird.
Man unterscheidet bei den Schwämmen drei Organisationstypen. Der einfachste davon ist der *Ascon*-Typ. Hier kleiden die Kragengeißelzellen nur den zentralen Gastralraum aus. Arten, die diesem Typ angehören, werden maximal 8 mm lang.
Beim *Sycon*-Typ ist die Anzahl der Kragengeißelzellen stark vermehrt, da die Oberfläche der Gastrodermis durch becherförmige Erweiterungen, sogenannten Radialtuben, vergrößert wird. *Sycon*-Arten werden maximal 4 cm lang.
Die größeren Schwämme gehören alle zum *Leucon*-Typ, bei dem die Kragengeißelzellen sich in zahlreichen Geißelkammern befinden, die dreidimensional in mehreren Ebenen im Schwammkörper angeordnet sind und durch zu- und abführende Kanäle verbunden werden. Zum *Leucon*-Typ gehört die Mehrzahl der Schwämme.
Schwämme sind Strudler, die das Wasser durch die Poren hindurch in ein meist umfangreiches Kanalsystem einstrudeln. Der Antriebsmotor dieser gerichteten Wasserbewegung sind die vielen Millionen Geißeln der Kragengeißelzellen, die damit zum Lebensstrom eines jeden Schwammes werden. Mit dem eingestrudelten Wasser gelangen Nahrungspartikel und der im Wasser gelöste Sauerstoff in den Schwamm. Die Nahrungspartikel bleiben am klebrigen Plasmakragen der Geißelzellen hängen und werden dann von den Zellen aufgenommen. Der eigentliche Nahrungstransport erfolgt anschließend in der Regel durch frei bewegliche Zellen, die sogenannten Amoebocyten. Das Wasser, das der Schwamm dann wieder durch seine zentrale Öffnung ausstößt, ist weitgehend von organischen Stoffen befreit.

Ausgerüstet mit diesem gut funktionierenden Filtermechanismus, tragen Schwämme unaufhörlich dazu bei, das Wasser der Meere zu reinigen. Ihre Filterleistung ist erstaunlich, wenn man bedenkt, daß ein kleiner Schwamm von nur 10 cm Durchmesser innerhalb von 24 Stunden über 100 Liter Wasser durch seinen Körper pumpt. Unverdauliche Stoffe als auch Stoffwechselabbauprodukte werden mit dem Atemwasser nach außen abgeführt. Da das eingestrudelte Wasser gleichzeitig der Sauerstoffversorgung der Schwämme dient, sind besondere Atmungsorgane, wie wir sie von anderen vielzelligen Tieren kennen, nicht erforderlich.
Schwämme vermehren sich sowohl geschlechtlich als auch ungeschlechtlich durch Knospenbildung. Die Geschlechtsprodukte werden nicht in besonderen Organen, sondern verstreut im Schwammkörper gebildet. Die meisten Schwämme sind zwittrig. Die Samenzellen, die in das freie Wasser abgegeben werden, gelangen zu den amöboid beweglichen Eizellen eines anderen Schwammes, die sie dann befruchten. Es entwickeln sich frei bewegliche Larven, die aus den Ausströmöffnungen der weiblichen Schwämme herausgespült werden. Die einfach gebauten kugeligen Larven vermögen mit Hilfe von Geißeln zu schwimmen. Mit deren Hilfe und mit der Unterstützung der Wasserbewegung werden die Schwammlarven zu neuen Standorten verdriftet, wo sie sich absinken lassen und auf einer geeigneten Unterlage anheften.
Nach dem Festheften der Larven verlagern sich die geißeltragenden Zellen der Außenschicht häufig in das Innere des sich neu bildenden Schwammes. Sie entwickeln sich dort zu den Kragengeißelzellen der Gastrodermis. Die Zellen der ursprünglichen Innenschicht der Larven werden dann zum Pinakoderm des neuen Schwammes. Damit wird die sexuelle Fortpflanzung zu einem wichtigen Faktor für die Areal- und Artverbreitung festsitzender Schwämme. Süßwasserschwämme und einige Meerwasserschwämme vermögen sich darüber hinaus noch durch besondere beschalte Überdauerungsformen (Gemmulae) zu vermehren, die stets dann in einer großen Vielzahl produziert werden, wenn ungünstige Bedingungen (Austrocknung, kalte Witterung) das Leben des Muttertieres bedrohen.
Die Gestalt der Schwämme wird zu einem erheblichen Teil von ihrer Umgebung bestimmt. Sie wachsen, wie Unterlage, Raum und

Nachbarschaft es zulassen. Dennoch zeigen verschiedene Schwämme bestimmte Wuchsformen, die uns ein Erkennen erleichtern. So scheint es, als könnten die Schwämme ihren einfachen Bauplan dazu nutzen, fast jede geometrische Form und jede Farbe anzunehmen. Im stark bewegten Wasser überziehen sie krusten-, rinden- und polsterförmig ihre Unterlagen, während sie sich im tiefen Wasser zu freien Formen von Kugeln, Bechern, Geweihen und Trauben entwickeln.
Schwämme besitzen ein großes Regenerationsvermögen. Kleine, abgetrennte Schwammteile ergänzen sich zu einem neuen Schwamm. Selbst wenn mehrere Schwammarten zerkleinert, zerrieben und vermischt durch ein Sieb gedrückt werden, formieren sie sich wieder zu neuen, kompletten Organismen, wohl einer der erstaunlichsten Vorgänge in der Natur.
Viele Schwammarten sind Kosmopoliten, die in allen Meeren unserer Erde vorkommen. Auch in dunklen und von vielen Tieren gemiedenen Bezirken wie Grotten, Höhlen und Unterhöhlungen finden Schwämme reichliche Entfaltung. Viele Krebse benutzen Schwämme zur Tarnung, indem sie sich einfach einen Schwamm auf ihren Körper laden und damit herumspazieren. Der lücken- und porenreiche Schwammkörper bietet vielen Bakterien und kleinen Wirbellosen Tieren Schutz und Versteck. Besonders kleine Krebse, Würmer, Haar- und Schlangensterne, Schnecken und Muscheln leben zahlreich im Kanalsystem von Schwämmen und partizipieren von der enormen Filterleistung dieser Organismen. Dabei haben sich etliche Partnerschaften entwickelt, die von beiderseitigem Nutzen sind. So putzen zum Beispiel Schlangensterne nachts an der Epidermis der Schwämme die feinen Porenöffnungen frei, die besonders im suspensionsreichen Wasser leicht verstopfen.
Schwämme haben auch Feinde. Raumkonkurrenten, wie Algen und Krustenanemonen, verhindern oft eine räumliche Ausdehnung. Daneben haben sich einige Schnecken, Nacktschnecken, freilebende Würmer, Krebse, Fische und Schildkröten darauf spezialisiert, Schwämme auf ihren Speiseplan zu setzen.
Einige Schwämme richten auch große Schäden an. Das gilt besonders für die Bohrschwämme, die dazu beitragen, Deiche und Hafenanlagen zu zerstören, Schiffskörper zu durchbohren und Austernkulturen zum Absterben zu bringen.

Die chemische Industrie hat weltweit begonnen, aus Schwämmen zahlreiche biochemische Substanzen zu gewinnen. So wurden Antibiotika in Schwämmen entdeckt und sogar Stoffe, die nachweislich das Wachstum bestimmter Tumore hemmen. Auch Hormone wurden nachgewiesen und isoliert, die im Organismus höher entwickelter Tiere und im Menschen auf chemischem Wege Nachrichten vermitteln und Wachstum und Stoffwechsel beeinflussen. Es scheint, daß Schwämme, die ja kein Nervensystem besitzen, sich offenbar besonders hormonartiger Substanzen für Regulations- und Kommunikationsprozesse bedienen. Es ist daher anzunehmen, daß die Schwämme in naher Zukunft für Chemiker, Pharmakologen und Immunologen noch einige Überraschungen bergen.

Schwämme im Aquarium:

Aus der uns zur Verfügung stehenden Literatur ist ersichtlich, daß die Haltung von Schwämmen im Aquarium sehr schwierig, wenn nicht sogar unmöglich ist. Dabei liegt das Problem möglicherweise nicht in der Haltung, sondern vielmehr im Sammeln und im Transport dieser Tiere. Obwohl Schwämme sehr regenerationsfähige Organismen sind, reagieren sie sehr empfindlich auf Milieuschädigungen, die sich beim Sammeln und beim Transport zwangsläufig einstellen. Dabei spielen Sauerstoffmangel, Temperaturerhöhung und weitere Faktoren sicherlich eine große Rolle. Es ist daher zu empfehlen, nur solche Schwämme im Handel zu erwerben, die frei von Verletzungen sind, keine Druckstellen aufweisen und die mitsamt ihren Unterlagen gesammelt wurden. Außerdem dürfen sie nicht mit Luftsauerstoff in Berührung kommen, da sie sehr schnell oxydieren. Aus diesen und vielen anderen Gründen lassen sich Schwämme nur in sehr gut gepflegten Aquarien über einen gewissen Zeitraum halten. Wichtig ist, daß sie nicht auf Sand gelegt oder eingegraben, sondern zwischen Steinen oder Dekorationsmaterial verankert werden.
Schwämme aus tropischen Meeren werden kaum in Deutschland zum Kauf angeboten. Die Schwammarten, die im Handel zu erwerben sind, stammen meist aus dem Mittelmeer, dem Atlantik und der Nord- und Ostsee.

Hat man sich für einen Schwammbesatz im Aquarium entschieden, dann ist unbedingt darauf zu achten, daß dieser an lichtarmen Stellen im Aquarium angesiedelt wird. Licht läßt Algen wuchern, und gegen eine Veralgung reagieren Schwämme sehr empfindlich. Sie sterben meist ab. Das hat zur Folge, daß Schwämme beim Absterben Substanzen freisetzen, die für andere Lebewesen im Aquarium toxisch sind, wobei es in den meisten Fällen zu Totalverlusten kommt.
Die Ernährung von Schwämmen im Aquarium bringt auch Probleme und Schwierigkeiten mit sich. Da diese nur sehr feine Nahrungspartikel aufnehmen, ist eine gezielte Fütterung gerade in einem Gemeinschaftsbecken nahezu unmöglich. Sie verhungern und sterben ab, wenn man nicht darauf achtet, daß nach einer Fütterung mit Phyto- oder Zooplankton die Filter und Abschäumer für einige Zeit abgestellt werden. Als Strudler erzeugen Schwämme ihren eigenen Wasserstrom, der ihnen die Nahrung, die sich im Becken befindet, zuführt.

Systematik

Stamm: PORIFERA	Schwämme
Klasse: CALCAREA	Kalkschwämme
Ordnung: HETEROCOELIA	Wabenschwämme
Familie: Clathrinidae	
Gattung: *Clathrina*	
Familie: Leuconiidae	
Gattung: *Leuconia*	
Familie: Leucascidae	
Gattungen: *Pericharax*	
Leucetta	
Klasse: DEMOSPONGIA	Gemeine Schwämme
Unterklasse: TETRACTINOMORPHA	
Ordnung: ASTROPHORIDA	
Familie: Epipolasidae	
Gattung: *Astreopus*	
Ordnung: HOMOSCLEROPHORIDA	
Familie: Oscarellidae	
Gattung: *Oscarella*	
Ordnung: HADROMERIDA	
Familie: Chondrillidae	
Gattung: *Chondrosia*	
Familie: Latrunculiidae	
Gattung: *Latrunculia*	
Familie: Spirastrellidae	
Gattung: *Spirastrella*	
Familie: Clionidae	
Gattung: *Cliona*	
Familie: Tethyidae	
Gattung: *Aaptos*	
Ordnung: AXINELLIDA	
Familie: Axinellidae	
Gattungen: *Axinella*	
Acanthella	
Cymbastela	
Pseudoaxinella	
Familie: Raspailiidae	
Gattung: *Ectyoplasia*	

Ordnung: SPIROPHORIDA
Familie: Tetillidae
Gattung: *Cinachyra*
Ordnung: HALICHONDRIDA
Familie: Halichondriidae
Gattungen: *Axinyssa*
Liosina
Familie: Hymeniacidonidae
Gattungen: *Hemimycale*
Scopalina
Ordnung: POECILOSCLERIDA
Familie. Esperiopsidae
Gattungen: *Neofibularia*
Monacora
Familie: Myxillidae
Gattungen: *Crambe*
Iotrochota
Iophon
Lissodendoryx
Familie: Mycalidae
Gattung: *Mycale*
Familie: Crellidae
Gattung: *Crella*
Familie: Adociidae
Gattung: *Aka*
Familie: Clathriidae
Gattungen: *Clathria*
Echinoclathria
Rhaphidophlus
Familie: Anchinoidae
Gattung: *Anchinoe*
Familie: Agelasidae
Gattung: *Agelas*
Ordnung: HAPLOSCLERIDA
Familie: Haliclonidae
Gattung: *Haliclona*

Familie: Niphatidae
Gattungen: *Gelloides*
Niphates
Familie: Callyspongiidae
Gattung: *Callyspongia*
Familie: Petrosiidae
Gattungen: *Petrosia*
Xestospongia
Ordnung: DICTYOCERATIDA
Familie: Spongiidae
Gattungen: *Cacospongia*
Carteriospongia
Spongia
Familie: Thorectidae
Gattungen: *Ircinia*
Sarcotragus
Smenospongia
Ordnung: VERONGIIDA
Familie: Aplysinidae
Gattungen: *Aplysina*
Verongula
Familie: Druinellidae
Gattung: *Pseudoceratina*
Ordnung: DENDROCERATIDA
Familie: Haliscaridae
Gattung: *Haliscara*

Clathrina clathrus (SCHMIDT, 1868)
Gelber Gitterkalkschwamm

Vork.: Atlantik, Mittelmeer.
GU: Keine.
Hält.B.: Nicht bekannt.
FU: O; Plankton.
Bes.: Dieser Schwamm ist sehr auffällig durch seine grellgelbe Farbe und die eigenwillige Gitterstruktur. Junge Schwämme dieser Art sind vasenförmig. Erst später wachsen Verzweigungen aus, die sich zu einem Geflecht formieren. Dieses besteht aus einer Vielzahl 0,5 - 1 mm starker Röhren. Gitterkalkschwämme leben in Seegraswiesen, auf Steinen, an Felsen, in Spalten, in Höhlen und auf tiefen korallinen Böden. Die Gattung ist kosmopolitisch.

T: 10 - 18° C, Ø: 8 cm , BS: 4, SG: 4

Ordnung: Heterocoelia
Fam.: Clathrinidae, Leuconiidae

Clathrina coriacea (MONTAGU, 1818)
Weißer Gitterkalkschwamm

Vork.: Mittelmeer, Atlantik, Nordsee; wahrscheinlich kosmopolitisch!
GU: Keine.
Hält. B.: Nicht bekannt.
FU: O; Plankton, Detritus.
Bes.: Weiße Gitterkalkschwämme bilden flache bis polsterförmige Netzgeflechte in Kleinhöhlen, in Seegraswiesen, auf Sand- und Felsgrund und unter Steinen. Ihre Wuchsform ist weitgehend abhängig von der Wasserströmung. Im stark bewegten Wasser wachsen sie flach und flächendeckend, im Stillwasserbereich erheben sie sich geringfügig über ihre Siedlungsunterlage. Die Schwämme bestehen aus einem Geflecht netzartiger, anastomisierender Röhren, die in einer Ausströmöffnung zusammenlaufen. Der Schwammkörper ist kontrahierbar.

T: 10 - 24° C, **Ø**: 10 cm, **BS**: 3 - 4, **SG**: 4

Leuconia sp.
Kleiner Knollenkalkschwamm

Vork.: Indo-Pazifik, Australien.
GU: Keine.
Hält.B.: Nicht bekannt.
FU: O; Plankton.
Bes.: Die Schwämme bilden kleine, dünne und zum Teil verzweigte Röhren mit glatter Oberfläche und terminalen Ausströmöffnungen. Sie stehen in Gruppen dicht beieinander und siedeln an schattigen Stellen von Höhlenwänden und unter Überhängen. Sie erheben sich nur geringfügig über ihr Siedlungssubstrat und sind wegen ihrer geringen Größe sehr leicht zu übersehen.

T: 22 - 26° C, L: 3 cm, **BS**: 4, **SG**: 4

Clathrina coriacea

Leuconia sp.

Ordnung: Heterocoelia
Fam.: Leucascidae

Pericharax microraphis LENDENFELD, 1887
Gelber Kalkschwamm

Vork.: Indo-Pazifik, Australien.
GU: Keine.
Hält.B.: Nicht bekannt.
FU: O; Plankton.
Bes.: Gelbe Kalkschwämme kommen in verschiedenen Wuchsformen vor. Sie sind sehr auffällig durch ihre leuchtend gelbe Farbe und siedeln mit kleiner Basis auf harten Unterlagen an schattigen Stellen senkrechter Felswände oder in Unterhöhlungen. Sie wachsen flächig oder vasenförmig mit breiten Ausströmöffnungen. Der Trichterrand der Ausströmöffnung ist hell abgesetzt und umgekrempelt. Die weißen Strukturen auf der Schwammoberfläche sind höchstwahrscheinlich kleine Holothurien.

T: 22 - 26° C, L: 30 cm, BS: 4, SG: 4

Leucetta microraphis (HAECKEL, 1872)
Gelber Kalkschwamm

Vork.: Rotes Meer, Indo - Pazifik, Australien.
GU: Keine.
Hält.B.: Nicht bekannt.
FU: O; Plankton.
Bes.: Diese Schwämme siedeln in Nischen, Spalten, Höhlen und Unterhöhlungen. Sie wachsen aufrecht und bedecken nur wenige Quadratzentimeter des felsigen Untergrundes. Sie sind auffallend gelb gefärbt und bevorzugen als Standorte strömungsstarke Riffhänge in unterschiedlichen Tiefen.

T: 22 - 26° C, **L:** 6 -12 cm, **BS:** 4, **SG:** 4

Asteropus sarassinorum (THIELE, 1903)
Sternporenschwamm

Vor.: Indo - Pazifik, Malaysia.
GU: Keine.
Hält.B.: Nicht bekannt.
FU: O; Plankton.
Bes.: Die Schwämme wachsen massiv mit runder, fast kugeliger Oberfläche. Sie sind mit einer schmalen Basis auf Korallen festgewachsen. Die Schwammoberfläche ist rauh und von vielen, relativ großen Poren durchsetzt. Die Ausströmöffnungen stehen vulkanähnlich erhöht. Die Schwämme leben am oberen Riffhang meist in suspensionsreichen Gewässern, wobei die Schwammoberfläche stets von einer feinen Schicht von Sinkstoffen bedeckt ist.

T: 22 - 26° C, **L**: 60 cm, **BS**: 4, **SG**: 4

Oscarella lobularis, orange

Oscarella lobularis SCHMIDT, 1868
Fleischschwamm

Vork.: Atlantik, Mittelmeer, Nordsee.
GU: Keine.
Hält.B.: Nicht bekannt.
FU: O; Plankton.
Bes.: Der Schwammkörper ist von weicher und fleischiger Beschaffenheit. Er bildet bis zu 6 mm dicke Krusten auf Steinen, an Felsen und an Höhlenwänden und lebt auch in *Posidonia*-Seegraswiesen. Die Schwammoberfläche ist vielgestaltig. Sie zeigt Furchen, Wülste und Knoten. Die Ausströmöffnungen befinden sich an den Erhebungen der Wülste. Fleischschwämme leben vom Flachwasser bis in große Tiefen und erobern neue Siedlungsflächen durch Auswachsen langer Fortsätze. Die Farbe ist variabel, meist jedoch fleischfarben.

T: 10 - 18° C, **L**: 12 cm, **BS**: 4, **SG**: 4

Ordnung: HADROMERIDA
Fam.: Chondrillidae

Chondrosia reniformis NARDO, 1833
Nierenschwamm

Vork.: Mittelmeer.
GU: Keine.
Hält.B.. Nicht bekannt.
FU: O; Plankton.
Bes.: Nierenschwämme wachsen massig und unregelmäßig in dicken Krusten und mit nierenförmiger Oberfläche. Diese ist glatt, gummiartig, schleimig und glänzend. Die Schwämme besitzen keine Skelettstrukturen, weder Kalknadeln noch Fasern aus Spongin. Hier übernehmen Kollagenfasern die Skelettfunktion. Die Schwämme leben an lichtarmen Stellen unter Überhängen, in Felsspalten und an senkrechten Wänden vom Flachwasser bis in Tiefen von 30 m. Die Farbe der Schwämme hängt von der Lichtintensität ab. Viel Lichteinfall verursacht eine dunkle, wenig Lichteinfall eine helle Färbung der Schwämme.

T: 10 - 18° C, **Ø**: 6 - 18 cm, **BS**: 4, **SG**: 4

Unbekannte, seltene Schwammart, Karibik

Chondrosia reniformis

Chondrosia reniformis

Ordnung: HADROMERIDA
Fam.: Latrunculiidae

Latrunculia magnifica TOPSENT, 1895
Prachtfeuerschwamm

Vork.: Rotes Meer, Indo - Pazifik.
GU: Keine.
Hält.B.: Nicht bekannt.
FU: O; Plankton.
Bes.: Die Schwämme wachsen aufrecht, verzweigt und bäumchenförmig. Die Verzweigungen sind im Querschnitt rund bis oval und die Enden abgerundet. Die Schwammoberfläche ist glatt und trägt viele feine Einströmöffnungen. Die wenigen Ausströmöffnungen sind überwiegend rund, gelegentlich oval und schlotförmig erhoben. Ihre Kolonien siedeln im Freiwasser der Riffhänge und an schattigen Standorten von Unterhöhlungen. Dieser Schwamm ist extrem giftig!

T: 22 - 26° C, **L**: 80 cm, **BS**: 4, **SG**: 4

Oscarella lobularis, Mittelmeer

Spirastrella purpurea LAMARCK, 1814
Orangeroter Bohrschwamm

Vork.: Rotes Meer, Indo - Pazifik.
GU: Keine.
Hält. B.: Nicht bekannt.
FU: O; Plankton.
Bes.: Diese Schwämme sind aggressive Sekundärsiedler, die in Korallen bohren und diese überziehen. Die Schwammoberfläche zeigt zahlreiche, vulkanähnliche Erhebungen, an deren Enden sich die Ausströmöffnungen befinden.

T: 20 - 26° C, Ø: 40 cm, BS: 4, SG: 4

Spirastrella cunctatrix (SCHMIDT, 1868)
Oranger Strahlenschwamm

Vork.: Atlantik, Mittelmeer.
GU: Keine.
Hält.B.: Nicht bekannt.
FU: O; Plankton.
Bes.: Die Schwämme wachsen flach, unregelmäßig und krustenförmig. Sie leben auf Hartsubstrat an schattigen Wänden von Höhlen und unter Überhängen, überwachsen Muschel- und Schneckenschalen und siedeln an Hafenanlagen und an Wracks. Auf der Schwammoberfläche fallen kräftige Wasserkanäle auf, die zu den Ausströmöffnungen führen. Der strahligen Anordnung dieser Kanäle verdanken die Schwämme ihren Namen. Die Farbe ist variabel.

T: 10 - 18° C, Ø: 20 cm, BS: 4, SG: 4

Ordnung: Hadromerida
Fam.: Spirastrellidae

Spirastrella inconstans RIDLEY, 1884
Strahlenschwamm

Vork.: Indischer Ozean, Malediven.
GU: Keine.
Hält.B.: Nicht bekannt.
FU: O; Plankton, Detritus.
Bes.: Die Schwämme wachsen in Form konischer Schlote aufrecht auf abgestorbenen Korallen und korrodiertem Untergrund. Sie siedeln geduckt, mit breiter Basis befestigt und apikal verjüngten Ausströmöffnungen am Fuße eines Riffhanges in suspensionsreichem Wasser. Die Schwammkonsistenz ist sehr weich. Sie "flattert" bei starker Wasserbewegung.

T: 22 - 27° C, **L:** 12 cm, **BS:** 4, **SG:** 4

Spirastrella sp.
Violetter Strahlenschwamm

Vork.: Rotes Meer, Indo - Pazifik.
GU: Keine.
Hält.B.: Nicht bekannt.
FU: O; Plankton.
Bes.: Dieser Schwamm ist ein sehr aggressiver Raumkonkurrent für alle sessilen Organismen, speziell für Korallen. Die Schwammoberfläche zeigt sternförmig angeordnete Kanäle, die zu den Ausströmöffnungen führen. Die Schwämme wachsen flächig und krustig. Sie überziehen wie eine Haut die abgetöteten Organismen. Die hellen Skelettnadeln, die die Schwammoberfläche durchkreuzen, sind deutlich sichtbar. Violette Strahlenschwämme siedeln in allen Tiefen und auf fast allen Substraten.

T: 20 - 26° C, **Ø**: 40 cm, **BS**: 4, **SG**: 4

Ordnung: Hadromerida
Fam.: Clionidae

Cliona viridis (SCHMIDT, 1868)
Grüner Bohrschwamm

Vork.: Mittelmeer.
GU: Keine.
Hält.B.: Nicht bekannt.
FU: O; Plankton.
Bes.: Bohrschwämme mit dieser Oberflächenstruktur sieht man erst dann, wenn sie bereits ihre Substratunterlage weitgehend zerstört haben und zur Oberfläche wachsen. Dann überziehen sie ihre Unterlagen krustenförmig. Die Überzüge sind buckelig, gewellt und besitzen nur wenige große und vulkankegelförmige Ausströmöffnungen auf ihrer Oberfläche. Der Kraterrand der Ausströmöffnungen ist meist heller abgesetzt.

T: 10 - 18° C, **Ø**: 60 cm, **BS**: 4, **SG**: 4

Cliona celata GRANT, 1826
Zellenbohrschwamm

Vork.: Atlantik, Mittelmeer, Nordsee, westliche Ostsee, vom Flachwasser bis in 250 m Tiefe. **GU:** Keine.
Hält.B.: Nicht bekannt. **FU:** O; Plankton.
Bes.: Bereits die Larven dieser Schwämme dringen in Kalkgestein und andere feste Gegenstände ein und bohren feine, netzartig miteinander verbundene Kanäle. Über Papillen, die Poren und Ausströmöffnungen tragen, stehen sie mit dem Umgebungswasser in Verbindung. Über winzige Osculi werden die abgebauten Kalkpartikel ausgeschwemmt. Alte Schwämme, die ihre Unterlagen weitgehend zerstört haben, wachsen zur Oberfläche und bilden lappige bis krustenförmige Matten. Entlang der Kammlinie des Schwammes befinden sich die Ausströmöffnungen, die von einem dichten Warzenhof umgeben sind. Die Schwämme sind schwefelgelb außen und orange bis orangerot innen.

T: 10 - 18° C, **L:** 20 cm, **BS:** 4, **SG:** 4

Ordnung: Hadromerida
Fam.: Clionidae

Cliona carteri (RÜTZLER, 1973)
Orangeroter Zellenbohrschwamm

Vork.: Atlantik, Mittelmeer.
GU: Keine.
Hält.B.: Nicht bekannt.
FU: O; Plankton.
Bes.: Diese Schwämme bohren chemisch in Kalkgestein und in Muschel- und Schneckenschalen feine, netzartige Kanäle, die einen Durchmesser von 0,5 - 1 mm besitzen. Erst wenn der Schwamm sein Substrat zerstört hat, überzieht er die Oberfläche. Anfangs jedoch sieht man nur verschieden große Löcher, durch die der Schwamm seine Ein- und Ausströmöffnungen in das freie Wasser streckt.

T: 10 - 18° C, **L:** wenige mm, **BS:** 4, **SG:** 4

Cliona delitrix PANG, 1923
Oranger Bohrschwamm

Vork.: Karibisches Meer, Florida, Bahamas, Providencia, San Andrés.
GU: Keine.
Soz.Verh./Vgs.: Vergesellschaftet mit der Krustenanemone *Parazoanthus parasiticus*.
Hält.B.: Nicht bekannt.
FU: O; Plankton.
Bes.: Bohrschwämme dieser Art gelten als Korallenkiller. Auf dem Bild überzieht der Schwamm hautförmig die Koralle *Montastrea cavernosa*. Nur die breiten Siphone der Ausströmöffnungen überragen wie kleine Schlote den Schwammkörper. Über sie wird der chemisch gelöste Kalk in das Umgebungswasser befördert. Es ist bis heute unklar, wie der Lösungsvorgang funktioniert. Säure, vom Schwamm selbst produziert, konnte bisher nicht nachgewiesen werden. Es wird daher vermutet, daß bestimmte Schwammzellen die Kalkteilchen umfließen, sie in ihre Zellen aufnehmen, um sie dann zu zerstören.

T: 20 - 24° C, **Ø**: 45 cm, **BS**: 4, **SG**: 4

Cliona delitrix, Karibik

Aplysina ianthelliformis (LENDENFELD, 1888)
Gelber Maschenschwamm

Vork.: Indo-Pazifik, Australien.
GU: Keine.
Hält.B.: Nicht bekannt.
FU: O; Plankton, Detritus.
Bes.: Der eigenwillig geformte Schwammkörper sitzt einem relativ harten Stiel auf, der annähernd 2 cm im Durchmesser ist. Dieser siedelt auf festen Unterlagen. Die Oberflächenstruktur des Schwammes zeigt große, hexagonale Maschen, die von Fibrillenbündeln gebildet werden. Die Konsistenz des Schwammes ist ledrig bis gummiartig. Er verliert seine goldgelbe Farbe sehr schnell in Verbindung mit Luftsauerstoff und macht rasche Farbveränderungen durch.

T: 22 - 26° C, L: 15 cm, BS: 4, SG: 4

Ordnung: Hadromerida
Fam.: Tethyidae

Aaptos sp.
Gelbbrauner Krustenschwamm

Vork.: Indo - Pazifik, Malaysia.
GU: Keine.
Hält.B.: Nicht bekannt.
FU: O; Plankton.
Bes.: Der Gelbbraune Krustenschwamm ist ein aggressiver Siedler, der seine Unterlagen sehr schnell zerstört. Er breitet sich krustig darauf aus. Die Schwammoberfläche ist dunkelbraun und zeigt freie, gelbe Areale. Wenige Ausströmöffnungen befinden sich an den wulstigen Stellen des Schwammes, wo sie schlotähnlich erhoben angeordnet sind. Diese Schwämme leben überwiegend auf Korallen im seichten Wasser geschützter Riffabschnitte.

T: 22 - 26° C, **Ø**: 25 cm, **BS**: 3, **SG**: 4

Axinella polypoides (SCHMIDT, 1868)
Kraterachsenschwamm, Mittelmeer - Fingerschwamm

Vork.: Mittelmeer.
GU: Keine.
Hält.B.: Nicht bekannt.
FU: O; Plankton, Detritus.
Bes.: Diese Schwämme wachsen aufrecht auf kurzer Achse mit zahlreichen zylindrischen, unterschiedlich langen und fingerförmigen Verzweigungen. Sie leben auf felsigen Böden und an Steilwänden vom Flachwasser bis in Tiefen von über 100 m. Ihre Ausströmöffnungen sind sternförmig angeordnet.

T: 10 - 18° C, L: 70 cm, BS: 4, SG: 4

Ordnung: Axinellida
Fam.: Axinellidae

Axinella cannabina (ESPER, 1864)
Baumschwamm, Geweihschwamm

Vork.: Mittelmeer.
GU: Keine.
Soz.Verh./Vgs.: Der Schwamm lebt vergesellschaftet mit der Gelben Krustenanemone *Parazoanthus axinellae*.
Hält.B.: Nicht bekannt.
FU: O; Plankton, Detritus.
Bes.: Diese Art lebt nur in den wärmeren Gebieten des Mittelmeeres. Sie wächst aufrecht, reich verzweigt und bäumchenförmig. Die einzelnen Verzweigungen besitzen unterschiedlich große Höcker und Kämme, an deren Enden sich die Ausströmöffnungen befinden. Die Schwämme leben auf felsigem Substrat an strömungsreichen Küstenabschnitten in Tiefen bis zu 60 m.

T: 10 - 18° C, L: 90 cm, BS: 4, SG: 4

Axinella damicornis (ESPER, 1794)
Dammhirsch - Schwamm

Vork.: Mittelmeer.
GU: Keine.
Soz.Verh./Vgs.: Vergesellschaftet mit der Krustenanemone *Parazoanthus axinellae.*
Hält.B.: Nicht bekannt.
FU: O; Plankton.
Bes.: Die Schwämme wachsen auf kurzer Achse elchgeweihförmig. Die abgeflachten Verzweigungen sind miteinander verwachsen und terminal abgerundet. Sie siedeln sowohl auf festen Unterlagen als auch auf mobilen Böden vom Flachwasser bis in große Tiefen. Die noppenartigen Strukturen auf der Schwammoberfläche zeigen den Sitz der kontrahierten Krustenanemonen an.

T: 10 - 18° C, **L:** 30 cm, **BS:** 4, **SG:** 4

Ordnung: AXINELLIDA
Fam.: Axinellidae

Axinella verrucosa SCHMIDT, 1862
Fingerschwamm, Büschelachsenschwamm

Vork.: Mittelmeer, 10 - 100 m Tiefe. **GU:** Keine.

Soz.Verh./Vgs.: Der Schwamm lebt vergesellschaftet mit der Krustenanemone *Parazoanthus axinellae.*

Hält.B.: Nicht bekannt. **FU:** O; Plankton, Detritus.

Bes.: Die Fingerschwämme leben auf Hartböden, an Felsen, in Grotten und in Unterhöhlungen, immer an gut durchströmten Standorten. Ihre Wuchsform ist sehr variabel, jedoch stets reich verzweigt bis strauchförmig. Von einem kurzen Stamm erheben sich viele zylindrische, fingerförmige Verzweigungen, die weder Kämme noch Höcker tragen. Die Farbe der Kolonien ist variabel. Sie reicht von gelb bis orange.

T: 10 - 18° C, **L:** 100 cm, **BS:** 4, **SG:** 4

Acanthella acuta SCHMIDT, 1862
Kaktusschwamm

Vork.: Mittelmeer.
GU: Keine.
Hält.B.: Der Schwamm ist gut haltbar mit der Alge *Caulerpa*.
FU: O; Plankton, Ersatzplankton, keine spezielle Fütterung notwendig.
Bes.: Die Schwammoberfläche ist sehr stark zerklüftet und stachelig. Kurze, lappige Verästelungen laufen in konisch spitze Papillen aus. Die Größe des Schwammes ist abhängig von der Größe der Siedlungsfläche. Die Schwämme leben auf fast allen festen Unterlagen vom Flachwasser bis in größere Tiefen. Ihre Farbe ist überwiegend orange.

T: 10 - 18° C, **Ø:** 8 cm, **BS:** 3, **SG:** 4

Ordnung: Axinellida
Fam.: Axinellidae

Acanthella carteri (DENDY, 1897)
Elefantenohrschwamm

Vork.: Rotes Meer, Indo-Pazifik, Australien.
GU: Keine.
Hält.B.: Nicht bekannt.
FU: O; Plankton.
Bes.: Der Schwammkörper wächst aufrecht, breit und lappig, ohne zentrale Ausströmöffnung, ähnlich Elefantenohren. Er kann bei gutem Standort sehr groß werden. Die Schwämme leben in Tiefen bis zu 60 m und besiedeln gut durchströmte, steil abfallende Riffhänge und sedimentfreie Riffplattformen. Die Farbe ist meist gelb bis orange. Der Schwammfarbstoff oxidiert sehr schnell in Verbindung mit Luftsauerstoff.

T: 22 - 26° C, **L**: 50 cm, **BS**: 4, **SG**: 4

Cymbastela coralliophila HOOPER & BERGQUIST, 1992
Teller schwamm

Vork.: Großes Barriereriff, Australien.
GU: Schwämme ovipar. Sie entlassen ihre Geschlechtsprodukte synchron.
Hält.B.: Nicht bekannt.
FU: O; Plankton.
Bes.: Diese Schwämme sind von typischer, tellerförmiger, dorso - ventral abgeflachter Wuchsform. Sie wachsen mit schmaler Basis auf allen möglichen Riffsubstraten: Beispielsweise auf Korallen, Korallenbrocken, an Felsriffhängen, in sandigen Lagunen und auf tiefen Schlickböden. Sie siedeln überwiegend in Riffgebieten mit hohem Sedimentationseintrag. Die Schwammoberfläche ist konzentrisch gerillt und zeigt zentral gelegene, fingerförmige Projektionen. Die Peripherie des Schwammes ist unregelmäßig gewellt und tief eingekerbt. In den wellenartigen Vertiefungen sammelt sich stets feines Sediment, das durch Strömungen bewegt und abgetragen wird.

T: 20 - 24° C, **Ø:** 35 cm, **BS:** 4, **SG:** 4

Ordnung: Axinellida
Fam.: Axinellidae

Pseudoaxinella zeai (n. sp.) ALVAREZ & VAN SOEST, 1994
Zeas Brauner Krustenschwamm

Vork.: Karibisches Meer, Kolumbien.
GU: Keine.
Hält. B.: Nicht bekannt.
FU: O; Plankton, Detritus.
Bes.: Die Schwämme leben auf abgestorbenen Korallen und auf Korallenbruch im tiefen Wasser. Die braune Schwammoberfläche ist glatt und von feinen Einströmporen dicht besetzt. Die Ausströmöffnungen sind vulkanartig erhoben und mit einem hellen Rand abgesetzt. Der Schwammkörper wächst geduckt und schiebt sich mit breiten Ausläufern in alle Richtungen über freies Siedlungssubstrat. Dieser Schwamm ist eine neue Art und wird gerade beschrieben.

T: 20 - 24° C, **L**: 30 cm, **BS**: 4, **SG**: 4

Ectyoplasia ferox (DUCHASSAING & MICHELOTTI, 1864)
Brauner Octopus - Schwamm

Vork.: Karibisches Meer, Bahamas, Florida, Jamaica, Kolumbien.
GU: Keine.
Hält.B.. Nicht bekannt.
FU: O; Plankton.
Bes.: Die Schwämme besitzen eine große Variationsbreite an Wuchsformen. Sie wachsen auf verschiedenen Substraten, entweder krustig mit zylindrischen Erhebungen oder mit langen Ausläufern, die entstehen, wenn sie z.B. Gorgonien umwachsen. Sie bohren sich mit Hilfe von Säure in Kalkgestein und Korallen, ohne sichtbare Schäden anzurichten. Die Schwammoberfläche wird überragt von vielen vulkanähnlichen Erhebungen, die terminal die Ausströmöffnungen tragen. Ihre Farbe ist variabel. Der Braune Octopus - Schwamm lebt in Lagunen und an Korallenriffen und überzieht Korallen, Gorgonien und tote Riffareale.

T: 20 - 24° C, **L:** 35 cm, **BS:** 4, **SG:** 4

Ordnung: Spirophorida
Fam.: Tetillidae

Cinachyra australiensis CARTER, 1869
Australischer Kugelschwamm

Vork.: Indo-Pazifik, Australien.
GU: Keine.
Hält.B.: Nicht bekannt.
FU: O; Plankton.
Bes.: Die Schwämme wachsen hemisphärisch bis kugelig auf festen Unterlagen. Die Schwammoberfläche zeigt typisch große, dichtstehende, runde und kraterförmig eingesenkte Einströmöffnungen. Diese Schwämme leben in unterschiedlichen Tiefen, bevorzugt an schattigen Plätzen. Sie sind stets von feinen Sinkstoffen bedeckt.

T: 22 - 26° C, Ø: 6 cm, BS: 4, SG: 4

Gelber Röhrenschwamm, *Alysina sp.*, Karibik

Cinachyra australiensis

Cinachyra australiensis

Ordnung: HALICHONDRIDA
Fam.: Halichondriidae

Axinyssa ambrosia (LAUBENFELS, 1934)
Orangeroter Knotenschwamm

Vork.: Karibisches Meer, Niederländische Antillen, Kolumbien.
GU: Keine.
Hält. B.: Nicht bekannt.
FU: O; Plankton, Detritus.
Bes.: Mehrere Arten aus dieser Gattung leben im tropischen Westatlantik. Das Bild zeigt einen Knotenschwamm an einem Hafenstützpfeiler im Hafen von Bonaire. Aus einer krustigen Schwamm-Masse erheben sich kleine, dicke und knotige Schwammprojektionen, in deren Mitte sich die Ausströmöffnungen befinden. Die Schwammoberfläche ist rauh und zerklüftet, teilweise bewachsen und mit feinen Sinkstoffen bedeckt. Nur die Umgebung der Ausströmöffnungen ist frei von Aufwuchs und Ablagerung. Orangerote Knotenschwämme sind weich in ihrer Konsistenz. Sie siedeln an lichtarmen Stellen der Riffe und an artifiziellen Bauten.

T: 20 - 26° C, **L**: 12 cm, **BS**: 4, **SG**: 4

Liosina paradoxa THIELE, 1903
Baumschwamm

Vork.: Rotes Meer, Indo-Pazifik.
GU: Keine.
Hält.B.: Nicht bekannt.
FU: O; Plankton, Detritus.
Bes.: Der Baumschwamm wächst aufrecht auf festen Unterlagen. Die Schwammoberfläche ist rauh und pustelig. Die Ausströmöffnungen sind in verschiedenen Ebenen radiär und terminal angeordnet. Diese Schwämme leben am Riffgrund auf horizontalen Substraten.

T: 22 - 26° C, **L**: 20 cm, **BS**: 4, **SG**: 4

Ordnung: Halichondrida
Fam.: Hymeniacidonidae

Hemimycale columella (BOWERBANK, 1862)
Schleimiger Krustenschwamm

Vork.: Atlantik, Mittelmeer.
GU: Keine.
Hält.B.: Nicht bekannt.
FU:O; Plankton, Detritus.
Bes.: Der Schwammkörper ist von schleimiger und fleischiger Konsistenz. Viele kraterförmige Ausströmöffnungen stehen dicht beieinander. Um sie herum gruppieren sich eine Vielzahl kleiner, siebähnlicher Einströmöffnungen. Die Schwämme wachsen krustig an schattigen Stellen vom Flachwasser bis in größere Tiefen.

T: 10 - 18° C, Ø: 20 cm, BS: 3, SG: 4

Scopalina ruetzleri (WIEDENMAYER, 1977)
Rützlers Klumpenschwamm, Oranger Klumpenschwamm

Vork.: Karibisches Meer, Bahamas, Florida, Bonaire, Kolumbien.
GU: Keine.
Hält. B.: Nicht bekannt.
FU: O; Plankton, Detritus.
Bes.: Die Schwämme wachsen in Form klumpiger Krusten auf Korallen und anderen Hartsubstraten. Die Schwammoberfläche ist rauh, uneben und lappig bis klumpig. Große Ausströmöffnungen fehlen den Tieren. Sie leben an allen Riffabschnitten und siedeln in Mangroven, wo sie die Stelzwurzeln der Mangrovenpflanze, *Rhizophora mangle*, umwachsen.

T: 24 - 28° C, **L:** 15 cm, **BS:** 4, **SG:** 4

Ordnung: POECILOSCLERIDA
Fam.: Esperiopsidae

Neofibularia nolitangere (DUCHASSAING & MICHELOTTI, 1864)
Faß - mich - nicht - an - Schwamm

Vork.: Karibisches Meer, Bahamas, Florida, Bonaire, Kolumbien.
GU: Keine.
Soz. Verh./Vgs.: Die Schwämme sind mit den Schwammwürmern *Syllis spongicola*, dem Schlangenstern *Ophiothrix suensonii*, der Wurmschnecke *Vermicularia knorrii* und mit den Gobiiden *Gobisoma horsti* und *G. chancei* vergesellschaftet.
Hält. B.: Nicht bekannt.
FU: O; Plankton, Detritus.
Bes.: Der rötlich-braune Schwammkörper ist sehr groß und wächst massig mit irregulärer und filziger Oberfläche. Diese ist oft bedeckt mit einem feinen Sedimentauftrag. Die großen Ausströmöffnungen besitzen verschiedene geometrische Formen und sind selten rund. Beim Anfassen des Schwammes kann es zu allergischen Reaktionen der Haut kommen. Die betroffenen Stellen schwellen an und schmerzen wochenlang. Sehr empfindliche Menschen können Atemstörungen nach einer Berührung bekommen. Der lateinische Name "nolitangere" heißt auch: Faß mich nicht an! Die Schwämme leben auf flachen und steilen Riffabschnitten in fast allen Wassertiefen.

T: 20 - 26° C, **Ø**: 60 cm, **BS**: 4, **SG**: 4

Monachora arbuscula (DUCHASSAING & MICHELOTTI, 1864)
Roter Krustenschwamm

Vork.: Karibisches Meer, Bahamas, Florida, Bonaire.
GU: Keine.
Hält. B.: Nicht bekannt.
FU: O; Plankton, Detritus.
Bes.: Diese Schwämme sind außerordentlich häufig an fast allen Riffen und Riffabschnitten. Sie wachsen krustig auf Korallen, an vertikalen Wänden und an der Basis großer Korallenkolonien. Offensichtlich benötigen sie sehr wenig Licht für ihr Wachstum. Die dünne Schwammschicht zeigt zentral gelegene Ausströmöffnungen, zu denen sternförmig zahlreiche Kanäle führen. Diese sind vielfach miteinander vernetzt.

T: 20 - 26° C, **Ø**: 10 cm, **BS**: 4, **SG**: 4

Neofibularia nolitangere

Monachora arbuscula

Ordnung: POECILOSCLERIDA
Fam.: Myxillidae

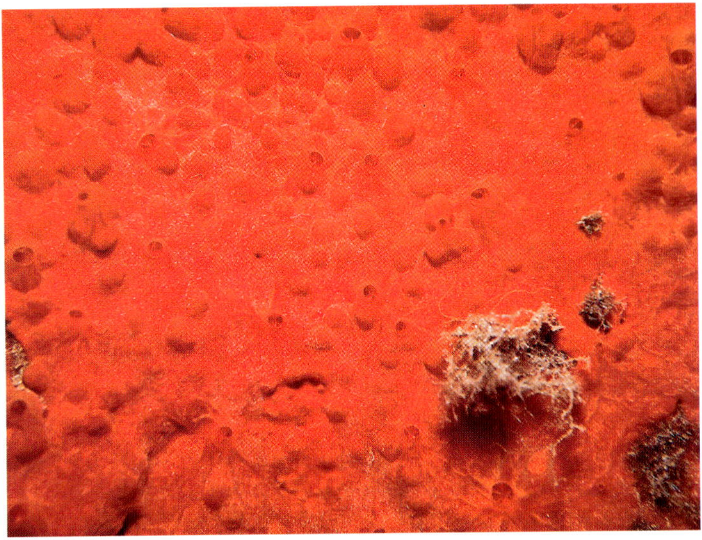

Crambe crambe (SCHMIDT, 1864)
Höckriger Krustenschwamm

Vork.: Mittelmeer, Goglio (Italien).
GU: Keine.
Hält. B.: Nicht bekannt.
FU: O; Plankton, Detritus.
Bes.: Diese Schwämme wachsen krustig an lichtarmen Stellen des Felslitorals und siedeln unter Überhängen, in Höhlen und in Spalten vom Flachwasser bis in große Tiefen. Die Schwammoberfläche ist höckrig durch die unregelmäßige Anordnung der Ausströmöffnungen. Deutlich sichtbare Kanäle, die zu ihnen führen, fehlen. Höckrige Krustenschwämme sind kräftig rotorange bis rot gefärbt und die wohl häufigste Art im Mittelmeer.

T: 10 - 22° C, Ø: 50 cm, BS: 4, SG: 4

Iotrochota birotulata (HIGGIN, 1877)
Grüner Fingerschwamm

Vork.: Karibische See, Westindische Inseln, Kolumbien bis Brasilien.
GU: Keine.
Hält.B.: Nicht bekannt.
FU: O; Plankton, Detritus.
Bes.: Der Grüne Fingerschwamm wächst aufrecht mit vielen unterschiedlich langen Verzweigungen, die ineinander verschachtelt sind. Die Verzweigungen sind zylindrisch oder abgeflacht und sehr stachelig. Die Kolorierung der Schwammkolonien reicht von schwarz und grau bis hin zu grau-grün. Sie leben vom Flachwasser bis in große Tiefen und können fluoreszieren.

T: 20 - 26° C, L: 60 cm, BS: 4, SG: 4

Ordnung: Poecilosclerida
Fam.: Myxillidae

Iophon laevistylus BERGQUIST, 1967
Röhrenschwamm

Vork.: Indischer Ozean, Thailand.
GU: Keine.
Hält.B.: Nicht bekannt.
FU: O; Plankton, Detritus.
Bes.: Diese Schwämme bestehen aus einer Vielzahl langer und zylindrischer Röhren, die einer gemeinsamen Basis entspringen und die sich nur gelegentlich verzweigen. Alle Schwammröhren besitzen annähernd den gleichen Durchmesser und tragen terminal ein zentral gelegenes Osculum. Sie siedeln auf festen Substraten am Riffhang in unterschiedlichen Tiefen. Viele der Schwammröhren sind außen bewachsen.

T: 20 - 26° C, L: 40 cm, BS: 4, SG: 4

Lissodendoryx colombiensis ZEA & VAN SOEST, 1986
Kolumbianischer Porenschwamm

Vork.: Karibisches Meer, Bahamas, Kolumbien.
GU: Keine.
Hält. B.: Nicht bekannt.
FU: O; Plankton, Detritus.
Bes.: Diese Schämme wachsen mit rauher und großporiger Oberfläche an Korallen und an anderen festen Substraten. Sie besitzen große und zentral gelegene Ausströmöffnungen, die an ihren Rändern nur wenige Einströmöffnungen aufweisen. Die Schwämme sind frei von Aufwuchs und Auflagerungen. Der Schwamm auf dem Bild wächst an einem Standort, wo er von der Verzweigung einer Hornkoralle regelrecht "gewürgt" wird. Diese ist abgestorben und auf ihr wachsen zahlreiche Algen, Hydroiden und kleine Schwämme.

T: 20 - 26° C, **L**: 40 cm, **BS**: 4, **SG**: 4

Mycale laevis (CARTER, 1882)
Orangenfarbiger Eisschicht-Schwamm

Vork.: Karibisches Meer, Bahamas, Florida.
GU: Keine.
Hält. B.: Nicht bekannt.
FU: O; Plankton, Detritus.
Bes.: Eisschicht-Schwämme leben überwiegend an der Basis von Korallen der Gattungen *Porites* und *Montastrea*. Sie wachsen flächig bis krustig in dünnen Lagen bis an die Grenze des lebenden Korallengewebes und werden erst dann sichtbar, wenn sie von der Basis her die Korallenoberfläche erreicht haben. Ihre großen Ausströmöffnungen sind kraterförmig und die Ränder transparent. Der Schwamm schützt die Basis der Koralle vor bohrenden und festsitzenden Wirbellosen Tieren.

T: 20 - 26° C, Ø: 20 cm, BS: 4, SG: 4

Crella cyathophora CARTER, 1869
Warzenschwamm

Vork.: Rotes Meer, Indo - Pazifik.
GU: Keine.
Hält.B.: Nicht bekannt.
FU: O; Plankton, Detritus.
Bes.: Diese Schwämme wachsen krustig und passen sich den Unebenheiten des Untergrundes an. Die relativ großen und warzenähnlichen Einströmöffnungen befinden sich an den Kraterwänden der Ausströmöffnungen und in den Vertiefungen der Schwammoberfläche. Die Ausströmöffnungen überragen schlotähnlich den Schwammkörper. Die Schwämme siedeln an schattigen Felswänden von Unterhöhlungen vom Flachwasser bis in Tiefen von 40 m. Ihre Farbe ist milchgrau bis braun.

T: 20 - 24° C, Ø: 15 cm, **BS**: 4, **SG**: 4

Ordnung: Poecilosclerida
Fam.: Adociidae

Aka coralliphaga (RÜTZLER, 1971)
Gelber Bohrschwamm

Vork.: Karibisches Meer, Bahamas, Curaçao, Honduras, Kolumbien.
GU: Keine.
Hält.B.: Nicht bekannt.
FU: O; Plankton, Detritus.
Bes.: Diese Art tritt in verschiedenen Wuchsformen auf. Am häufigsten in Form auftrechter, intensiv gelb gefärbter Ausströmschlote, die die Oberfläche des Substrates überragen. Schon die Schwammlarven setzen sich auf der Korallenoberfläche fest, zersetzen und durchbohren diese und töten die Korallenpolypen ab. Mit Hilfe einer Säure ätzen sie Tunnel in das Korallengestein, breiten sich flächig darin aus und erheben nur ihre Ausströmschlote über den Untergrund. Die feinen Einströmöffnungen befinden sich an der Basis der Schlote. Der Gelbe Bohrschwamm wird in allen Tiefenbereichen angetroffen. Er bohrt fast alle Korallenarten an.

T: 20 - 24° C, L: 3 cm, BS: 4, SG: 4

Aka mucosa BERGQUIST, 1965
Schwarzbrauner Bohrschwamm

Vork.: Indo-Pazifik, Malediven.
GU: Keine.
Hält.B.: Nicht bekannt.
FU: O; Plankton, Detritus.
Bes.: Der Schwamm bohrt in einer *Porites*-Koralle und streckt seine langen Ausströmschlote in das freie Wasser. Die Koralle umwächst diese Schlote und verändert damit zwangsläufig ihre Oberflächenstruktur. Offensichtlich ist die Aggression des Schwammes nicht so groß, daß er die gesamte Korallenkolonie zerstören kann. Die Koralle umwächst teilweise die Basis der Schlote. Die hellen Linien sind die sichtbaren Zeichen des Kampfes zwischen beiden Organismen.

T: 22 - 26° C, L: 4 cm, BS: 4, SG: 4

Ordnung: Poecilosclerida
Fam.: Clathrinidae

Clathria procera (RIDLEY, 1884)
Oranger Fingerschwamm

Vork.: Indo - Pazifik, Malaysia.
GU: Keine.
Hält. B.: Nicht bekannt.
FU: O; Plankton, Detritus.
Bes.: Die Schwämme wachsen auf kleiner Basis mit sehr langen und fingerförmigen Verzweigungen. Diese sind terminal gegabelt und abgerundet. Sie leben an vertikalen Wänden am Riffhang und ragen weit in das freie Wasser hinaus. Die Verzweigungen sind sehr flexibel und starken Strömungen angepaßt.

T: 22 - 26° C, **L:** 80 cm, **BS:** 4, **SG:** 4

Clathria sp.
Pfirsich - Krustenschwamm

Vork.: Karibisches Meer, Bahamas, Süd-Florida, Bonaire.
GU: Keine.
Hält. B.: Nicht bekannt.
FU: O; Plankton, Detritus.
Bes.: Pfirsich-Krustenschwämme überziehen in dünnen Lagen tote Riffareale und Wände in Unterhöhlungen. Die wurzelähnlichen Kanäle auf der Schwammoberfläche führen zu großen Ausströmöffnungen, wobei die Kanäle benachbarter Öffnungen miteinander verbunden sind. Viele kleine Einströmöffnungen befinden sich zwischen den zuführenden Kanälen.

T: 20 - 26° C, Ø: 20 cm, BS: 4, SG: 4

Ordnung: Poecilosclerida
Fam.: Clathrinidae

Echinoclathria sp. (*gigantea* ?)
Honigbergschwamm

Vork.: Rotes Meer, Indo - Pazifik, Australien.
GU: Keine.
Hält.B.: Nicht bekannt.
FU: O; Plankton, Detritus.
Bes.: Diese Schwämme zeigen eine eigenwillige Oberflächenstruktur. Diese Art kommt in verschiedenen Wuchsformen vor, wobei zylindrische bis kugelige Formen die häufigsten sind. Die Schwammoberfläche ist rauh und tief eingebuchtet bis gefaltet. In diesen Falten sammeln sich Sediment und Korallensand. Außerdem bietet die zerklüftete Schwammoberfläche einer Anzahl von kleinen Tieren ideale Versteckmöglichkeiten.

T: 22 - 26° C, Ø: 60 cm, BS: 4, SG: 4

Rhaphidophlus cervicornis (ESPER, 1794)
Roter Fingerschwamm

Vork.: Rotes Meer.
GU: Keine.
Hält.B.. Nicht bekannt.
FU: O; Plankton, Detritus.
Bes.: Der Rote Fingerschwamm wächst in langen, fingerförmigen Verzweigungen und erhebt sich weit über sein Siedlungssubstrat in das freie Wasser der Vorriffe. Die Verzweigungen sind dem stark strömenden Wasser angepaßt und daher sehr flexibel. Die Schwämme siedeln mit kleiner Basis auf festen Unterlagen am Riffhang, auf Riffvorsprüngen und leben vom Flachwasser bis in sehr große Tiefen.

T. 22 - 26° C, L: 70 cm, BS: 4, SG: 4

Ordnung: Poecilosclerida
Fam.: Clathrinidae

Raphidophlus cervicornis, Karibik

Raphidophlus raraechelae (VAN SOEST, 1984)
Oranger Krustenschwamm

Vork.: Karibisches Meer, Florida, Bonaire.
GU: Keine.
Hält.B.: Nicht bekannt.
FU: O; Plankton, Detritus.
Bes.: Orange Krustenschwämme bilden Matten auf abgestorbenen Korallen und auf freien Siedlungsflächen. Sie sind sehr aggressive Siedler, die in kurzer Zeit alles, was benachbart lebt, abtötet und überwuchert. Der Schwammkörper bedeckt dann als dünne Schicht die Unterlage. Sternförmig angeordnete Kanäle führen zu den wenig erhöht stehenden Ausströmöffnungen. Die Schwammoberfläche ist stets frei von Aufwuchs und Sedimentauftrag.

T: 20 - 26° C, Ø: 80 cm, BS: 4, SG: 4

Ordnung: Poecilosclerida
Fam.: Anchinoidae

Anchinoe tenacior TOPSENT, 1936
Blauer Krustenschwamm

Vork.: Mittelmeer.
GU: Keine.
Hält.B.: Nicht bekannt.
FU: O; Plankton, Detritus.
Bes.: Diese Schwämme überziehen krustenförmig tote Unterlagen. Sie besitzen eine blasige, kraterreiche Oberfläche und erhöht stehende Ausströmöffnungen, die von zuführenden Kanälen umgeben sind. Sie siedeln an glatten und schattigen Felswänden, in Höhlen, unter Überhängen und an Schiffswracks in fast allen Tiefen.

T: 10 - 18° C, Ø: 25 cm, BS: 4, SG: 4

Fam.: Agelasidae

Agelas oroides SCHMIDT, 1864
Zäher Goldschwamm

Vork.: Mittelmeer.
GU: Keine.
Hält.B.: Nicht bekannt.
FU: O; Plankton, Detritus.
Bes.: Der Schwamm wächst dickbauchig mit wenigen Ausströmöffnungen und einer zähen, feingenarbten Oberfläche. In der Literatur wird dieser Schwamm stets als "Hornschwamm" bezeichnet, was nicht korrekt ist. Er besitzt nämlich Sponginfasern und Spiculae aus Kalk. Die Schwämme leben an Felswänden, in Spalten und in Kleinhöhlen vom Flachwasser bis in Tiefen von über 30 m.

T: 10 - 18° C, Ø: 15 cm, BS: 4, SG: 4

Anchinoe tenacior

Agelas oroides

Ordnung: POECILOSCLERIDA
Fam.: Agelasidae

Agelas conifera (SCHMIDT, 1870)
Brauner Röhrenschwamm

Vork.: Karibisches Meer, Florida, Bahamas, Kolumbien.
GU: Keine
Soz.Verh./Vgs.: Sie werden von den Krustenanemonen *Parazoanthuis swiftii* und *Parazoanthus puertoricense* besiedelt.
Hält.B.: Nicht bekannt.
FU: O; Plankton, Detritus.
Bes.: Der Braune Röhrenschwamm bildet unterschiedliche Wuchsformen aus. Bei der häufigsten Form entspringen einer breiten Basis viele lange, flexible, verzweigte und teilweise miteinander verwachsene Schwammröhren. Diese besitzen terminal eine zentrale Ausströmöffnung. Die Schwammoberfläche ist unregelmäßig und rauh. Die Farbe ist variabel. Die Schwämme leben überwiegend im Stillwasserbereich von Überhängen und in Nischen.

T: 20 - 24° C, L: 40 cm, BS: 4, SG: 4

Agelas conifera

Ordnung: Poecilosclerida
Fam.: Agelasidae

Agelas clathrodes (SCHMIDT, 1870)
Oranger Elefantenohrschwamm

Vork.: Karibisches Meer, Florida, Bahamas bis Brasilien.
GU: Keine.
Soz.Verh./Vgs.: Die Schwammoberfläche ist vielfach von Hydroiden, Tunikaten und anderen kleinen Wirbellosen Tieren besiedelt.
Hält.B.. Nicht bekannt.
FU: O; Plankton, Detritus.
Bes.: Dieser Schwamm wächst massiv, kugel-, scheiben- oder ohrenförmig, mit oder ohne zentrale Ausströmöffnungen. Die Wuchsform richtet sich nach dem Standort, der Beschaffenheit des Siedlungssubstrates und der Wasserbewegung. Die Schwammoberfläche ist sehr rauh, derb und von vielen unterschiedlich großen Einströmöffnungen durchlöchert. Die Schwämme leben im klaren, wenig bewegtem Wasser vom Flachwasser bis in größere Tiefen. Ihre Farbe ist variabel.

T: 20 - 24° C, **L**: 30 cm, **BS**: 4, **SG**: 4

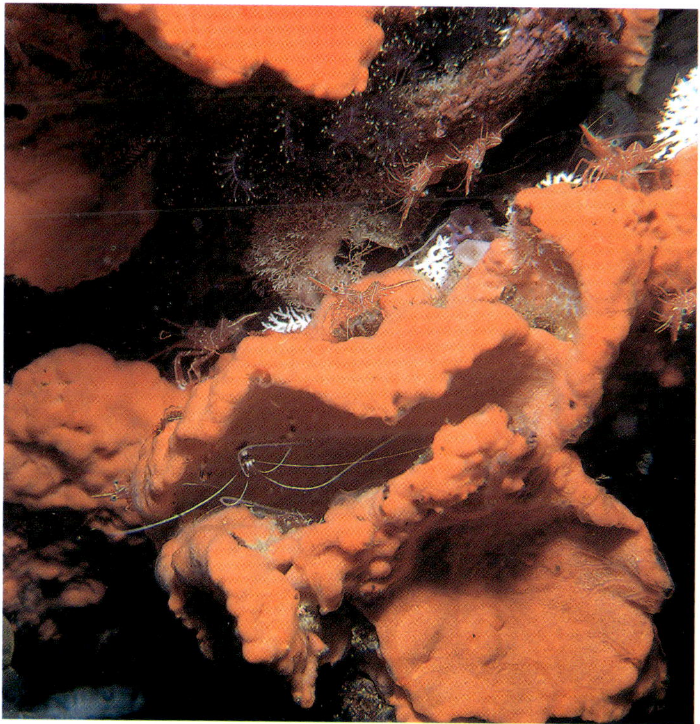

Agelas mauritiana (CARTER, 1862)
Orangeroter Lederschwamm

Vork.: Indo - Pazifik, Malaysia.
GU: Keine.
Hält.B.. Nicht bekannt.
FU: O; Plankton, Detritus.
Bes.: Diese Schwämme überziehen an schattigen Standorten in Spalten und Unterhöhlungen abgestorbene Korallen und Felsgestein mit einer dicken und derben Kruste. Die sehr zähen Schwämme tragen kleine Ausströmöffnungen und zahlreiche Papillen. Sie zählen zu den sehr aggressiven Raumkonkurrenten und leben in fast allen Tiefen.

T: 22 - 26° C, **Ø:** 30 cm, **BS:** 4, **SG:** 4

Ordnung: Poecilosclerida
Fam.: Agelasidae

Agelas sp.
Brauner Tubenschwamm

Vork.: Karibisches Meer, San Andrés.
GU: Keine .
Soz.Verh./Vgs.: Sie leben mit Putzergarnelen und kleinen Grundeln der Gattung *Gobisoma* vergesellschaftet. Ihre Anwesenheit ist ein Hinweis dafür, daß diese Schwämme Putzerstationen für viele Fische sind.
Hält.B.: Nicht bekannt.
FU: O; Plankton, Detritus.
Bes.: Viele tubenförmige Schwammröhren entspringen einer breiten Basis. Die Schwammoberfläche ist hart, rauh und uneben. Die hellen Flecken auf der Oberfläche sind Fraßspuren von Nacktschnecken. Diese Schwämme leben an strömungsreichen Riffhängen bis in große Tiefen.

T: 20 - 24° C, **L**: 50 cm, **BS**: 4, **SG**: 4

Haliclona fascigera (HENTSCHEL, 1912)
Rosaroter Röhrenschwamm

Vork.: Rotes Meer, Indo-Pazifik.
GU: Keine.
Hält.B.: Nicht bekannt.
FU: O; Planktron, Detritus.
Bes.: Diese Schwämme wachsen aufrecht mit unterschiedlich langen Röhren, die einer gemeinsamen Basis entspringen. Die Schwammröhren werden zur terminalen Ausströmöffnung hin heller. Sie leben auf allen möglichen Hartsubstraten in unterschiedlichen Tiefen.

T: 22 - 26° C, L: 80 cm, BS: 4, SG: 4

Ordnung: Haplosclerida
Fam.: Haliclonidae

Haliclona fascigera (HENTSCHEL, 1912)
Blaugrauer Röhrenschwamm

Vork.: Rotes Meer, Port Safaga.
GU: Keine.
Hält.B.: Nicht bekannt.
FU: O; Plankton, Detritus.
Bes.: Ein relativ großer Hornschwamm, dem Festigungselemente fehlen und der ausschließlich aus Spongin besteht. Daher ist er auch sehr flexibel. Er wächst in aufrechten, nur wenig verzweigten und unterschiedlich langen Röhren, die große Ausströmöffnungen tragen. Auf der Schwammoberfläche leben kleine Borstenwürmer, die von der Filtrierleistung des Schwammes profitieren. Es handelt sich dabei nicht um einen Kommensalismus. Die Schwämme leben zwischen Korallen am Riffhang bis in 35 m Tiefe.

T: 22 - 26° C, **L**: 60 cm, **BS**: 4, **SG**: 4

Haliclona rosea (*mediterranea* ?) (BOWERBANK, 1862)
Rosaroter Röhrenschwamm

Vork.: Mittelmeer, Giglio (Italien).
GU: Keine.
Hält. B.: Nicht bekannt.
FU: O; Plankton, Detritus.
Bes.: Rosarote Röhrenschwämme wachsen in Form kurzer, an der Basis verbreiteter Röhren, die einzeln oder in Gruppen stehen. Sie leben an lichtarmen Stellen von Unterhöhlungen und in Höhlen des Felslitorals vom Flachwasser bis in große Tiefen. Die Schwammröhren sind schlank und brüchig und besitzen terminal eine große Ausströmöffnung. Sie sind stets frei von Aufwuchs und Sedimentationsauflagerungen.

T: 10 - 22° C, **L**: 10 cm, **BS**: 4, **SG**: 4

Ordnung: Haplosclerida
Fam.: Haliclonidae

Haliclona mediterranea GRIESSINGER, 1971
Mittelmeer - Zylinderschwamm, Rosa Röhrenschwamm

Vork.: Mittelmeer.
GU: Keine.
Hält.B.: Nicht bekannt.
FU: O; Plankton, Detritus.
Bes.: Diese Schwämme wachsen stark verzweigt. Sie bestehen aus einer Vielzahl langer, steifer und zerbrechlicher Schlote. Die gesamte Schwammkolonie ist meist nur an wenigen Stellen am Substrat befestigt, wobei krustige Platten die Räume zwischen den einzelnen Schloten überbrücken. Sie leben bevorzugt unter schattigen Überhängen, in Höhlen und auf tiefen Korallinböden bis zu über 50 m Wassertiefe. Ihre Farbe ist überwiegend zart rosa.

T: 10 - 18° C, L: 4 - 10 cm, BS: 4, SG: 4

Haliclona viscosa (TOPSENT, 1928)
Fleischschwamm

Vork.: Ostatlantik, Südirland, Mittelmeer.
GU: Keine.
Hält.B.: Nicht bekannt.
FU: O; Plankton, Detritus.
Bes.: Der Fleischschwamm wächst in Form krustiger Beläge auf Felsen und harten Substraten im Sublitoral. Seine Ausströmöffnungen erheben sich in Form kurzer, zylindrischer Schlote über den krustigen Belag. Er siedelt an strömungsreichen Küstenabschnitten und ist überwiegend fleischfarben.

T: 8 - 18° C, Ø: 70 cm, BS: 4, SG: 4

Ordnung: Haplosclerida
Fam.: Haliclonidae

Haliclona sp.
Graubrauner Röhrenschwamm

Vork.: Rotes Meer.
GU: Keine
Hält.B.: Nicht bekannt.
FU: O; Plankton, Detritus.
Bes.: Die Schwämme wachsen röhrenförmig mit schmaler Basis und breiter, meist zerfranster Ausströmöffnung auf Korallengrund. Die Schwammoberfläche ist fein strukturiert und meist ohne Sedimentauftrag. Die Schwammröhren sind stets in der Einzahl. Die Konsistenz des Schwammes ist weich unf sehr flexibel.

T: 22 - 26° C, **L:** 60 cm, **BS:** 4, **SG:** 4

Niphates digitalis (LAMARCK, 1814)
Becherschwamm

Vork.: Karibisches Meer, südliches Florida, Bahamas, Kolumbien.
GU: Keine.
Soz.Verh./Vgs.: Die Schwammoberfläche ist meist mit der Krustenanemone *Parazoanthus parasiticus* besiedelt und von dem Schlangenstern *Ophiothrix suensonii* bewohnt.
Hält.B.: Nicht bekannt.
FU: O; Plankton, Detritus.
Bes.: Die häufigste Wuchsform dieses Schwammes ist becherförmig. Er siedelt mit schmaler Basis und einer großen, weiten Ausströmöffnung auf allen möglichen festen Substraten. Der auf dem Bild dargestellte Schwamm zeigt eine ungewöhnliche Wuchsform ohne zentral gelegenen Osculum und einem fast planen Schwammkörper. Die Schwammränder sind sehr zart ausgebildet und fast transparent. Die Schwammoberfläche ist sehr rauh.

T: 20 - 24° C, L: 15 cm, BS: 4, SG: 4

Niphates digitalis

Niphates olemda (LAUBENFELS, 1936)
Röhrenschwamm

Vork.: Indo - Pazifik, Malaysia.
GU: Keine.
Hält.B.: Nicht bekannt.
FU: O; Plankton, Detritus.
Bes.: Die Schwämme wachsen aufrecht mit unterschiedlich langen und unterschiedlich geformten Röhren. Diese besitzen terminale und laterale Ausströmöffnungen. Die lateralen sind wie die Löcher entlang einer Flöte angeordnet. Die Schwammröhren sind weich und sehr flexibel. Sie leben an gut durchströmten Riffabschnitten vom Flachwasser bis in Tiefen von 20 m.

T: 22 - 26° C, L: 40 cm, BS: 4, SG: 4

Ordnung: Haplosclerida
Fam.: Niphatidae

Gelloides fibulatus (RIDLEY, 1884)
Stacheliger Hornschwamm

Vork.: Indo - Pazifik, Malaysia.
GU: Keine.
Hölt.B.: Nicht bekannt.
FU: O; Plankton, Detritus.
Bes.: Die Schwämme wachsen krustig oder mit kurzen, aufrechten Tuben, die einer gemeinsamen Basis entspringen. Die Schwammoberfläche ist rauh und besitzt unterschiedlich lange und spitze Projektionen. Die terminalen Enden sind gebogen und ausgefranst. Die Schwämme leben auf abgestorbenen Korallen am Riffhang und auf Riffplattformen in unterschiedlichen Wassertiefen. Diese Art ist nicht sehr häufig an den indopazifischen Riffen.

T: 22 - 26° C, **L:** 35 cm, **BS:** 4, **SG:** 4

Callyspongia vaginalis (LAMARCK, 1814)
Verzweigter Vasenschwamm

Vork.: Karibisches Meer, Florida, Bermudas, Bahamas.
GU: Keine.
Soz.Verh./Vgs.: Die Schwämme werden sehr oft von der Krustenanemone *Parazoanthus parasiticus* besiedelt und vom Schlangenstern *Ophiothrix suensonii* bewohnt.
Hält.B.: Nicht bekannt.
FU: O; Plankton, Detritus.
Bes.: Die Schwammröhren stehen einzeln oder in Gruppen. Sie sind unterschiedlich lang und sehr elastisch. Die Schwammoberfläche ist rauh und zeigt irreguläre Vertiefungen und Protuberanzen. Die Wuchsform der Schwammkolonie ist abhängig von der Stärke der Wasserbewegung. Sie siedeln bevorzugt auf Plateaus und an tiefen Riffhängen, stets festgewachsen auf harten Unterlagen.

T: 20 - 24° C, **L:** 60 cm, **BS:** 4, **SG:** 4

Callyspongia plicifera (LAMARCK, 1814)
Becherschwamm

Vork.: Karibisches Meer, Florida, Bahamas.
GU: Keine.
Soz.Verh./Vgs.: Die Schwammschlote werden vom Schlangenstern *Ophiothrix suensonii* bewohnt.
Hält.B.: Nicht bekannt.
FU: O; Plankton, Detritus.
Bes.: Die Wuchsform des Schwammes ist aufrecht, zylindrisch oder becherförmig. Im allgemeinen stehen die Schwammschlote solitär. Die Schwammoberfläche ist sehr rauh und stark zerklüftet. Der Rand der terminalen Ausströmöffnungen ist sehr dünn und fast transparent. Die Schwämme leben vorwiegend in Tiefen zwischen 15 - 30 m an Riffhängen, auf Riffvorsprüngen und an Steilabfällen. Sie können im Flachwasser bei sehr intensiver Sonneneinstrahlung fluoreszieren. Ihre Farbe ist überwiegend rosa.

T: 20 - 24° C, **L**: 25 cm, **BS**: 4, **SG**: 4

Callyspongia plicifera

Ordnung: Haplosclerida
Fam.: Callyspongiidae

Callyspongia monilata (RIDLEY, 1884)
Blauer Fingerschwamm

Vork.: Rotes Meer, Indo - Pazifik.
GU: Keine.
Hält.B.: Nicht bekannt.
FU: O; Plankton, Detritus.
Bes.: Der Blaue Fingerschwamm wächst mit langen, dünnen und röhrenartigen Verzweigungen, die sehr flexibel sind. Er ist ein schneller Sekundärsiedler, der Freiräume im Riff sofort besetzt. Er lebt, auch an Riffabschnitten mit sehr starker Strömung, vorwiegend am Riffhang bis in Tiefen von über 30 m.

T: 22 - 26° C, L: 60 cm, BS: 4, SG: 4

Callyspongia siphonella LEVI, 1973
Siphonenschwamm

Vork.: Rotes Meer, Indo-Pazifik.
GU: Keine.
Hält.B.: Nicht bekannt.
FU: O; Plankton, Detritus.
Bes.: Eine Schwammkolonie dieser Art besteht meist aus einer Vielzahl langer, nahe der Basis parallel verzweigter, sehr flexibler Schwammröhren, die auf Felsen oder Korallen siedeln und mit einer kleinen Basis darauf festgewachsen sind. Sie bestehen aus reinem Spongin, ohne Spiculae oder andere Festigungselemente und leben vom Flachwasser bis in Tiefen von über 20 m.

T: 22 - 26° C, L: 30 cm, BS: 4, SG: 4

Ordnung: Haplosclerida
Fam.: Callyspongiidae

Callyspongia schulzi (KIESCHNIK, 1990)
Vasenschwamm

Vork.: Indo-Pazifik, Malaysia.
GU: Keine.
Hält.B.. Nicht bekannt.
FU: O; Plankton, Detritus.
Bes.: Die Schwämme wachsen mit breiter Basis auf abgestorbenen Korallen und erheben sich nur mit kurzen, flexiblen und vasenförmigen Tuben über die Substratoberfläche. Die Ausströmöffnungen sind erweitert und fransig. Die Schwammoberfläche ist rauh und zeigt eine Vielzahl stumpfer und spitzer Tuberanzen. Die Schwämme leben auf allen möglichen Unterlagen in unterschiedlichen Tiefen.

T: 22 - 26° C, L: 10 cm, BS: 4, SG: 4

Callyspongia sp.
Brauner Vasenschwamm

Vork.: Rotes Meer, Port Safaga.
GU: Keine.
Hält.B.: Nicht bekannt.
FU: O; Plankton, Detritus.
Bes.: Die Schwammröhren siedeln entweder einzeln oder in Gruppen. Die Schwammoberfläche ist sehr rauh, unregelmäßig zerklüftet und trägt viele runde, spitze oder anders gestaltete Protuberanzen. Sie wird weder von Algen noch von Wirbellosen Tieren besiedelt. Die Schwämme leben auf abgestorbenem Korallengrund, zwischen Korallen am Riffhang und auf Plattformen bis in 30 m Tiefe. Bei gutem Siedlungsstandort werden einige Schwämme dieser Art sehr groß.

T: 22 - 26° C, L: 30 cm, BS: 4, SG: 4

Callyspongia schulzi

Callyspongia sp.

Ordnung: HAPLOSCLERIDA
Fam.: Callyspongiidae

Callyspongia sp.
Blauer Krustenschwamm

Vork.: Indischer Ozean, Malediven.
GU: Keine.
Hält.B.: Nicht bekannt.
FU: O; Plankton, Detritus.
Bes.: Dieser Schwamm wächst krustig und mit vielen runden Ausströmöffnungen, die wie kleine Schlote den Schwammkörper nur wenige Millimeter überragen. Die Wuchsform deutet darauf hin, daß der Schwamm im stark bewegten Wasser auf abgestorbenem Korallengrund siedelt.

T: 22 - 26° C, **Ø**: 20 cm, **BS**: 4, **SG**: 4

Petrosia ficiformis POIRET, 1789
Feigenhornschwamm, Brotschwamm

Vork.: Mittelmeer bis Kapverdische Inseln.
GU: Keine.
Soz.Verh./Vgs.: Vergesellschaftet mit der Leopardennacktschnecke *Peltodoris atromaculata*, die auf diesem Schwamm weidet.
Hält.B.: Nicht bekannt.
FU: O; Plankton, Detritus.
Bes.: Diese Art wächst in den verschiedensten Formen. Sie ist sehr hart und brüchig. Der Anteil an Kieselsäurenadeln im Schwammkörper ist sehr groß. Normalerweise ist sie braun-violett gefärbt mit grünlicher Unterseite. Die hellen Stellen auf der Schwammoberseite sind Fraßspuren von Leopardennacktschnecken. Die wenigen Ausströmöffnungen sind netzförmig gestaltet. Die meisten Schwämme dieser Art leben im Flachwasser auf Steinen, an Felsen und in Höhlen.

T: 10 - 18° C, Ø: 25 cm, BS: 4, SG: 4

Ordnung: HAPLOSCLERIDA
Fam.: Petrosiidae

Xestospongia muta (SCHMIDT, 1870)
Gigantischer Tonnenschwamm

Vork.: Karibisches Meer, Florida, Bermudas, Bahamas bis Brasilien.
GU: Keine.
Hält.B.: Nicht bekannt.
FU: O; Plankton, Detritus.
Bes.: Diese Schwammart ist die größte im Karibischen Meer. Ein ausgewachsener Schwamm kann fast 2 m hoch werden. In ihren Osculi kann sich ein voll ausgerüsteter Taucher fast verstecken. Die Schwammoberfläche ist reich zerklüftet, faltig und hart. Sehr große Schwämme leben an stark durchströmten Riffabschnitten. Kleinere leben dagegen an wenig exponierten Riffteilen und siedeln auf allen möglichen festen Unterlagen. Farbe variabel. Helle Schwämme dieser Art kommen in Tiefen von über 120 m vor. Tonnenschwämme wachsen sehr langsam.

T: 20 - 24° C, **L**: 40 cm, **BS**: 4, **SG**: 4

Xestospongia rosariensis (ZEA & RÜTZLER, 1983)
Oranger Röhrenschwamm

Vork.: Karibisches Meer, Islas Rosarios, Puerto Rico.
GU: Keine.
Hält.B.: Nicht bekannt.
FU: O; Plankton, Detritus.
Bes.: Diese Schwämme wachsen zylindrisch und verzweigt. Sie sind mit einer breiten Basis auf Hartsubstrat festgewachsen. Die Schwammröhren sind weich, abgeflacht und von rauher Oberfläche. Diese ist von Höckern und Gruben durchsetzt und zeigt dunkle Furchen unterschiedlicher Form und Ausdehnung. Die Ausströmöffnungen befinden sich terminal an den Schwammröhren. Sie sind heller abgesetzt. Die Schwämme leben an Riffhängen bis in sehr große Tiefen.

T: 20 - 24° C, **L**: 60 cm, **BS**: 4, **SG**: 4

Xestospongia muta

Xestospongia rosariensis

Ordnung: HAPLOSCLERIDA
Fam.: Petrosiidae

Xestospongia testudinaria (LAMARCK, 1814)
Großer Vasenschwamm

Vork.: Indo-Pazifik, Malaysia.
GU: Keine.
Hält.B.: Nicht bekannt.
FU: O; Plankton, Detritus.
Bes.: Diese Schwämme wachsen zu einer beträchtlichen Größe heran und siedeln mit breiter Basis auf Hartsubstrat. Die Schwammoberfläche ist hart, rauh und mit langen, unterschiedlich geformten, vertikalen Rippen und Noppen versehen. Die terminalen Osculi sind groß und innen glatt. Der Große Vasenschwamm lebt vorwiegend am unteren Riffhang auf annähernd horizontalen Siedlungsflächen.

T: 22 - 26° C, **L**: 80 cm, **BS**: 4, **SG**: 4

Cacospongia scalaris SCHMIDT, 1868
Lederschwamm

Vork.: Mittelmeer.
GU: Keine.
Hält.B.: Nicht bekannt.
FU: O; Plankton, Detritus.
Bes.: Der Lederschwamm wächst massig, zuweilen auch lappig und mit unregelmäßiger, stark zerklüfteter Oberfläche. Die runden Ausströmöffnungen befinden sich terminal auf den buckligen Erhebungen. Sie sind aufgrund der Anordnung ihrer Sponginfasern sehr zäh und lederartig. Sie leben in Algenbeständen, in Schattengebieten und auf tiefen korallinen Böden.

T: 10 - 18° C, Ø: 50 cm, BS: 4, SG: 4

Ordnung: Dictyoceratida
Fam.: Spongiidae

Carteriospongia foliascens (PALLAS, 1766)
Folienschwamm

Vork.: Indo - Pazifik, Malediven.
GU: Keine.
Hält. B.: Nicht bekannt.
FU: O; Plankton, Detritus.
Bes.: Ein Schwamm von außergewöhnlicher Wuchsform. Er bildet flache, dünne, blattförmige Schwammscheiben, die einzeln oder quirlförmig in mehreren Umläufen wachsen. Eine zentrale Ausströmöffnung fehlt dem Schwamm. Die Schwammoberfläche ist leicht gerillt und zeigt eine Vielzahl kleiner Noppen. Die Schwämme leben mit kleiner Basis auf Korallengrund befestigt im tiefen Wasser. Die trichterförmigen Vertiefungen füllen sich im Laufe der Zeit mit Sediment. Dieses wird zum Siedlungssubstrat für andere Organismen.

T: 22 - 26° C, **Ø**: 40 cm, **BS**: 4, **SG**: 4

Spongia agaricia (PALLAS, 1816)
Elefantenohrschwamm

Vork.: Mittelmeer.
GU: Keine.
Hält. B.: Nicht bekannt und auch nicht geeignet, da die Wuchsform zu groß ist.
FU: O; Plankton, Detritus.
Bes.: Elefantenohrschwämme besitzen unterschiedliche Wuchsformen. Überwiegend jedoch wachsen sie teller-, fächer- bis trichterförmig, wobei sich die zahlreichen Ausströmöffnungen entweder innerhalb des Trichters oder auf einer Seite des Fächers befinden. Große Schwämme können einen Ø von über 100 cm erreichen. Ein feinmaschiges Netz aus Sponginfasern macht die Schwämme sehr flexibel. Taxonomen sind der Ansicht, daß es sich bei dieser Art um eine Varietät des Badeschwammes, *Sp. officinalis*, handelt, praktisch um eine Wuchsform in Anpassung an tiefere Wasserschichten. Auch Elefantenohrschwämme werden gesammelt, gereinigt und als Bade- und Industrieschwämme verwendet.

T: 5 - 18° C, Ø: 60 cm, BS: 4, SG: 4

Spongia officinalis LINNAEUS, 1759
Mittelmeer badeschwamm

Vork.: Kosmopolitisch in gemäßigten Breiten, Golf von Mexiko, Mittelmeer, Japan, Philippinen, vom Flachwasser bis in Tiefen von über 250 m.
GU: Keine.
Hält.B.. Nicht bekannt.
FU: O; Plankton, Detritus.
Bes.: Massiger Hornschwamm mit reinem Sponginskelett und ohne Kalknadeln. Er kommt in verschiedenen Wuchsformen und Farben vor. Die Schwammoberfläche ist dunkel, das Schwamminnere rötlich. Nur wenige leicht erhobene Ausströmöffnungen befinden sich auf der Schwammoberfläche. Sie leben überwiegend auf felsigen Böden und bevorzugen lichtarme Stellen mit mäßiger Strömung. Im östlichen Mittelmeerraum werden sie gesammelt, gereinigt und als Bade- und Industrieschwämme verkauft.

T: 10 - 18° C, **Ø:** 25 cm, **BS:** 4, **SG:** 3 - 4

Ircinia fasciculata PALLAS, 1766
Krustenlederschwamm

Vork.: Mittelmeer.
GU: Keine.
Hält.B.: Nicht bekannt.
FU: O; Plankton, Detritus.
Bes.: Die Schwämme zeigen verschiedene Wuchsformen. So wachsen sie flach und krustig, rund, oval oder gelappt, mit glatter Oberfläche oder mit schornsteinförmigen Ausströmöffnungen. Sie unterscheiden sich von den *Spongia*-Arten durch den Besitz eines sehr zähen Sponginskelettes. Sie leben an Felswänden von Höhlen und Unterhöhlungen vom Flachwasser bis in große Tiefen.

T: 10 - 18° C, **Ø:** 25 cm, **BS:** 4, **SG:** 4

Ordnung: Dictyoceratida
Fam.: Thorectidae

Korallenriffhang, Rotes Meer

Ircinia campana (LAMARCK, 1816)
Vasenschwamm

Vork.: Karibisches Meer, Florida, Bahamas, Kolumbien bis Brasilien.
GU: Keine.
Hält.B.: Nicht bekannt.
FU: O; Plankton, Detritus.
Bes.: Die Schwämme wachsen vasenförmig mit großen Ausströmöffnungen und sind mit schmaler Basis auf Hartsubstrat festgewachsen. Die Schwammoberfläche ist rauh und zeigt viele konische Erhebungen. Die Konsistenz der Schwämme ist weich, sie sind sehr flexibel und leicht zusammenzudrücken. Sie leben bevorzugt in suspensionsreichen Gewässern von Lagunen und in Mangrovennähe.

T: 20 - 24° C, L: 30 cm, BS: 4, SG: 4

Ordnung: Dictyoceratida
Fam.: Thorectidae

Ircinia campana

Ircinia campana (LAMARCK, 1816)
Vasenschwamm

Vork.: Karibisches Meer, Florida, Bahamas, Kolumbien bis Brasilien.
GU: Keine.
Hält. B.: Nicht bekannt.
FU: O; Plankton, Detritus.
Bes.: Die Schwämme wachsen vasenförmig mit großen Ausströmöffnungen und sind mit schmaler Basis auf Hartsubstrat festgewachsen. Die Schwammoberfläche ist rauh und zeigt viele konische Erhebungen. Die Konsistenz der Schwämme ist weich, sie sind sehr flexibel und leicht zusammenzudrücken. Sie leben bevorzugt in suspensionsreichen Gewässern von Lagunen und in Mangrovennähe.

T: 20 - 24° C, L: 30 cm, BS: 4, SG: 4

Ircinia strobilina (LAMARCK, 1816)
Schwarzer Schwammball

Vork.: Karibisches Meer, Bahamas, Florida, Bonaire, Kolumbien bis Brasilien.
GU: Keine.
Hält. B.: Nicht bekannt.
FU: O; Plankton, Detritus.
Bes.: Die Schwämme wachsen in Form massiger, annähernd sphärischer oder ballförmiger Kolonien, die sehr groß werden können. Die großen und dunklen Ausströmöffnungen stehen in Gruppen am oberen Schwammpol. Die Schwammoberfläche trägt unregelmäßig angeordnete, flache und konische Papillen, deren Spitzen oft weiß abgesetzt sind. Schwarze Schwammbälle sind zäh und radiergummiartig in ihrer Konsistenz. Sie leben auf oder zwischen Korallen in allen Tauchtiefen. Sie werden oft von weiß gepunkteten Feilenfischen angefressen.

T: 20 - 26° C, **Ø**: 25 cm, **BS**: 4, **SG**: 4

Ordnung: Dictyoceratida
Fam.: Thorectidae

Sarcotragus muscarum (SCHMIDT, 1868)
Schwarzer Lederschwamm

Vork.: Mittelmeer.
GU: Keine.
Hält.B.. Nicht bekannt.
FU: O; Plankton, Detritus.
Bes.: Diese Schwämme wachsen massig, mit unregelmäßiger Oberfläche und kleinen Ausströmöffnungen. Sie sind von zäher Konsistenz. Sie leben auf felsigen Böden und in algenbestandenen Gebieten vom Flachwasser bis in größere Tiefen. Sie können im Flachwasser sehr groß und umfangreich werden.

T: 10 - 18° C, Ø: 15 cm, BS: 4, SG: 4

Smenospongia aurea (HYATT, 1875)
Brauner Gummischwamm

Vork.: Karibisches Meer, Bahamas, Kuba, Haiti, Bonaire.
GU: Keine.
Hält. B.: Nicht bekannt.
FU: O; Plankton, Detritus.
Bes.: Braune Gummischwämme bilden amorphe Matten, aus denen sich die Ausströmöffnungen erheben. Diese besitzen an ihren Rändern feine und fast transparente Membranen. Die Schwammoberfläche zeigt kleine und konische Papillen. Die Konsistenz der Schwämme ist weich und gummiartig. Sie leben auf allen festen Substraten, an Hafenmolen und in Mangroven. Aus dem Wasser genommen, fällt der ganze Schwammkörper in sich zusammen.

T: 20 - 26° C, Ø: 60 cm, BS: 4, SG: 4

Aplysina aerophoba SCHMIDT, 1862
Goldschwamm, Farbwechselnder Zylinderschwamm

Vork.: Atlantik, Mittelmeer, Biskaya.
GU: Keine.
Hält. B.: Nicht bekannt.
FU: O; Plankton, Detritus.
Bes.: Goldschwämme sind lebhaft gelb bis bräunlich - gelb gefärbt. Ihre zylindrischen Schlote wachsen aufrecht, oft zu dichten Gruppen formiert, in Seegraswiesen ruhiger Buchten und auf steinigem Grund vom Flachwasser bis in Tiefen von 15 m. Ihre etwa 6 cm dicken Schlote besitzen eine höckerige Oberfläche und eine flache Kuppe, in die die Ausströmöffnungen münden. Sie sind fleischig, zäh und schlüpfrig.

T: 10 - 18° C, L: 15 cm, BS: 3, SG: 4

Aplysina archeri (HIGGIN, 1875)
Ofenrohrschwamm

Vork.: Karibisches Meer, Bahamas, Florida, Bonaire.
GU: Keine.
Hält. B.: Nicht bekannt.
FU: O; Plankton, Detritus.
Bes.: Die Schwämme wachsen generell in Form langer Röhren. Entweder stehen sie einzeln oder in Gruppen zusammen. Sie können über 2 m Länge erreichen. Die Schwammröhren besitzen eine rauhe und gummiartige Oberfläche, die unterschiedlich gefärbt sein kann. Meist jedoch sind sie purpurrot. Ofenrohrschwämme siedeln bevorzugt im tiefen und ruhigen Wasser entweder auf horizontalen Substraten oder sie hängen von vertikalen Wänden in das Freiwasser hinein.

T: 20 - 26° C, **L**: 50 cm, **BS**: 4, **SG**: 4

Ordnung: Verongiida
Fam.: Aplysinidae

Aplysina cavernicola (VACELET, 1959)
Gelber Höhlenschwamm

Vork.: Mittelmeer.
GU: Keine.
Hält.B.: Nicht bekannt.
FU: O; Plankton, Detritus.
Bes.: Der Gelbe Höhlenschwamm wächst mit zylindrischen Schloten. Diese entspringen einer gemeinsamen Basis. Die Schlote sind abgeflacht und an den Enden abgerundet. Er lebt, ganz im Gegensatz zu *A. aerophoba*, ohne Zooxanthellen und ohne Cyanobakterien unter Überhängen, in Grotten und Höhlen und an anderen schattigen Stellen des Felslitorals.

T: 10 - 18° C, L: 12 cm, BS: 4, SG: 4

Aplysina cauliformis (CARTER, 1882)
Rauhporiger Seilschwamm, Lavendel - Fingerschwamm

Vork.: Karibisches Meer, Bahamas, Süd - Florida.
GU: Keine.
Hält. B.: Nicht bekannt.
FU: O; Plankton, Detritus.
Bes.: Lavendel-Fingerschwämme wachsen an Riffhängen und auf unterseeischen Plateaus mit schmaler Basis entweder aufrecht und weniger verzweigt oder stark gebogen und reicht verzweigt. Die einzelnen Schwammröhren sind lang, unterschiedlich dick im Ø und enden in einer etwas heller abgesetzten Ausströmöffnung, deren Ränder lippenähnlich geformt sein können. Die Farbe der Schwämme ist sehr variabel.

T: 20 - 26° C, **L**: < 100 cm, **BS**: 4, **SG**: 4

Ordnung: Verongiida
Fam.: Aplysinidae

Aplysina fistularis (PALLAS, 1766)
Gelber Tubenschwamm

Vork.: Karibisches Meer, Bahamas, Florida.
GU: Keine.
Hält. B.: Nicht bekannt.
FU: O; Plankton, Detritus.
Bes.: Gelbe Tubenschwämme kommen in verschiedenen Wuchsformen vor in Abhängigkeit von der Tiefe und der Wasserbewegung. Die gelben bis orangefarbenen Schwammröhren entspringen einer gemeinsamen Basis. Im turbulenten Flachwasser sind die Röhren kurz und gedrungen. Im tiefen Wasser und hier speziell an steil abfallenden Riffhängen wachsen sie sehr lang in das offene Wasser herein. Die Schwammoberfläche ist reich ornamentiert. Sie sezernieren ein purpurähnliches Sekret, das die menschliche Haut noch über Tage färbt.

T: 20 - 26° C, **L**: 60 cm, **BS**: 4, **SG**: 4

Aplysina lacunosa (PALLAS, 1766)
Zylinderschwamm

Vork.: Karibisches Meer, Bahamas, Kolumbien.
GU: Keine.
Hält.B.: Nicht bekannt.
FU: O; Plankton, Detritus.
Bes.: Die Schwammröhren stehen entweder einzeln oder in Gruppen. Sie können sehr lang werden und haben einen maximalen Durchmesser von 10 cm. Die Gastrodermis ist pockennarbig und unregelmäßig gestaltet. Sie zeigt tiefe Löcher und Gruben. Die Ausströmöffnungen liegen im Zentrum der Röhrenspitzen und sind gelb abgesetzt. Die Schwämme leben vom Flachwasser bis in Tiefen von 30 m auf Steinen und Korallen, oft auch in suspensionsreichen Gewässern.

T: 20 - 24° C, **L**: 50 cm, **BS**: 4, **SG**: 4

Ordnung: VERONGIIDA
Fam.: Aplysinidae

Verongula rigida (ESPER, 1794)
Gelber Honigschwamm

Vork.: Karibisches Meer, Bahamas, Florida, Curaçao, Bonaire.
GU: Keine.
Hält. B.: Nicht bekannt.
FU: O; Plankton, Detritus.
Bes.: Aus einer krustigen Schwamm-Masse erheben sich unterschiedlich lange und konische Schlote, in deren Mitte sich die Ausströmöffnungen befinden. Die Schwammoberfläche trägt ein Honigwabenmuster, das sehr oft von Sinkstoffen bedeckt ist. Der Schwammkörper ist weich, elastisch und gummiartig. Gelbe Honigschwämme siedeln auf toten Korallen, an Steinen, an steilen Riffhängen vom Flachwasser bis in große Tiefen.

T: 20 - 26° C, Ø: 20 cm, BS: 4, SG: 4

Pseudoceratina crassa (HYATT, 1875)
Verzweigter Röhrenschwamm

Vork.: Karibisches Meer, Florida, Bahamas bis Brasilien.
GU: Keine.
Hält.B.. Nicht bekannt.
FU: O; Plankton, Detritus.
Bes.: Diese Schwämme wachsen in unterschiedlichen Habitusformen, einmal mit langen, dann wieder mit kurzen und gummiartigen Röhren, die einer gemeinsamen Basis entspringen. Die Schwammoberfläche ist rauh und mit vielen Tuberkeln übersät. Die Umgebung der apikalen Ausströmöffnungen ist meist heller abgesetzt. Die Farbe und die Form dieser Schwammart sind außerordentlich variabel. Sie leben zwischen Korallen, auf toten Unterlagen, an Riffhängen und Felswänden vom Flachwasser bis in große Tiefen.

T: 20 - 26° C, **L**: 50 cm, **BS**: 4, **SG**: 4

Ordnung: Verongiida
Fam.: Druinellidae

Pseudoceratina crassa

Pseudoceratina crassa

Pseudoceratina durissima (CARTER, 1886)
Harter Röhrenschwamm

Vork.: Rotes Meer, Indo-Pazifik.
GU: Keine.
Hält.B.: Nicht bekannt.
FU: O; Plankton, Detritus.
Bes.: Diese Art zeigt keine eindeutige Wuchsform. Sie wächst, je nach Substratunterlage, klumpig und mit rauher, sehr unterschiedlich gestalteter Oberfläche und vielgestaltigen Röhren. Sie siedelt auf Korallen und auf anderen festen Unterlagen vom Flachwasser bis in mittlere Tiefen. Ihre Farbe ist olivgrün mit hellgelben Flecken.

T: 20 - 24° C, L: 20 cm, BS: 4, SG: 4

Ordnung: VERONGIIDA
Fam.: Druinellidae

Pseudoceratina sp.
Gelbbrauner Lederschwamm

Vork.: Indo - Pazifik, Malaysia.
GU: Keine.
Hält.B.: Nicht bekannt.
FU: O; Plankton, Detritus.
Bes.: Die Schwämme überwuchern in Form klumpiger Krusten lebende Korallen. Ihre Aggressivität gegenüber Raumkonkurrenten ist außerordentlich groß. Aus einer krustigen Masse erheben sich klumpige Ausläufer, an deren Enden sich die Ausströmöffnungen befinden. Die Schwämme siedeln im oberen Riffhang auch in sedimentreichen Gewässern.

T: 22 - 26° C, Ø: 20 cm, BS: 4, SG: 4

Haliscara caerulea VACELET & DONADAY, 1967
Krustiger Sternschwamm

Vork.: Karibisches Meer, südliches Florida, Bahamas, Bequia.
GU: Keine.
Hält.B.: Nicht bekannt.
FU: O; Plankton, Detritus.
Bes.: Diese Schwämme überziehen krustig abgestorbene Korallen und andere feste Unterlagen in schattigen Unterhöhlungen. Die sternförmige Anordnung der Kanäle, die zu den Ausströmöffnungen führen, ist unregelmäßig über die Schwammoberfläche verteilt.

T: 20 - 26° C, Ø: 25 cm, BS: 4, SG: 4

Klasse: Hydrozoa

Hydroiden gehören zum Stamm der Nesseltiere (Cnidaria), die durch den Besitz von typischen Nesselkapseln (Cniden), die hochkomplizierte Zelldifferenzierungen darstellen, gekennzeichnet sind. Sie werden als Wehr- und Beutefangeinrichtungen eingesetzt.
Hydroiden treten in zwei Formen auf. Zum einen sind es die mehr oder minder festsitzenden Polypen, zum anderen die meist freischwimmenden Medusen. Der Polyp besitzt den einfachsten Habitus. Sein schlauchförmiger Körper ist mit einem Pol auf einer festen Unterlage angewachsen. Mit dem freien Ende ragt er in das Umgebungswasser hinein. Am Köpfchen der vasenartigen Tiere (Hydranthen) befindet sich eine Öffnung, die gleichzeitig Mund und After ist. Um sie herum stehen eine unterschiedliche Anzahl von Fangarmen (Tentakeln), die eine Ausstülpung der Körperwand darstellen .
Die äußere Haut des Polypen (Ektoderm) dient dem Schutz der Tiere, während die innere Zellage (Entoderm) überwiegend eine Art Darmfunktion erfüllt. Sie verdaut die aufgenommene Nahrung mit Hilfe von Drüsenzellen, die in der Innenschicht des Magenraumes liegen. Die unverdaulichen Reste werden dann über die Mund-After-Öffnung in das Wasser abgegeben.
Zwischen den beiden Epithelien befindet sich eine Füllsubstanz (Mesogloea), die eine Stützfunktion übernimmt.
Hydroidpolypen vermehren sich ungeschlechtlich durch Knospung. Dabei verbleiben die Tochterpolypen oft im Verband mit den Mutterpolypen, so daß ganze Polypenstöcke entstehen. Alle Einzeltiere sind dann über röhrenartige Fortsätze (Stolone) miteinander verbunden. Richten sich die Stolone auf, können sie selbst Stämme bilden, an denen wiederum Polypen sprießen.
Die Epidermis der Hydroidstöcke scheidet eine elastische Hülle aus Chitin ab (Periderm), deren Form für die systematische Zuordnung der Tiere wichtig ist. Überzieht nämlich das Periderm die Polypenköpfchen nicht, dann zählen diese Tiere zu den *athecaten* Hydroiden. Bildet aber das Periderm um die Polypenköpfchen einen schützenden Becher, dann werden diese Arten zu den *thecaten* Hydroiden gerechnet.
Bei den koloniebildenden Polypenstöcken kann man in vielen Fällen eine Arbeitsteilung beobachten, die dann mit gestaltlichen Veränderungen der Einzelpolypen verbunden ist. Man bezeichnet

diese Vielgestaltigkeit der Polypen als Polymorphismus. So behalten nur die Wehrpolypen (Dactylozoide) und Nährpolypen (Trophozoide) die ursprüngliche Gestalt des Polypen bei, während die spezialisierten Polypen meist den Mund und die Fangarme zurückbilden und zu Geschlechtspolypen (Gonozoide) werden.

Viele Polypen können durch Knospung Medusen hervorbringen, die sich regelmäßig ablösen und als Geschlechtsgeneration die Art im Meer verbreiten. In solchen Fällen haben wir es mit einem Generationswechsel zu tun, indem eine sich ungeschlechtlich vermehrende Polypengeneration mit der geschlechtlichen Medusengeneration abwechselt.

Medusen sind das freischwimmende Gegenstück zum festsitzenden Polypen. Trotz einer ganzen Reihe von Sonderbildungen können sie vom Bauplan her als gestauchte und in die Breite gezogene Polypen beschrieben werden, deren Mesogloea zu einem gallertigen Schwimmkörper umgebildet wurde. Es sind Einzeltiere, die in der Zone des freien Wassers leben, wobei wenige Arten wieder zu einer sessilen oder hemisessilen Lebensweise übergegangen sind.

Der Medusenkörper ist glocken- oder schirmförmig. Man unterscheidet eine Schirmoberseite (Exumbrella) von einer Schirmunterseite (Subumbrella). Am Schirmrand sitzen Fangarme, die mit Nesselbatterien bestückt sind, um auf Beute abgeschossen zu werden. Daneben sind hier viele Sinneszellen lokalisiert, die für die Rezeption von Licht- und Schwerereizen verantwortlich zeichnen. Hydromedusen sind meist getrenntgeschlechtlich. Sie entlassen ihre Geschlechtsprodukte in das freie Wasser, wobei aus der Vereinigung von Ei- und Samenzelle eine *Planula* - Larve entsteht, die sich nach einer freischwimmenden Phase festsetzt. Aus ihr entwickelt sich ein neuer Hydropolyp. Äußerst selten entstehen auf geschlechtlichem Weg aus Medusen erneut Medusen bei völliger Ausschaltung der Polypengeneration.

Medusen bestehen zu 90 % aus Wasser. Sie haben fast immer die gleiche Dichte wie das Umgebungsmedium und können daher mühelos schweben. Ihre Fortbewegung ist rhythmisch und pulsierend. Die Medusen der *athecaten* Hydroiden heißen Anthomedusen. Sie sind glockenförmig und tragen Augenflecke als Sinnesorgane am Schirmrand. Ihre Gonaden liegen am Mundrohr. Die

thecaten Polypen stehen dagegen mit flachen Medusen im Generationswechsel, die Gleichgewichtsorgane (Statocysten) am Schirmrand besitzen und deren Gonaden in den Radiärkanälen entstehen.
Die Nesselzellen, die so typisch sind für die Hydroiden, sind die wohl kompliziertesten Sekretionsorgane im gesamten Tierreich. Es sind Zelldifferenzierungen, die in besonderen Bildungszellen (Cnidoblasten) entstehen und die der Abwehr von Feinden und dem Fang von Beute dienen.
Eine Nesselzelle ist praktisch eine doppelwandige Blase, in der ein eingerollter, hohler Faden liegt. Wird der in das Wasser ragende Fortsatz der Kapsel (Cnidocil) von einem Lebewesen berührt, so explodiert diese. Über den Faden wird lähmendes Gift in die Beute injiziert. Nachdem sie abgeschossen sind, müssen sie erneuert werden. Das besorgen die Bildungszellen.
Von ihrer Funktion her unterscheidet man verschiedene Nesselkapseltypen. Die gefährlichsten unter ihnen sind die Durchschlagkapseln (Penetranten). Sie durchschlagen die Haut ihrer Beute und machen damit die Bahn frei für das Gift, das dann in die Wunde fließt. Die Penetranten einiger Arten können auch dem Menschen gefährlich werden. Daneben gibt es Hydroiden, die Klebkapseln (Glutinanten) oder Wickelkapseln (Volventen) besitzen, die die Beute mit einem klebrigen Faden fangen und umwickeln.
Einige Nacktschnecken, die auf Hydroidstöcken weiden und diese fressen, haben es geschafft, diese Nesselkapseln, ohne daß sie explodieren, zur eigenen Abwehr von Feinden zu nutzen. Sie werden vom Darm in die Rückenanhänge der Nacktschnecke transportiert und explodieren erst, wenn das Tier sich angegriffen fühlt. Da die Schnecken einem anderen Tier diese Nesselkapseln "stehlen" und sie für die eigene Verteidigung nutzen, werden sie auch als *Kleptocniden* bezeichnet.
Eine Sonderstellung bei den *athecaten* Hydroiden nehmen die Feuerkorallen (Milleporidae) und die Filigrankorallen (Stylasteridae) ein.
Die Feuerkorallen ähneln im Habitus sehr den Steinkorallen, in deren Areal im Korallenriff sie auch vorkommen. Sie sind wichtige Riffbildner, die in der Lage sind, Kalk aus dem Meereswasser zum Bau eines kräftigen Skeletts zu synthetisieren. Die langen und mundlosen Wehrpolypen der Feuerkorallen sind mit Batterien von

Durchschlagskapseln bestückt, die auch die menschliche Haut durchschlagen können und sehr schmerzhaft nesseln. Mehrere dieser Wehrpolypen umstehen einen kräftigen Freßpolypen. Sie alle können sich in die Hohlräume ihres kalkigen Skeletts zurückziehen. In speziellen Vertiefungen dieses Skeletts, in den Ampullen, wachsen die kleinen, tentakel- und mundlosen Medusen heran, die als geschlechtliche Generation den Tierstock verlassen und für die Verbreitung der Feuerkorallen sorgen. Sie sind transparent und im Wasser kaum wahrnehmbar.
Auch die Filigrankorallen scheiden harte Kalkskelette ab, nur sind diese gegenüber denen der Feuerkorallen überwiegend klein, filigran und reich verzweigt. Mehrere Wehrpolypen umstehen auch hier einen Nährpolypen. Filigrankorallen sind getrenntgeschlechtlich. Sie bilden keine Medusengeneration aus. Ihre Geschlechtsprodukte werden in besonderen Kammern, bei manchen Arten als kleine Knötchen sichtbar, entwickelt. Ihre Standorte sind die schattigen Stellen unter Überhängen und an den Rändern von unterseeischen Höhlen.

Staatsquallen sind driftende oder freischwimmende Hydrozoenstöcke mit vielen verschiedenen Polypen und Medusen, die hier als "Personen" oder "Individuen" bezeichnet werden und die den höchsten Grad an Vielgestaltigkeit (Polymorphie) im Stamm der Nesseltiere zeigen.
Innerhalb der Kolonie ist eine Spezialisierung der "Personen" auf bestimmte Funktionen die Regel, die zu einer Arbeitsteilung führt, wobei medusenartige in Form des Schwimmkörpers und polypenförmige in Gestalt der Wehr-, Fang-, Nähr- und Geschlechtspolypen auftreten.
Ihr Formenreichtum ist außerordentlich groß. So können nur die Freßpolypen innerhalb einer Kolonie die Nahrung aufnehmen, wobei sie sich von den anderen Freßpolypen der Nesseltiere durch das Fehlen der Mundtentakel unterscheiden. Statt dessen besitzen sie einen langen, kontraktilen Fangfaden, der der Polypenbasis entspringt. Daran befinden sich kurze Seitenäste, die in einem Nesselkopf enden. Die Nematocysten darin sind groß und sehr giftig.
Sogenannte *Dactylozoide,* die auch als Fühler oder Taster bezeichnet werden, ähneln den Freßpolypen noch sehr, doch fehlt ihnen der Mund. Die *Gonozoide* sind Fortpflanzungspolypen, die büschelförmige Gonophoren tragen.
Die von Medusen abstammenden Kolonien setzen sich aus einer Schwimmglocke, den Deckpolypen und den Gonophoren zusammen. Die Schwimmglocke (Nectophor) ist damit eine modifizierte Meduse mit den typischen vier Radiärkanälen und einem Ringkanal. Ihr fehlen der Mund, die Tentakel und die Sinnesorgane.
Die Deckpolypen haben keine Ähnlichkeit mehr mit einer Meduse. Sie sind blattförmig und haben die Funktion von Schutzpolypen. Nur die Geschlechtstiere sehen noch einer Meduse ähnlich, die Gonaden und einen Magenstiel (Manubrium) besitzen.
Staatsquallen ernähren sich überwiegend von planktontischen Krebsen, Würmern, vielen Larvenformen, Schnecken und von kleinen Fischen.
Als einziger sichtbarer Teil der Tierkolonie erhebt sich die Luftkammer (Pneumatophor) aus dem Wasser. Sie enthält eine Drüse, die Luft in die Schwimmglocke abscheidet und damit die Tierkolonie zum Aufsteigen und Absinken im Wasser befähigt.

Staatsquallen stammen mit großer Wahrscheinlichkeit von *atheca-ten* Hydropolypen ab.
Schirmquallen werden auch als "Echte Quallen" bezeichnet. Sie treten in zwei Habitusformen auf: Als Polyp und als Meduse, wobei die Polypen im Verhältnis zur Meduse winzig klein sind und nur wenige Millimeter messen. Beide Morphen besitzen einen charakteristischen Bau und sind über eine Metagenese miteinander verbunden.
Der Polyp, hier *Scyphopolyp* genannt, kommt nur als Einzeltier vor und ist nur wenige Milimeter lang. Er bildet nie Kolonien und besteht aus einem Rumpf mit Mundscheibe, die von einem Kranz von Tentakeln umgeben ist. Der zentral gelegene Gastralraum ist durch vier Radialsepten in vier Gastraltaschen unterteilt. *Scyphopolypen* leben im Litoral und im Sublitoral der Meere und ernähren sich von Plankton. Ihre Fortpflanzung ist ungeschlechtlich. Durch Knospung an der Rumpfwand entstehen neue, solitäre Polypen.
Die ungeschlechtliche Fortpflanzung der Polypen zur Meduse erfolgt durch eine besondere, nur in dieser Klasse auftretende Querteilung, die als Strobilation bezeichnet wird. Dabei schnürt sich der Körper des Polypen unterhalb der Mundscheibe und fortschreitend zur Basis hin ein, wobei die Tentakel zurückgebildet werden und statt dessen sich acht breite Randlappen mit terminalen Sinnesorganen entwickeln. Dabei gleicht der Polyp einem Stapel aufeinandergeschichteter Teller. Danach löst sich die erste Meduse ab, die als *Ephyra* bezeichnet wird. Sie entwickelt sich zur *Scyphomeduse*.
Die *Scyphomeduse* wird im Gegensatz zum Polypen sehr groß. Manche Arten erreichen einen Schirmdurchmesser von 2 m. Im Prinzip kann die *Scyphomeduse* im Bau mit einer Hydromeduse verglichen werden. Unterschiede sind unter anderem eine zellhaltige Schwimmgallerte, die entodermale Anlage der Gonaden und das Fehlen eines echten Velums.
Der Schirm der Quallen kann flach, scheibenförmig oder gewölbt sein. Zwischen der Außen-und Innenhaut (Ekto- und Entoderm) liegt eine gallertige Mesogloea, die Zelleinlagerungen enthält und daher eine knorpelähnliche Beschaffenheit besitzt. Trotzdem haben die Schirmquallen noch einen Wasseranteil von 94 %.
Der Schirmrand trägt acht Einkerbungen, sog. Lappen, mit Riech-

gruben, Gleichgewichtsorganen (Statocysten), einfachen Lichtsinneszellen in Form von Augenflecken und Ocellen und eine unterschiedliche Anzahl von Tentakeln.

Von der Schirmunterseite (Subumbrella) hängt ein Magenstiel (Manubrium) herab, an dessen Enden sich der viereckige Mund befindet. Dieser ist kreuzförmig, mehrfach unterteilt, zerfranst oder gekräuselt. Die Kanten des Mundes sind zu Armen oder langen Fortsätzen ausgezogen, die bei der Ordnung der Wurzelmundquallen miteinander verwachsen und eine Art Reuse bilden.

Scyphomedusen sind die Geschlechtsgeneration der Schirmquallen. Ihre vier Gonaden hängen entweder in den Magen hinein oder sie sind sackartig neben den Mundarmen lokalisiert. Das ist bei den großen Arten überwiegend der Fall.

Die Geschlechtsprodukte der meist getrenntgeschlechtlichen Arten werden über den Mund in das freie Wasser abgegeben, wo die Befruchtung stattfindet. Aus dem befruchteten Ei entwickelt sich eine *Planula* - Larve, die etwa 10 Tage planktisch lebt, ehe sie sich festsetzt. Aus ihr entwickelt sich ein Scyphopolyp, der durch ungeschlechtliche Querteilung (Strobilation) erneut über *Ephyra* - Larven kleine Medusen hervorbringt. Bei vielen Arten tritt Brutpflege auf, indem sich die Eier im Ovar oder zwischen den Mundarmen entwickeln.

Scyphomedusen besitzen Nesselzellen, die entweder schwache Wirkung zeigen oder eine außerordentlich große Durchschlagskraft besitzen. Sie sind nicht nur an den Tentakeln und an den Mundarmen lokalisiert, sondern sie befinden sich auch im Ektoderm der Schwimmglocke. Sie ermöglichen es den Tieren, auf einer großen Oberfläche Beute zu fangen, die über Cilien an den Rand der Schwimmglocke befördert wird, wo sie von den Mundarmen aufgenommen und zum Mund transportiert wird.

Der Mund führt in einen zentralen Magenraum, der in vier Taschen unterteilt ist. Jede der Taschen enthält Magenfäden (Gastralfilamente), deren Drüsen die Enzyme für die extrazelluläre Verdauung absondern. Sie entsprechen den Mesenterialfilamenten der Korallentiere.

Scyphomedusen sind überwiegend Räuber, die mit Hilfe ihrer cnidenbesetzten Tentakeln und der Mundarme andere Quallen kleine Fische und viele Planktonorganismen fangen. Nur die Wurzelmundquallen sind Kleinpartikelfresser.

Schirmquallen sind Dauerschwimmer im Meer, die große Entfernungen aber auch mit Hilfe von Meeresströmungen zurücklegen. Mit Hilfe rhythmischer Schwimmbewegungen, die von Ganglienhaufen neben den Sinneskörpern am Schirmrand gesteuert werden, können sie sich relativ schnell bewegen. Viele Arten leben sowohl an der Wasseroberfläche als auch in tieferen Wasserschichten in Abhängigkeit von Tageszeit,Temperatur und Wetterbedingungen. Eine ganze Gruppe ist gänzlich in die Tiefsee abgewandert.

Ordnung: RHIZOSTOMAE — Wurzelmundquallen

Wurzelmund- und Fahnenquallen sind nahe Verwandte, die sich durch das Fehlen von Tentakeln am Schirmrand und durch die Ausbildung der Mundarme voneinader unterscheiden, wobei die Mundtentakeln bei den Wurzelmundquallen zu Röhren miteinander verwachsen und zahlreiche Poren und Krausen bilden. So sind die Wurzelmundquallen weitgehend zu einer filtrierenden Lebensweise übergegangen. Dabei wird Wasser mit Kleinstpartikeln durch die Poren der Mundtentakel in das Gastralsystem eingesaugt und verwertet. Bei einigen Gattungen ist der Mundapparat noch durch weitere Auswüchse vergrößert. Manchmal befinden sich hier keulenförmige Anhänge, die mit Nessel- und Klebzellen dicht besetzt sind. Von den etwa 80 bekannten Arten leben die meisten pelagisch. Häufig leben Jungfische in ihren Mundkrausen, wobei noch nicht sicher ist, daß diese Beziehung eine Symbiose darstellt, da die Wirkung der schwachen Nesselkapseln den Fischen keinen wirksamen Schutz bieten kann. Die Gattung *Cassiopeia* zeigt eine hemisessile Lebensweise. Sie liegt mit der Schirmoberseite auf dem Untergrund und streckt ihr Wurzelgeflecht in das freie Wasser.
Die Vermehrung und Entwicklung der Wurzelmundquallen ist noch nicht bei allen Gattungen bekannt. Ein Scyphopolyp scheint jedoch allgemein ausgebildet zu sein. Die Art *Rhopilema esculenta* wird in Japan und China gegessen.

Fahnenquallen sind die wohl bekanntesten und die typischen Vertreter dieser Klasse, die auch in den gemäßigten Meeren weit verbreitet sind. Etwa 50 Arten sind bekannt. Die meisten von ihnen leben pelagisch in den oberen Wasserschichten der Meere und können in großen Schwärmen auftreten, so daß die Wasseroberfläche über weite Strecken bedeckt sein kann. Es gibt unter ihnen erstaunlich große Formen, die einen Durchmesser von über 2 m erreichen können. Fast alle Fahnenquallen sind mehr oder weniger transparent und mit farbigen Zeichnungen ausgestattet. Ihre Schirme sind flach oder teller- bis schüsselförmig. Randlappen besitzen ihre Schirme nicht. Charakteristisch für sie ist ein vierkantiges Mundrohr, dessen Kanten zu langen, dehnbaren "Fahnen" ausgezogen und mit gekräuselten Hauträndern besetzt sind. Viele Arten betreiben Brutpflege.

Hydrozoen im Aquarium

Viele kleine Hydroidpolypenstöckchen kommen oftmals als blinde Passagiere in die Meerwasseraquarien. Sie befinden sich als Aufwuchs an vielerlei Niederen Tieren und an Pflanzen, wie z.B. der Pelzhydroidpolyp *Hydractinia echinata* auf der Wellhornschnekke *Buccinum undatum.* Nur wenige Arten sind in unseren Aquarien über einen längeren Zeitraum haltbar. Geeignet sind nur einige *Eudendrium*-Arten aus dem Mittelmeer.

Gelegentlich werden Feuerkorallen importiert. Sie sind für den Aquarianer wenig attraktiv, denn ihre Polypen sind winzig klein und außerdem nesseln sie sehr stark. In einem Aquarium sind sie über einen längeren Zeitraum nicht haltbar, da sie starke Wasserbewegungen und ausreichend Licht benötigen, weil sie mit symbiontischen Zooxanthellen leben. Licht fördert aber das Wachstum von Algen in einem Aquarium, und gegenenüber einer Veralgung reagieren sie äußerst empfindlich. Als Dekorationsmaterial werden ihre Skelette oftmals verwendet. Favorit ist hier die Verzweigte Feuerkoralle, *Millepora dichotoma.*

Hydrozoen ernähren sich in ihrem natürlichen Biotop überwiegend von Plankton. Daher ist es folgerichtig, sie in einem Aquarium mit Ersatzplanktonfutter und *Artemia*-Nauplien zu füttern. Am besten ist es, man überläßt die Pflege den Spezialisten!

Quallen zählen zu den am wenigsten im Aquarium gehaltenen Hohltieren. Besonders die Staatsquallen sind aquaristisch bedeutungslos, da sie sich kaum pflegen lassen.

Stamm: COELENTERATA	Hohltiere
Unterstamm: CNIDARIA	Nesseltiere
Klasse: HYDROZOA	Hydrozoen
Ordnung: ATHECATA (= Anthomedusae)	Athecaten
Unterordnung: Capitata	
Familie: Tubulariidae	
Gattungen: *Ralpharia*	
Tubularia	
Familie: Halocordylidae	
Gattung: *Halocordyle*	
Familie: Milleporidae	Feuerkorallen
Gattung: *Millepora*	
Unterordnung: Filifera	
Familie: Eudendriidae	Bäumchenhydroiden
Gattung: *Eudendrium*	
Familie: Stylasteridae	Filigrankorallen
Gattungen: *Distichopora*	
Stylaster	
Ordnung: THECATA (= Leptomedusae)	Thecaten
Familie: Campanulariidae	
Gattung: *Obelia*	
Familie: Aequoreidae	
Gattung: *Aequorea*	
Familie: Haleciidae	
Gattung: *Halecium*	
Familie: Sertulariidae	
Gattungen: *Sertularia*	
Sertularella	
Familie: Plumulariidae	
Gattungen: *Dentitheca*	
Halopteris	
Kirchenpaueria	
Familie: Aglaopheniidae	
Gattungen: *Aglaophenia*	
Gymnangium	
Lytocarpus	
Macrorphynchia	
Nemertesia	
Familie: Solanderiidae	
Gattung: Solanderia	

Ordnung: Siphonophora	Staatsquallen
Unterordnung: Physophorida	
Familie: Physaliidae	
Gattung: *Physalia*	
Familie: Forskaliidae	
Gattung: *Agalma*	
Klasse: Scyphozoa	Schirm- und Scheibenquallen
Ordnung: Rhizostomeae	Wurzelmundquallen
Familie: Rhizostomatidae	
Gattung: *Rhizostoma*	
Familie: Cepheidae	
Gattungen: *Cephea*	
Cotylorhiza	
Physophora	
Familie: Mastigiidae	
Gattung: *Phyllorhiza*	
Familie: Cassiopeidae	
Gattung: *Cassiopeia*	
Familie: Stomolophidae	
Gattung: *Stomolophus*	
Familie: Thysanostomatidae	
Gattung: *Thysanostoma*	
Ordnung: Semaestomae	Fahnenquallen
Familie: Pelagiidae	
Gattungen: *Chrysaora*	
Pelagia	
Familie: Cyaneidae	
Gattung: *Drymonema*	
Familie: Ulmaridae	
Gattung: *Aurelia*	

Millepora alcicornis, Karibik

Ralpharia magnifica WATSON, 1980
Solitärhydroid

Vork.: Indo-Pazifik, Australien.
GU: Keine.
Hält.B.: Nicht bekannt.
FU: K; Zooplankton.
Bes.: Die Hydroidpolypen leben solitär mit langen und aufrecht wachsenden Hydranthen. Hydroidpolypen stets terminal mit langen, weißen, zarten und bis zu 150 Tentakeln. Die Gonophoren sind langgestreckt bis oval und befinden sich zwischen den zahlreichen Fangarmen. Diese Art ist die größte in australischen Gewässern. Die Tiere leben auf verschiedenen Unterlagen an schattigen Stellen, oft in kleinen Kolonien mit bis zu 50 Individuen.

T: 22 - 26° C, **L**: 5 cm, **BS**: 4, **SG**: 3 - 4

Tubularia indivisa LINNAEUS, 1761
Köpfchen - Hydroid

Vork.: Atlantik, Norwegen.
GU: Keine.
Hält.B.: Nicht bekannt.
FU: K; Zooplankton.
Bes.: Die Kolonien leben auf festen Unterlagen auf Steinen, Felsen, Holz, Bojen und an Treibgut bis in große Tiefen. Sie siedeln in umfangreichen Kolonien. Ihre langen und aufrecht wachsenden Stämmchen steigen von einer inkrustierten Masse in das freie Wasser auf und bilden durch stoloniale Knospung sehr individuelle Kolonien. Die endständigen Polypen besitzen zwei Kränze federförmiger Tentakeln, zwischen denen die Geschlechtsknospen liegen. Aus einem befruchteten Ei entwickelt sich eine Actinula-Larve, die sich wieder zu einem Polypen umwandelt.

T: 10 - 18° C, **L**: 6 cm, **BS**: 4, **SG**: 3 - 4

Halocordyla disticha (GOLDFUSS, 1820)
Weihnachtsbaum - Hydroide

Vork.: Karibisches Meer, Florida, Bahamas, Kuba, Kolumbien, Venezuela, Kosmopolit.
GU: Keine.
Hält.B.: Nicht bekannt.
FU: K; Zooplankton.
Bes.: Die Kolonien wachsen klumpig und federförmig mit alternierenden und stacheligen Verzweigungen. Die weißen Polypen sind "nackt" und stehen wie helle Pünktchen an den Rändern der Verzweigungen. Die Hydranthen sind nur 3 - 4 mm lang. Ihre Gonophoren sind lang, oval und medusoid. Sie entlassen winzig kleine, freischwimmende Medusen. Die Nacktschnecke *Cratena pilata* weidet auf den Hydroidkolonien. Die Kolonien siedeln auf zerstörten Oberflächen von Korallen, auf Schwämmen und Gorgonien, in Unterhöhlungen, an vertikalen Wänden und an Schiffswracks im stark bewegten Wasser in unterschiedlichen Tiefen.

T: 20 - 26° C, **L:** 8 cm, **BS:** 4, **SG:** 3 - 4

Millepora dichotoma LINNAEUS, 1758
Netzfeuerkoralle

Vork.: Rotes Meer, Indo-Pazifik. **GU**: Keine.
Soz.Verh./Vgs.: Leben mit Meeresborstenwürmern der Gattung *Spirobranchus giganteus* vergesellschaftet.
Hält.B.: Kleinere Kolonien werden gelegentlich aus dem Roten Meer und dem Indo-Pazifik importiert. Sie sind im Aquarium nur dann gut zu halten, wenn keine Fadenalgen auftreten. Da sie mit Zooxanthellen vergesellschaftet leben, sind sie gut zu beleuchten. Die Wasserbewegung muß quer zur Kolonie eingerichtet werden. Ihre Skelette werden überwiegend als Dekorationsbesatz verwendet.
Licht: Sonnenlichtzone. **FU**: K; Zooplankton.
Bes.: Die Skelette sind sehr brüchig. Die Kolonien besetzen als schnelle Sekundärsiedler Riffkanten und freie Flächen auf Riffdächern und Riffplattformen. Ihre Wehrpolypen nesseln sehr stark. Sie verursachen ein starkes Brennen bei Berührung. Vorsicht! Nicht anfassen!

T: 22 - 26° C, **L**: 60 cm, **BS**: 3 (Gattung geschützt), **SG**: 3

Millepora alcicornis, Karibik

Millepora alcicornis, Karibik

Millepora alcicornis LINNAEUS, 1758
Verzweigte Feuerkoralle

Vork.: Karibisches Meer, Florida, Bermudas, Bahamas, Puerto Rico, Kolumbien.
GU: Keine.
Hält.B.: Lebende Kolonien wurden noch vor Jahren importiert. Heute erreichen nur noch die Skelette den Aquarienhandel. Sie werden als Dekorationsbesatz verwendet.
FU: K; Zooplankton.
Bes.: Die Kolonien wachsen inkrustiert oder aufrecht und reich verzweigt. Sie können sich an Riffkanten und auf Riffdächern bestandbildend ausbreiten. Die Verzweigungen sind lang, unterschiedlich geformt im Querschnitt, und die Spitzen sind hell abgesetzt. Die Korallen überziehen flächig abgestorbene Gorgonien und andere Unterlagen. Sie nesseln außerordentlich stark! Die Polypen entlassen winzige, mund- und tentakellose, transparente Medusen.

T: 20 - 24°C, **L:** 20 cm, **BS:** 4 (Gattung geschützt), **SG:** 4

Millepora complanata LAMARCK, 1816
Platten - Feuerkoralle

Vork.: Karibisches Meer, Florida, Bahamas, Bermudas, Curaçao, Kolumbien.
GU: Keine.
Soz.Verh./Vgs.: Die Feuerkorallen leben vergesellschaftet mit Meeresborstenwürmern der Gattung *Spirobranchus*.
Hält.B.: Nicht bekannt.
FU: K; Zooplankton.
Bes.: Die Kolonien wachsen in breiten, flachen, gewellten und aufrechten Platten. Die Kolonieoberfläche ist nahezu glatt und an den Rändern gezackt bis gewellt. Die Platten entspringen einer gemeinsamen Basis und sind miteinander teilweise verwachsen und verschachtelt. Die Kolonien sind nicht sehr umfangreich und nie bestandbildend. Sie siedeln im Flachwasser unterhalb der Wasseroberfläche an exponierten, stark strömenden Riffabschnitten. Die Kolonien nesseln stark! Sie entlassen winzig kleine, mund- und tentakellose, transparente Medusen.

T: 20 - 24° C, **L**: 25 cm, **BS**: 4 (Gattung geschützt), **SG**: 3 - 4

Millepora platyphylla HEMPRICH & EHRENBERG, 1834
Platten - Feuerkoralle

Vork.: Rotes Meer, Indo - Pazifik.
GU: Keine.
Soz.Verh./Vgs.: Leben mit Meeresborstenwürmern der Gattung *Spirobranchus* vergesellschaftet.
Hält.B.: Siehe bei *Millepora dichotoma*.
FU: K; Zooplankton.
Bes.: Die Kolonien wachsen mit breiten, kräftigen, vertikalen Platten und einer rauhen, gewellten und knotigen Oberfläche. Sie sind im Flachwasser riffbildend und dominant bis flächendeckend und siedeln an wellenexponierten Stellen am oberen Riffhang. Die Polypen nesseln sehr stark! Sie entlassen winzig kleine, mund- und tentakellose, transparente Medusen.

T: 22 - 26° C, **Ø**: 60 cm, **BS**: 3 (Gattung geschützt), **SG**: 3

Millepora squarrosa LAMARCK, 1816
Krustige Feuerkoralle

Vork.: Karibisches Meer, Florida, Bahamas, Bermudas, Kolumbien.
GU: Keine.
Soz.Verh./Vgs.: Feuerkorallen leben vergesellschaftet mit Meeresborstenwürmern der Gattung *Spirobranchus*.
Hält.B.: Nicht bekannt. Skelette gelegentlich als Dekorationsbesatz im Handel.
FU: K; Zooplankton.
Bes.: Die Korallen bilden auf Steinen, abgestorbenen Korallen und in Seegraswiesen kurze, aufrechte, sehr faltig wachsende Kolonien von beträchtlichen Ausmaßen. Die faltigen Krusten zeigen stets heller abgesetzte Wachstumsspitzen. Feuerkorallen sind Tiere des Flachwassers und an Riffkanten und auf Riffdächern riffbildend. Die Kolonien nesseln sehr stark! Sie entlassen winzig kleine, mund- und tentakellose, transparente Medusen.

T: 20 - 24° C, Ø: 100 cm, BS: 3 (Gattung geschützt), SG: 3 - 4

Eudendrium rameum PALLAS, 1766
Bäumchen - Hydroid

Vork.: Mittelmeer.
GU: Keine.
Hält.B.: Nicht bekannt.
FU: K; Zooplankton.
Bes.: Die Kolonien wachsen mit einem kräftigen Hauptstamm, der aus mehreren dünnen Stämmchen zusammengedreht ist, aufrecht mit kriechendem Wurzelwerk auf allen möglichen Substraten. Die Kolonien sind reich verzweigt, die Polypen flaschenförmig und ohne Hydrotheca. Die hellen Polypen tragen einen Kranz feiner, fädiger Fangarme. Die Kolonien siedeln auf Felsen, in Höhlen, unter Überhängen und an anderen schattigen Standorten im kräftig strömenden Wasser.

T: 10 - 20° C, **L**: 15 cm, **BS**: 4, **SG**: 3 - 4

Distichopora nitida VERRILL, 1864
Indopazifische Hydrokoralle

Vork.: Indischer Ozean, südwestlicher Pazifik.
GU: Die Kolonien sind getrenntgeschlechtlich.
Hält.B.: Nicht bekannt.
FU: K; Zooplankton.
Bes.: Eine Hydrokoralle von kräftiger und reich verzweigter Wuchsform. Sie lebt, die fächerförmige Kolonie zur Strömung quergestellt, an Höhleneingängen und unter schattigen Überhängen vom flachen Wasser bis in große Tiefen. Ihre Skelette werden in Andenkenläden verkauft. Die Kolonien leben ohne Zooxanthellen.

T: 22 - 26° C, **L**: 12 cm, **BS**: 4, **SG**: 4

Stylaster sp.
Hydrokoralle

Vork.: Indo - Pazifik, Malaysia.
GU: Kolonien getrenntgeschlechtlich.
Hält.B.: Nicht bekannt.
FU: K; Zooplankton.
Bes.: Kolonie sehr hell und reich verzweigt. Sie siedelt auf den Verzweigungen einer abgestorbenen Gorgonie in einer schattigen Unterhöhlung in geringer Wassertiefe. Die Kolonie lebt ohne Zooxanthellen.

T: 22 - 26° C, L: 3 cm, BS: 4, SG: 4

Ordnung: ATHECATA
Fam.: Stylasteridae

Stylaster roseus (PALLAS, 1766)
Karibische Hydrokoralle

Vork.: Karibisches Meer.
GU: Kolonien getrenntgeschlechtlich.
Hält.B.: Nicht bekannt.
FU: K; Zooplankton.
Bes.: Die Kolonien sind relativ klein und wachsen reich verzweigt in einer Ebene. Die Verzweigungen sind im Querschnitt elliptisch. Am Substratansatz sind sie häufig purpurrot gefärbt und werden zu den Wachstumsspitzen hin weiß. Die Kolonien leben an Höhlenrändern, unter Überhängen und in schattigen Nischen vom Flachwasser bis in Tiefen von über 3.000 m. Sie leben ohne Zooxanthellen und sind sehr zerbrechlich.

T: 20 - 24° C, **L**: 5 cm, **BS**: 4, **SG**: 4

Stylaster elegans VERRILL, 1864
Hydrokoralle

Vork.: Indo - Pazifik, Australien.
GU: Kolonien getrenntgeschlechtlich.
Hält.B.: Nicht bekannt.
FU: K; Zooplankton.
Bes.: Die Kolonien wachsen sehr zart, feingliedrig, reich verzweigt und sind sehr zerbrechlich. Sie leben in Höhlen, in Unterhöhlungen und an Höhlenrändern stets im rechten Winkel zur Strömungsrichtung des Wassers. Die Hauptachsen der Verzweigungen sind von feinen Seitenästen bestanden, deren Spitzen hell abgesetzt sind. Die Farbe der Kolonien ist variabel. Meist jedoch sind sie rosa gefärbt. Sie leben ohne Zooxanthellen.

T: 22 - 26° C, **L**: 8 cm, **BS**: 4, **SG**: 4

Stylaster roseus

Stylaster elegans

Obelia geniculata (LINNAEUS, 1758)
Glockenpolyp

Vork: Atlantik, Mittelmeer, Kosmopolit.
GU: Keine.
Hält.B.: Kolonien klein, unattraktiv und nur für wirkliche Spezialisten von Interesse.
FU: K; Zooplankton.
Bes.: Die Kolonien leben auf Steinen, an Algen, Hafenanlagen, Treibgut und anderen festen Gegenständen. Die kleinen, glocken- bis weinglasförmigen Polypen sind über ein Stolonengeflecht miteinander verbunden und wachsen wechselständig an zickzackförmigen Stämmchen. Sie bilden gleichnamige Medusen aus. Glockenpolypen werden von den Nacktschnecke *Miesea evelinae* gefressen.

T: 10 - 18° C, **L**: 3 cm, **BS**: 3, **SG**: 3 - 4

Aequorea aequorea (FORSKÅL, 1775)
Gerippte Hydromeduse

Vork.: Mittelmeer, Atlantik, Westafrika bis Schottland.
GU: Medusen sind getrenntgeschlechtlich.
Hält.B.: Nicht geeignet. **FU**: Plankton.
Bes.: Der Schirm der Quallen ist mützenförmig und nach unten etwas verengt. Die langen Marginaltentakel stehen einzeln. Ihre Zahl schwankt zwischen 60 und 400. Eine große Anzahl unverzweigter Radiärkanäle führt vom Magen bis zum Schirmrand in die Nähe der Tentakeln. Der Magen ist sehr breit, trichterförmig und gelippt. Die Geschlechter unterscheiden sich farblich voneinander. Die männlichen Tiere sind bläulich, die weiblichen rosa gefärbt. Viele Statocysten liegen verteilt zwischen den Radiärkanälen. Gerippte Hydromedusen gehören zu den größten Leptomedusen, die wir kennen. Sie können einen Durchmesser von 18 - 20 cm erreichen. Sie besitzen die Fähigkeit des Leuchtens.

T: 10 - 26° C, **Ø**: 15 cm, **BS**: 4, **SG**: 4

Ordnung: Thecata
Fam.: Haleciidae

Halecium halecinum (LINNAEUS, 1758)
Fiederzweigpolyp

Vork.: Atlantik, Mittelmeer, Norwegen.
GU: Keine.
Hält.B.: Nicht bekannt.
FU: K; Zooplankton.
Bes.: Hydroidkolonien von federartiger Wuchsform. Sie bilden sympodiale Stöcke mit wechselständigen Hydrothecen und leben auf festen Substraten vom Flachwasser bis in größere Tiefen, immer mit kriechendem Wurzelwerk befestigt. Die Polypen stehen an den Verzweigungen alternierend. Die Geschlechtsknospen befinden sich an den Verzweigungsenden.

T: 10 - 18° C, **L**: 12 cm, **BS**: 4, **SG**: 3 - 4

Halecium sp.
Strauch - Hydroide

Vork: Mittelmeer, Giglio (Italien).
GU: Keine.
Hält.B.: Nicht bekannt.
FU: K; Zooplankton.
Bes.: Kolonien wachsen strauch- bis bäumchenförmig mit aufrechtem, hornähnlichem Hauptstamm und vielen zarten Verzweigungen. Die Polypen befinden sich wechselständig an den Verzweigungen. Die Kolonie siedelt auf felsigem Untergrund im strömungsreichen Wasser in 40 m Tiefe.

T: 10 - 18° C, **L**: 10 cm, **BS**: 4, **SG**: 4

Ordnung: THECATA
Fam.: Sertulariidae

Sertularia sp.
Hydroidkolonie

Vork.: Karibisches Meer, Kolumbien.
GU: Keine.
Hält.B.: Nicht bekannt.
FU: K; Zooplankton.
Bes.: Die Hydroidkolonie wächst in langen, fädigen Verzweigungen auf einer abgestorbenen Peitschengorgonie im stark strömenden Wasser in sehr großer Tiefe. Die relativ kleinen Polypen sind wechselständig entlang der Verzweigungen lokalisiert.

T: 20 - 24° C, **L**: 8 cm, **BS**: 4, **SG**: 4

Sertularella speciosa CONGDON, 1907
Feder-Hydroide

Vork: Karibisches Meer, Florida, Bahamas, Kuba, Kolumbien.
GU. Keine.
Hält.B.: Nicht bekannt.
FU: K; Zooplankton.
Bes.: Die Kolonien wachsen federförmig, wenig verzweigt, mit alternierenden, in einer Ebene ausgerichteten Verzweigungen. Die Polypen sind groß und stark nesselnd. Die Kolonien wachsen auf festen Substraten im stark strömenden Wasser in unterschiedlichen Wassertiefen. Sehr häufig auch im suspensionsreichen Wasser von Häfen. Sie siedeln an schattigen Stellen von Untorhöhlungen, an Wracks, Hafenanlagen, auf abgestorbenen Gorgonien und anderen festen Unterlagen.

T: 20 - 24° C, **L:** 6 cm, **BS:** 4, **SG:** 3 - 4

Ordnung: THECATA
Fam.: Sertulariidae

Sertularella diaphama, Karibik

Sertularella diaphama (BILLARD, 1925)
Feder - Hydroid

Vork.: Karibisches Meer, Florida, Bahamas, Kolumbien.
GU:Keine.
Hält.B.: Nicht bekannt.
FU: K; Zooplankton.
Bes.: Die Kolonien wachsen feder- bis strauchförmig mit alternierenden Verzweigungen, die in einer Ebene stehen. Sie siedeln auf Korallen und auf anderen festen Unterlagen in unterschiedlichen Wassertiefen, doch sehr häufig im Bereich zwischen 30 - 40 m Tiefe. Die Kolonien nesseln stark!

T: 20 - 24° C, L: 25 cm, BS: 4, SG: 4

Dentitheca dendritica STECHOW, 1920
Federbusch - Hydroid

Vork.: Karibisches Meer, Florida, Bahamas, Kolumbien.
GU: Keine.
Soz.Verh./Vgs.: Vergesellschaftet mit der Krustenanemone *Parazoanthus tunicans.*
Hält.B.: Nicht bekannt.
FU: K; Zooplankton.
Bes.: Die Kolonien wachsen fächer- und buschförmig mit einem zentralen Hauptstamm und vielen primären und sekundären Verzweigungen. Die Polypen befinden sich dichtgedrängt an den federförmigen Verzweigungen. Sie siedeln an Riffhängen und am Riffgrund in Gebieten mit starker Wasserströmung. Ihre Breitseite wächst quer zur Strömungsrichtung des Wassers. Ihre Polypen nesseln stark!

T: 20 - 24 °C , L: 60 cm , BS: 4, SG: 4

Kirchenpaueria sp.
Feder - Hydroid

Vork.: Atlantik, Norwegen.
GU: Keine.
Hält.B.: Nicht bekannt
FU: K; Zooplankton.
Bes.: Die Kolonien wachsen aufrecht, federförmig und meist in kleinen Gruppen. Sie siedeln an schattigen Stellen von Höhlen und Unterhöhlungen in unterschiedlichen Tiefen im stark bewegtem Wasser. Die seitlichen Verzweigungen stehen alternierend und sind dicht mit Polypen besetzt.

T: 10 - 18° C, L: 4 cm, BS: 4, SG: 4

Aglaophenia allmani NUTTING, 1900
Allmans Hydroid

Vork.: Karibisches Meer, Florida, Bahamas, Kolumbien bis Brasilien.
GU: Keine.
Hält.B.: Nicht bekannt.
FU: K; Plankton.
Bes.: Die Kolonien wachsen bäumchenförmig verzweigt mit dickem, zentralem und kräftigem Stamm und annähernd gleichstarken, irregulären Verzweigungen, die in einer Ebene stehen. Die hellen Polypen sind klein. Sie produzieren ein Gift, das bei Berührung auch auf der menschlichen Haut ein starkes Brennen verursacht. Allmans Hydroiden besetzen fast jeden Lebensraum an karibischen Riffen.

T: 20 - 24° C, **L**: 10 - 15 cm, **BS**: 4, **SG**: 4

Aglaophenia cupressina LAMOUROUX, 1812
Feder - Hydroid

Vork.: Indo - Pazifik, Malaysia, Australien.
GU: Keine.
Hält.B.: Nicht bekannt.
FU: K; Zooplankton.
Bes.: Die Kolonien wachsen aufrecht, feder - bis farnförmig und mit reichlichen Verzweigungen. Jede "Feder" besitzt eine zentrale Achse mit schmalen, seitlichen Verzweigungen, die lamellenartig verbreitert sind. An ihnen sind die Polypen aufgereiht, die sehr viele Nesselkapseln besitzen. Daher verursachen sie sehr schmerzhafte Verbrennungen bei Berührung. Die Kolonien sind unterschiedlich gefärbt. Ihre Farbe richtet sich nach der Farbe der Zooxanthellen, die in ihrem Gewebe leben. Die gelbbraune und die helle Art werden in der Literatur nicht unterschieden.

T: 22 - 26° C, **L**: 60 cm, **BS**: 4, **SG**: 3 - 4

Ordnung: THECATA
Fam.: Aglaopheniidae

Aglaophenia kirchenpaueri (HELLER, 1868)
Feder - Hydroid

Vork.: Atlantik, Mittelmeer.
GU: Keine.
Hält.B.: Nicht bekannt.
FU: K; Zooplankton.
Bes.: Die Kolonien wachsen federförmig und aufrecht mit wurzelähnlichen Ausläufern auf verschiedenen Substraten in unterschiedlichen Tiefen. An einem zentralen Stamm wachsen zarte, alternierende Verzweigungen, an denen sich die Polypen aufreihen. Sie bevorzugen als Standorte schattige Stellen unter Überhängen. Die federförmigen Kolonien siedeln einzeln oder in einer Gemeinschaft mit anderen dicht gedrängt.

T: 10 - 18° C, **L**: 4 cm, **BS**: 4, **SG**: 4

Aglaophenia sp.
Feder - Hydroid

Vork.: Indo - Pazifik, Malaysia.
GU: Keine.
Hält.B.: Nicht bekannt.
FU: K; Zooplankton.
Bes.: Die Kolonien wachsen federförmig und aufrecht auf festen Unterlagen. Sie sind darauf mit wurzelähnlichen Ausläufern befestigt. An einem zentralen Stämmchen befinden sich viele, zarte Verzweigungen, an denen die Polypen aufgereiht sind. Sie siedeln überwiegend in klumpigen Formationen. Die Kolonien nesseln stark!

T: 22 - 26° C, **L**: 8 cm, **BS**: 4, **SG**: 4

Gymnangium eximium (ALLMAN, 1874)
Federstrauß - Hydroid

Vork.: Rotes Meer, Indo - Pazifik, Polynesien.
GU: Keine.
Hält.B.: Nicht bekannt.
FU: K; Zooplankton.
Bes.: Die Hydroidkolonien wachsen mit aufrechten, kräftigen und hornigen Stämmchen und mit vielen zarten, federförmigen Verzweigungen, die plan und quer zur Strömungsrichtung des Wasser stehen. Sie siedeln exponiert zwischen Korallen am Riffhang im strömungsreichen Wasser. Die Kolonien nesseln stark!

T: 22 - 26° C, **L:** 25 cm, **BS:** 4, **SG:** 4

Gymnangium montagui (BILLARD, 1924)
Feder - Hydroid

Vork.: Atlantik, Bretagne.
GU: Keine.
Hält.B.: Nicht bekannt.
FU: K; Zooplankton.
Bes.: Eine der größten Hydroidkolonien im Nordatlantik, die im stark bewegten Wasser des Felslitorals lebt. Bereits die jungen Kolonien siedeln in unmittelbarer Nachbarschaft der Elterntiere, so daß auf diese Weise buschartige Badersträuße aus vielen einzelnen Hydroidkolonien entstehen. Diese können große Areale bedecken. Die einzelnen Kolonien wachsen aufrecht und federförmig, wobei an einer zentralen Achse viele Seitenästchen ansetzen.

T: 10 - 18° C, **L**: 15 cm, **BS**: 4, **SG**: 3 - 4

Ordnung: THECATA
Fam.: Aglaopheniidae

Lytocarpus philippinus (KIRCHENPAUER, 1872)
Philippinenmoos, Feuerkraut

Vork.: Kanarische Inseln bis Brasilien, Rotes Meer, Indo-Pazifik.
GU: Keine.
Hält.B.: Nicht bekannt.
FU: K; Zooplankton.
Bes.:Die Kolonien wachsen aufrecht, bäumchenartig und reich verzweigt. Die feinen Verzweigungen haben ein federartiges Aussehen. Kräftige Hauptstämme erheben sich mit zahlreichen Verzweigungen vom Substrat. Am Ende der seitlichen Verzweigungen befinden sich viele helle Polypen, die mit leistungsfähigen Nesselkapseln bestückt sind. Sie durchschlagen auch die Haut eines Menschen und führen zu heftig schmerzenden Verbrennungen. Die Kolonien leben überwiegend im Flachwasser der Riffe.

T: 22 - 26° C, **L**: 60 cm, **BS**: 4, **SG**: 4

Macrorhynchia philippina (KIRCHENPAUER, 1872)
Philippinischer Feder - Hydroid

Vork.: Rotes Meer, Indo - Pazifik, Malaysia, Fidschi.
GU: Keine.
Hält.B.: Nicht bekannt.
FU: K; Zooplankton.
Bes.: Die Kolonien wachsen buschförmig mit zahlreichen aufrechten und federartigen Verzweigungen, die in einer Ebene stehen. An den Hauptstämmchen setzen viele alternierende Seitenästchen an, die die Polypen tragen. Die Kolonien leben auf abgestorbenen Substraten und sehr häufig an Gorgonien.

T: 22 - 26° C, L: 8 cm, BS: 4, SG: 4

Gymnangium longicauda, Karibik

Gymnangium longicauda (NUTTING, 1900)
Federhydroide

Vork.: Karibisches Meer, Florida, Bahamas, Bonaire, 3 - 60 m.
GU: Keine.
Hält.B.: Nicht bekannt.
FU: K; Plankton.
Bes.: Federhydroiden bilden dichtstehende, federähnliche Hydroidkolonien auf festen Unterlagen. Ihre hellen, alternierenden Verzweigungen befinden sich in einer Ebene. An ihnen sitzen kleine, helle Polypen, die stark nesseln und auf der menschlichen Haut ein starkes Brennen verursachen.

T: 24 - 29° C, L: 12 cm, BS: 4, SG: 4

Macrorhynchia sp., Karibik

Macrorhychia sp.
Nesselhydroide

Vork.: Karibisches Meer, Florida, Bahamas, Bonaire, 3 - 60 m.
GU: Keine.
Hält.B.: Nicht bekannt.
FU: Plankton.
Bes.: Nesselhydroiden sind giftig und verursachen auf der menschlichen Haut ein starkes Brennen. Ihre Kolonien wachsen aufrecht auf allen nur möglichen Substraten und erheben sich nur geringfügig über ihre Unterlagen. Alle Primärverzweigungen besitzen feine, dichtstehende Sekundärverzweigungen, an denen sich die Polypen befinden. Nesselhydroiden leben an strömungsreichen Riffabschnitten im Schatten steil abfallender Riffhänge.

T: 24 - 29° C, **L**: 15 cm, **BS**: 4, **SG**: 4

Ordnung: THECATA
Fam.: Plumulariidae

Halopteris carinata, Karibik

Halopteris carinata ALLMAN, 1877
Fadenhydroide

Vork.: Karibisches Meer, Bahamas, Florida, Bequia, 5 - 40 m Tiefe
GU: Keine.
Hält.B.: Nicht bekannt.
FU: K; Plankton.
Bes.: Faden-Hydroiden leben in Gruppen. Alle der aufrecht wachsenden und fädigen Kolonien entspringen einer feinen und fibrillösen Masse. Die kurzen und seitlichen Verzweigungen, die am Hauptstamm alternierend ansetzen, tragen die Polypen. Diese können bei Berührung die menschliche Haut schwach nesseln. Faden-Hydroiden siedeln auf allen sich bietenden Unterlagen. Besonders häufig findet man sie auf Schwämmen, auf Algen und Korallenbruch und an Schiffswracks.

T: 24 - 29° C, **L:** 13 cm, **BS:** 4, **SG:** 4

Solanderia gracilis, Karibik

Solanderia gracilis (DUCHASSAING & MICHELOTTI, 1860)
Seefächerhydroide, Hornkorallen-Seemoos

Vork.: Karibisches Meer, Bahamas, Florida, Bequia, 5 - 40 m Tiefe.
GU: Die Kolonien sind getrenntgeschlechtlich.
Hält.B.: Nicht bekannt.
FU: K; Plankton.
Bes.: Seefächer-Hydroiden ähnlen eher einer Fächerkoralle denn einer Hydroidkolonie. Zuerst wurden sie als solche auch beschrieben. An einem kräftigen roten bis purpurroten Hauptstamm befinden sich kräftige Verzweigungen, die sich zur Peripherie der Kolonie weiter aufspalten. An ihnen sind die hellen, dünnen und kurzen Polypen aufgereiht. Seefächer-Hydroiden wachsen an schattigen Stellen vertikaler Wände im klaren und kräftig strömenden Wasser. Ihre Fächer sind stets in eine Ebene ausgerichtet.

T: 24 - 29° C, L: 35 cm, BS: 4, SG: 4

Nemertesia antennina (LINNAEUS, 1758)
Antennen - Hydroid

Vork.: Atlantik, Mittelmeer.
GU : Keine.
Hält.B.: Nicht bekannt.
FU: K; Zooplankton.
Bes.: Die Kolonien bilden aufrechte, in einem Bündel wachsende, federförmige und an Antennen erinnernde Stämmchen, die in Rosetten stehende Ästchen tragen. Die Kolonien sind mit feinen, faserigen und verfilzten Haftwurzeln am Untergrund befestigt. Die quirlförmigen, kurzen Ästchen sind gebogen, und die vasenförmigen Thecen sind die Aufenthaltsorte der Polypen. Die Kolonien siedeln auf Hart- und Weichböden bis in Tiefen von über 100 m.

T: 10 - 18° C, L: 12 cm, BS: 4, SG: 4

Physalia physalis, Text siehe nächste Seite

Ordnung: Siphonophora
Fam.: Physaliidae

Physalia physalis (Foto vorherige Seite) (LINNAEUS, 1759)
Portugiesische Galeere, Seeblase

Vork.: Kosmopolitisch.
GU: Quallen sind getrenntgeschlechtlich.
Soz.Verh./Vgs.: Vergesellschaftet mit kleinen Fischen der Art *Nomeus gronovii*, die zwischen ihren Tentakeln schwimmen.
Hält.B.: Nicht bekannt.
FU: K; kleine Fische.
Bes.: Diese Quallen stellen eine sehr komplizierte Hydrozoenkolonie dar. Sie schwimmen mit einem blauvioletten Pneumatophor* an der Wasseroberfläche. Der Gründungspolyp wächst bis zu 30 cm Länge heran und verwandelt sich in eine Gasblase, die mit Stickstoff, Argon und etwas Sauerstoff gefüllt ist. Das Gas wird von einer speziellen Drüse an der Basis des Pneumatophors gebildet. Viele zarte, oft bis zu 30 m lange Fangarme hängen von der Wasseroberfläche in die Tiefe, um kleine Fische und andere Lebewesen zu fangen. Die Fangarme sind stark kontrahierbar und mit Nesselbatterien bestückt. Die Quallen nesseln sehr stark. Eine Berührung ist sehr schmerzhaft und kann zum Tode führen. Sie kommen gelegentlich in Schwärmen vor und werden von der Carettschildkröte *Caretta caretta* gefressen.

T: 10 - 26° C, **L:** 30 cm (Pneumatophor), **BS:** 4, **SG:** 4

* Gasbehälter einiger Staatsquallen

Karibik: Strömungskanäle zwischen Exhumainseln, Bahamas

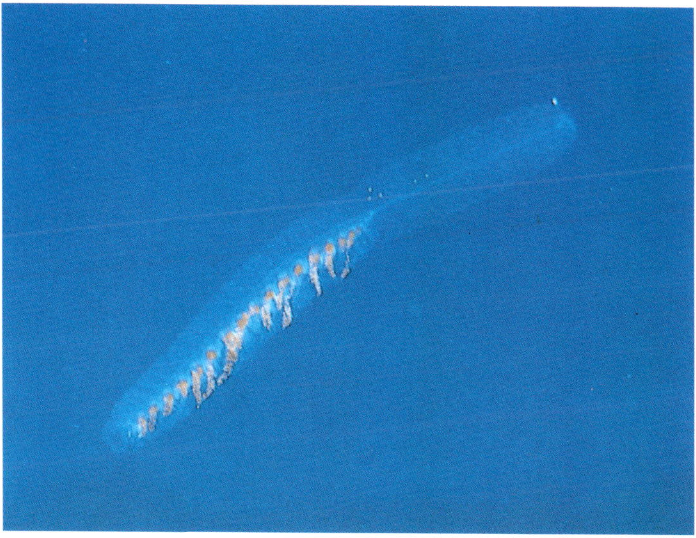

Agalma sp.
Staatsqualle

Vork.: Westlicher Atlantik, Kuba.
GU: Quallen sind getrenntgeschlechtlich.
Hält.B.: Nicht bekannt.
FU: Plankton.
Bes.: Die Kolonie wirkt wie eine Girlande, die überwiegend waagerecht durch das Wasser treibt. Unterhalb eines kleinen Pneumatophors folgt ein großer Abschnitt mit zahlreichen Schwimmglocken, die so dicht stehen wie die Schuppen an einem Tannenzapfen. Erst daran schließt sich die Tierkolonie an, die aus vielen Hunderten von Einzeltieren besteht. Staatsquallen dieser Art schwimmen gezielt im offenen Wasser. Sie können sich in jede gewünschte Richtung bewegen und fischen mit lang ausgestreckten Tentakeln das Wasser nach Nahrung ab. Bei Berührung nesseln sie auch den Menschen sehr stark.

T: 20 - 26° C, **Ø**: 15 cm, **BS**: 4, **SG**: 4

Rhizostoma pulmo AGASSIZ, 1862
Blumenkohlqualle, Lungenqualle

Vork.: Atlantik, Mittelmeer, Nordsee, westliche Ostsee.
GU: Quallen sind getrenntgeschlechtlich.
Hält.B.: Nicht bekannt.
FU: Plankton.
Bes.: Außerordentlich große Wurzelmundqualle mit steiler Umbrella. Der Schirmrand trägt keine Tentakel, dafür aber 80 - 90 kräftig blaue bis violette Randlappen. 8 lange, im oberen Teil verwachsene Mundarme besitzen im mittleren Teil blumenkohl-artige Hautlappen. Die Mundarme enden glatt und unverzweigt. Blumenkohlquallen schwimmen ganzjährig nahe der Wasseroberfläche im Freiwasser der Hochsee und in Küstennähe. Sie sind schwach nesselnd, bilden gelegentlich große Schwärme und werden begleitet von Jungfischen verschiedener Gattungen. Sie werden von Schildkröten der Gattung *Dermochelys* gefressen.

T: 10 - 18° C, Ø: 60 cm, BS: 4, SG: 4

Cephea cephea (FORSKÅL, 1775)
Wurzelmundqualle

Vork.: Tropischer Indo-Pazifik, Rotes Meer.
GU: Die Qualle ist getrenntgeschlechtlich.
Hält.B.: Nicht bekannt.
FU: Plankton, Ruderfußkrebse, Borstenwürmer, Pfeilwürmer.
Bes.: Die Quallen besitzen flache Schirmscheiben, die auf der Schirmoberseite förmliche Gewächse ausbilden können. Etwa 30 unterschiedlich lange und konische Warzen und Tuberkel befinden sich darauf. Der Schirmrand trägt 80 - 90 Marginallappen. 8 dicke Mundarme verschmelzen miteinander in der oberen Hälfte und sind reich verzweigt im unteren Teil. Lange und dünne Mundfilamente sind ausgebildet.

T: 22 - 26° C, Ø: 14 cm, BS: 4, SG: 4

Ordnung: RHIZOSTOMEAE
Fam.: Cepheidae

Cotylorhiza tuberculata (MACRI, 1778)
Spiegelei - Qualle, Knollenqualle

Vork.: Mittelmeer.
GU: Quallen sind getrenntgeschlechtlich. Die Befruchtung der Eizellen erfolgt im Körper der weiblichen Tiere. Hier werden die Larven in "Brutpflegetaschen" gehalten, bevor sie in das freie Wasser entlassen werden. Die Larven entwickeln sich zu sessilen Polypen.
Hält.B.: Nicht geeignet für Aquarien.
FU: K; Mikroplankton.
Bes.: Der tellerförmige Schirm der Qualle ist außen flach und in der Mitte kuppelförmig gewölbt. Dieser ist goldgelb und erinnert in seinem Aussehen an ein Spiegelei. Die Tiere tragen 8 Randlappen und viele Tentakel unterschiedlicher Länge. Die 8 kurzen Mundarme sind an der Basis miteinander verwachsen und stark gekraust. Dazwischen befinden sich zahlreiche Anhänge mit blauen oder violetten Endköpfchen. Spiegelei - Quallen leben im Freiwasser der Hochsee und im Flachwasser nahe der Küsten. Sie werden von Jungfischen aus verschiedenen Gattungen begleitet und führen Vertikalwanderungen durch. Oft bilden sie Schwärme.

T: 10 - 18° C, Ø: 35 cm, BS: 4, SG: 4

Physophora hydrostatica (FORSKÅL, 1775)
Physophore

Vork.: Wamwasserkosmopolit, Atlantik bis Indo - Pazifik.
GU: Quallen sind getrenntgeschlechtlich.
Hält.B.: Nicht bekannt.
FU: K; Plankton.
Bes.: Unter einer Gasblase hängt ein Stiel, der 5 Paar Schwimmglocken in zwei Reihen trägt. Darunter befinden sich die Freß-, Wehr- und Fangpolypen und die Geschlechtsindividuen. Rings um die Endfläche des Stammes steht ein Kranz großer, rötlicher Palpen mit langen Fangfäden, die mit Nesselbatterien bestückt sind. Sie hängen senkrecht im Wasser und sinken langsam ab, wenn die Schwimmglocken nicht pulsieren. Das Gas der Schwimmglocke reicht für den Auftrieb des Tierstockes nicht aus. Aktive Schwimmbewegungen sind notwendig, um die Kolonie voranzutreiben.

T: 16 - 26° C, L: maximal 10 cm, BS: 4, SG: 4

Ordnung: RHIZOSTOMEAE
Fam.: Mastigiidae

Phyllorhiza punctata LENDENFELD, 1884
Gepunktete Wurzelmundqualle

Vork: Indo - Pazifik, Australien bis Thailand.
GU: Quallen sind getrenntgeschlechtlich.
Hält.B.: Nicht bekannt.
FU: Plankton.
Bes.: Medusen mit sehr auffällig hemisphärischer Umbrella, die eine Vielzahl heller, runder Punkte trägt. Exumbrella dick und fein granuliert. Mundarme breit und blumenkohlähnlich, mit langen, fensterförmigen Öffnungen in der lateralen Membran. Die unteren Mundarme sind filamentartig verlängert und enden stumpf. Medusen schwimmen in Küstennähe und dringen auch in Ästuare ein. Kommen gelegentlich in großer Individuendichte vor.

T: 22 - 26° C, **Ø**: 50 cm, **BS**: 4, **SG**: 4

Cassiopeia andromedra ESCHSCHOLZ, 1829
Saugschirmqualle

Vork.: Rotes Meer, Suezkanal, Indo - Pazifik, Mikronesien, Hawaii, Australien.
GU: Saugschirmquallen sind Zwitter.
Hält.B.: Nur kleine Tiere kommen gelegentlich in den Handel. Sie halten sich relativ gut und vertragen starke Wasserverunreinigungen.
FU: Der Besitz von Zooxanthellen im Gewebe ihrer Mundtentakel erleichtert ihnen die Existenz auch bei mangelhaftem Nahrungsangebot. Sie brauchen kaum gefüttert zu werden. In der Natur ernähren sie sich von organischen Sinkstoffen, von Kleinkrebsen, Einzellern und Kieselalgen.
Licht: Sonnenlichtzone.
Bas.: Ältere Tiere liegen in Lagunen, in Seegraswiesen und Mangroven auf Sand und Schlamm, festgesaugt mit der Schirmoberseite am Untergrund. Die stark verästelten Mundarme werden dabei in das freie Wasser ausgestreckt. Mit Hilfe der Kontraktion der dünnen Randzone des Schirmes wird frisches Wasser, Plankton und Detritus den Mundarmen zugefächert. Zum Standortwechsel können sie über kurze Strecken schwimmen. Mancherorts liegen sie zu Tausenden in Mangroven und an Flußmündungen nebeneinander auf dem Meeresboden.

T: 20 - 29° C, **Ø:** 25 cm, **BL:** ab 150 cm, **WB:** m, **WR:** u, **BS:** 3 - 4, **SG:** 3 - 4

Ordnung: RHIZOSTOMEAE
Fam.: Cassiopeidae

Cassiopeia xamachana BIGELOW, 1892
Mangroven-Meduse

Vork.: Karibisches Meer, Bahamas, Florida, Kolumbien.
GU: Quallen sind getrenntgeschlechtlich.
Hält.B.: Markstückgroße Tiere kommen gelegentlich in den Handel. Sie wachsen sehr schnell heran und vermehren sich auch im Aquarium.
FU: O; Plankton, Algen, Kleinstkrebse, kleine Würmer.
Bes.: Wurzelmundquallen mit ungewöhnlicher Lebensweise, die den Übergang zur hemisessilen Lebensweise demonstriert. Nur im Jugendstadium schwimmen die Medusen noch im freien Wasser. Die adulten Tiere liegen dagegen oft auf schlammigen Böden im Flachwasser von Lagunen und Mangroven in großer Individuendichte mit der Schirmoberseite nach unten und strecken ihre reich verzweigten Mundtentakeln in das freie Wasser. Um nicht verdriftet zu werden, saugen sie sich mit einer Vertiefung an der Schirmoberseite am Untergrund fest. Die Schirmgallerte enthält zahlreiche Zooxanthellen. Diese Quallen nesseln stark.

T: 22 - 24° C, Ø: 40 cm, BS: 4, SG: 3 - 4

Stomolophus meleagris AGASSIZ, 1862
Kanonenkugel - Qualle

Vork.: Karibisches Meer, Florida, Kolumbien.
GU: Quallen sind getrenntgeschlechtlich.
Hält.B.: Nicht bekannt.
FU: Plankton.
Bes.: Diese Quallen tragen kurze, gezahnte und milchige Mundtentakeln. Die hemisphärische Umbrella kann unterschiedlich gefärbt sein. Sie trägt an den Rändern weiße, unterschiedlich lange Streifen und schokoladenbraune Flecken und Punkte. Sie kommen zu gewissen Jahreszeiten massenhaft in Küstennähe vor und sind für die kommerzielle Fischerei eine Plage. Die Kanonenkugel - Quallen sind gute Schwimmer und gefräßige Planktonvertilger.

T: 22 - 24° C, Ø: 8 cm, BS: 4, SG: 4

Thysanostoma loriferum (EHRENBERG, 1835)
Wurzelmundqualle

Vork.: Rotes Meer, Indo - Pazifik.
GU: Getrenntgeschlechtlich.
Hält.B.: Nicht bekannt.
FU: Plankton.
Bes.: Die Exumbrella dieser Qualle ist halbkugelförmig und fein granuliert. Sie fühlt sich rauh an, wenn man sie anfaßt. Der Schirmrand ist von der fast transparenten Kuppel rosa bis rötlich abgesetzt. Die dicken und gekräuselten Mundarme verlängern sich zu langen, schlauchähnlichen Fangarmen, die terminal beulenartig angeschwollen sind. Ein fein vernetztes, intrazirkuläres Kanalsystem kann bei naher Betrachtung erkannt werden und auch ein Ringkanal, in den sie einmünden. Diese Art schwimmt küstennah im freien Wasser und kommt auch in seichten Lagunen vor, wenn die See recht stürmisch ist.

T: 22 - 29° C, Ø: 20 cm, BS: 4, SG: 4

Chrysaora hysoscella LINNAEUS, 1758
Kompaßqualle

Vork.: Atlantik, Mittelmeer, Nordsee.
GU: Diese Qualle ist getrenntgeschlechtlich.
Hält.B.: Nicht bekannt; für Aquarien nicht geeignet.
FU: Plankton.
Bes.: Die Kompaßquallen werden sehr groß und können einen Durchmesser von fast 40 cm erreichen. Ihr Schirm ist tellerförmig, flach, gewellt und rötlich in der Farbe. Er zeigt 16 charakteristische, braune und V-förmige Strahlen, die radial von der Schirmseite ausgehen und die an die Einteilung einer Kompaßrose erinern. Der Schirmrand trägt 32 kleine Randlappen, 24 kurze Tentakel und 4 lange und rötliche Mundarme. Kompaßquallen sind Tiere des freien Wassers, die entweder einzeln schwimmen oder in einer großen Individuendichte nahe der Wasseroberfläche vorkommen können.

T: 12 - 22° C, Ø: 30 cm, BS: 4, SG: 4

Ordnung: SEMAESTOMAE
Fam.: Pelagiidae

Pelagia noctiluca (FORSKÅL, 1775)
Leuchtqualle, Feuerqualle

Vork.: Mittelmeer, Atlantik.
GU: Quallen sind getrenntgeschlechtlich. Aus den befruchteten Eizellen entwickeln sich erneut Quallen, unter Ausschaltung der Polypengeneration. Es entwickelt sich aus einer *Planula*-Larve eine *Ephyra*-Larve, die zur Qualle auswächst.
Hält.B.: Nicht geeignet für Aquarien.
Bes.: Die Quallen sind relativ klein. Sie besitzen 4 kurze Mundarme und 8 sehr lange, transparente Nesseltentakeln. Diese erreichen eine Länge von über 10 m. Der Schirm ist pilzhutförmig und mit Warzen besetzt, die Nematocysten tragen. Die Schirmoberseite zeigt rote, rosafarbene oder violette Punktmuster. Leuchtquallen leuchten bei Berührung, was besonders nachts gut zu sehen ist. Ihre Nesseltentakeln nesseln außerordentlich stark, was beim Menschen bei Berührung zu schmerzhafter Blasenbildungen auf der Haut und zu Fieberanfällen führen kann.

T: 10 - 18° C, Ø: 10 cm, BS: 4, SG: 4

Pelagia noctiluca

Pelagia noctiluca

Ordnung: SEMAESTOMAE
Fam.: Cyaneidae

Drymonema dalmatinum HAECKEL, 1880
Dalmatinische Fahnenqualle

Vork.: Mittelmeer, Adria, Straße von Gibraltar, Westafrika.
GU: Auch diese Quallen sind getrenntgeschlechtlich.
Hält.B.: Nicht bekannt.
FU: Plankton.
Bes.: Dalmatinische Fahnenquallen sind große Pelagier, die einen Schirmdurchmesser von über einem Meter haben können. Ihre Exumbrella besitzt bis zu 140 Radialfurchen. Die außerordentlich zahlreichen und langen Tentakeln entspringen der mittleren Zone der Subumbrella. Sie werden während der Nahrungssuche nach allen Seiten ausgestreckt, wobei die Qualle in wechselnde Richtungen schwimmt, um damit einen großen Wasserraum abzufischen. Die Mundarme sind stark gefaltet, und die Gonaden hängen sackförmig an der Subumbrella.

T: 8 - 24° C, Ø: 50 cm, BS: 4, SG: 4

Aurelia aurita (LINNAEUS, 1758)
Ohrenqualle

Vork.: Ohrenquallen sind kosmopolitisch. Sie leben in allen Meeren auf unserer Erde.
GU: Quallen sind getrenntgeschlechtlich.
Hält.B.: Die Aufzucht von Ohrenquallen im Aquarium kann gelingen, wenn man die Polypen mit ihren Unterlagen in Kulturgefäße bringt, die Polypen gezielt füttert und die *Ephyra*-Larven nach Monaten der Pflege in ein Gesellschaftsbecken überführt. Jedoch ist die Zucht sehr aufwendig und schwierig. Große Ohrenquallen eignen sich nicht für eine Aquarienhaltung.
FU: Plankton.
Bes.: Die Ohrenqualle ist die bekannteste Fahnenqualle überhaupt. Ihr Schirm ist teller- bis schüsselförmig, fast transparent, gelegentlich rötlich oder blauviolett gefärbt und kann einen Durchmesser von 40 cm erreichen. Die hufeisen- bis ohrenförmigen Geschlechtsorgane scheinen blaßrot bis violett hindurch. Der Schirmrand trägt eine Vielzahl kurzer und sehr feiner Tentakeln. Die Mundarme sind verbreitert und gefaltet. Ohrenquallen schwimmen oft in Schwärmen nahe der Wasseroberfläche. Sie besitzen eine durchschnittliche Lebensdauer von 3 - 4 Monaten. Ihre Nesselwirkung ist sehr gering. Vielerorts werden sie gefischt und nach Japan exportiert, obwohl sie zu 98 % aus Wasser bestehen. Aber in Japan werden sie gegessen.

T: 0 - 29° C, Ø: 40 cm, BS: 4, SG: 3 - 4

Braune Riesenqualle *Chrysaora melongaster*, Kalifornien

Purpurrote Qualle *Pelagia panopyra*, Kalifornien

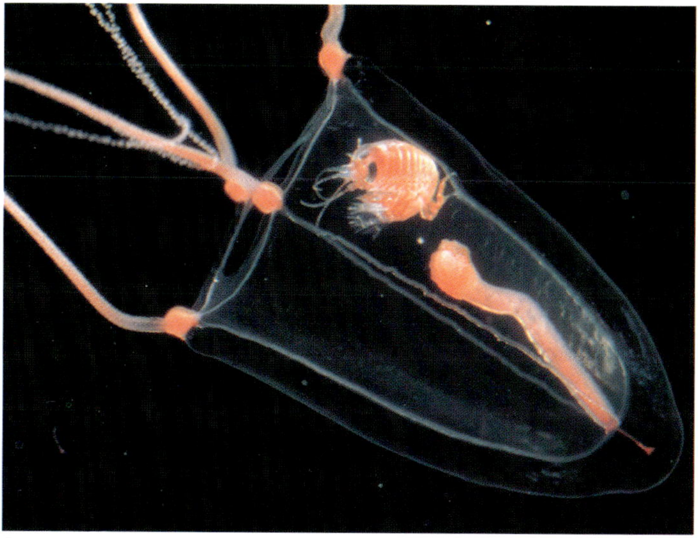

Parasitischer Isopode auf *Sarsia* sp. (Arctic)

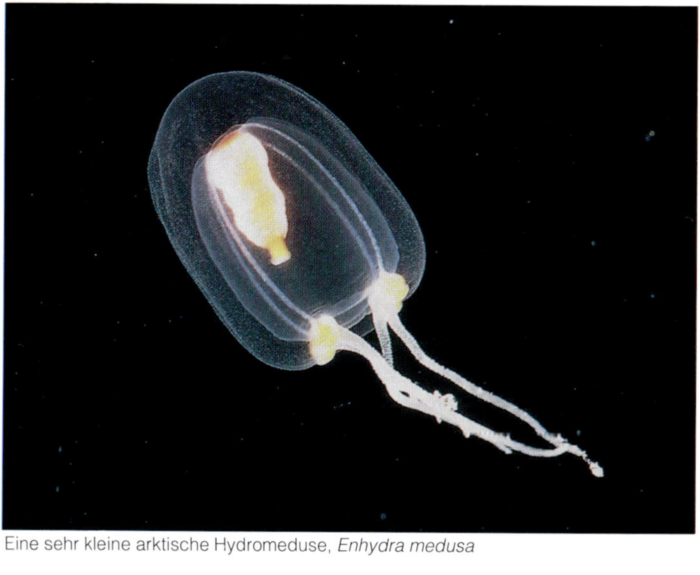

Eine sehr kleine arktische Hydromeduse, *Enhydra medusa*

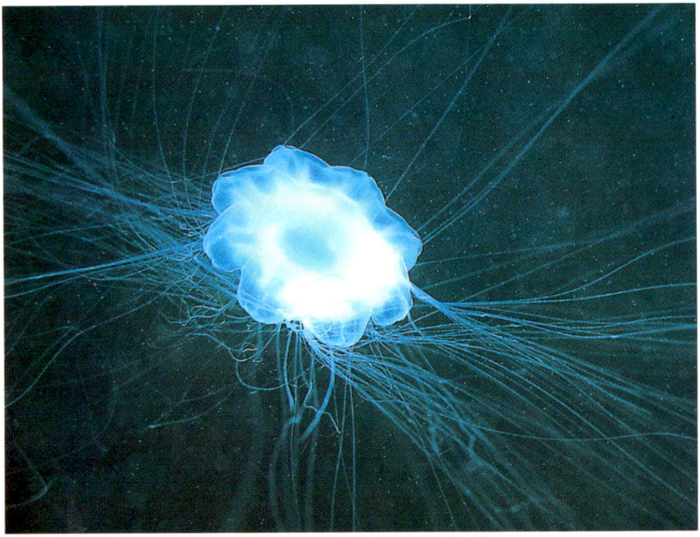

Die Löwenmähnen-Qualle *Cyanea* sp., die eine Größe von 3 m im Ø erreichen kann.

Die kleine arktische Qualle *Aegina* spp.

Dendronephthya sp.

Ordnung: ALCYONACEA

Lederkorallen sind auf Substrat festgewachsene, lederartige bis fleischige Tierkolonien mit einer dicken und derben Haut. Sie wachsen lappig, baumartig, verzweigt oder fingerförmig und sind in allen unseren Meeren verbreitet. Ihre größte Art- und Formenvielfalt jedoch erreichen sie in den warmen, tropischen Meeren, wo sie vom Gezeitenbereich bis hinab in Tiefen von über 200 m leben. Nur wenige Arten besiedeln die Tiefsee.

Trotz ihrer großen Formenvielfalt sind alle Lederkorallen nach dem gleichen Bauprinzip konstruiert. Die Nährpolypen (Autozoide) einer jeden Kolonie sind über die gesamte Oberfläche verteilt. Sie sind relativ klein und besitzen 8 gefiederte Fangarme (Tentakel). Ihr Magenraum wird durch 8 Längswände (Mesenterien) in 8 gleich große Fächer aufgeteilt. Sie alle stehen über ein weitmaschiges Kanalsystem miteinander in Verbindung. Ihre Aufgabe ist es, Nahrung aus dem Umgebungswasser zu fangen, um die gesamte Kolonie zu ernähren. Mit Hilfe ihrer gefiederten Fangarme betäuben und fangen sie kleine Planktonorganismen, die sie dem Mund zuführen.

Daneben gibt es in der Tierkolonie Polypen, deren Fangarme verkümmert oder zurückgebildet sind und denen auch die Fächerung des Magenraumes fehlt. Dafür ist ihr Schlundrohr mit kräftig schlagenden Wimperepithelien ausgekleidet, die Wasser in den Körper der Kolonie pumpen und den Tierstock mit sauerstoffreichem Wasser versorgen. Diese modifizierten Polypen der Tierkolonie werden auch Schlauchpolypen (Siphonozoide) genannt, weil sie dafür verantwortlich sind, den Tierstock ab- und anschwellen zu lassen. Mit der Ausbildung unterschiedlich gestalteter Polypen innerhalb einer Kolonie, die verschiedene Aufgaben zu erfüllen haben, erfolgt eine einfache Arbeitsteilung.

Lederkorallen bilden kein festes Skelett aus. Als Festigungselemente besitzen sie isolierte Kalkkörper (Sklerite) von rauher und unregelmäßiger Oberfläche und Gestalt, die lose verteilt in einer Stützlamelle (Mesogoea) des Körpers liegen. Diese Stützlamelle ist bei manchen Arten, die sich voll expandiert haben, gelegentlich fast transparent, so daß die großen Sklerite darin sehr deutlich zu erkennen sind. Bei einigen Arten können diese Kalkkörper fehlen.

Im allgemeinen gelten Lederkorallen als nachtaktive Tiere, die tagsüber zusammengesunken wie unscheinbare klumpige Mas-

sen auf dem Substrat liegen. Erst wenn nachts über die Schlauchpolypen Wasser in die Kolonie strömt, wird diese aufgerichtet und entfaltet sich in voller Schönheit. Zu diesem Zeitpunkt beginnen auch die Nährpolypen Planktonorganismen aus dem Wasser zu fangen, um für die Ernährung der Kolonie zu sorgen. Offensichtlich ist aber der Wechsel zwischen Tag und Nacht nicht das einzige Kriterium für den Nahrungserwerb der Lederkorallen, da man auch tagsüber zahlreiche Kolonien voll entfaltet antrifft.
Lederkorallen sind sehr farbenprächtige Organismen, die ein großes Farbspektrum nutzen. Ihre Kolonien sind überwiegend gelb, orange, rot, olive, rostrot oder violett gefärbt.
In den sehr frühen Perioden unserer Erdgeschichte war - wie geologische Funde anschaulich belegen - die Arten- und Formenvielfalt der Lederkorallen sehr groß. Von den heute etwa 800 rezenten Arten leben die meisten an abgedunkelten Plätzen, in Höhlen oder unter felsigen Überhängen. Somit sind sie in der Lage, Standorte zu bilden für die riffbildenden Korallen, die ausreichend Sonnenlicht für ihr Wachstum benötigen, aber als Nahrungs- und Raumkonkurrenten ausscheiden.

Ordnung: ALCYONACEA

Lederkorallen im Aquarium von Joachim Großkopf (Nürnberg)

Regelmäßig werden Lederkorallen in Meeresaquarien gepflegt, und das sogar mit beachtlichem Erfolg. Eine Klassifizierung der einzelnen Arten aus den Familien der **Alcyonidae, Nephtheidae** und **Xeniidae** ist allerdings außerordentlich schwierig und in den meisten Fällen für den Laien auch nicht möglich. Dieser Umstand erschwert es, die teilweise sehr unterschiedlichen Pflegeansprüche der Tiere nachzuvollziehen und zu beschreiben. Eine allgemein gültige Pflegevorgabe für die Tiere aus den drei Familien ist ohnehin nur innerhalb sehr weitgefaßter Toleranzen möglich. Zu extrem sind ihre Ansprüche, die sie an ihren Lebensraum stellen. Ganz besonders ist das der Fall bei Arten, die nicht mit symbiontischen Algen, den Zooxanthellen, in einer Endosymbiose leben.

Die Beleuchtung:

Die mittlerweile allgemein übliche Beleuchtung, bestehend aus HQI-Strahlern (NDL,D), blauen Leuchtstoffröhren und (oder) tageslichtfarbenen Leuchtstoffröhren, ermöglicht eine artgerechte Pflege und Vermehrung aller Arten, die mit Zooxanthellen in einer Symbiose leben. Dabei erbringt die Benutzung einer HQI-Beleuchtung auf Dauer keine besseren Erfolge als die alleinige Verwendung von Tageslichtröhren.

Die importierten Weichkorallen, die mit Zooxanthellen in einer Symbiose leben, stammen in der Regel aus dem Flachwasser der Korallenriffe. Sie werden aus Wassertiefen von bis zu 10 m gesammelt. Aus tieferliegenden Wasserschichten kommen nur ganz wenige Tierstöcke bei uns in den Handel. Dabei handelt es sich dann meist um *Cladiella*-Arten.

Tierkolonien, die tieferen Wasserschichten entstammen, benötigen eine lange Zeit, um sich an die Aquarienbeleuchtung anzupassen. Unter Umständen vergehen Monate, bis ihre Eingewöhnungszeit beendet ist und sie zu wachsen beginnen. Ein Grund dafür ist, daß es lange dauert, bis sich die Zooxanthellen auf das unterschiedliche Lichtspektrum der Aquarienbeleuchtung eingestellt haben. Ein weiterer Grund ist der UV-Anteil der Beleuchtung, der auch bei den Kolonien Beachtung finden muß, die aus flachem Wasser gesammelt wurden. Wenn Tierkolonien ohne ersichtlichen Grund, wie einer zu starken Strömung, sich nicht entfalten, kann dafür eine zu starke Beleuchtung mit einem zu hohen UV-Anteil verantwortlich gemacht

werden. Besonders bei einer Aquarienbeleuchtung mit HQI-Strahlern können die Tierkolonien ohne ausreichenden UV-Schutz Verbrennungen erleiden.
Werden Weichkorallen in den Fangstationen über eine längere Zeit ohne ausreichendes Tageslicht gehältert, dann reduziert sich automatisch ihr UV-Schutz. Ganz besonders ist das bei ungewöhnlich hellen, fast weißen Tierkolonien der Fall und muß bei der Pflege unbedingt beachtet werden.
Am unempfindlichsten auf UV-Licht reagieren kräftig fluoreszierende Tierstöcke. Ihr Fluoreszieren oder Irisieren ist besonders gut unter blauen Leuchtstoffröhren zu beobachten.
Mitunter ist es notwendig, die Weichkorallen in den ersten Wochen vor dem UV-Anteil der Beleuchtung zu schützen, denn es dauert oft einige Wochen, ehe der für die vorherrschenden Bedingungen erforderliche Maximalschutz von den Tieren aufgebaut wird. Ganz besonders ist das bei einer Verwendung von HQI-Strahlern zu beachten. Am einfachsten unterstützt man die Tiere, wenn das Aquarium in den betreffenden Bereichen mit Glas (keine Kunststoffgläser!) abgedeckt wird. Bei sehr stark ausgebleichten Tierkolonien sind dazu Glasschichten bis zu einem Zentimeter Dicke erforderlich.
Der UV-Schutz der Tiere ist natürlich nicht stabil. Er verändert sich stetig, je nach Beleuchtungsintensität. Dabei verursachen Tageslichtröhren äußerst selten Schäden bei den Tierkolonien, während HQI-Strahler den Weichkorallen mitunter tödliche Verbrennungen zufügen können.
Defizite in der Wasserqualität können mit einer starken Beleuchtung nur unzureichend ausgeglichen werden. Viel wichtiger als eine starke Beleuchtung ist daher die Wasserqualität. HQI-Strahler ermöglichen zwar die Pflege einiger besonders robuster Weichkorallen auch im belasteten Wasser, aber die Tiere öffnen sich dann bei weitem nicht mehr so schön, wie es bei optimalen Bedingungen der Fall wäre.
Die meisten Weichkorallen, die nicht mit Zooxanthellen in einer Symbiose leben, müssen in stark abgeschatteten Bereichen des Aquariums plaziert werden. Besonders die UV-Strahlung der Leuchtmittel schädigt über längere Zeiträume die Tierkolonien erheblich.

Die Wasserwerte:
Die tolerierte Wasserqualität ist von Art zu Art unterschiedlich. Am besten gedeihen die importierten Weichkorallen innerhalb folgender Grenzwerte: Dichte 1012-1025 (bei 25° C); Temperatur 21-29° C; pH-Wert 7,8-9,5; Nitrat Omg/ 1-20 mg/l.; Phosphat Omg/ 1-1, Omg/l.; Calzium 200mg/1-450 mg/l.
Einige Weichkorallen (*Sinularia, Sarcophyton)* können auch bei stark erhöhten Phosphatwerten (5-8 mg/l) und Nitratwerten (über 100 mg/l) noch weiterwachsen. Die Polypen der Tierstöcke öffnen sich dann aber nicht mehr vollständig.
Die Strömung:
Viele der importierten *Alcyonidae* und *Nephtheidae* gedeihen am besten, wenn die Strömung lebhaft, aber nicht zu direkt und punktuell ist. Ist die Wasserbewegung in einem Aquarium zu gering, dann bleiben die Polypen der Tiere geschlossen. Besonders die vielfach ausgebildete Fähigkeit, sich selbst von aufsitzenden Algen, Sedimenten und anderen Fremdkörpern zu reinigen, leidet darunter.
Die Vertreter der *Xeniidae* gedeihen in der Regel auch noch bei einer sehr schwachen Wasserbewegung. Eine sehr direkte und kräftige Strömung wird vor allem von den hochwachsenden Arten, wie *Cespitularia* und *Heteroxenia,* nicht vertragen.
Die Fütterung:
Eine Fütterung ist für alle importierten Arten, die mit Zooxanthellen in einer Endosymbiose leben, nicht erforderlich. Einige *Xenia*-Arten können auch keine feste Nahrung mehr aus dem Wasser fangen und verdauen. Jede spezielle Fütterung würde auch das Aquarienwasser sehr belasten und kann leicht dazu führen, daß die entsprechenden Toleranzwerte überschritten werden.
Die Tierkolonien, die ohne einzellige Algen in ihrem Gewebe leben, müssen im Aquarium täglich mit lebendem, tierischem Plankton gefüttert werden. Dieser Eintrag an tierischem Plankton belastet das Aquariumwasser erheblich und macht eine erfolgreiche Pflege über viele Jahre nahezu unmöglich. Erst wenn im Fachhandel Filtersysteme angeboten werden, die zuverlässig Phosphate und Nitrate aus dem Wasser entfernen, können auch diese Weichkorallen in speziellen, schwach beleuchteten Riffaquarien wachsen und gedeihen. Haltungserfolge mit diesen Tieren sind zur Zeit noch äußerst selten.

Das Aquarium:
Sehr viele Weichkorallen können recht beachtliche Größen erreichen. Dementsprechend eignen sich für die Pflege dieser Tiere vor allem geräumige Aquarien ab 300 Liter Inhalt. In kleineren Aquarien sollten nur krustierende und verzweigt wachsende Arten (*Sinularia*) gehalten werden. Große Lederkorallen können ohne Probleme geteilt werden und so mit einer dem Aquarium entsprechenden Größe über Jahre gepflegt werden. Im Gegensatz zu den *Sinularia*-Arten werden die Pilzlederkorallen aber durch Abschneiden oder Zurechtstutzen sehr verunstaltet, und manchmal erholen sie sich davon nicht mehr. Sehr große und umfangreiche Tierstöcke findet man auch in der Familie der *Nephtheidae*. Besonders die von Ostafrika importierte Weichkoralle, die im Handel als *Litophyton arboreum* bezeichnet wird, erreicht im Aquarium beachtliche Größen.
Xeniiden werden selten größer als 20 cm. Diese Weichkorallen vermehren sich aber bei zusagenden Bedingungen recht rasch durch Ausläufer oder Teilung. Einige *Heteroxenia*-Arten stoßen auch regelmäßig Larven aus. Leider sterben die Mutterkolonien danach zumeist schnell ab. Die hohe Vermehrungsrate gerade von *Xenia* und *Anthelia* kann in zu kleinen Aquarien leich Platzprobleme verursachen.
Die Verträglichkeit der verschiedenen Weichkorallen untereinander und mit anderen Hohltieren ist recht unterschiedlich. In der Regel vertragen sich die Arten derselben Gattungen recht gut miteinander und vernesseln sich auch bei direkten Berührungen nicht. Überraschungen und Ausnahmen gibt es aber auch hier.
Viele Weichkorallen werden immer wieder von Schmarotzern befallen. Interessant ist hierbei die Tatsache, daß die Zahl der Parasiten jahreszeitlich unterschiedlich ist. Besonders unangenehm sind dabei Parasiten, die sich in das Gewebe der Kolonien fressen. Daher sollten neuerworbene Weichkorallen in der ersten Zeit sorgfältig beobachtet werden durch nächtliche Inspektionen. Die Anzeichen für einen Parasitenbefall sind kleine Löcher und Verletzungen, farblich veränderte Stellen auf der Kolonieoberfläche, abgeschnittene Polypen, verkürzte Tentakeln und teilweise geschlossene Polypen. Schleimige oder bräunlich verfärbte Bereiche der Kolonie sind meist von mikroskopisch kleinen Parasiten

und Gelegenheitsschmarotzern befallen. Als Ektoparasiten findet man auf Weichkorallen regelmäßig kleine Nacktschnecken, Krabben, Borstenwürmer, kleine Fische und selten Spinnentiere (Pygnogonida).

Schleimig zerfallene Stellen der Kolonie müssen großräumig herausgeschnitten werden. Viele der Ektoparasiten können nachts überrascht werden, da sie sich tagsüber an der Basis der Kolonie aufhalten. Einige Borstenwürmer jedoch, die in den Weichkorallen parasitieren, sind kaum ernsthaft zu bekämpfen. Es ist sinnvoll, die kranke Kolonie aus dem Aquarium zu entfernen, damit sich die Parasiten nicht noch auf andere Kolonien ausbreiten können.

Orgelkorallen, die bis vor kurzem den Lederkorallen (Alcyonaria) zugeordnet wurden, werden heute systematisch in einer eigenen Ordnung geführt. Als besonderes Charakteristikum gilt, daß ihre Polypen einzeln stehen und nicht in einen gemeinsamen Weichkörper eingebettet sind. Zudem ist die Orgelkoralle für einen Vertreter der achtstrahligen Korallen sehr eigentümlich strukturiert. Sie besteht nämlich aus einer Vielzahl einzelner, leuchtend roter Kalkröhren, die wie Orgelpfeifen angeordnet sind und die durch waagerechte Verbindungsplatten etagenweise zusammengehalten werden. In der Stützlamelle (Mesogloea) ihres Gewebes werden viele Kalknadeln (Sklerite) erzeugt, die miteinander zu Wohnröhren verbacken. Nur die oberste Etage der Kolonie wird von der Innen- und Außenhaut der Polypen überzogen. In den Verbindungsplatten verläuft ein umfangreiches Kanalsystem, durch das die Polypen miteinander verbunden werden.
Die sehr langen Polypen tragen 8 fiederförmige, moosgrüne Fangarme (Tentakel), die sie aus ihrer Wohnröhre herausstrecken. Sie sind tags und nachts expandiert.

Orgelkorallen im Aquarium

Orgelkorallen sind durch das Washingtoner Artenschutzabkommen geschützt. Sie dürfen nur mit einer besonderen Genehmigung importiert und in einem Aquarium gehalten werden. Wegen ihrer relativ schlechten Haltbarkeit werden vorwiegend ihre leuchtend roten Skelette zur Beckendekoration verwendet.
Mittlerweile sind aber Orgelkorallen dank einer weiterentwickelten Aquarientechnik bei entsprechender Wasserqualität und ausreichender Beleuchtung gut in einem Aquarium zu halten. Dennoch bleibt ihre Pflege den Spezialisten vorbehalten.
Orgelkorallen ernähren sich nicht von tierischem Plankton. Sie nehmen die im Wasser gelösten organischen Verbindungen über die gesamte Körperoberfläche der Polypen auf. Da sich auch ihr Kalkskelett bei einer Aquarienhaltung zu vergrößern scheint, müssen sie regelmäßig mit "Kalkwasser" versorgt werden. Am besten überleben sie in einem Riffbecken, wobei besonders darauf geachtet werden muß, daß sie ausreichend Abstand zu anderen Blumentieren haben. Gegen Fadenalgen reagieren sie dramatisch und sterben sehr schnell ab.

Systematik

Stamm: CNIDARIA	Nesseltiere
Klasse : ANTHOZOA	Blumentiere
Unterklasse : OCTOCORALLIA	Achtstrahlige Korallen
Ordnung: STOLONIFERA	Orgelkorallen
Familie: Tubiporidae	
Gattung: *Tubipora*	
Familie: Clavulariidae	
Gattung: *Clavularia*	
Ordnung: TELESTACEA	Wurzelkorallen
Familie: Telestidae	
Gattung: *Telesto*	
Familie: Coelogorgiidae	
Gattung: *Coelogorgia*	
Ordnung: ALCYONACEA	Lederkorallen
Familie: Alcyoniidae	
Gattungen: *Alcyonium*	
Cladiella	
Lobophytum	
Metalcyonium	
Parerythropodium	
Sarcophyton	
Sinularia	
Familie: Nidaliidae	
Gattung: *Siphonogorgia*	
Familie: Nephtheidae	Weichkorallen
Gattungen: *Dendronephthya*	
Lemnalia	
Litophyton	
Scleronephthya	
Familie: Xeniidae	Pumpkorallen
Gattungen: *Anthelia*	
Heteroxenia	
Xenia	

Tubipora musica LINNAEUS, 1758
Orgelkoralle

Vork.: Rotes Meer, Indo-Pazifik.
GU: Keine.
Hält.B.: Orgelkorallen galten noch bis vor wenigen Jahren als kaum haltbar in einem Aquarium. Einigen Spezialisten gelingt es heute durch Verbesserung der Meeressalze und eine bessere Aquarientechnik, Orgelkorallen über einen längeren Zeitraum im Becken zu halten und zu pflegen. Dennoch sollte aus Artenschutzgründen auf einen Besatz verzichtet werden. Selbst die toten Skelette werden kaum noch als Dekorationsmaterial angeboten.
FU: K; Plankton.
Bes.: Die Kolonien wachsen überwiegend massiv und hemisphärisch. Sie bestehen aus parallel in Reihen angeordneten Kalkröhren, die durch waagerechte Verbindungsplatten etagenförmig zusammengehalten werden. Die Kalkröhren erinnern an Orgelpfeifen. Sie wachsen stetig nach oben und vermeiden so ein Versanden. In ihnen leben die Polypen, die 8 gefiederte Tentakeln tragen. Das Kalkskelett ist stets rot bis dunkelrot gefärbt. Es findet in der Schmuckindustrie Anwendung. Die lebenden Kolonien sind weniger attraktiv und unscheinbar moosgrün gefärbt. So werden sie häufig auch von aufmerksamen Tauchern übersehen.

T: 22 - 26° C, **Ø**: 25 cm, **BL**: ab 80 cm, **WB**: m, **BS**: 2 - 4, **SG**: 3 - 4

Tubipora musica, Aquarienaufnahme

Clavularia viridis, Aquarienaufnahme

Clavularia viridis QUOY & GAIMARD, 1833
Keulenwurzelpolyp, Grüne Röhrenkoralle

Vork.: Indo - Pazifik.
GU: Keine.
Soz.Verh./Vgs.: Gut in einem Riffbecken mit kleinen Riffbarschen und Garnelen zu halten.
Hält.B.: Sie sind in einem Riffaquarium unter Zugabe von Kalkwasser gut haltbar; empfindlich reagieren sie allerdings gegenüber zu hohen Nitratwerten und Fadenalgen.
Licht: Oberlichtzone.
ZU/Verm.: Vermehrung durch seitliche Sprossung.
FU: Die Kolonien leben überwiegend von ihren symbiotischen Algen. Als Zusatzfutter kann Flüssignahrung angeboten werden.
Bes.: Der Primärpolyp produziert auf seiner Siedlungsunterlage ein mehr oder weniger waagerechtes Stolonengeflecht, aus dem die Sekundärpolypen spriessen. Benachbarte Polypen verschmelzen in einer Gallerthülle (Mesogloea) miteinander und bilden eine Platte (Coenchym), aus der sich die Polypen röhrenförmig erheben. In der Gallerthülle sind oft Kalkspiculae eingelagert.

T: 20 - 25° C, **Ø**: 20 cm, **BL**: ab 120 cm, **WB**: s, **WR**: o, **BS**: 2, **SG**: 3

Ordnung: Telestacea
Fam.: Telestidae

Telesto multiflora LAACKMANN, 1909
Blumenstrauß - Zweigkoralle

Vork.: Indo - Pazifik, Australien.
GU: Keine.
Hält.B.: Nicht bekannt.
FU: K; Plankton.
Bes.: Die Kolonien der Blumenstrauß-Zweigkoralle wachsen strauchförmig auf festen Unterlagen; sie sind mit wurzelähnlichen Ausläufern befestigt. Sie bevorzugen als Siedlungsorte schattige Stellen in Unterhöhlungen. Die langen und hellen Polypen entspringen einer dunklen Rindenschicht und sind tag- und nachtaktiv. Sie leben sowohl in klaren als auch in suspensionsreichen Gewässern vom Flachwasser bis in große Tiefen. Die engstehenden und langen Verzweigungen formieren sich zu einem blumenstraußähnlichen Gebilde.

T: 20 - 26° C, **L**: 30 cm, **BS**: 4, **SG**:

Telesto riisei (DUCHASSAING & MICHELOTTI, 1860)
Große Zweigkoralle, Zweigröhrenkoralle

Vork.: Kosmopoliten in tropischen und subtropischen Meeren.
GU: Keine.
Hält.B.: Die Pflege dieser Kolonien ist nicht einfach. Sie sind sehr transportempfindlich und benötigen dunkle Standorte und kräftige Strömungen in einem Becken. Man sollte sie in der unteren Beckenhälfte ansiedeln und keine stark nesselnden Blumentiere in ihre Nähe bringen. Außerdem veralgen sie sehr leicht.
FU: K; sie leben ohne Zooxanthellen und müssen täglich mit Ersatzplankton und *Artemia*-Nauplien gefüttert werden.
Licht: Dämmerlichtzone.
Bes.: Die Kolonien wachsen strauchförmig in schattigen und sehr dunklen Lebensräumen, unter Hafenanlagen, in Höhlen und Unterhöhlungen, an Schiffsböden und an Bojen, mitunter auch in sehr verschmutzten Gewässern. Die Farbe der Kolonien ist sehr variabel. Die hellen, achtarmigen Polypen sind lang und gefiedert. Die Verzweigungen besitzen Längsrillen und entspringen einer wurzelähnlichen Basis. Große Zweigkorallen leben vom Flachwasser bis in Tiefen von über 50 m.

T: 20 - 26° C, **L:** 30 cm, **BL:** ab 100 cm, **WB:** m - s, **WR:** u, **BS:** 3, **SG:** 3 - 4

Coelogorgia palmosa EDWARDS & HAIME, 1758
Zweigröhren - Weichkoralle

Vork.: Indo - Pazifik.
GU: Keine.
Hält.B.: Die Tiere werden gelegentlich aus dem Indischen Ozean, vorwiegend jedoch aus Ostafrika importiert. Sie sollten im Aquarium an strömungsreichen Stellen plaziert werden. Am besten gedeihen sie in einem Riffbecken mit verschiedenen Hornkorallen und Weichkorallen der Gattung *Dendronephthya*.
Licht.: Dämmerungszone.
FU: K; Ersatzplankton, *Artemia* - Nauplien, Staubfutter.
Bes.: Die Kolonien ähneln sehr kräftigen Hydroiden oder strauchförmig wachsenden Hornkorallen. Sie sind reich verzweigt, fast buschig und leben auf harten Unterlagen. Sie besiedeln schattige und strömungsreiche Unterhöhlungen und die Ränder von Höhlen. In vielen Kleinhöhlen sind sie bestandbildend. Die Polypen sind lateral entlang der peitschenartigen Verzweigungen angeordnet. Sie besitzen Kalkeinlagerungen, die sie bis zu einem gewissen Grad festigen.

T: 20 - 26° C, **L:** 30 cm, **BL:** ab 100 cm, **WB:** m - s, **WR:** u, **BS:** 3, **SG:** 4

Alcyonium digitatum LINNAEUS, 1758
Tote Meerhand, Nordische Korkkoralle, Bastardschwamm

Vork.: Nordsee, Atlantik bis zur Biskaya. **GU**: Keine.
Hält.B.: Die Kolonien sind bei ausreichender Fütterung ausdauernd und über viele Jahre haltbar, auch wenn der Wuchs nicht immer befriedigend ist.
Licht: Mittellichtzone.
ZU/Verm.: Eine Vermehrung ist durch Abschnüren oder Abschneiden einer Seitenverzweigung möglich.
FU: Ersatzplankton, Staubfutter, *Artemia*-Nauplien.
Bes.: Fünf oder mehr Verzweigungen der Kolonie besitzen das Aussehen einer Hand. Sie leben erst unterhalb einer Wassertiefe von 20 m auf Steinen, Felsen, Muschelschalen und auf anderen festen Unterlagen. Die Wasseraufnahme und -abgabe erfolgt über Schlauchpolypen und ist vom Gezeitenrhythmus abhängig. Ihre Farbe ist sehr unterschiedlich. Meist sind sie weiß, gelb, rosa oder purpurfarben. Die etwa 1 cm langen Polypen sind hell und transparent.

T: 8 - 14° C, **L**: 10 cm, **BL**: ab 80 cm, **WB**: m, **WR**: u, **BS**: 2 - 3, **SG**: 2 - 3

Ordnung: ALCYONACEA
Fam.: Alcyoniidae

Alcyonium glomeratum (HASSAL, 1843)
Rote Meerhand, Rote Fingerkoralle, Roter Seefinger

Vork.: Atlantik.
GU: Keine.
Hält.B.: Nicht bekannt.
FU: K; Plankton.
Bes.: Rote Seefinger wachsen verzweigt und fingerförmig auf harten Unterlagen bis in große Tiefen. Dabei bevorzugen sie vertikale Felswände und Schiffswracks im stark strömenden Wasser als Siedlungsstandorte. Die Farbe der Kolonien ist unterschiedlich. Es überwiegen die Farben orange und rot - orange. Die Polypen sind weiß. Im Winter ziehen sie sich zurück und die Kolonie wird von einem dünnen und purpurroten Schleimfilm überzogen. Die systematische Einordnung dieser Art ist noch nicht restlos geklärt.

T: 8 - 12° C, L: 30 cm, BS: 4, SG: 3 - 4

Alcyonium palmatum PALLAS, 1766
Große Meerhand, Meerhand

Vork.: Mittelmeer.
GU: Keine.
Hält.B.: Diese Art ist sehr druckempfindlich. Sie sollte, wenn möglich, nur mit etwas Substrat in das Becken eingebracht werden, da sie sonst schon nach kurzer Zeit eingeht. Bei ausreichender Fütterung ist sie sehr ausdauernd und zeigt ein mäßiges Wachstum.
Licht: Mittellichtzone.
ZU/Verm.: Eine Vermehrung im Becken ist möglich.
FU: Ersatzplankton, Staubfutter, *Artemia*-Nauplien.
Bes.: Die Kolonien wachsen auf Felsböden, auf Steinen und Schalenstücken, in Sand- und Schlickböden, selten frei im Boden verankert. Die Große Meerhand pumpt sich täglich mehrfach mit Wasser voll. Dabei kann sie das 5fache ihres "Ruhevolumens" einnehmen. Die Kolonien sind überwiegend rosa bis dunkelrot gefärbt.

T: 10 - 18° C, **L**: 30 cm, **BL**: ab 100 cm, **WB**: s - m, **WR**: m, **BS**: 2, **SG**: 3

Ordnung: ALCYONACEA
Fam.: Alcyoniidae

Alcyonium sp.
Indopazifische Meerhand

Vork.: Tropischer Indo - Pazifik.
GU: Keine.
Hält.B.: Die Kolonien sind gut haltbar bei richtiger Pflege und schwacher Beleuchtung.
Licht: Dämmerungszone.
FU: K; Plankton, Ersatzplankton, in hellen Aquarien nachts füttern.
Bes.: Die Kolonien der Indopazifischen Meerhand leben im Flachwasserbereich an schattigen Stellen der Riffe. Sie erheben sich nur wenig über ihre Siedlungsunterlagen. Aus einer gemeinsamen Basis entspringen konische Verzweigungen, die sich gelegentlich gabeln. Die Polypen sind lang, transparent und überwiegend nachtaktiv. Tagsüber sind die Kolonien zu unförmigen Klumpen eingesunken. Sie erinnern an europäische *Alcyonium*-Arten.

T: 22 - 28° C, L: 15 cm, BL: 150 cm, WB: m - s, WR: u, BS: 3 - 4, SG: 3

Cladiella sp. (Aquarienaufnahme)
Bäumchen - Weichkoralle

Vork.: Tropischer Indo - Pazifik. **GU**: Keine.
Hält.B.: Weichkorallen dieser Gattung sind in einem Aquarium gut zu pflegen. Sie benötigen eine mäßige, stundenweise Strömung und können mit anderen Weichkorallen gut zusammen gehalten werden. Unterschiedliche Arten sollten sich jedoch nicht berühren. Gute Lichtverhältnisse fördern ihr Wachstum. Ein dichter Fischbesatz, viele Krebse und Garnelen, sind im Becken zu vermeiden.
Licht: Sonnenlichtzone, HQI-Strahler.
ZU/Verm.: Teile der Kolonie können abgeschnitten und an Substrat festgebunden werden. Sie wachsen nach einigen Wochen an und bilden eine neue Kolonie.
FU: K; sie sind im Besitz von Zooxanthellen und müssen nur einmal wöchentlich mit Ersatzplankton gefüttert werden.
Bes.: *Cladiella* - Arten leben an strömungsreichen Riffabschnitten. Sie häuten sich nicht, sie schleimen nur ab und ziehen sich dabei zusammen. Ihr Körper trägt winzige Skelettnadeln.

T: 20 - 26° C, **L**: 25 cm, **WB**: m - s, **WR**: o - m, **BS**: 3 - 4, **SG**: 2 - 3

Lobophytum sp.
Lederkoralle

Vork.: Rotes Meer, Indo-Pazifik.
GU: Keine.
Soz./Verh.: Die Kolonien leben in einer Endosymbiose mit Zooxanthellen.
Hält.B.: Nicht bekannt. Außerdem sind die Kolonien zu groß für eine Aquarienhaltung.
Licht: Sonnenlichtzone.
FU: K; Plankton. Diese Lederkorallen nehmen gelöste, organische Verbindungen über die gesamte Körperoberfläche auf.
Bes.: Die abgebildete Kolonie liegt großflächig und fleischig bei Niedrigwasser auf dem Riffdach ausgebreitet. Die zusammengesunkene und außerordentlich stark gefaltete Kolonie preßt sich förmlich auf ihr Siedlungssubstrat. Bei einsetzender Flut und bei voller Wasserbedeckung wird sie sich mit Wasser vollpumpen, sich aufrichten und neu entfalten. Die Zeit zwischen Ebbe und Flut scheinen die Tierkolonien trotz intensiver Sonneneinstrahlung, starker Salzgehaltskonzentration und der Gefahr der Austrocknung unbeschadet zu überstehen. Das Restwasser im Körper der Kolonie hilft den Tieren, diese Extremsituation zu überdauern.

T: 20 - 45° C, **Ø**: über 100 cm, **WB**: m, **WR**: o - m, **BS**: 2, **SG**: 2

Lobophytum sp. (Aquarienaufnahme)
Faltige Lederkoralle

Vork.: Sri Lanka. **GU**: Keine.
Hält.B.: Diese Lederkoralle ist etwas anspruchsvoller als die anderen Arten. Sie wird häufig von Schnecken und freilebenden Borstenwürmern befallen und angefressen. Eine mittlere Strömung, die nicht auf die Kolonie gerichtet ist, sollte im Becken vorherrschen.
Licht: Sonnenlichtzone, HQI-Licht, das auch den Bodengrund des Aquariums ausleuchtet.
FU: K; Die Kolonien leben in einer Symbiose mit Zooxanthellen, so daß eine tägliche Fütterung nicht notwendig ist. Etwa 2-3 mal in der Woche kann vorsichtig mit tierischem Ersatzplankton gefüttert werden.
Bes.: Die Kolonien wachsen geduckt und faltenreich. Sie besiedeln den oberen Riffhang und die Riffplattform und fallen hier gelegentlich trocken. Sie vertragen kurzzeitig eine intensive Sonneneinstrahlung, hohe Temperaturen und tolerieren einen hohen Salzgehalt.
T: 20 - 40° C, **Ø**: 15 cm, **BL**: ab 100 cm, **WB**: m - s, **WR**: o - m, **BS**: 2 - 3, **SG**: 3

Ordnung: ALCYONACEA
Fam.: Alcyoniidae

Metalcyonium sp.
Indopazifische Weichkoralle

Vork.: Tropischer Indo - Pazifik.
GU: Keine.
Hält.B.: Nicht bekannt.
FU: K; Plankton.
Bes.: Die Kolonien sind klein und wachsen geduckt, mit konischen Ausläufern und langen, hellen, transparenten Polypen. Die Tentakeln der Polypen tragen federförmige Pinnulae. Die Kolonien sind überwiegend nachtaktiv. Sie leben an schattigen Stellen auf festen Unterlagen an gut durchströmten Riffpartien vom Flachwasser bis in mittlere Tiefen.

T: 20 - 26° C, L: 8 cm, WB: l - m, WR: o - m, BS: 3, SG: 3 - 4

Parerythropodium coralloides (PALLAS, 1766)
Falsche Edelkoralle, Trugkoralle

Vork.: Mittelmeer, Atlantik, Biskaya. **GU**: Keine.
Hält. B.: Die Pflege von Trugkorallen in einem Aquarium ist durchaus möglich, doch sind in der Literatur keine Pflegeanleitungen darüber zu finden.
FU: Plankton.
Bes.: Trugkorallen bilden überwiegend krustige Überzüge auf Hornkorallen der Gattungen *Eunicella* und *Paramuricea*, wobei sie aber auch Manteltiere und Algen überziehen können. Ihre kardinalroten Überzüge ähneln denen der Edelkoralle, *Corallium rubrum*, so daß sie von Unkundigen oftmals dafür gehalten werden. Bisher ist es ungeklärt, wie Trugkorallen es schaffen, die nesselnden Polypen ihrer Siedlungsunterlage zu überwinden. Sicherlich durch eine größere Aggressivität. Immer beginnen sie von der Basis der Hornkorallen aus diese zu erobern und sie bis zu den Enden der Verzeigungen zu besetzen. Ihre Verbreitung reicht vom Flachwasser bis in große Tiefen.

T: 7 - 24° C, **Ø**: 25 cm, **BS**: 4, **SG**: 4

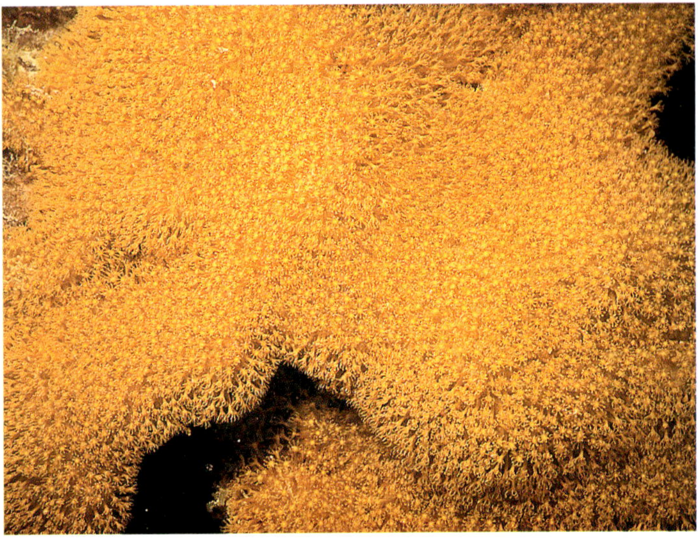

Parerythropodium fulvum (FORSKÅL, 1775)
Schwefelkoralle, Gelbe Krustenlederkoralle

Vork.: Indo - Pazifik.
GU: Keine.
Soz.V./Vgs.: Die Polypen leben in einer Endosymbiose mit Zooxanthellen. *Monomolgus unihastatus*, ein Ruderfußkrebs, lebt parasitisch auf der Tierkolonie.
Hält.B.: Schwefelkorallen können gut mit anderen Blumentieren in einem Aquarium gepflegt werden. Von Steinkorallen, Scheiben- und Krustenanemonen müssen sie einen Mindestabstand von 10 cm haben. Sie sind sehr empfindlich gegen Fadenalgen.
Licht: Sonnenlichtzone.
FU: Sie ernähren sich überwiegend von organisch gelösten Stoffen im Wasser. Große Polypen fressen auch feines Ersatzplankton.
Bes.: Schwefelkorallen bilden im Flachwasser großflächige Überzüge auf totem Korallengestein. Ihre sehr flachen und nur wenige Millimeter dicken Matten können im seichten Wasser viele Quadratmeter Untergrund bedecken und ersticken alles weitere Leben. Die sehr kurzen, zahlreichen und goldgelben Polypen stehen dicht und sind auch tagsüber ausgestreckt. Ihre Kolonien meiden Wasserturbulenzen und siedeln in Lagunen und an der Leeseite von Koralleninseln.

T: 22 - 28° C, **Ø:** über 100 cm, **BL:** ab 100 cm, **WB:** l - m, **WR:** 0, **BS:** 4, **SG:** 3 - 4

Sarcophyton glaucum (QUOY & GAIMARD, 1833)
Pilz - Lederkoralle, Tassen - Lederkoralle

Vork.: Rotes Meer, Indo - Pazifik.
GU: Keine.
Soz.Verh./Vgs.: Ihre Kolonien leben mit den Ruderfußkrebsen *Perosyna indonesica, Paradoricola spinulatus, Anisomolgus ensifer* und *Alcynomolgus sarcophyticus* vergesellschaftet.
Hält.B.: Pilz-Lederkorallen gehören seit Jahren zu einem festen Bestandteil von Riffaquarien. Sie sind gut pflegbar und ausdauernd.
Licht: Sonnenlichtzone.
ZU/Verm.: Sie können im Aquarium künstlich vermehrt werden, wenn man den gesamten "Pilzhut" mit 3 cm "Stiel" abschneidet und sauber festbindet. Nach 3 - 4 Wochen ist der Organismus angewachsen. Am alten "Stiel" entwickelt sich ein neuer "Pilzhut". Pilz-Lederkorallen sind weitgehend unempfindlich gegenüber Fischen, Garnelen und Einsiedlerkrebsen.
FU: K; Plankton, Ersatzplankton.
Bes.: Pilz - Lederkorallen wachsen, wie der Name bereits verrät, in Form eines Pilzes. Auf einem dicken Hauptstamm wächst ein lappiger, sehr fester, ledrigor "Hut". Dessen Oberfläche trägt lange und vollständig einziehbare Polypen. Die Kolonien leben auf festem Untergrund der Riffdächer, im Vorriff, in Lagunen und am Riffhang. Entsprechend ihrem Standort sind sie unterschiedlich gefärbt. An den Riffhängen stehen sie oft in Gruppen zusammen.

T: 20 - 26° C, **L:** 20 cm, **BL:** ab 100 cm, **WB:** m, **WR:** m, **BS:** 2, **SG:** 3

Ordnung: ALCYONACEA
Fam.: Alcyoniidae

Sarcophyton trochiliophorum MARENZELLER, 1886
Troglederkoralle

Vork.: Rotes Meer, Indo - Pazifik.
GU: Keine.
Soz.Verh/Vgs.: Die Kolonien leben in einer Endosymbiose mit Zooxanthellen. Sie werden von Zylinderrosen, Aktinien, Scheibenanemonen und von Blasenkorallen genesselt. Auch Kriechgroßalgen schnüren sie mit ihren Rhizoiden ein, und der Schattenwurf ihrer Algenblätter verhindert ein Ausstrecken der Polypen. Der Ruderfußkrebs *Paramolgus spathophorus* lebt in Gemeinschaft mit Troglederkorallen
Hält.B.: Troglederkorallen sind gut haltbar im Aquarium. Sie sind unempfindlich gegenüber Veralgung, da sie sich regelmäßig "häuten". Auch Fische, Garnelen und Einsiedlerkrebse stören sie nicht in ihrer Entwicklung.
Licht: Sonnenlichtzone, HQI-Beleuchtung.
ZU/Verm.: Eine künstliche Vermehrung ist durchaus möglich, wenn man Teile der Randlappen abschneidet und an anderen Gegenständen festbindet. Dann wächst der Randlappenteil weiter und bildet neue Kolonien aus. Diese wächst dann allerdings atypisch. Die Schnittstelle an der Mutterkolonie heilt innerhalb von 14 Tagen aus.
FU: Die Kolonien nehmen gelöste organische Verbindungen aus dem Wasser auf. Sie können zusätzlich mit lebendem Zooplankton, Staubfutter, Tieffrostplankton oder *Artemia*-Nauplien gefüttert werden.
Bes.: Troglederkorallen bilden dicke, fleischige Kolonien von lederartiger Konsistenz. Da sie kein festes Skelett ausbilden, besitzen sie Skelettnadeln als Festigungselemente in ihrem Gewebe. Die Ränder der Kolonie sind sinusförmig gelappt und die Oberfläche ist von langen und schlauchförmigen Polypen bestanden. Das Foto zeigt zwei benachbart siedelnde Kolonien: die eine Kolonie mit ausgestreckten, die andere mit eingezogenen Polypen. Troglederkorallen siedeln vom extremen Flachwasser bis in geringe Tiefen auf Riffdächern, in Ebbetümpeln, am Riffhang und auf Riffplateaus. Ihre Anpassungsfähigkeit gegenüber hohen Temperaturen, Salzgehaltsschwankungen und intensiver Sonneneinstrahlung ist außerordentlich groß.

T: 28° C, Ø: 60 cm, BL: ab 100 cm, WB: s - m, WR: u, BS: 2 - 3, SG: 2 - 3

Sarcophyton trochiliophorum

Ordnung: ALCYONACEA
Fam.: Alcyoniidae

Sinularia dura (PRATT, 1903)
Gelappte Lederkoralle

Vork.: Rotes Meer, Indo-Pazifik.
GU: Keine.
Soz.Verh./Vgs.: Die Kolonien leben vergesellschaftet mit den Ruderfußkrebsen *Paramolgus ostentus* und *P. eniwetokensis*.
Hält.B.: Gelappte Lederkorallen sind im Aquarium gut haltbar. Sie beanspruchen etwa die gleichen Umweltverhältnisse wie die *Sarcophyton*-Arten. Ein gewisser Sicherheitsabstand zu Scheibenanemonen muß eingehalten werden.
Licht: Leuchtstoffröhren, wenn eine blaue Röhre mit eingesetzt wird.
ZU/Verm.: Sie lassen sich leicht im Becken vermehren, indem man aus dem Randlappen Teilstücke herausschneidet und mit einem Gummiband auf einem Substrat festbindet. Nach etwa 14 Tagen ist dieses Teilstück festgewachsen. Im weiteren Verlauf des Wachstums breitet sie sich krustenförmig aus.
FU: Feines Ersatzplankton.
Bes.: Gelappte Lederkorallen bilden kleine Kolonien, die auf festen Unterlagen und auf totem Korallengestein leben und an den senkrechten Wänden von Unterhöhlungen wachsen. Sie siedeln oft so dicht, daß sie sich überlappen. Ihre kleinen Kolonien wachsen geduckt mit lappigen Auswüchsen und vielen Invaginationen an den Kolonierändern. Diese zeigen eine zarte Radiärstreifung. Gelappte Lederkorallen "häuten" sich durch Abschleimen.

T: 20 - 26° C, **Ø**: 8 cm, **BL**: 80 cm, **WB**: l - m, **BS**: 3, **SG**: 3 - 4

Sinularia polydactyla (EHRENBERG, 1834)
Vielfingrige Lederkoralle

Vork.: Rotes Meer, Indo - Pazifik, West - Pazifik.
GU: Keine.
Soz.Verh./Vgs.: Die Kolonien leben in einer Endosymbiose mit Zooxanthellen. Zwischen ihren fingerförmigen Projektionen leben die Ruderfußkrebse *Paradoricola squaminger* und *Meringomolgus fascetus*.
Hält.B.: Diese Art wächst gut und ausdauernd im Aquarium. Sie muß unter HQI-Licht vorsichtig angepaßt werden.
Licht: Sonnenlichtzone, HQI-Licht oder Leuchtstoffröhren, wenn eine blaue Röhre mit eingesetzt wird.
ZU/Verm.: Nicht bekannt.
FU: K; Plankton, Ersatzplankton, *Mysis*, Futtertabletten.
Bes.: Vielfingrige Lederkorallen bilden weiträumige, geduckte, dichtstehende Kolonien im Flachwasser. Sie überwachsen abgestorbene Korallen und andere, tote Unterlagen. Der Stamm der Kolonie ist gedrungen und polypenlos. Die fingerförmigen Projektionen sind unterschiedlich lang, verschieden im Durchmesser und gelegentlich verzweigt. Sie werden dicht von kleinen und hellen Polypen besetzt. Die Farbe der Kolonien ist variabel und abhängig von der Farbe der Zooxanthellen in ihrem Gewebe.

T: 22 - 29° C, **Ø**: über 30 cm, **BL**: ab 100 cm, **WB**: m, **WR**: o, **BS**: 2, **SG**: 3 - 4

Ordnung: Alcyonacea
Fam.: Alcyoniidae

Sinularia sp. (Aquarienaufnahme)
Lederkoralle

Vork.: Sri Lanka. **GU**: Keine.
Hält.B.: Diese Weichkoralle ist gut in einem Becken zu pflegen, doch wächst sie nicht sehr schnell. Ihr Standort hinsichtlich der Strömung und des Lichtes ist auszuprobieren. In jedem Fall sollte die Wasserbewegung kräftig sein. Die Lederkoralle muß an HQI-Licht gewöhnt werden.
Licht: Sonnenlichtzone, HQI-Strahler.
ZU/Verm.: Zur Vermehrung können Astabschnitte herausgetrennt und an saubere Unterlagen festgebunden werden. Bedingt durch eine gute Regenerationsfähigkeit verheilen die Schnittwunden sehr schnell.
FU: Diese Weichkoralle lebt mit Zooxanthellen in ihrem Polypengewebe und muß daher nicht täglich gefüttert werden. Als Zusatzfutter eignen sich alle im Fachhandel erhältlichen Ersatzfuttermittel.
Bes.: Diese Weichkoralle bildet lappige und fingerförmige Fortsätze zugleich und häutet sich in gewissen Abständen.

T: 22 - 29° C, **Ø**: 12 cm, **BL**: 100 cm, **WB**: s, **WR**: o - m, **BS**: 2 - 3, **SG**: 2 - 3

Siphonogorgia sp.
Fächer - Weichkoralle

Vork.: Rotes Meer, Indo - Pazifik. **GU**: Keine.
Hält.B.: Nicht bekannt.
ZU/verm.: Nicht bekannt.
FU: K; Plankton.
Bes.: Die Kolonien wachsen aufrecht und reich verzweigt, ähnlich Fächerkorallen. Die Verzweigungen entspringen einem kräftigen Hauptstamm, der mit einer breiten Basis am Untergrund befestigt ist. Der Hauptstamm und die Hauptverzweigungen sind glatt und weitgehend polypenlos. Erst an den reichen Endverzweigungen der Kolonie befinden sich die unterschiedlich gefärbten Polypen. Fächer-Weichkorallen sind Tiere des tieferen Wassers. Sie siedeln überwiegend am Fuße der Riffhänge und auf kleinen Plateaus im stark strömenden Wasser. Ihre Kolonien sind meistens rostrot gefärbt und werden von Unkundigen für Fächerkorallen gehalten.

T: 22 - 29° C, **L**: 80 cm, **BL**: 120 cm, **WB**: I - m, **BS**: 4, **SG**: 4

Ordnung: Alcyonacea
Fam.: Nephtheidae

Dendronephthya klunzingeri (STUDER, 1887)
Klunzingers Weichkoralle, Bunte Weichkoralle

Vork.: Rotes Meer, Indischer Ozean.
GU: Keine.
Hält.B.: Die im Handel angebotenen Tierkolonien werden meistens ohne Substrat geliefert. Daher ist eine Verankerung im Aquarium problematisch. Sie fallen aufgepumpt um und müssen gestützt werden. Dabei sind Quetschungen zu vermeiden. Selbst wenn die Bunte Weichkoralle festgewachsen ist, kann sie problematisch bleiben. Sie ist wirklich nur Spezialisten anzuraten. Sie benötigt sauberes Wasser und darf nicht am Boden des Aquariums, sondern muß auf einem erhöhten Standort plaziert werden, da sie sehr leicht umknickt.
Licht: Dämmerlichtzone.
FU: Ersatzplankton, Fütterung nur bei expandierter Kolonie!
Bes.: Die Kolonien leben ohne Zooxanthellen in ihrem Gewebe. Sie verankern sich mit wurzelartigen Ausläufern auf festem Substrat. Tagsüber leben die Kolonien überwiegend zusammengesunken. Erst nachts expandieren sie durch Wasseraufnahme. Sie können über einen Meter groß werden. Ihre Polypen stehen in Gruppen. Sie werden zum Planktonfang eingesetzt und sind nicht retraktierbar. Farbige Kalknadeln festigen die Kolonie. Klunzingers Weichkorallen sind unterschiedlich gefärbt und leben im tiefen, wenig bewegten Wasser, in Nischen und strömungsabgewandten Unterhöhlungen.

T: 20 - 29° C, L: 80 cm, BL: ab 100 cm, WB: m, WR: m, BS: 2, SG: 3 - 4

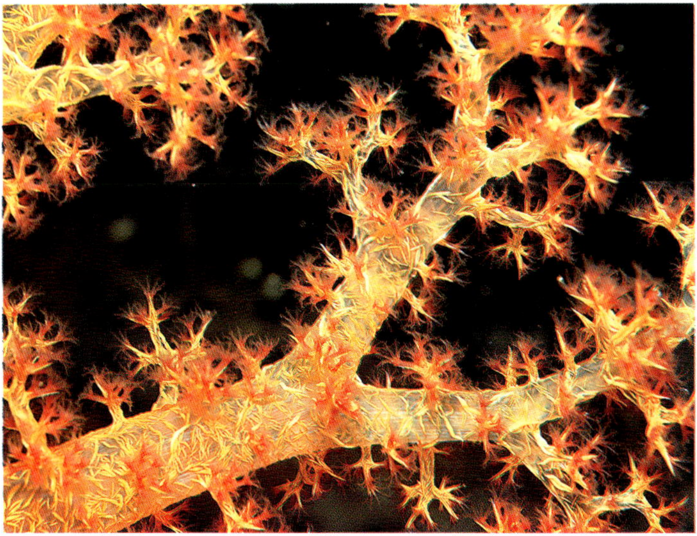

Dendronephthya sp.
Bäumchen - Weichkoralle, Blätter - Weichkoralle

Vork.: Rotes Meer, Indo - Pazifik.
GU: Keine.
Hält.B.: Tiere möglichst in einem Riffaquarium und da in weiträumigen Höhlen oder Unterhöhlungen unterbringen. Kleine Fische, Garnelen und Krebse vermindern ihre Überlebenschance.
Licht: Dämmerlichtzone.
ZU/Verm.: Nicht bekannt.
FU: Expandierte Kolonien müssen 2 mal pro Tag mit tierischem Plankton gefüttert werden.
Bes.: Bäumchen - Lederkorallen wachsen in baum- bis strauchartigen Formen. Sie gehören zu den farbenprächtigsten Tierkolonien tropischer Korallenriffe. Die Gestalt der Kolonie kann durch Wasseraufnahme und -abgabe stark verändert werden. Dadurch wird auch das an Stoffwechselabbauprodukten reiche Wasser aus dem Körper der Kolonie gepumpt. Sie siedeln bevorzugt auf festen Unterlagen an schattigen Stellen von Höhlen und Unterhöhlungen und sind daher bei der Besetzung ihrer Standorte keine Konkurrenz für die lichtabhängigen Steinkorallen. Der nahezu polypenlose Stamm hat nur im oberen Bereich relativ kurze, dicke Seitenzweige, die sich noch mehrfach aufspalten. Hier befinden sich die Polypen, die in Gruppen zusammenstehen. Im Bereich des Stammes sind die vielen lose eingelagerten Kalkkörperchen (Sclerite) erkennbar.

T: 20 - 29° C, **L**: 60 - 80 cm, **BL**: ab 100 cm, **WB**: m, **WR**: u, **BS**: 3, **SG**: 3 - 4

Lemnalia africana (MAY, 1898)
Keniabäumchen

Vork.: Indischer Ozean, ostafrikanische Küste.
GU: Keine.
Soz.Verh./Vgs.: Gut zu vergesellschaften mit anderen Weichkorallen der Gattungen *Sarcophyton, Sinularia, Lobophytum* und *Cladielle*. Die Kolonien gedeihen am besten in einem Artenbecken im Besatz mit kleinen Krebsen und bodenbewohnenden Fischen.
Hält.B.: Die Kolonien sind nur gut haltbar, wenn die chemischen und biologischen Parameter stimmen. Ihre Pflege verlangt viel Fingerspitzengefühl. Scheibenanemonen der Gattung *Actinodiscus* sollte man im Becken vermeiden. Der Besatz an Korallen sollte spärlich sein und ihr Abstand zu den Weichkorallen groß.
Licht: Mittellichtzone. Zur Eingewöhnung gedämpftes HQI-Licht.
FU: K; Plankton. Benötigen kaum Futter, da sie mit Zooxanthellen leben. Wenn Fütterung, dann 2 - 3 mal wöchentlich mit Muschelmilch oder aufgeschwemmten TetraTips.
Bes.: Keniabäumchen sind Tiere des Sublitorals. Sie leben in Ruhestellung zusammengesunken auf ihren Substratunterlagen und strecken sich nur bei Sauerstoffmangel und zum Planktonfang. Dabei strömt Wasser über die Siphonoide in die Kolonie, die sich dann aufrichtet. Wie ein kleines Bäumchen steht die Kolonie dann im Wasser, mit einem langen kräftigen Stamm und vielen, baumartigen Verzweigungen.

T: 20 - 29° C, **L**: 50 cm, **BL**: ab 150 cm, **WB**: s, **WR**: u, **BS**: 3, **SG**: 3 - 4

Litophyton arboreum (FORSKÅL, 1775)
Bäumchen- oder Brokkoli - Weichkoralle

Vork.: Rotes Meer, Indo - Pazifik.
GU: Keine.
Soz.Verh./Vgs.: Die Kolonien leben in einer Endosymbiose mit Zooxanthellen.
Hält.B.: Die Kolonien lassen sich trotz ihrer Größe gut in einem Becken halten. Da sie selbst viele Arten vernesseln, sollten sie mit Scheibenanemonen und mit anderen Nesseltieren nicht zusammengesetzt werden. Sie können durch ihre Schnellwüchsigkeit bald zu einem Problem für den Aquarianer werden.
Licht: Mittellichtzone. Vorsichtig an HQI-Licht anpassen.
ZU/Verm.: Sie lassen sich nicht nur durch Knospung, sondern auch durch ein Absenken und Beschweren der Äste mit einem Stein gezielt vermehren. Eine Vermehrung durch Abschnüren und Festbinden der Seitenverzweigungen ist auch möglich.
FU: Sie nehmen überwiegend gelöste Substanzen aus dem Wasser auf. Eine Zusatzfütterung kann gezielt mit Ersatzplankton, *Artemia*-Nauplien und "Natur Micro Plankton" erfolgen.
Bes.: Brokkoli - Weichkorallen bilden aufrechtwachsende, bäumchenartige Wuchsformen aus, mit einer kurzen und glatten, polypenlosen Basis und kräftigen verzweigten Seitenästen, an denen die polypenreichen, dünnen Nebenzweige sitzen. Die Kolonien siedeln auf harten Unterlagen, meist auf Steinen, und auf Korallen ab einer Wassertiefe von 6 m. Hier besetzen sie oft große Areale am Riffhang. Die Polypen sind nicht einziehbar und die Farbe der Kolonie ist je nach Standort verschieden.

T: 20 - 29° C, **L**: 80 cm, **BL**: ab 100 cm, **WB**: s - m, **WR**: u, **BS**: 3, **SG**: 3 - 4

Ordnung: ALCYONACEA
Fam.: Nephtheidae

Scleronephthya sp.
Bäumchen - Weichkoralle

Vork.: Rotes Meer, Indo - Pazifik.
GU : Keine.
Hält.B.: Nicht bekannt.
FU: K; Plankton.
Bes.: Sehr filigrane, reich verzweigte Lederkoralle, die bevorzugt in dunklen Höhlen und in schattigen Unterhöhlungen lebt. Ihre Kolonien sind überwiegend an Felswänden und Höhlendecken festgewachsen. Sie hängen in den freien Raum hinein und verzweigen sich von einer breiten Basis aus sehr filigran über mehrere Hauptstämme. Diese sind frei von Polypen. Die nicht einziehbaren Polypen befinden sich erst an den Endverzweigungen.

T: 20 - 29° C, L: 30 cm, BL: 100 cm, WB: s - m, WR: u, BS: 4

Anthelia glauca (LAMARCK, 1816)
Zartgefiederte Strauß - Weichkoralle

Vork.: Rotes Meer, Indo - Pazifik.
GU: Keine.
Soz.Verh./Vgs.: Die Kolonien leben vergesellschaftet mit dem Ruderfußkrebs *Doridicola antheliae.*
Hält.B.: Die Kolonien sind gut im Aquarium haltbar. Sie überwuchern rasch Dekorationsmaterial und siedeln auf Kalkrotalgen und auch auf *Caulerpa.* Sie sollten im Aquarium nicht zu dicht an andere Blumentiere gesiedelt werden.
Licht: Mittellichtzone.
ZU/Verm.: Sie vermehren sich bei entsprechender Pflege sehr rasch und überwuchern nicht so aggressive, festsitzende Aquarienbewohner.
FU: K; Ersatzplankton.
Bes.: Die sehr langen Polypen der Kolonie verzweigen sich von einer flachen, kaum sichtbaren Basis aus. Sie werden 5 cm lang und besitzen acht zarte, gefiederte Fangarme, die sich rhythmisch öffnen und schließen. Die Kolonien werden nicht sehr groß. Sie bedecken nur wenige Quadratdezimeter des Untergrundes. Ihre zarte Wuchsform weist bereits darauf hin, daß sie Bewohner tieferer Gewässer sind, wo Strömungsturbulenzen weitgehend fehlen

T: 20 - 29° C, **Ø:** 20 cm, **BL:** ab 100 cm, **WB:** I - m, **WR:** u, **BS:** 3 - 4, **SG:** 3 - 4

Ordnung: ALCYONACEA
Fam.: Xeniidae

Heteroxenia fuscescens (EHRENBERG, 1834)
Plapper - Weichkoralle

Vork.: Rotes Meer, Indo - Pazifik. **GU**: Keine.
Hält.B.: Nicht bekannt.
Licht: Sonnenlichtzone.
ZU/Verm.: Nicht bekannt.
FU: K; Plankton.
Bes.: Plapper-Korallen wachsen rasenförmig. Ihre Kolonien bestehen aus kurzen, unverzweigten Stämmchen, die relativ lange, einziehbare Polypen tragen. Die acht gefiederten Fangarme öffnen und schließen sich synchron und rhythmisch bis zu 40 mal in der Minute. Diese ständigen, auch tagsüber ausgeführten Pumpbewegungen dienen nicht nur dem Beutefang, sondern auch der Atmung. Man hat den Eindruck, daß alle Polypen miteinander kommunizieren, also "plappern". Plapper-Korallen sind überwiegend grau bis graubraun gefärbt.

T: 20 - 29° C, **Ø**: 60 cm, **BL**: 150 cm, **WB**: l - m, **WR**: u, **BS**: 4, **SG**: 4

Xenia umbellata LAMARCK, 1816
Strauß - Weichkoralle

Vork.: Rotes Meer, Indo - Pazifik.
GU: Keine.
Soz.Verh./Vgs.: Die Kolonien leben in einer Endosymbiose mit Zooxanthellen. Verschiedene schmarotzende Nacktkiemenschnecken und der Ruderfußkrebs *Paradoridicola glabripes* leben auf ihnen.
Hält.B.: Strauß-Weichkorallen gehören im Becken, wenn sie gut eingewöhnt sind, zu den haltbaren Tieren. Man sollte jedoch beim Fischbesatz aufpassen. Doktor- und Kaiserfische sind ungeeignet zum Zusammenleben mit dieser Art.
Licht: Mittellichtzone.
ZU/Verm.: Eine geschlechtliche Vermehrung über freischwimmende Larven ist im Aquarium beobachtet worden. Doch ist die Mutterkolonie nach Abgabe der Larven schnell verendet. Bei starker Beleuchtung vermehren sie sich auch durch die Bildung von Ausläufern, die sich abtrennen.
FU: Die Kolonien leben überwiegend von ihren Zooxanthellen und über die Haut aufgenommene gelöste organische Substanzen. Zufütterung mit Ersatzplankton.
Bes.: Strauß-Weichkorallen wachsen pilzförmig. Aus einem unverzweigten Stamm erheben sich bis zu 5 cm lange Einzelpolypen, die acht gefiederte Fangarme tragen. Diese schlagen im rhythmischen Takt, um Sauerstoff aus dem vorbeiströmenden Wasser zu resorbieren. Die Farbe der Kolonien ist variabel, je nach Standort und Zooxanthellenbesatz.

T: 22 - 29° C, **Ø**: 12 cm, **BL**: ab 100 cm, **WB**: l - m, **WR**: m - u, **BS**: 3 - 4, **SG**: 3 - 4

Xenia sp. (Aquarienaufnahme)
Straußenfeder - Weichkoralle

Vork.: Rotes Meer, tropischer Indo - Pazifik. GU: Keine.
Hält.B.: Straußenfeder - Weichkorallen wachsen sehr gut in einem Aquarium. Sie lieben eine mäßige Wasserbewegung, die nicht direkt auf die Polypen gerichtet ist. Sie sind sehr empfindlich gegen Fadenalgen. Zu hohe Nitratwerte führen zum Nachlassen der Pumptätigkeit der Polypen.
Licht: Sonnenlichtzone. Die Kolonien sind so hell wie möglich anzusiedeln, sie benötlgen HQI-Licht und dazu einen Blaustrahler.
FU: Sie leben mit Zooxanthellen in ihrem Gewebe und sind keine aktiven Planktonfresser mehr. Sie werden weitgehend von den Nährstoffen ihrer Symbiosepartner versorgt.
Bes.: Die Kolonien besitzen erstaunlich lange Polypen, die sich nicht mehr vollständig zurückziehen lassen. Die Tentakeln vollführen Pumpbewegungen, die nicht dem Planktonfang, sondern der Atmung dienen.

T: 22 - 29° C, Ø: 8 cm, BL: ab 100 cm, WB: m, WR: o - m, BS: 3 - 4, SG: 3 - 4

Rinden-, auch Hornkorallen genannt, sind rein marine Organismen, die in allen Meeren auf unserer Erde leben. Ihre größte Arten- und Formenvielfalt entfalten sie in den tropischen und subtropischen Meeren. Von den mehr als 1200 bekannten Arten lebt die überwiegende Anzahl in den küstennahen Gewässern in Tiefen bis zu 300 m. Nur wenige Arten siedeln in der Tiefsee.

Rindenkorallen sind am Substrat festgewachsene, koloniebildende Tiere, die ein inneres, festes und zum Teil sehr biegsames Achsenskelett ausbilden, das von einer lebenden Rindenschicht überzogen wird. Diese hat den Tieren auch den Namen gegeben.

Das Achsenskelett besteht aus einer jodhaltigen, hornähnlichen Fasersubstanz, dem Gorgonin. Dieses kann durch Kalkeinlagerungen verfestigt und versteift werden. Je weniger Kalk im Achsenskelett eingelagert wird, desto biegsamer und geschmeidiger ist die Tierkolonie. Damit wird der Kalkanteil im Achsenskelett zu einem äußerst wichtigen Kriterium für ein Siedeln und Überleben der Arten im stark bewegten Wasser küstennaher Siedlungsräume, denn nur besonders zähe und biegsame Arten sind in der Lage, in stark exponierten Brandungszonen zu gedeihen.

Manchen Arten fehlt das Gorgonin gänzlich, oder es ist anteilsmäßig nur in geringen Mengen vorhanden. Bei solchen Arten sind viele Kalknadeln (Sclerite) zusammengekittet und verleihen dadurch der Tierkolonie eine starre, steife Form. Kalknadeln befinden sich nicht nur im Achsenskelett, sondern auch in der lebenden Rindenschicht (Coenchym), wo sie wohlgeordnet liegen und, herausgelöst, zur Bestimmung der einzelnen Arten herangezogen werden können.

In der Rindenschicht leben die zahlreichen Polypen. Sie sind mehr oder weniger gleich gestaltet, besitzen acht gefiederte Fangarme (Tentakeln) und sind meist anders gefärbt als die Rindenschicht selbst. In der Regel sind sie in der Lage, sich in die Rindenschicht zurückzuziehen. Ihre Gastralräume sind durch 8 Septen (Mesenterien) in 8 gleiche Fächer unterteilt. Die Hohlräume der Polypen stehen über ein weitverzweigtes Röhrensystem miteinander in Verbindung.

Rindenkorallen wachsen mit einem an der Basis verbreiterten "Fuß" auf Hartsubstrat. Arten jedoch, die in sehr großen Tiefen le-

ben und die keine festen Unterlagen als Siedlungsfläche vorfinden, verankern sich mit wurzelähnlichen Ausläufern im weichen Untergrund.
Rindenkorallen zeigen die unterschiedlichsten Wuchsformen. Diese reichen von peitschen-, feder-, strauch-, baum-, fächer- und bürstenförmigen Gebilden bis hin zu Formen mit langen, biegsamen, steifen, kurzen und dicken Seitenverzweigungen.
Eine typische Rindenkoralle hat immer einen dicken, am Untergrund befestigten Hauptstamm, von dem aus dünne Seitenzweige abstrahlen. Verzweigen sich die Äste nach beiden Seiten in eine Ebene, dann sehen die Kolonien wie Federn aus. Verwachsen diese Verzweigungen zu einem Maschenwerk, dann haben die Kolonien das Aussehen von Fächern. Diese sind dann meist quer zur vorherrschenden Strömungsrichtung des Wassers orientiert und bilden damit einen optimal ausgerichteten Filter für den Nahrungserwerb der Tierkolonie.
Rindenkorallen sind bevorzugte Siedlungsorte für viele Wirbellose Tiere. Besonders Schwämme, Moostierchen, Muscheln, Schnekken, koloniebildende Röhrenwürmer und Feuerkorallen nutzen sie als Wohnsubstrat. Schon die exponiert zur Wasserströmung ausgerichtete Kolonie gewährleistet den aufsitzenden Siedlern (Epizoen) ein Optimum an Sauerstoff- und Nahrungszufuhr. Besonders nachts, wenn viele Tiere zum Planktonfang erhöhte Stellen im Korallenriff erklimmen, werden Rindenkorallen von Haar- und Schlangensternen regelrecht bevölkert.
Direkte Feinde haben Rindenkorallen sehr wenige. Zu den wenigen typischen Freßfeinden gehören einige Schnecken, die aber im allgemeinen nur so viel von ihrer Wirtskoralle abfressen, wie diese nachzubilden in der Lage ist.
Die Entwicklung und Verbreitung der Tiere verläuft über eine *Planula* - Larve, die sich nach ihrer planktischen Lebensphase auf ein geeignetes Substrat festsetzt und nach einer Gestaltumwandlung (Metamorphose) zu einer neuen, kleinen Rindenkoralle heranwächst.
Die Tierkolonien der Rindenkorallen sind oft sehr farbig. Ihre Farbe wird durch die Einlagerung von Karotinoiden in die Rindenschicht hervorgerufen, so daß überwiegend gelbe, orange oder rote Kolonien entstehen.

Der prozentuale Anteil der Kalkeinlagerungen in das Achsenskelett ist ausschlaggebend für die Einordnung der Rindenkorallen in die jeweiligen Unterordnungen. Besteht das Achsenskelett aus reinem Gorgonin mit nur wenigen Kalkeinlagerungen, dann werden diese Rindenkorallen zu der Unterordnung der HOLAXONIA gerechnet. Sind jedoch im Achsenskelett viele Kalkeinlagerungen vorhanden und diese miteinander fest verschmolzen, dann gehören diese Tierkolonien zu der Unterordnung der SCLERAXONIA.

Rindenkorallen im Aquarium (von Joachim Großkopf, Nürnberg)

Schon seit den Anfängen der Meeresaquaristik werden Rindenkorallen in Aquarien gepflegt. Allerdings handelte es sich früher fast nur um Arten aus dem Mittelmeer, die heute nicht mehr im Zoohandel angeboten werden. Erst seit 1970 werden tropische Hornkorallen importiert. In der Regel sind es Arten, die nur dann in einem Aquarium längere Zeit überleben oder sogar weiterwachsen, wenn man ihre ganz speziellen Hälterungswünsche erfüllt.
Zum Glück werden heute keine Hornkorallenskelette mehr im Zoohandel angeboten. Als Dekorationsmaterial eignen sie sich nicht besonders, weil die reine Gorgoninachse nicht salzwasserbeständig ist und sich mit der Zeit fast vollständig auflöst. Seit etwa 1980 werden auch karibische Hornkorallen importiert. Zuerst waren sie ausgesprochene Raritäten; heute gehören sie zum Standardsortiment der Zoofachgeschäfte. Hinsichtlich ihrer Ansprüche und ihrer Pflege müssen Hornkorallen in zwei große Gruppen unterteilt werden: in Arten, die **mit** Zooxanthellen in einer Endosymbiose leben, und in Arten, die **nicht mit** Zooxanthellen leben.
Hornkorallen, die **mit** Zooxanthellen in einer Symbiose leben, kann man in den meisten Fällen bereits an der Färbung erkennen. Bei einigen Arten aus der Karibischen See sind allerdings nur die Polypen beige oder braun; die Rindenschicht fällt durch eine violett-blaue Färbung auf. So bei den Gattungen *Pterogorgia, Pseudopterogorgia* und *Plexaura.* Die wesentlichen Kriterien für die Pflege dieser Tiere sind die Beleuchtung und die Ansprüche, die sie an Wasserbewegung und Siedlungsplatz haben.

Die Strömung sollte lebhaft sein. Ist sie zu stark, bleiben die Polypen geschlossen. Eine schwache Strömung stellt jedoch im allgemeinen keine Probleme für die Tiere dar, so daß einige karibische Arten mit besonders großen Polypen (*Plexaurella*) auch dann noch sehr gut gedeihen.
Die Gorgonien jedoch, die über die Fähigkeit der Selbstreinigung verfügen, benötigen zeitweise eine starke Strömung. Zur Selbstreinigung ziehen sich die Tiere einige Tage zusammen. Innerhalb dieser Zeit stoßen sie eine schleimige Haut ab, die anfangs noch fest, später lose auf den Kolonien haftet. Nach Beendigung dieses Vorgangs vergrößern die Kolonien durch Wasseraufnahme ihr Volumen und stoßen dabei die Haut ab. Ist die Wasserbewegung zu schwach, bleibt die Haut haften und die Kolonien beginnen zu veralgen. Spätestens dann sollte der Aquarianer eingreifen und die Haut mechanisch entfernen. Dabei sollte die Strömung im Becken verstärkt werden.
Wichtig ist es, die Rindenkorallen fest im Substrat zu verankern. Dabei plaziert man die Kolonien auf faustgroße, löchrige Steine. Ist die Basis verletzt, dann besteht noch kein Grund zur Sorge. Die Kolonien regenerieren diese Verletzung recht schnell. Eventuell ist es notwendig, sie mit einem Nylonfaden zu sichern. An der Basis abgeschnittene Kolonien verankert man in kleinen, tiefen Löchern, deren Durchmesser nicht viel größer sein sollte als die Hornachse. Die Spitze muß dabei bis zum lebenden Gewebe versenkt werden. Ansonsten bilden gesunde Kolonien in den meisten Fällen eine neue Basis aus, was unter Umständen aber mehrere Monate dauern kann. In dieser Zeit dürfen die Kolonien nicht an der Basis bewegt werden. Dabei ist es wichtig, schon zu Beginn auf eine starke Fixierung zu achten.
Hornkorallen nesseln nicht besonders stark. Daher sind sie sehr gut mit anderen Blumentieren in einem Aquarium zu vergesellschaften. Kritisch sind jedoch direkte Kontakte zu Korallen und Weichtieren. Stürzt etwa eine Hornkoralle auf eine Steinkoralle, dann werden die Kontaktstellen der Hornkoralle durch die aggressive Nesselkraft der Steinkoralle abgetötet.
Eine Fütterung der Rindenkorallen, die mit Zooxanthellen in einer Symbiose leben, ist nicht erforderlich. Nur wenige Arten, wie z.B. *Briareum asbestinum*, fangen noch kleine, feste Nahrung. Flüssi-

ge Suspensionen oder sogar die schädliche Muschelmilch sind ungeeignet. Die Arten, die sich neben den Stoffwechselprodukten ihrer Symbiosepartner auch noch von Plankton ernähren, wachsen erheblich schneller, wenn sie regelmäßig und gezielt gefüttert werden. Als Ersatzplankton erweisen sich alle tierischen Futtermittel, die fein genug für die jeweilige Polypengröße sind. So etwa zerriebenes Flockenfutter, *Artemia*-Nauplien, Rogen, *Cyclops* und Bosmiden. Im allgemeinen genügt es, die Kolonien einmal wöchentlich zu füttern. Maßstab ist dabei immer die Wasserbelastung und der Nitrat- und Phosphatgehalt, die keineswegs ansteigen sollten. Die meisten Arten vertragen bei einer optimalen Beleuchtung Maximalwerte von 100 mg /l Nitrat und bis zu 5,0 mg /l Phosphat, wobei die optimalen Werte weit darunter liegen. Die Salzdichte sollte im Bereich von 1.012-1.016 liegen und die Temperatur zwischen 20° C und 29° C, wobei im Sommer auch kurzfristig höhere Temperaturen erreicht werden können. Wassertemperaturen, die über 31° C liegen, sind für die Tierkolonien gefährlich.

Rindenkorallen leben überwiegend im Flachwasser der Korallenriffe. Dementsprechend vertragen sie auch eine HQI-Beleuchtung. Eine Pflege bei einer Beleuchtung mit Leuchtstoffröhren ist sehr gut möglich, allerdings wachsen die Kolonien dabei mitunter etwas langsamer. Sollten HQI-Strahler zum Einsatz kommen, dann ist unbedingt auf die Form des Reflektors zu achten. Runde Leuchten zentrieren das Licht sehr stark. In diesen Bereichen sollten Hornkorallen nur dann angesiedelt werden, wenn sich ihre Polypen gut öffnen. Bleiben die Polypen geschlossen, trotz ausreichender Strömung und unbehelligt von Fischen und anderen Blumentieren, dann liegt die Ursache in der UV-Strahlung der Halogenbrenner. Entweder reduziert man den UV-Eintrag durch Abschatten mit Hilfe von Glasscheiben, oder die Kolonien müssen umplaziert werden. In den meisten Fällen gibt es aber mit der Verträglichkeit der Beleuchtung keine Probleme. Die Brenndauer der HQI-Lampen sollte 8 - 9 Stunden am Tag nicht überschreiten. Für die restliche Tageszeit verwendet man Leuchtstoffröhren.

Hornkorallen, die **ohne** Zooxanthellen in ihrem Gewebe leben, sind seltener im Zoohandel. Sie fallen sofort durch ihre Farbenpracht auf und müssen sich von dem ernähren, was ihre Polypen an

Plankton aus dem Wasser fangen. Aus diesem Grund sind viele Arten nachtaktiv. Leider belastet die notwendige tägliche Fütterung das Aquarienwasser sehr stark, so daß für eine erfolreiche Pflege undbedingt ein leistungsstarker Abschäumer, eventuell mit Ozon, ein Schnellfilter, möglicherweise ein Kohlefilter und ein anaerober Denitrifikationsfilter notwendig sind. Zur Fütterung eignet sich alles tierische Ersatzplankton. Wer die Möglichkeit hat, sollte auch lebendes Plankton, wie z.B. *Brachionus*, füttern. Leider sind Rindenkorallen, die ohne Zooxanthellen auskommen, weniger tolerant in Bezug auf die Wasserqualität als die anderen, die mit Zooxanthellen leben. Die Wassertemperatur sollte 28° C nicht überschreiten. Auch die Dichtedifferenz wird zumeist nur innerhalb von 1.021 und 1.025 von den Tieren vertragen. Die Nitrat- und Phosphatwerte müssen so niedrig gehalten werden wie nur möglich. Auch der Kalziumgehalt ist außerordentlich wichtig und sollte bei 400 mg/l liegen.
Bei der Verankerung der Kolonien am Substrat gilt im wesentlichen das gleiche wie bei den vorher beschriebenen Arten, die mit Zooxanthellen in ihrem Gewebe leben. Beim Einsetzen der Korallen in ein Aquarium sollte darauf geachtet werden, daß die Tiere so wenig wie möglich beschädigt werden. Sie können Verletzungen sehr schlecht regenerieren. Keineswegs sollte man sie in den Sand eingraben, da die betroffenen Bereiche bereits nach Tagen absterben. Dennoch muß die Verankerung stabil genug sein, weil in den meisten Fällen eine recht starke Strömung erforderlich ist, damit die Polypen sich überhaupt öffnen. Außerdem sollten die Kolonien mit der Breitseite entgegen der Wasserbewegung stehen. Einige Arten öffnen im Aquarium ihre Polypen bereitwillig. Besonders fein vernetzte Tierkolonien, wie *Subergorgia*, erweisen sich als sehr schwierige Pfleglinge, bei denen die Polypen sich nur dann öffnen, wenn der Siedlungsplatz absolut den natürlichen Gegebenheiten entspricht. Diese Kolonien müssen immer nachts kontrolliert werden.
In Aquarien mit HQI-Beleuchtung können fast alle bunten Rindenkorallen nicht gepflegt werden. Sie vertragen die intensive UV-Strahlung nicht. Aber auch bei einer Beleuchtung mit Leuchtstoffröhren darf man sie nicht an die hellsten Stellen plazieren. Allerdings sind hier einige Kompromisse möglich.

Für eine erfolgreiche Pflege dieser Tierkolonien eignen sich eigentlich nur ganz spezielle Aquarienanlagen, in denen lichtunverträgliche Riffbewohner, wie farbige Weichkorallen und Schwämme, angesiedelt werden. Ein angekoppeltes zweites Aquarium ohne Tierbesatz ermöglicht auch die öfter notwendigen, größeren Wasserwechsel mit ausreagiertem (!) Meereswasser.
Sehr gefährlich ist es, wenn im selben Aquarium Algen wachsen. Diese überwuchern die Kolonien, von denen nur einige wenige über die Fähigkeit der Selbstreinigung verfügen. Besonders Fadenalgen, aber auch Schmieralgen, setzen sich in den Tierkolonien fest. In einer speziellen Aquarienanlage stellt man in diesen Fällen die Beleuchtung für einige Wochen ab und verstärkt die Wasserbewegung.
Diese wunderschönen Blumentiere eignen sich nicht für Anfänger in der Meeresaquaristik. So schön sie auch sind: Selbst erfahrene Liebhaber haben ihre Schwierigkeiten mit ihnen.
Alle Hornkorallen sind sehr empfindlich! Beim Transport müssen die Kolonien ganz von Wasser bedeckt sein! Teilstücke der Kolonie, die aus dem Wasser herausragen, sterben schon nach kurzer Zeit ab!

Die Blauen Korallen gelten als lebende Fossilien, da sie zunächst nur aus geologischen Ablagerungen bekannt waren. Die einzige rezente Art, *Heliopora coerulea*, lebt an den Korallenriffen im Indopazifik im ruhigen, sonnendurchfluteten Wasser nahe der Wasseroberfläche und bildet hier zum Teil Riffstrukturen aus. Ihre recht umfangreichen Kolonien haben finger- bis lappenförmige Fortsätze, die von einer Vielzahl von Poren durchbrochen werden. In ihnen leben winzig kleine Polypen, die 8 gefiederte Tentakeln besitzen. Alle Polypen sind durch ein dichtverzweigtes Kanalsystem miteinander verbunden. Das lichtblaue Kalkskelett, das aus zusammengeschmolzenen Fasern von Aragonit besteht, wird von einer 2 - 3 mm dicken, blaugrau bis graubraun gefärbten Rindenschicht überzogen. Man kann das blaue Kalkskelett nur sehen, wenn man eine der Verzweigungen abbricht. Das Kalkskelett wird so hart, daß es zu Schmuckperlen verarbeitet werden kann.

Blaue Korallen im Aquarium

Blaue Korallen für das Aquarium wird man vergebens in den Zoohandlungen suchen. Dennoch erfolgen gelegentlich Importe aus Indonesien, von wo aus kleinere Kolonien auf Riffgestein, oft in Begleitung von Scheibenanemonen der Gattung *Actinodiscus*, eingeführt werden. Die Pflege der Tiere ist relativ einfach. Sie zeigen auch verschiedene Wuchsformen. Je filigraner die Kolonie, desto weniger kräftig sollte die Strömung sein. Die Polypen öffnen sich nur unregelmäßig. Bei gut ausgeleuchteten Aquarien ernährt sich die Art ausschließlich von den Stoffwechselprodukten ihrer Zooxanthellen. Daher entfällt eine Fütterung. Unter Leuchtstoffröhren wächst *Heliopora* sehr langsam. HQI-Licht ist besser geeignet. Eine gemeinsame Pflege mit anderen Blumentieren ist durchaus möglich, jedoch sollte von Steinkorallen ein großzügiger Sicherheitsabstand eingehalten werden.

Stamm: CNIDARIA — Nesseltiere
Klasse: ANTHOZOA — Blumentiere
Unterklasse: OCTOCORALLIA — Achtstrahlige Korallen
Ordnung: GORGONARIA — Rindenkorallen
Unterordnung: Scleraxonia
Familie: Briareidae
Gattung: *Briareum*
Familie: Anthothelidae
Gattungen: *Diodogorgia*
Iciligorgia
Familie: Subergorgiidae
Gattung: *Subergorgia*
Familie: Carallidae
Gattung: *Corallium*
Familie: Melithaeidae
Gattungen: *Acabaria*
Clathraria
Melithaea
Mopsella
Unterordnung: Holaxonia
Familie: Acanthogorgiidae
Gattung: *Acalycigorgia*
Familie: Paramuriceidae
Gattungen: *Muricella*
Paramuricea
Villogorgia
Familie: Plexauridae
Gattungen: *Echinogorgia*
Eunicea
Eunicella
Heterogorgia
Muricea
Plexaura
Plexaurella
Pseudoplexaura
Rumphella

Familie: Gorgoniidae
Gattungen: *Gorgonia*
Lophogorgia
Pseudopterogorgia
Pterogorgia
Familie: Ellisellidae
Gattungen: *Ctenocella*
Ellisella
Junceella
Familie: Chrysogorgiidae
Gattung: *Trichogorgia*
Familie: Isididae
Gattung: *Isis*
Ordnung: HELIOPORACEA — Blaue Korallen
Familie: Helioporidae
Gattung: *Heliopora*

Plexaurella sp., Karibik

Briareum asbestinum (PALLAS, 1766)

Trugkoralle, Korkiger Seefinger, Karibische Fingerkoralle, Krustengorgonie

Vork.: Karibisches Meer, Bahamas, Süd-Florida, Bonaire. **GU**: Keine.

Hält. B.: Korkige Seefinger sind in einem Aquarium sehr gut pflegbar, da sie Zooxanthellen in ihrem Gewebe besitzen und nicht gefüttert werden müssen. Sie vertragen sich gut mit indopazifischen Lederkorallen, *Xenia*-Arten und mit nicht stark nesselnden Scheibenanemonen.

Licht: Sonnenlichtzone.

FU: Die Polypen müssen nicht gefüttert werden, da sie die Fähigkeit verloren haben, feste Nahrung zu fangen.

Bes.: Korkige Seefinger besitzen keine innere Hornachse. Während Gorgonien aufrechte und verzweigte Kolonien bilden, wachsen sie entweder unverzweigt und fingerförmig oder inkrustiert. Das Bild zeigt eine krustig wachsende Kolonie, die abgestorbenes Korallengestein überzieht. Aus der krustigen Basis erheben sich grünlich-braune Polypen, die sehr lange Tentakeln tragen. Korkige Seefinger leben vom Flachwasser bis in mittlere Tiefen an fast allen karibischen Riffen.

T: 18 - 24° C, **Ø**: 80 cm, **BL**: ab 100 cm, **WB**: m - s, **WR**: o, **BS**: 3 - 4, **SG**: 2 - 3

Briareum asbestinum

Ordnung: GORGONARIA
Fam.: Anthothelidae

Diodogorgia nodulifera HARGITT, 1901
Farbige Seerute

Vork.: Karibisches Meer, Bahamas, Süd - Florida, Puerto Rico, Kolumbien.
GU: Keine.
Hält. B.: Nicht bekannt.
FU: Plankton.
Bes.: Die Kolonien wachsen aufrecht, wenig verzweigt und gelegentlich rutenförmig. Einer roten, rotorangen oder orangen Rindenschicht entspringen stets weiße, vielfach transparente Polypen, die auch tagsüber expandiert sind. Die mehr oder weniger geduckt wachsenden Kolonien siedeln auf festen Substraten im tiefen Wasser am Riffgrund, an schattigen Überhängen und an solitären Blöcken, die inmitten tiefer, sandiger Areale stehen. Da Farbige Seeruten unterhalb der üblichen Tauchtiefe leben, sind sie spät entdeckt und beschrieben worden.

T: 18 - 24° C, **L**: 30 cm, **BS**: 4, **SG**: 4

Iciligorgia schrammi DUCHASSAING, 1870
Tiefwasser - Gorgonie

Vork.: Karibisches Meer, Florida, Bahamas, von Kolumbien bis Brasilien.
GU: Keine.
Hält.B.: Nicht bekannt.
FU: K; Plankton.
Bes.: Die Kolonien können sehr groß wachsen und annähernd 2 m im Durchmesser erreichen. Sie leben vereinzelt im Flachwasser und sind erst in der Tiefe bestandbildend. Sie siedeln an strömungsreichen Riff- und Felshängen. Ihre reich verzweigten Fächer sind unterschiedlich gefärbt. Im flachen Wasser sind die Fächer graubraun bis rostrot. Im tiefen Wasser werden sie heller und unterhalb von 50 m sind sie weiß. Sie teilen sich in der Tiefe den Siedlungsraum mit den Schwarzen Korallen. Die hellen Polypen befinden sich lateral, entlang den Verzweigungen.

T: 18 - 24° C, **L**: über 100 cm, **BS**: 4, **SG**: 3 - 4

Ordnung: Gorgonaria
Fam.: Subergorgiidae

Subergorgia hicksoni STIASNY, 1940
Hickson's Riesenfächer

Vork: Rotes Meer.
GU: Keine.
Soz.Verh./Vgs.: Einige Muscheln, Haar- und Schlangensterne leben auf ihren Kolonien.
Hält.B.: Nicht bekannt.
FU: K; Plankton.
Bes.: Riesenfächer könnn bei gutem Standort über 2 m im Durchmesser wachsen. Sie leben auf felsigem Untergrund, meist an steil abfallenden Riffhängen in großen Tiefen und bevorzugen Standorte mit stark strömendem Wasser. Riesenfächer sind besonders nachts exponierte Standorte für eine zahlreiche Epifauna. Vorwiegend Haarsterne erklimmen sie bei Anbruch der Dämmerung, um in der Nacht das aus der Tiefe aufsteigende Plankton zu fangen.

T: 20 - 24° C, **L**: über 100 cm, **BS**: 4, **SG**: 4

Subergorgia mollis (NUTTING, 1910)
Fächerkoralle

Vork.: Tropischer Indo-Pazifik, Australien, Philippinen, Thailand, Japan bis Taiwan.
GU: Keine.
Hält.B.: Nicht bekannt.
FU: K; Plankton.
Bes.: Die Kolonien wachsen zu großen, reich vernetzten Fächern heran, die stets laterale Siedlungsflächen bevorzugen und ihre Fächer quer zur Strömungsrichtung des Wassers ausrichten. Muscheln (*Pteria sp.*), Schlangensterne (*Ophiothela danae*) und Haarsterne (Colomctridao) benutzen diese Fächer, um sich anzuheften. Gelegentlich sieht man kleine Gobiiden auf ihnen sitzen.

T: 20 - 24° C, **L**: 80 cm, **BS**: 4, **SG**: 4

Ordnung: GORGONARIA
Fam.: Subergorgiidae

Subergorgia sp.
Fächerkoralle

Vork.: Indo - Pazifik, Malediven.
GU: Keine.
Hält.B.: Nicht bekannt.
FU: K; Plankton.
Bes.: Die Kolonien wachsen aufrecht mit großen, breiten und unterschiedlich gefärbten Fächern, die mit einem breiten "Fuß" auf Hartsubstrat befestigt sind. Die Hauptverzweigungen der Kolonie halten das filigrane und sehr komplizierte Maschenwerk der Kolonie im Wasser aufrecht. Die Fächer sind stets quer zur Strömungsrichtung des Wassers hin orientiert. Tagsüber sind die Polypen in die Rindenschicht eingezogen. Erst nachts werden sie zum Planktonfang ausgestreckt. Fächerkorallen dieser Art siedeln an steilen Riffhängen und an vertikalen Wänden im tiefen, stark strömenden Wasser.

T: 20 - 24° C, **L**: über 100 cm, **BS**: 4, **SG**: 4

Subergorgia suberosa (PALLAS, 1766)
Rauhe Hornkoralle, Buschige Hornkoralle

Vork.: Tropischer Indo-Pazifik, Sri Lanka, Mauritius, Malediven, Thailand, Philippinen, Japan bis Taiwan.
GU: Keine.
Hält.B.: Nicht bekannt.
FU: K; Plankton.
Bes.: Die Kolonien wachsen plan oder buschig, mit langen und zylindrischen Verzweigungen. Diese besitzen tiefe, scharfe, laterale Furchen, die sehr gut unter Wasser erkennbar sind. Dadurch erscheinen die Verzweigungen seitlich zusammengepreßt. Buschige Hornkorallen siedeln auf solitären Korallenbrocken und auf Felsgestein, die am Riffgrund in sandigen Arealen zu finden sind. Die Farbe der lebenden Kolonien reicht von braun über rot-braun bis hin zu hellrot und orange.

T: 20 - 24° C, **L**: 70 cm, **BS**: 4, **SG**: 4

Corallium rubrum (LINNAEUS, 1758)
Schmuck- oder Edelkoralle

Vork.: Mittelmeer bis zu den Kanarischen Inseln.
GU: Kolonien getrenntgeschlechtlich.
Hält.B.: Wenig geeignet, da lebende Kolonien in einem Aquarium nicht lange überlebensfähig sind.
FU: K; Plankton.
Bes.: Die Schmuck- oder Edelkoralle wächst strauchförmig und nach allen Seiten unregelmäßig und reich verzweigt. Ihre harten, kalkhaltigen Skelette sind von einer mattroten Rinde überzogen, in der die hellen Polypen leben. Diese tragen 8 gefiederte Tentakeln. Neben diesen Nährpolypen besitzen Edelkorallen kleinere Polypen ohne Tentakeln, die dem Wasseraustausch dienen. Edelkorallen leben auf Hartsubstrat an schattigen Standorten bis in Tiefen von über 100 m. Ihre leuchtend roten, manchmal weißen und ganz selten schwarzen Achsenskelette werden zu Schmuck verarbeitet. Die Korallenfischerei wird im Mittelmeer schon seit der Antike betrieben. Heute sind kaum noch Freitaucher daran beteiligt, Edelkorallen zu sammeln. Mit speziell dafür konstruierten Schleppnetzen werden sie aus der Tiefe gezogen, wobei ganze Unterwasserlandschaften zerstört werden.

T: 10 - 18° C, **L**: 4 - 30 cm, **BS**: 4, **SG**: 4

Acabaria biserialis KÜKENTHAL, 1908
Rote Riffdachgorgonie

Vork.: Rotes Meer.
GU: Keine.
Hält. B.: Nicht bekannt.
FU: K; Plankton.
Bes.: Das Bild zeigt einen Teilausschnitt aus einer buschigen Kolonie der Roten Riffdachgorgonie im Roten Meer. Die in einer Ebene ausgerichteten Fächer der Kolonie besitzen geschwollene Nodien und mehr oder weniger gestreckte Internodien. Die hellen Polypen sind lateral an den Verzweigungen angeordnet. Rote Riffdachgorgonien leben in schattigen Unterhöhlungen und unter Überhängen entlang der Riffhänge in unterschiedlichen Tiefen.

T: 22 - 26° C, **L:** 8 cm (Teilausschnitt), **BS:** 4, **SG:** 4

Ordnung: Gorgonaria
Fam.: Melithaeidae

Acabaria variabilis (HICKSON, 1905)
Zartwüchsiger Netzfächer

Vork.: Rotes Meer, Indischer Ozean, Malediven.
GU: Keine.
Hält.B.: Nicht bekannt.
FU: K; Plankton.
Bes.: Diese Kolonien wachsen außerordentlich filigran verzweigt mit hellen Polypen, roten, orangeroten oder gelben, etwas geschwollenen Nodien und hellen Internodien. Die Verzweigungen liegen mehr oder weniger in einer Ebene. Gorgonien dieser Art leben sowohl im Freiwasser der Riffhänge als auch in schattigen Unterhöhlungen und in Kleinsthöhlen, wo kaum Wasserturbulenzen auftreten.

T: 20 - 24° C, **L**: 40 cm, **BS**: 4, **SG**: 4

Acabaria variabilis, Malediven

Ordnung: Gorgonaria
Fam.: Melithaeidae

Agalma sp.
Staatsqualle

Vork.: Westlicher Atlantik, Kuba.
GU: Quallen sind getrenntgeschlechtlich.
Hält.B.: Nicht bekannt.
FU: Plankton.
Bes.: Die Kolonie wirkt wie eine Girlande, die überwiegend waagerecht durch das Wasser treibt. Unterhalb eines kleinen Pneumatophors folgt ein großer Abschnitt mit zahlreichen Schwimmglocken, die so dicht stehen wie die Schuppen an einem Tannenzapfen. Erst daran schließt sich die Tierkolonie an, die aus vielen Hunderten von Einzeltieren besteht. Staatsquallen dieser Art schwimmen gezielt im offenen Wasser. Sie können sich in jede gewünschte Richtung bewegen und fischen mit lang ausgestreckten Tentakeln das Wasser nach Nahrung ab. Bei Berührung nesseln sie auch den Menschen sehr stark.

T: 20 - 26° C, **Ø**: 15 cm, **BS**: 4, **SG**: 4

Clathraria maldivensis VAN OFWEGEN, 1987
Malediven - Netzfächer

Vork.: Indischer Ozean, Malediven, Lakkadiven.
GU: Keine.
Hält.B.: Nicht bekannt.
FU: K; Plankton.
Bes.: Die Kolonien wachsen zart, filigran und reich verzweigt in einer Ebene. Der Netzfächer ist stets quer zur Strömung des Wassers ausgerichtet. Die Nodien sind hell und die Internodien orange gefärbt. Die Kolonien siedeln an stark strömenden Riffhängen sowohl im freien Wasser als auch in schattigen Unterhöhlungen. Die kleinen und hellen Polypen der Kolonie sind seitlich an den Verzweigungen angeordnet. Die endständigen Verzweigungen sind gegabelt.

T: 20 - 24° C, **L**: 35 cm, **BS**: 4, **SG**: 4

Clathraria rubrinodis GRAY, 1859
Rotknotenkoralle

Vork.: Rotes Meer.
GU: Keine.
Hält.B.: Nicht bekannt. **FU:** K; Plankton.
Bes.: Rotknotenkorallen zeigen eine typische Wuchsform. Sie bilden buschige, reich verzweigte, knotige bis geweihförmige Kolonien aus, die endständig gegabelt und abgerundet sind. Das innere Skelett ist rot. Es war ein Kriterium für die Namensgebung dieser Art. Die Kolonien sind unterschiedlich gefärbt. Bevorzugt leben sie am Riffhang und wachsen weit in das freie Wasser hinaus.

T: 20 - 24° C, **L:** 60 cm, **BS:** 4, **SG:** 4

Melithaea squamata (NUTTING, 1911)
Schuppiger Riesenfächer

Vork.: Indischer Ozean bis West-Ppazifik.
GU: Keine.
Hält.B.: Nicht bekannt.
FU: K; Plankton.
Bes.: Die Kolonien des Schuppigen Riesenfächers werden außerordentlich groß und sind mit breitem "Fuß" auf Felsen, Korallen und auf anderen, meist senkrechten Hartsubstraten angeheftet. Die fein vernetzten Fächer sind überwiegend plan und quer zur vorherrschenden Strömung des Wassers ausgerichtet. Sie zeigen kaum Farbvarianten und sind überwiegend orange gefärbt. Ihre Polypen sind weiß. Anastomosen befinden sich nahe der Koloniebasis. Die Nodien sind stets geschwollen. Schuppige Riesenfächer siedeln vorwiegend an steilen Riffhängen bis in Wassertiefen von 25 m.

T: 20 - 27° C, L: 100 cm, BS: 4, SG: 4

Ordnung: Gorgonaria
Fam.: Melithaeidae

Mopsella sp.
Fächerkoralle

Vork.: Tropischer Indo-Pazifik, Thailand
GU: Keine.
Hält.B.: Nicht bekannt.
FU: K; Plankton.
Bes.: Diese Fächerkorallen leben überwiegend an Riffhängen im tieferen Wasser. Viele von ihnen teilen sich das gleiche Areal, so daß sie bestandbildend sein können. Der Fächer der Kolonie wächst plan und wird quer zur Strömung des Wassers ausgerichtet. Die Achsen sind deutlich in Nodien und Internodien gegliedert. Die farblosen Polypen befinden sich an den lateralen Seiten der Verzweigungen. Die Gattung *Mopsella* ist an indopazifischen Riffen mit mehreren Arten vertreten. Eine Artabgrenzung kann nur regional vorgenommen werden. So weit ist aber die Systematik noch nicht gediehen.

T: 20 - 24° C, L: 100 cm, BS: 4, SG: 4

Acalycigorgia sp.
Blaue Fächerkoralle

Vork.: Tropischer Indo-Pazifik, Thailand.
GU: Keine.
Hält.B.: Nicht bekannt.
FU: K; Plankton.
Bes.: Die Kolonien sind besonders auffallend durch die blaue Farbe ihrer Polypen. Die Farbe verschwindet sofort beim Trocknen oder Konservieren. Blaue Fächerkorallen bevorzugen als Standort schattige Plätze unter Überhängen, deren Lumina sie mit ihren Fächern fast ausfüllen. Die Kolonien wachsen plan, reich verzwoigt und angeheftet an senkrechten Wänden.

T: 20 - 24° C, L: 50 cm, BS: 4, SG: 4

Muricella sp.
Warziger Grottenfächer

Vor.: Rotes Meer.
GU: Keine.
Hält.B.: Nicht bekannt.
FU: K; Plankton.
Bes.: Kolonien leben in schattigen Unterhöhlungen und unter felsigen Überhängen. Mit einer relativ kleinen Basis am Dach befestigt, hängen sie in das Lumen der Unterhöhlungen hinein. Die Kolonien sind unterschiedlich stark verzweigt. Ihre Verzweigungen besitzen selten Anastomosen. Die Polypen, die die gleiche Farbe besitzen wie die Rindenschicht der Kolonie, sitzen in kegelstumpfartigen, warzigen Kelchen.

T: 20 - 24° C, L: 40 cm, BS: 4, SG: 4

Paramuricea clavata (RISSO, 1826)
Farbwechselnde Gorgonie, Violette Gorgonie

Vork.: Mittelmeer.
GU: Keine.
Hält.B.: Bei unverletzter Rindenschicht, sauberem Wasser, einer Temperatur unter 18° C und ausreichender Nahrung, gelingt eine Pflege im Aquarium über Jahre.
Licht: Dämmerlichtzone.
FU: K; tiefgefrorenes Ersatzplankton, Staubfutter, lebende *Artemia*-Nauplien, *Mysis*.
Bes.: Die Kolonien siedeln im Meer an tiefen Standorten erst unterhalb von 15 m Wassertiefe. Sie leben an steilen Felswänden und sind in manchen Unterwasserlandschaften bestandbildend. Die breiten Fächer sind reich verzweigt und von gleichfarbigen Polypen dicht bestanden. Teile der Kolonie können heller oder gelb gefärbt sein. Diese Tatsache hat dieser Art auch den Artnamen "*chamaeleon*" eingebracht, der heute nicht mehr gültig ist.

T: 10 - 18° C, **L**: 80 cm, **BL**: ab 160 cm, **WB**: m - s, **WR**: u, **BS**: 3, **SG**: 3

Paramuricea sp.
Fächerkoralle

Vork.: Tropischer Indo-Pazifik, Thailand.
GU: Keine.
Hält.B.: Nicht bekannt.
FU: K; Plankton.
Bes.: Die Fächerkoralle siedelt auf schmaler Basis mit wenigen, kräftigen Verzweigungen, die sich nicht zu einem Geflecht formieren. Die sekundären und tertiären Abzweigungen sind mehr oder weniger rechtwinkelig angeordnet. Die hellen Polypen, die lateral der Verzweigungen stehen, ergeben einen guten Kontrast zu der rotorangen Rindenschicht. Die Kolonien siedeln aufrecht im tiefen Wasser auf überwiegend horizontalen Hartsubstraten.

T: 20 - 26° C, **L**: 30 cm, **BS**: 4, **SG**: 4

Villogorgia sp.
Gelbe Fächerkoralle

Vork.: Tropischer Indo-Pazifik, Thailand.
GU: Keine.
Hält.B.: Nicht bekannt.
FU: K; Plankton.
Bes.: Die Kolonien der Gelben Fächerkoralle sind relativ klein, zart und filigran. Sie wachsen plan und stets quer zur Strömung des Wassers ausgerichtet. Polypen und Rindenschicht sind gleichfarbig. Ihre Standorte sind schattige Stellen in Unterhöhlungen und unter Überhängen, wo sie an senkrechten Wänden siedeln oder von der Decke herabhängen. Ihre Fächer werden bevorzugt von kleinen Schlangensternen besiedelt.

T: 20 - 24° C, **L**: 30 cm, **BS**: 4, **SG**: 4

Echinogorgia sp.
Fächerkoralle

Vork.: Tropischer Indo-Pazifik, Thailand.
GU: Keine.
Hält.B.: Nicht bekannt.
Bes.: An den Riffen im Indo-Pazifik lebt eine große Anzahl von Arten der Gattung *Echinogorgia*, die ganz unterschiedliche Wuchsformen ausbilden. Die einzelnen Arten, soweit sie bekannt sind, lassen sich bis heute nur regional abgrenzen. Viele von ihnen wachsen in großen Fächern. Einige bilden mehrere Fächer aus, die einer gemeinsamen Basis entspringen und sich in unterschiedliche Richtungen orientieren. Die Arten, die in schattigen Unterhöhlungen leben, sind überwiegend kleinwüchsig und filigran verzweigt, wobei sich die einzelnen Verzweigungen nicht miteinander vernetzen.

T: 20 - 24° C, **L**: 30 - 80 cm, **BS**: 4, **SG**: 4

Eunicea calyculata (ELLIS & SOLANDER, 1786)
Höckerige Hornkoralle

Vork.: Karibisches Meer, Bermudas, Westindische Inseln, Golf von Mexiko, Puerto Rico, Kolumbien.
GU: Keine.
Hält.B.: Nicht bekannt.
FU: K; Plankton.
Bes.: Die Kolonien wachsen auf kleinem Hauptstamm aufrecht mit kräftigen Verzweigungen. Diese sind übersät mit harten und höckerigen Erhebungen. Die Kolonien leben überwiegend einzeln, nie in großer Dichte auf Fleckenriffen und Vorriffen im tiefen Wasser. Die Polypen leben in einer Endosymbiose mit Zooxanthellen.

T: 20 - 24° C, **L**: 60 cm, **BS**: 4, **SG**: 3 - 4

Eunicea tourneforti MILNE EDWARDS & HAIME, 1857
Tournefort Hornkoralle

Vork.: Karibisches Meer, Florida, Bahamas, Curaçao, Bonaire, Barbados.
GU: Keine.
Hält. B.: Nicht bekannt.
FU: K; Plankton.
Bes.: Tournefort Hornkorallen wachsen buschig bis kronleuchterförmig mit langen, steifen, dicken und wenig verzweigten Ruten. Diese sind mit tag- und nachtaktiven Polypen dicht besetzt. Als Lebensraum bevorzugen sie Riffe mit klarem und nicht zu stark strömendem Wasser, wo sie auf Felsen, Steinen und abgestorbenen Korallen siedeln. Ihre Färbung ist überwiegend grau oder braun.

T: 20 - 26° C, **L**: 60 cm, **BS**: 4, **SG**: 4

Eunicella cavolinii (KOCH, 1887)
Gelbe Hornkoralle

Vork.: Mittelmeer.
GU: Keine.
Hält.B.: Nur kleine Kolonien sind über einen längeren Zeitraum haltbar. Sie benötigen sauberes Wasser, einen schattigen Standort und eine mittlere bis starke Strömung.
Licht: Mittellichtzone.
FU: K; tiefgefrorenes Ersatzplankton, lebende *Artemia*-Nauplien, *Mysis*, Staubfutter.
Bes.: Die Kolonien der Gelben Hornkoralle wachsen reich verzweigt mit schmaler Basis auf festen Unterlagen erst unterhalb einer Wassertiefe von 15 m. Sie siedeln bevorzugt an steilen Felswänden, in großräumigen Unterhöhlungen und an anderen, schattigen Standorten. Die fächerförmigen Kolonien sind fast plan und quer zur Strömungsrichtung des Wassers positioniert. Ihre Polypen sind auch tagsüber ausgestreckt. Sie leben ohne symbiotische Algen in ihrem Gewebe.

T: 10 - 18° C, **L:** 30 cm, **BL:** ab 160 cm, **WB:** m - s, **WR:** u, **BS:** 3, **SG:** 3 - 4

Eunicella singularis (ESPER, 1791)
Weiße Gorgonie

Vork.: Mittelmeer, Atlantik, Ärmelkanal.
GU: Keine.
Soz.Verh./Vgs.: Die Kolonien sind Siedlungssubstrat für Seescheiden (*Clavelina*), für Kalkröhrenwürmer (*Salmacina)* und *Porzellanschnecken* (*Simnia* und *Cypraea*).
Hält.B.: Eine gute Pflege der Kolonien gelingt bei sauberem Wasser und Temperaturen, die unter 18° C liegen. Zudem benötigen sie einen schattigen Standort bei mäßiger bis starker Strömung.
Licht: Mittellichtzone.
FU: K; tiefgefrorenes Ersatzplankton, lebende *Artemia*-Nauplien, Staubfutter.
Bes.: Die Kolonien wachsen wenig verzweigt, mit senkrechten, vielfach parallel verlaufenden Verzweigungen. Sie siedeln mit kleiner Haftscheibe auf Felsgestein und Sand- und Schlickböden in Tiefen bis zu 40 m. Die Polypen sind entsprechend ihrer Zooxanthellen gelbbraun bis grün gefärbt.

T: 10 - 18° C, **L**: 60 cm, **BL**: ab 160 cm, **WB**: m - s, **WR**: m, **BS**: 2 - 3, **SG**: 3 - 4

Eunicella verrucosa (PALLAS, 1766)
Warzige Hornkoralle

Vork.: Mittelmeer, Atlantik.
GU: Keine.
Hält. B.: Warzige Hornkorallen benötigen einen schattigen Standort und eine mittelstarke bis starke Strömung im Becken.
Licht: Mittellichtzone.
FU: K; tiefgefrorenes Ersatzplankton, lebende *Artemia*-Nauplien, Mysis und Staubfutter.
Bes.: Die Kolonien wachsen aufrecht und wenig verzweigt. Die Verzweigungen sind in einer Ebene ausgerichtet und mit einer kleinen Basis auf harten Unterlagen befestigt. Sie siedeln erst unterhalb einer Wassertiefe von 10 m und wachsen sehr langsam. Die zeitlich festgelegte und in dieser Tiefe mäßige Gezeitenströmung ist offensichtlich ausreichend, ihnen die notwendige Nahrung in der Tiefe zuzuführen. Die Farbe der Kolonien ist variabel. Sie kann weiß, gelb oder rosa sein.

T: 10 - 18° C, **L**: 40 cm, **BL**: ab 160 cm, **WB**: m - s, **WR**: m, **BS**: 2, **SG**: 3 - 4

Heterogorgia natumani CASTRO, 1990
Goldener Seezweig

Vork.: Nordwestliches Karibisches Meer, Kolumbien bis Brasilien.
GU: Keine.
Hält. B.: Nicht bekannt.
FU: Plankton.
Bes.: Goldene Seezweige wachsen geduckt und reich verzweigt, wobei die Verzweigungen überwiegend in einer Ebene ausgerichtet sind und einen Fächer bilden können. Die gelben bis goldgelben Polypen entspringen einer orangen bis bräunlichen Rindenschicht und sind tag- und nachtaktiv. Die Kolonien siedeln an Steilabfällen und unter Überhängen und bevorzugen schattige Standorte in tiefen Riffabschnitten als Lebensraum.

T: 18 - 24° C, **L**: 40 cm, **BS**: 4, **SG**: 4

Muricea muricata (PALLAS, 1766)
Kratzige Seepeitsche

Vork.: Karibisches Meer, Florida, Golf von Mexiko, Westindische Inseln, Kolumbien.
GU: Keine.
Hält.B.: Im Aquarium gut haltbar, ausdauernd und lichtbedürftig.
Licht: Sonnenlichtzone, HQI-Strahler.
FU: K; Plankton. Fütterung bei optimalen Hälterungsbedingungen nicht notwendig, da die Polypen mit Zooxanthellen leben.
Bes.: Die Kolonien der Kratzigen Seepeitsche besitzen lange, rutenartige Verzweigungen, die sich an der Basis abspalten. Die einzelnen Verzweigungen sind hart und stachelig. Scharfe und spitze Kalkspikules, die in der Rindenschicht liegen, sind dafür verantwortlich. Die Verzweigungen werden entweder in einer Ebene ausgerichtet oder sie sind buschig. Die relativ großen Polypen sind tag- und nachtaktiv. Kratzige Seepeitschen leben auf Hartsubstrat, auf Korallenbruch und auf sandigen Arealen in unterschiedlichen Tiefen.

T: 20 - 29° C, **L**: 60 cm, **BL**: ab 150 cm, **WB**: m, **WR**: m, **BS**: 3 - 4, **SG**: 3

Plexaura flexuosa LAMOUROUX, 1821
Seerute

Vork.: Karibisches Meer, Belize, Honduras, Kolumbien.
GU: Keine.
Hält.B.: Im Aquarium gut haltbar. Sie benötigen HQI-Licht.
Licht: Sonnenlichtzone.
FU: K; Plankton. Sie leben mit Zooxanthellen und müssen daher wenig gefüttert werden.
Bes.: Die Kolonien kommen in verschiedenen Wuchsformen vor. Die Verzweigungen kleiner Kolonien richten sich mehr oder weniger in einer Ebene aus, während die großen Kolonien buschig und reich verzweigt wachsen. Die Oberfläche der Verzweigungen ist rauh. Sie fühlt sich trocken an. Seeruten sind variabel in ihrer Färbung. Sie leben überwiegend an Flecken- und Außenriffen und sind mancherorts sehr häufig bis dominant.

T: 20 - 29° C, **L**: 40 cm, **BL**: ab 150 cm, **WB**: m, **WR**: m, **BS**: 3 - 4, **SG**: 3

Plexaurella dichotome (ESPER, 1791)
Doppeltverzweigte Hornkoralle

Vork.: Karibisches Meer, Florida, Bahamas, Westindische Inseln, Bonaire, Curaçao, Golf von Mexiko, Kolumbien. **GU**: Keine.
Hält.B.: Im Aquarium gut haltbar, ausdauernd und lichtbedürftig.
Licht: Sonnenlichtzone.
FU: K; Plankton. Sie leben in Symbiose mit Zooxanthellen und müssen daher selten gefüttert werden.
Bes.: Die Kolonien wachsen aufrecht, buschig und dichotom verzweigt. Aufgrund ihrer stets expandierten Polypen haben sie ein "pelziges" Aussehen. Die langen Verzweigungen besitzen schlitzartige Poren in der Rindenschicht, in die sich die Polypen bei Störungen zurückziehen können. Die Wuchsform einer Kolonie ist weitgehend vom Lebensraum abhängig. Sie siedeln auf festen Unterlagen an Außen- und Innenriffen, auf Riffdächern und in sandigen Arealen vom Lagunenbereich bis in mittlere Tiefen.

T: 20 - 29° C, **L**: 100 cm, **BL**: ab 150 cm, **WB**: m, **WR**: m, **BS**: 3, **SG**: 3 - 4

Plexaurella nutans KUNZE, 1916
Buschige Seepeitsche

Vork.: Karibisches Meer, Florida, Golf von Mexiko, Westindische Inseln, Kolumbien.
GU: Keine.
Hält.B.: Im Aquarium gut haltbar. Die Polypen öffnen sich selbst unter ungünstigen Lebensbedingungen. Basislose Kolonien wachsen innerhalb einer Woche an.
Licht: Sonnenlichtzone.
FU: K; Plankton. Kolonien leben mit Zooxanthellen und müssen daher kaum gefüttert werden.
Bes.: Die Kolonien besitzen nur wenige, dafür aber lange und kräftige Verzweigungen. Diese tragen große Polypen mit langen Tentakeln. Bei Berührung läuft eine zeitlich versetzte Reizwelle durch die Kolonie, worauf sich die Polypen in die Rindenschicht zurückziehen. Trompetenfische nutzen die langen Ruten der Verzweigungen, um aus der Deckung heraus Beutefische zu erjagen. Buschige Seepeitschen leben an Innen- und Außenriffen, in Korallenbruch und auf sandigen Arealen. Sie sind tag- und nachtaktiv.

T: 20 - 29° C, **L**: 100 cm, **BL**: 150 cm, **WB**: m, **WR**: m, **BS**: 3 - 4, **SG**: 3

Pseudoplexaura porosa (HOUTTUYN, 1772)
Poröse Seerute

Vork.: Karibisches Meer, Florida, Bahamas, Bonaire.
GU: Keine.
Hält. B.: Nicht bekannt.
FU: K; Plankton.
Bes.: 4 Arten aus dieser Gattung leben im westlichen Atlantik.Sie sind nur mit Hilfe einer mikroskopischen Untersuchung ihrer Kalknadeln eindeutig auseinanderzuhalten. Die Kolonien wachsen überwiegend buschig, mit unterschiedlich langen und dichotom verzweigten Ruten. Ihre Polypen sind tag- und nachtaktiv und nicht vollständig in die elliptischen Poren der Rindenschicht einziehbar. Poröse Seeruten besiedeln Riffhänge und Riffplattformen und stehen vereinzelt inmitten ausgedehnter Sandflächen am Riffgrund. Ihre Farbe variiert von hellbraun und braun bis hin zu gelb und purpurrot.

T: 20 - 26° C, **L**: 60 cm, **BS**: 4, **SG**: 4

Ordnung: Gorgonaria
Fam.: Plexauridae

Rumphella attenuata (NUTTING, 1910)
Busch - Gorgonie

Vork.: Rotes Meer, Indo - Pazifik, Ostafrika, Indonesien. **GU:** Keine.
Soz.Verh./Vgs.: Die Kolonien vertragen sich gut mit anderen Oktokorallen. Ein direkter Kontakt mit Steinkorallen, Scheiben- und Krustenanemonen ist zu vermeiden.
Hält.B.: Die Kolonien sind gut pflegbar, da sie Zooxanthellen besitzen. Man muß sie vorsichtig an HQI-Licht anpassen.
Licht: Mittellichtzone.
ZU/Verm.: Ableger gewinnt man durch Abschneiden von Seitenzweigen an den Gabelungen. An der Schnittstelle etwa 2 cm Rindenschicht entfernen, danach den Ableger in ein Loch der Dekoration stecken und fixieren. Nach 4 Wochen hat sich eine Basis gebildet.
FU: K; Plankton, Ersatzplankton, keine tägliche Fütterung.
Bes.: Buschgorgonien zeigen eine buschige bis strauchförmige Wuchsform mit sehr zahlreichen langen, rutenartigen und sehr flexiblen Verzweigungen. Sie leben vom Flachwasser bis in mittlere Wassertiefen auf festen Substraten und bevorzugen gut durchströmte Riffe als Standorte. Die Polypen der Kolonie sind auch tagsüber ausgestreckt. Das Bild zeigt einen Teil der Kolonie mit ausgestreckten, den anderen Teil mit eingezogenen Polypen. Die Farbe der Kolonien ist überwiegend olivgrün.

T: 21 - 29° C, **L:** 80 cm, **BL:** ab 100 cm, **WB:** m, **WR:** u, **BS:** 3 - 4, **SG:** 2

Rumphella sp. (Aquarienaufnahme)
Buschgorgonie

Vork.: Rotes Meer, Indo-Pazifik. GU: Keine.
Soz.Verh./Vgs.: Die Kolonien vetragen sich sehr gut mit anderen Oktokorallen. Eine Berührung mit Steinkorallen, Scheiben- und Krustenanemonen sollte vermieden werden. *Cladielle*- und *Xenia*-Arten nicht in ihrer unmittelbaren Nähe ansiedeln.
Hält.B.: Buschgorgonien sind in einem Aquarium gut zu pflegen. Die Strömung sollte nicht zu kräftig und zu direkt sein. Sie sollten auf kleinen Vorsprüngen verankert werden, damit die polypentragenden Ruten der Kolonie nicht aufliegen, sondern frei im Wasser hängen.
Licht: Sonnenlichtzone, vorsichtig an HQI-Licht anpassen.
ZU/ Verm.: Eine Vermehrung erfolgt durch Abtrennen eines Seitenastes an einer Gabelung. Bevor die Ableger in eines der Löcher der Dekoration gesteckt werden, muß die lebende Rinde 1 cm oberhalb der Schnittstelle entfernt werden. Die Ableger sind fest zu fixieren. Nach etwa 4 Wochen hat sich eine neue Basis gebildet.
FU: Buschgorgonien leben mit Zooxanthellen in ihrem Polypengewebe. Daher müssen sie kaum gefüttert werden.
Bes.: Siehe *Pumphella attenuata* und die andere abgebildete *Rumphelle* sp.

T: 21 - 29° C, L: 40 cm, BL: 100 cm, WB: m, BS: 3 - 4, SG: 2

Rumphella sp.
Buschgorgonie

Vork.: Rotes Meer.
GU: Keine.
Hält.B.: Nicht bekannt.
FU: K; Plankton.
Bes.: Die Kolonien wachsen aufrecht und buschig, mit außerordentlich vielen gegabelten und biegsamen Verzweigungen. Sie siedeln am Riffgrund und an sanft abfallenden Riffhängen auf Korallengestein. Ihre Polypen sind überwiegend nachtaktiv. Die Rindenschicht fühlt sich rauh und trocken an.

T: 20 - 26° C, L: 70 cm, BS: 4, SG: 4

Gorgonia flabellum LINNAEUS, 1758
Seefächer, Netzgorgonie

Vork.: Karibisches Meer, Bermudas, Florida, Curaçao, Kolumbien. **GU:** Keine.
Soz.Verh./Vgs.: Die Schnecke *Cyphoma gibbosum* ernährt sich von ihren Polypen. Sie hinterläßt typische violette Fraßspuren auf der Kolonieoberfläche. Einige Schlangensterne leben auf ihren Kolonien.
Hält.B.: Die Kolonien kommen überwiegend getrocknet in den Handel. Sie werden fast ausschließlich als Dekorationsmaterial verwendet. **FU:** K; Plankton.
Bes.: *Gorgonia flabellum* ist die kleinere der beiden Arten, die in der Karibik leben. Sie siedelt mit einem breiten und violetten "Fuß" auf Korallen und anderen festen Unterlagen und entfaltet ihren breiten Fächer in das freie Wasser. Der Fächer besteht aus einem komplizierten Maschenwerk vieler kleiner Verzweigungen. Die Polypen der Kolonie sind nachtaktiv. Seefächer leben von den Brandungszonen bis in Tiefen von 30 m. Bedingt durch ihre große Flexibilität sind sie in der Lage, auch starke Wasserturbulenzen zu überstehen.

T: 21 - 29° C, **L:** 40 cm, **BL:** ab 150 cm, **WB:** m - s, **WR:** m - o, **BS:** 3 - 4, **SG:** 4

Ordnung: Gorgonaria
Fam.: Gorgoniidae

Gorgonia ventalina LINNAEUS, 1758
Großer Seefächer, Große Netzgorgonie

Vork.: Karibisches Meer, Bahamas, Bermudas, Florida, Kolumbien.
GU: Keine.
Soz.Verh./Vgs.: Die "Flamingozunge", *Cyphoma gibbosum*, ernährt sich von ihren Polypen. Sie hinterläßt typische violette Fraßspuren auf der Kolonieoberfläche.
Hält.B.: Auch Große Seefächer kommen getrocknet in den Handel. Sie werden als Dekorationsmaterial verwendet. Das komplizierte Maschenwerk der Kolonie veralgt sehr leicht. Aber auch lebend können kleinere Exemplare in einem Riffaquarium bei entsprechender Pflege gehalten werden. Bei guter Verankerung und starker Strömung reinigen sich die Kolonien von aufsitzenden Algen und Schmutzpartikeln durch regelmäßges "Häuten".
Licht: Für eine erfolgreiche Pflege eignet sich eine HQI-Beleuchtung.
FU: K; Plankton. Die Kolonien leben aber überwiegend von den Stoffwechselprodukten ihrer Zooxanthellen.
Bes.: Große Seefächer siedeln mit einem kurzen und breiten violetten "Fuß" auf Korallen und anderen festen Unterlagen. Ihre Fächer können bis zu 2 m und mehr im Durchmesser wachsen. Sie sind in einer Ebene quer zur Strömungsrichtung des Wasser ausgerichtet. Die Längsverzweigungen der Kolonie sind durch ein kompliziertes Maschenwerk miteinander verbunden, wobei ein netzförmiger Fächer, die "Netzgorgonie", entsteht. Große Seefächer leben vom Flachwasser bis in größere Tiefen und können an vielen exponierten Riffen bestandbildend sein.

T: 21 - 29° C, **L**: 120 cm, **WB**: m - s, **WR**: m - o, **BS**: 3 - 4, **SG**: 4

Lophogorgia sp.
Königs - Seefächer

Vork.: Karibisches Meer, Kolumbien.
GU: Keine.
Hält. B.: Nicht bekannt.
FU: Plankton.
Bes.: Königs - Seefächer wachsen in zarten und unterschiedlich langen Verzweigungen, die einer gemeinsamen Basis entspringen. Ihre Polypen sind entlang der Verzweigungen in alternierenden Reihen angeordnet und überwiegend weiß oder transparent. Die lebende Rindenschicht kann orange, rot oder purpurrot sein. Die Kolonien leben in tiefen Riffabschnitten auf harten Substraten oder inmitten sandiger Flächen, wo sie sich fächerförmig quer zur Strömung des Wassers ausrichten können. Oftmals lebt auf ihr eine reiche Epifauna.

T: 18 - 24° C, **L**: 60 cm, **BS**: 4, **SG**: 4

Pseudopterogorgia americana (GMELIN, 1791)
Schleimige Seefeder, Amerikanische Seefeder

Vork.: Karibisches Meer, Florida, Bahamas, Bonaire.
GU: Keine.
Hält. B.: Nicht bekannt. **FU:** Plankton.
Bes.: Die Kolonien der Schleimigen Seefeder wachsen buschig, mit langen und federartigen Verzweigungen. Das Bild zeigt eine junge Kolonie, die nur wenige Verzweigungen besitzt. Die bei ausgewachsenen Kolonien außerordentlich langen Primärverzweigungen, die fast 2 m Länge erreichen können, sind überwiegend purpurrot bis violett gefärbt. Sie tragen die gefiederten Sekundärverzweigungen. Der Name deutet bereits an, daß sie außerordentlich viel Schleim erzeugen, der die Kolonien bedeckt. Der Schleim hilft, Nahrung zu fangen und Sedimentauftrag von der Kolonieoberfläche abzuschleimen. Amerikanische Seefedern leben vom Flachwasser bis in große Tiefen auf festen Unterlagen, bevorzugt im klaren Wasser der Riffhänge, an Fleckenriffen und auf unterseeischen Plateaus.

T: 20 - 29° C, **L:** 40 cm, **BS:** 4, **SG:** 4

Pseudopterogorgia bipinnata (VERRILL, 1864)
Feder-Gorgonie

Vork.: Karibisches Meer, Florida, Bahamas, San Andrés. **GU**: Keine.
Hält.B.: Diese Kolonien eignen sich gut für eine Pflege im Riffaquarium. Sie müssen wegen ihrer Größe gelegentlich gekappt werden. Daher sollten sie möglichst am Boden plaziert werden. Die Strömung soll nicht direkt, aber kräftig sein. HQI-Licht wird gut vertragen. Bei Beleuchtung mit Leuchtstoffröhren kann die Farbe der Kolonien verblassen. **Licht**: Sonnenlichtzone.
FU: K; Plankton; eine tägliche Fütterung ist nicht notwendig, da sie im Besitz von Zooxanthellen sind.
Bes.: Die Gattung *Pseudopterogorgia* ist in der Karibik mit mehreren Arten vertreten. Die Kolonien werden sehr groß und wachsen aufrecht, reich vorzweigt und gefiedert. Sie sind aufgrund ihrer Wuchsform leicht zu erkennen. Die Rinde der Kolonie ist violett gefärbt. Die Polypen sind paarig im rechten Winkel entlang der Verzweigungen angeordnet und nachtaktiv. Die Kolonie fühlt sich rauh an und sondert keinen Schleim ab. Feder-Gorgonien leben auf harten Unterlagen vom Flachwasser bis in Tiefen von über 30 m.

T: 21 - 29° C, **L**: über 100 cm, **BL**: ab 150 cm, **WB**: m - s, **WR**: u, **BS**: 2 - 3, **SG**: 2 - 3

Pterogorgia citrina (ESPER, 1792)

Flache Gorgonie, Seeblatt-Gorgonie, Gelbe Bänderhornkoralle

Vork.: Karibisches Meer, Florida, Bermudas, Kolumbien. **GU**: Keine.

Hält.B.: Einige Exemplare kommen hin und wieder in den Handel. Doch sind diese Tierkolonien im Aquarium sehr schwer zu pflegen. Ihre Polypen öffnen sich nur an Standorten, die für die Kolonie optimale Bedingungen aufweisen. Sie wachsen sehr schnell auf den angebotenen Substraten fest. Strömung unter Einsatz einer Intervallsteuerung herstellen.

Licht: Unter starkem HQI-Licht werden die Kolonien mit der Zeit etwas bläulich.

FU: K; Plankton. Ersatzplankton. 1 mal wöchentlich füttern.

Bes.: Die Kolonien wachsen buschig, aufrecht und reich verzweigt. Sie leben vom Flachwasser bis in geringe Tiefen auf Hartsubstrat, überwiegend in Riffgebieten mit starker Wasserbewegung. Die einzelnen Verzweigungen der Kolonie sind abgeflacht. Die hellen Polypen befinden sich an den Rändern der blattähnlichen Verzweigungen. Sie sind in schlitzförmige Öffnungen in der Rindenschicht einziehbar. Die Farbe der Kolonien variiert von gelb bis grün nach hellbraun. Manchmal sind die schmalen Ränder der Verzweigungen rot gefärbt.

T: 21 - 29° C, **L**: 40 cm, **BL**: ab 160 cm, **WB**: m - s, **WR**: u, **BS**: 2, **SG**: 3 - 4

Ctenocella pectinata (PALLAS, 1766)
Kammkoralle

Vork.: Rotes Meer, Indo-Pazifik, Australien, Malaysia. **GU**: Keine.
Soz.Verh./Vgs.: Die Kolonien werden von Schlangensternen besiedelt und nachts von Haarsternen erklommen.
Hält.B.: Die Pflege dieser Art ist schwierig. Sie muß täglich gefüttert werden, und die Polypen öffnen sich nur bei starker Strömung. HQI-Licht wird von der Kolonie nicht vertragen. **Licht**: Mittellichtzone.
FU: K; Plankton, feines Ersatzplankton.
Bes.: Kammkorallen besitzen eine typische, kammartige Wuchsform. Auf einem Hauptzweig als Basis erheben sich, wie die Zinken eines Kammes, viele senkrecht wachsende und unterschiedlich lange Verzweigungen. Die kammartigen Fächer sind quer zur Strömungsrichtung des Wassers ausgerichtet. Die Farbe der Rindenschicht ist rot bis rot-orange. Die zahlreichen Polypen sind kurz und weiß. Kammkorallen leben im tieferen Wasser an strömungsabgewandten Riffabschnitten.

T: 21 - 29° C, **L**: 80 cm, **BL**: ab 150 cm, **WB**: m - s, **WR**: u, **BS**: 3, **SG**: 4

Ordnung: GORGONARIA
Fam.: Ellisellidae

Ellisella elongata (PALLAS, 1766)

Ruten - Gorgonie, Lange Gliederkoralle

Vork.: Karibisches Meer, Florida, Bermudas, Roatan, Golf von Mexiko.

GU: Keine. **Hält.B.**: Nicht bekannt.

FU: K; Plankton.

Bes.: Ruten-Gorgonien besitzen lange, rutenartige Verzweigungen, die sich nahe der Koloniebasis aufspalten und in das freie Wasser ragen. Die Rindenschicht und die Polypen sind rot bis rotorange gefärbt, und nur die Tentakeln der Polypen sind hell. Ruten - Gorgonien sind Tierkolonien des tiefen Wassers. Sie siedeln an schattigen Standorten von felsigen Überhängen. Ihre vertikale Verbreitung reicht bis in Tiefen von über 250 m.

T: 20 - 24° C, **L**: 100 cm, **BS**: 4, **SG**: 4

Ellisella sp.
Strauch-Gorgonie

Vork.: Indischer Ozean, Thailand.
GU: Keine.
Hält.B.: Nicht bekannt.
FU: K; Plankton.
Bes.: Die Kolonie besteht aus vielen einzelnen langen, dünnen und ungegabelten Ruten, die einer gemeinsamen Basis entspringen und das Aussehen eines riesigen Rasierpinsels annehmen. Sie siedelt mit schmaler Basis auf Korallengestein am Riffgrund und ist in dieser Form selten an den Korallenriffen Thailands.

T: 22 - 26° C, **L**: 60 cm, **BS**: 4, **SG**: 4

Ordnung: Gorgonaria
Fam.: Ellisellidae

Ellisella sp.
Peitschengorgonie

Vork.: Tropischer Indo - Pazifik, Thailand.
GU: Keine.
Hält.B.: Nicht bekannt.
FU: K; Plankton.
Bes.: Die Kolonien der Peitschengorgonie wachsen auf kurzem Stamm mit langen, rutenförmigen Ausläufern, die sich nicht mehr verzweigen. Die nachtaktiven Tierkolonien leben im tiefen Wasser an Riffhängen und auf Riffplateaus.

T: 20 - 24° C, **L**: 60 cm, **BS**: 4, **SG**: 4

Junceella juncea PALLAS, 1766
Peitschen - Gorgonie

Vork.: Rotes Meer, Indo - Pazifik.
GU: Keine.
Soz.Verh./Vgs.: Die Kolonien werden von Schlangensternen besiedelt und nachts von Haarsternen erklommen.
Hält.B.: Nicht bekannt.
FU: K; Plankton.
Bes.: Die Kolonien wachsen aufrecht und unverzweigt. Sie wachsen zu Beginn mehr oder weniger gerade, werden jedoch später durch ihr Eigengewicht, durch die zunehmende Länge der Kolonie und durch die Wasserbewegung verformt. Sie können sich apikal auch aufrollen oder wie gebogene Ruten in der Strömung stehen. Bedingt durch ihre Wuchsform sind sie gut und extrem an strömungsstarke Riffabschnitte angepaßt. Sie siedeln meist auf vorspringenden Felsplateaus und auf anderen horizontalen Siedlungsflächen.

T: 20 - 24° C, **L:** über 100 cm, **BS:** 4, **SG:** 4

Junceella sp. (= *rubra*?)
Peitschengorgonie

Vork.: Tropischer Indo-Pazifik, Thailand.
GU: Keine.
Hält. B.: Nicht bekannt.
FU: K; Plankton.
Bes.: Eine Kolonie wächst in Form einer langen, aufrechten und verzweigten Peitsche, die sich terminal krümmt und, wenn sie länger wird, sich in wenigen flachen Windungen aufrollt. Sie siedeln auf festen Substraten am unteren Riffhang bei mäßiger Wasserbewegung, jedoch mitunter auch im stark strömenden Wasser. Viele kleinere Kolonien leben in schattigen, aber geräumigen Unterhöhlungen. Bei Anbruch der Dämmerung werden Peitschengorgonien von einer Vielzahl von Haarsternen erklommen, die ihre exponierte Position für den Planktonfang nutzen.

T: 20 - 26° C, **L**: 80 cm, **BS**: 4, **SG**: 4

Trichogorgia lyra BAYER & MUZIK, 1976
Zartgefiederte Rindenkoralle

Vork: Karibisches Meer, Kolumbien.
GU: Keine.
Hält.B.: Nicht bekannt.
FU: K; Plankton.
Bes.: Rindenkoralle mit zart gefiederten, langen und rutenartigen Verzweigungen, die sich nahe der Basis der Kolonie aufspalten. Die Polypen der Kolonie sind hell, fast transparent und gleichfarbig mit der Rindenschicht. Sie befinden sich, ähnlich kleinen Federchen, seitlich an den Verzweigungen. Die Kolonien leben unterhalb von 30 m am Riffgrund. Sie siedeln auf festen Substraten und im Geröllgrund. Die Art ist sehr selten und daher auch erst sehr spät beschrieben worden.

T: 20 - 24° C, L: 40 cm, BS: 4, SG: 4

Isis hippuris LINNAEUS, 1758
Goldener Seefächer, Königsgliederkoralle

Vork.: Indo-Pazifik, Australien, Indonesien, Sri Lanka.
GU: Keine.
Hält.B.: Die Kolonien sind nur bei 3 - 4 maliger Fütterung pro Woche gut in einem Aquarium haltbar. Die Strömung soll kräftig, jedoch nicht direkt oder punktuell sein. Die Kolonien reinigen sich selbst.
Licht: Mittellichtzone. HQI-Licht wird schlecht vertragen. Besser ist eine Beleuchtung mit Leuchtstoffröhren.
FU: K; Plankton, feines Ersatzplankton.
Bes.: Goldene Seefächer wachsen plan und reich verzweigt. Sie siedeln auf Korallen und auf anderen festen Unterlagen vom Flachwasser bis in größere Tiefen. Besonders häufig leben sie in Lagunen und im oberen Riffhang. Das Bild zeigt eine Kolonie mit ausgestreckten und eine andere mit eingezogenen Polypen. Die goldene Färbung erhält die Kolonie durch die expandierten Polypen.

T: 21 - 29° C, **L:** 40 cm, **BL:** ab 150 cm, **WB:** m - s, **WR:** m - u, **BS:** 3, **SG:** 3

Heliopora coerulea PALLAS, 1766
Blaue Koralle

Vork.: Indo - Pazifik, West - Pazifik, Chagos, Malaysia.
GU: Keine.
Hält.B.: Aquaristisch weitgehend ohne Bedeutung.
FU: K; Plankton.
Bes.: Blaue Korallen sind riffbildend. Sie sind in ihrem natürlichen Biotop als "Blaue Koralle" nicht zu erkennen, sondern sehen eher wie eine Feuerkoralle aus, die im gleichen Habitat vorkommt. Bricht man jedoch eine der Korallenverzweigungen ab, dann erkennt man, daß die Skelettsubstanz an der Bruchstelle blau ist. Die Kolonien variieren in Größe, Form und Aussehen. Sie können bei gestrecktem Wachstum 2 m hoch werden. Die Wachstumsspitzen sind heller abgesetzt und die Polypen cremefarben. Sie besitzen ähnlich den Weichkorallen 8 Fangarme. Blaue Korallen leben in Lagunen und im Flachwasser der Riffe und können mancherorts dominant sein.

T: 22 - 26° C, **L**: 30 cm, **BS**: 4 (Art geschützt), **SG**: 4

Unterklasse: Octocorallia
Ordnung: Pennatulacea

Die Seefedern gehören zu den achtstrahligen Korallen, und es lassen sich gewisse Ähnlichkeiten mit den Lederkorallen erkennen. Der Körper der fleischigen bis fadenförmigen Kolonie ist ebenso dehnbar und kann durch die Aufnahme von Wasser stark vergrößert werden. Die Polypen stehen meist rund um den Stamm oder auf Seitenästen. Es gibt allerdings einen wesentlichen Unterschied zu den Lederkorallen: Die Kolonie ist nicht auf festem Untergrund angewachsen, sondern steht mit einer zwiebelartigen Erweiterung des Stammes lose in Sand oder Schlamm.

Um Seefedern erfolgreich im Aquarium halten zu können, benötigt man daher eine 15 - 20 cm tiefe Sandschicht, in der sich die Tiere gut verankern können. Sie liegen dann nicht, wie man es in manchen Aquarien mit zu seichtem Grund sieht, verkrümmt am Boden!

Seefedern sind getrenntgeschlechtlich, d. h. die ganze Kolonie ist entweder männlich oder weiblich, wobei es wesentlich mehr weibliche als männliche Tiere zu geben scheint. Die Geschlechtszellen werden von den meisten Arten einfach ins Wasser abgegeben, wo die Befruchtung stattfindet. Nur wenige Arten sind lebendgebärend, d. h. entlassen aus im Mutterleib befruchteten Eiern entstandene Larven. Diese Planulalarven schwimmen einige Tage frei umher, dann gehen sie zum Bodenleben über und verwandeln sich in je einen langgestreckten Primärpolypen. Sein Unterteil (Grund) wird zu einem Stiel, der häufig durch einen hornigen, manchmal einen verkalkten Achsenstab verstärkt wird. Daraus wachsen oben und seitlich immer mehr Tochterpolypen heraus, bis die bekannte Federform oder aber ein dicker Stab mit rundherum stehenden Polypen daraus entstanden ist. Während man bei entfalteten Tierstöcken die achtstrahligen Nährpolypen (Autozoide) gut sehen kann, liegen zwischen diesen oft nur als kleine Punkte feststellbare schlauchförmige Polypen (Siphonozoide), die vor allem Wasser aufnehmen und abgeben und so die Kolonie aufbauen oder im Sand verschwinden lassen. Große Seefedern bestehen aus ca. 40.000 Polypen.

Die meisten Seefedern sind nachtaktiv, verbringen den Tag im Sand verborgen und kommen erst in den Abendstunden oder nachts hervor, um Plankton zu fangen. Tiefseeformen besitzen keinen solchen Rhythmus. Manche Arten haben kleine bunte Kalk-

Sarcoptilus sp., Malaysia

körperchen zwischen Innen- und Außenhaut eingelagert, die den Kolonien attraktive Erscheinungsformen geben können. Viele Arten leuchten in der Dunkelheit, d.h. bei Reizung sondern sie einen Schleim ab, der bei Berührung mit Wasser leuchtet.
Seefedern sind auch in der Lage, sich fortzubewegen. Mit Hilfe ihres Fußes können sie sich ein-, aber auch ausgraben, was sie z.B. im Aquarium tun, wenn ihnen der zugewiesene Platz nicht paßt. Manchmal lassen sie sich auch durch Strömungen verfrachten, was sie in freier Natur selten tun, da sie sich normalerweise nur dort festsetzen, wo für sie günstige Bedingungen herrschen. Geringfügige Ortsveränderungen führen sie aber häufig mit ihrem Fußteil durch.
Es gibt ca. 300 Arten von Seefedern, die alle Meere, vom Seichtwasser bis in große Tiefen (über 5000 m), bewohnen. Ihre Größe reicht von wenigen Zentimetern bis zu über einem Meter. Nur wenige werden eingeführt bzw. sind für die Haltung im Aquarium geeignet. Tiefseeformen, die auch tagsüber offen sind, eignen sich eher für abgedunkelte Kaltwasserbecken; von nachtaktiven Seichtwasserformen hat man nicht sehr viel; außer es gelingt, sie durch ausschließliche Fütterung am Tage und den Verzicht auf belästigende Fische und andere Tiere auf eine gewisse Tagaktivität umzustellen. Die Seefedern werden trotzdem immer Außenseiter in Heimaquarien sein.
Wie erwähnt, benötigen die meisten von ihnen etwa 20 cm tiefen Sandgrund (nur wenige kleine, eher lederkorallenähnliche breite Arten kommen mit etwa 5 cm aus). Da sie Plankton fressen, muß man solches in Form von Krebslarven, Kleinkrebsen oder Planktonersatz (geriebenes Fleisch von Muscheln, Krebsen, Fisch, Würmern, aufgeschwemmtes Trockenfutter) geben und für eine entsprechende Strömung sorgen, die den Polypen die Nahrung zuträgt.

Klasse: ANTHOZOA		
Unterklasse: OCTOCORALLIA		
Ordnung: PENNATULACEA		Seefedern
Familie: Pennatulidae		"Echte" Seefedern
Gattung:	*Pennatula*	
Familie: Pteroeididae		Stachel-Seefedern
Gattungen:	*Pteroeides*	
	Sarcoptilus	
Familie: Veretillidae		Walzen-Seefedern
Gattungen:	*Cavernularia*	
	Veretillum	
Familie: Virgulariidae		Ruten-Seefedern
Gattung:	*Virgularia*	

Malediven, Indischer Ozean

Ordnung: PENNATULACEA
Fam.: Pennatulidae

Pennatula sp.
Zarte Seefeder

Vork.: Indo - West - Pazifik; in 10 - 40 m Tiefe. **GU**: Keine.
Soz. Verh./Vgs.: Lebt einzeln auf tiefen Sand- und Schlammböden; ist nur für Spezialbecken mit Zylinderrosen, Weichkorallen und Gorgonien geeignet.
Hält. B.: Diese Seefeder benötigt einen 20 cm tiefen feinen, weichen Sandboden, um sich eingraben zu können, und ein wenig Strömung.
Licht: Mittel-Schwachlichtzone.
ZU/Verm.: Die Tiere sind getrenntgeschlechtlich; Eier und Samen werden einfach ins Wasser abgegeben. Die aus den Eiern entstehenden Larven leben einige Zeit im Plankton, um sich an einer geeigneten Stelle niederzulassen, sich in einen langgestreckten Primärpolypen umzuwandeln und eine neue Kolonie aufzubauen. Es besteht also ein ständiger Wechsel von geschlechtlicher und vegetativer Vermehrung.
FU: O; nachtaktiv, sie frißt Plankton verschiedenster Art. Die Polypen stehen auf der strömungsabgewandten Seite, wobei die Tentakel Kleinlebewesen erfassen, die im Gegenstrom der Kolonie treiben. Man füttere Krebslarven, Kleinkrebse und diversen Planktonersatz, wie geriebenes Muschel-, Krebs-, Fischfleisch, Wurmteile, aufgeschlemmtes Trockenfutter u.v.a.
Bes.: Diese Kolonie ist noch im Wachsen begriffen, was am oberen Ende des gelben "Stieles" gut zu erkennen ist. Die achtstrahligen Polypen stehen gut sichtbar auf den nahezu durchsichtigen Seitenästen.

T: 20 - 25° C, **L**: 10 cm, **BL**: ab 50 cm, **WB**: m, **WR**: u, **BS**: 2, **SG**: 3

Pennatula sp.
Gedrungene Seefeder

Vork.: Indischer Ozean; in 5 - 40 m Tiefe. **GU**: Keine.
Soz. Verh./Vgs.: Lebt einzeln auf Sand- und Schlammböden; ist nur für Spezialbekken mit Zylinderrosen, Weichkorallen und Gorgonien geeignet.
Hält. B.: Diese Seefeder benötigt einen 20 cm tiefen feinen, weichen Sandboden, um sich eingraben zu können, und ein wenig Strömung.
Licht: Sonnen-Schwachlichtzone.
ZU/Verm.: Die Tiere sind getrenntgeschlechtlich. Die aus den Eiern entstehenden Larven leben im Plankton, um sich an einer geeigneten Stelle niederzulassen, sich in einen langgestreckten Primärpolypen umzuwandeln und eine neue Kolonie aufzubauen.
FU: O; nachtaktiv, sie frißt Plankton verschiedenster Art. Die Polypen stehen auf der strömungsabgewandten Seite, wobei die Tentakel Kleinlebewesen erfassen, die im Gegenstrom der Kolonie treiben. Man füttere Krebslarven, Kleinkrebse und diversen Planktonersatz, wie geriebenes Muschel-, Krebs-, Fischfleisch, Wurmteile, aufgeschlemmtes Trockenfutter u.v.a.
Bes.: Diese insbesondere auf den Malediven vorkommende Kolonie ist an der gedrungenen, fast rundlichen Form zu erkennen. Die Färbung ist uneinheitlich: Teile des "Stieles" sind blaß - weiß bis beige, andere braun. Die abgehenden Seitenäste sind zunächst meist wie der Stiel gefärbt, ebenso die Polypen; sie können jedoch auch in die jeweils andere Färbung übergehen.

T: 20 - 25° C, **L**: 10 cm, **BL**: ab 50 cm, **WB**: m, **WR**: u, **BS**: 2, **SG**: 3

Ordnung: Pennatulacea
Fam.: Pteroeididae

Pteroeides sp.
Dunkle Seefeder

Vork.: Indo-West-Pazifik; in 5 - 50 m Tiefe.
GU: Keine.
Soz. Verh./Vgs.: Lebt einzeln auf tiefen Sand- und Schlammböden; ist nur für Spezialbecken mit Zylinderrosen, Weichkorallen und Gorgonien geeignet.
Hält. B.: Diese Seefeder benötigt einen 20 cm tiefen feinen, weichen Sandboden, um sich eingraben zu können, und ein wenig Strömung.
Licht: Mittel-Schwachlichtzone.
ZU/Verm.: Die Tiere sind getrenntgeschlechtlich; Eier und Samen werden einfach ins Wasser abgegeben. Die aus den Eiern entstehenden Larven leben einige Zeit im Plankton, um sich an einer geeigneten Stelle niederzulassen, sich in einen langgestreckten Primärpolypen umzuwandeln und eine neue Kolonie aufzubauen. Es besteht also ein ständiger Wechsel von geschlechtlicher und vegetativer Vermehrung.
FU: O; nachtaktiv; sie frißt Plankton verschiedenster Art. Die Polypen stehen auf der strömungsabgewandten Seite, wobei die Tentakel Kleinlebewesen erfassen, die im Gegenstrom der Kolonie treiben. Man füttere Krebslarven, Kleinkrebse und diversen Planktonersatz, wie geriebenes Muschel-, Krebs-, Fischfleisch, Wurmteile, aufgeschlemmtes Trockenfutter u.v.a.
Bes.: Der "Körper" dieser Tierkolonie ist gelb bis orange gefärbt. Die Seitenzweige sind rückwärts größtenteils weiß, die Polypen selbst dunkel grün-braun.

T: 20 - 25° C, **L:** 50 cm, **BL:** ab 90 cm, **WB:** m, **WR:** u, **BS:** 2 - 3, **SG:** 3

Sarcoptilus sp.
Helle Seefeder

Vork.: Indo-West-Pazifik; in 15 - 50 m Tiefe. **GU:** Keine.
Soz. Verh./Vgs.: Lebt einzeln auf tiefen Sand- und Schlammböden; ist nur für Spezialbecken mit Zylinderrosen, Weichkorallen und Gorgonien geeignet.
Hält. B.: Diese Seefeder benötigt einen 20 cm tiefen feinen, weichen Sandboden, um sich eingraben zu können, und ein wenig Strömung.
Licht: Mittel-Schwachlichtzone.
ZU/Verm.: Die Tiere sind getrenntgeschlechtlich; Eier und Samen werden einfach ins Wasser abgegeben. Die aus den Eiern entstehenden Larven leben einige Zeit im Plankton, um sich an einer geeigneten Stelle niederzulassen, sich in einen langgestreckten Primärpolypen umzuwandeln und eine neue Kolonie aufzubauen. Es besteht also ein ständiger Wechsel von geschlechtlicher und vegetativer Vermehrung.
FU: O; nachtaktiv, sie frißt Plankton verschiedenster Art. Die Polypen stehen auf der strömungsabgewandten Seite, wobei die Tentakel Kleinlebewesen erfassen, die im Gegenstrom der Kolonie treiben. Man füttere Krebslarven, Kleinkrebse und diversen Planktonersatz, wie geriebenes Muschel-, Krebs-, Fischfleisch, Wurmteile, aufgeschlemmtes Trockenfutter u.v.a.
Bes.: Besondere Kennzeichen dieser Tierkolonie sind die oben sich verbreiternde Form und die einheitlich helle, fast weiße Färbung.

T: 20 - 26° C, **L:** 20 cm, **BL:** ab 50 cm, **WB:** m, **WR:** u, **BS:** 2, **SG:** 3

Cavernularia obesa (VALENCIENNES, 1831)
Walzen - Seefeder

Vork.: Tropischer und subtropischer Indo - Pazifik.
GU: Keine.
Hält. B.: Unverletzte Tiere sind sehr ausdauernd. Sie benötigen feinen Sand zum Verankern.
FU: Tierisches Plankton und Ersatzplankton. Die Kolonien müssen gezielt gefüttert werden.
Bes.: Die Tierkolonien leben in Sand- und Schlammböden in Zonen mit mäßiger Strömung. Vielfach in stillen Buchten und in Häfen. Einige leuchten, wenn sie mit langwelligem UV-Licht bestrahlt werden.

T: 20 - 24° C, **L**: 12 - 40 cm, **WB**: I, **BS**: 2 - 3, **SG**: 2

Veretillum cynomorium (PALLAS, 1774)
Walzen - Seefeder

Vork.: Nordostatlantik bis zum Mittelmeer; in 20 - 40 m Tiefe. GU: Keine.
Soz. Verh./Vgs.: Lebt einzeln auf tiefen Sand- und Schlammböden; ist nur für Spezialbecken mit Zylinderrosen, Weichkorallen und Gorgonien geeignet.
Hält. B.: Diese Seefeder benötigt einen 20 cm tiefen feinen, weichen Sandboden, um sich eingraben zu können, und ein wenig Strömung.
Licht: Mittel-Schwachlichtzone.
ZU/Verm.: Die Tiere sind getrenntgeschlechtlich; Eier und Samen werden einfach ins Wasser abgegeben. Die aus den Eiern entstehenden Larven leben einige Zeit im Plankton, um sich an einer geeigneten Stelle niederzulassen, sich in einen langgestreckten Primärpolypen umzuwandeln und eine neue Kolonie aufzubauen. Es besteht also ein ständiger Wechsel von geschlechtlicher und vegetativer Vermehrung.
FU: O; nachtaktiv, sie frißt trotz der relativ großen Polypen nur winziges Plankton. Zur Fütterung eignen sich daher nur Krebslarven und diverser Planktonersatz.
Bes.: Die Walzen-Seefeder besitzt, wie schon der Name sagt, einen walzenförmigen Körper, auf welchem die Polypen ringsum stehen; es gibt daher keine bevorzugte Richtung, die gegen die Strömung gerichtet ist. Da sich die Tiere im Aquarium nur ungern eingraben, daher umfallen und auf eine Seite zu liegen kommen, sind sie nur sehr schwer zu halten. Das Bild zeigt einen Polypen dieser schönen Seefeder.

T: 15 - 18° C, L: 40 cm, BL: ab 70 cm, WB: m, WR: u, BS: 2, SG: 3.

Virgularia sp. (wahrscheinlich *V. presbytes*, BAYER, 1955)
Ruten - Seefeder

Vork.: Tropischer Westatlantik; von den USA bis Surinam; in 20 - 40 m Tiefe.
GU: Keine.
Soz. Verh./Vgs.: Lebt einzeln auf tiefen Sand- und Schlammböden; ist nur für Spezialbecken mit Zylinderrosen, Weichkorallen und Gorgonien geeignet.
Hält. B.: Diese Seefeder benötigt einen 20 cm tiefen feinen, weichen Sandboden, um sich eingraben zu können, und ein wenig Strömung.
Licht: Mittel-Schwachlichtzone.
ZU/Verm.: Die Tiere sind getrenntgeschlechtlich; Eier und Samen werden einfach ins Wasser abgegeben. Die aus den Eiern entstehenden Larven leben einige Zeit im Plankton, um sich an einer geeigneten Stelle niederzulassen, sich in einen langgestreckten Primärpolypen umzuwandeln und eine neue Kolonie aufzubauen. Es besteht also ein ständiger Wechsel von geschlechtlicher und vegetativer Vermehrung.
FU: O; nachtaktiv, sie frißt Plankton. Zur Fütterung eignen sich Kleinkrebse, Krebslarven und diverser Planktonersatz, wie geriebenes Muschel-, Krebs-, Fischfleisch, Wurmteile, aufgeschlemmtes Trockenfutter u.v.a.
Bes.: Die Ruten - Seefeder besitzt einen sehr hohen Stiel, auf welchem nur sehr kurze Seitenzweige mit relativ wenigen Polypen sitzen. Die Färbung schwankt zwischen weißlich und gelb. Die im Mittelmeer vorkommende Art *Virgularia miralbilis* ist noch schlanker gebaut und wird ca 20 cm hoch. Es gibt einige weitere, ähnliche Arten der Gattung *Stylatula* in der Karibik und im Indo - Pazifik.

T: 18 - 24° C, **L**: 35 cm, **BL**: ab 70 cm, **WB**: m, **WR**: u, **BS**: 2 - 3, **SG**: 3

Plerogyra sinnosa

Korallenriffe

Das Wort "Riff" entstammt der Seemannssprache. Es bezeichnete ursprünglich allgemeine Untiefen mit Gefahr für die Schiffahrt. Erst später wurde der Begriff als biologischer und geologischer Terminus verwendet.

Korallenriffe sind in erster Linie Kalkablagerungen. Ihre Produzenten sind überwiegend die Steinkorallen. Zwei weitere Tiergruppen sind auch an der Riffbildung beteiligt: zum einen die Feuerkorallen (Gattung: *Millepora*) und zum anderen zwei Korallen der Unterklasse *Octocorallia*, die Blaue Koralle *Heliopora coerulea* und die Orgelkoralle *Tubipora musica*.

Neben den tropischen Regenwäldern sind Korallenriffe die artenreichsten, produktivsten und kompliziertesten Ökosysteme auf unserer Erde. Sie sind auf die oberen, lichtdurchstrahlten Zonen im Küstenbereich tropischer Meere beschränkt und wachsen bis dicht unter die Wasseroberfläche. Mit über 700 Arten erreichen die Korallen im Indopazifik ihre größte Artenvielfalt.

Aus geologischer Sicht sind Korallenriffe von außerordentlicher Bedeutung, denn sie haben im Verlaufe unserer Erdgeschichte mächtige Berge entstehen lassen und so manchen Gebirgszug geformt. Die Dolomiten sind durch sie entstanden, der Dachstein und der Watzmann, und auch in der Eifel lassen sie sich nachweisen. Viele Erdölvorkommen resultieren aus den organischen Resten ihrer Polypen, und da, wo sie auch heute noch ihre Kalkbauten errichten, können Inseln entstehen und damit neue Lebensräume für Pflanzen, Tiere und Menschen.

Die Evolution der Korallenriffe läßt sich 350 Millionen Jahre zurückverfolgen. Aus jener Zeit sind die ersten fossilen Korallenriffe bekannt. Die Bildung der heutigen Riffe ist während der letzten 15000 Jahre nach der jüngsten Eiszeit möglich gewesen. Mit dem Anwachsen der Eisschollen sank der Meeresspiegel und die Korallenriffe traten aus dem Wasser hervor. Aufgrund ihrer Bildung, Lage und Form zum Land lassen sich verschiedene Rifftypen unterscheiden:

Parallel zur Küste verlaufen Saum- und Barriereriffe.

Saumriffe entwickeln sich in Ufernähe und dringen bei fortschreitendem Korallenwachstum seewärts vor. Sie sind typische Riffe seichter Gewässer und in der Regel durch eine schmale Wasserzone vom Festland getrennt. Ihre Ausdehnung hängt davon ab, wie steil der Meeresboden abfällt. Je steiler der Untergrund, um so schmaler das Saumriff. Ihre Höhe entspricht der Niedrigwassermarke. Das Riffdach und Teile des Außenriffes sind oft zerklüftet und von Rinnen und Vertiefungen eingekerbt. Entstanden sind sie durch die angreifende Kraft der Wellen von See und durch das ablaufende Wasser, das sich einen Weg zurück in das Meer bahnte. Die Strandregion ist durch Sand und Geröll gekennzeichnet, wobei sich besonders in den Tropen dieser Untergrund zu einem harten Strandfels (beachrock) verfestigt. Dieser bildet große, dicke, breite und schindelförmige Platten, die oft kilometerlang die Strandregion bedecken. Als Kittsubstanz wird von Kalkalgen Kalk in das Lückensystem des Strandmaterials eingebakken, was dann zu diesen steinförmigen Strukturen führt. Ein Saumriff wird grob in ein Riffdach und in einen Riffhang unterteilt. Das Riffdach erstreckt sich oftmals von der Strandregion bis zur Riffkante, wo das Riff seewärts in die Tiefe abfällt und den Riffhang bildet. Riffkante und Riffhang sind bevorzugte Siedlungsorte der Korallen.

Barriereriffe entstehen fern der Küste und verlaufen parallel zu ihr. Durch Riffpassagen werden sie oft in viele Einzelriffe zergliedert, die sich bandförmig aneinanderreihen (ribbon-reefs). Diese Passagen sind im Wechsel der Gezeiten meist Orte starker Strömungen, was an den Flanken der Bandriffe ein besonders reiches Korallenwachstum zur Folge hat. Das wohl bekannteste Barriereriff ist das Große Barriereriff an der Ostküste Australiens. Es ist mit über 2000 km Länge und einer stellenweisen Breite von über 100 km das wohl imposanteste tierische Bauwerk auf unserer Erde. Die Morphologie der Barriereriffe entspricht weitgehend der der Saumriffe. Hier entsteht zwischen dem Festland und dem Außenriff eine breite und tiefe Lagune, die mit Fleckenriffen durchsetzt ist.

Atolle entstehen auf den Flanken unterseeischer Vulkane und Bergrücken, die im gleichen Maße in die Höhe wachsen, wie der Untergrund sich absenkt. Sie bilden ovale bis ringförmige Riffe mit Innenlagunen, deren Durchmesser mehrere Kilometer betragen kann. Atolle sind typische Riffbildungen im Indopazifik. Sie sind anders strukturiert als Saum- und Barriereriffe und weisen eine charakteristische Gliederung auf, wobei die unterschiedliche Ex-

position zur Brandung zu einer horizontalen und vertikalen Zonierung führt, wie bei den anderen Riffbildungen auch. Helmut Schuhmacher hat in seinem Buch "Korallenriffe" sehr anschaulich und ausführlich die Gliederung und Zonierung der Riffe beschrieben. Interessenten, die sich dieser Terminologie bedienen möchten, können in diesem Werk alles Wissenswerte nachlesen.
Korallen leben im klaren, warmen und sonnendurchfluteten Wasser tropischer Meere. Sie benötigen für ihre Entwicklung Wassertemperaturen, die 20 Grad nicht unterschreiten. Diese sind nur da gegeben, wo warme Meeresströmungen vorbeiziehen.
Am üppigsten gedeihen Korallen bei Temperaturen zwischen 26 und 28 Grad. Höhere Temperaturen führen zu einem Stillstand des Wachstums oder sogar zum Absterben der Tiere. Im Extremfall werden aber Temperaturen von 18 und über 30 Grad kurzzeitig ertragen, ohne daß Korallen Schaden nehmen. Unterhalb von 20 Grad tritt keine Riffbildung mehr ein, so daß Korallenriffe immer da fehlen, wo kalte Strömungen niedrige Temperaturen bedingen.
Betrachtet man eine Weltkarte, in der rezente Korallenvorkommen eingetragen sind, dann stellt man fest, daß der überwiegende Teil zwischen dem 32. Breitengrad nördlicher und dem 32. Breitengrad südlicher Breite vorkommt. In diesen Gebieten betragen die Wassertemperaturen im Jahresmittel etwa 23 Grad, eine gute Voraussetzung also für das Gedeihen dieser Tiere.
Korallen wachsen, indem sie das Kalkskelett vergrößern und die darin lebenden Polypen an Masse und Zahl zunehmen. Wichtige biotische und abiotische Faktoren beeinflussen dieses Wachstum. Einer dieser Faktoren ist die Wassertemperatur. Mit fortschreitender Tiefe ändert sich auch die Temperatur des Wassers. Sie nimmt ab und es wird kälter. Werden hier Temperaturen von 20 Grad unterschritten, dann geraten die Korallen in eine Streßsituation und stellen ihr Wachstum und ihre Reproduktion ein. Damit wird die Temperatur zu einem limitierenden Faktor für die vertikale Verteilung der Korallen in tropischen Meeren. Die 60-m-Tiefengrenze kann generell als vertikales Verbreitungsmaximum angesehen werden, wobei auch in noch tieferem Wasser Korallen siedeln. Diese gehören dann überwiegend zu den Korallen, die keine Zooxanthellen mehr in ihrem Gewebe besitzen (ahermatypisch) und die auch nicht in der Lage sind, Riffe zu bilden.

Ein weiterer begrenzender Faktor für die Verbreitung der Korallen in der Tiefe ist das Licht. Da riffbildende Korallen in einer sehr engen Endosymbiose mit einzelligen Algen (Zooxanthellen) leben, die wiederum für die Aufrechterhaltung ihrer Photosynthese das Sonnenlicht benötigen, können Korallen nur bis zu einer Tiefe leben, wo ausreichend Helligkeit herrscht. Untersuchungen haben gezeigt, daß die größte Tiefe, in der riffbildende (hermatypische) Korallen vorkommen, dort liegt, wo noch 1% des einfallenden Oberflächenlichtes vorhanden ist. Bereits bei fortschreitender Tiefe geraten die Korallen aufgrund nachlassender Photosyntheseleistung in eine Situation, in der sie das Wachstum drastisch reduzieren müssen. Bereits in einer Tiefe von 40 m ist der Lichtmangel so groß, daß die Wachstumsrate der Korallen kaum noch meßbar ist. So zwingt die räumliche Lichtverteilung viele Korallen zu besonderen Anpassungsformen. Flache und schindelartige Wuchsformen sind in der Tiefe vorherrschend. Um nämlich das wenige Licht optimal zu nutzen, wachsen viele Korallen in die Breite, wobei sie ihre vergrößerte Oberfläche als Lichtfalle einsetzen.

Ein weiterer, sehr wichtiger Faktor, der für die Verbreitung von Korallen ausschlaggebend ist, ist der gelöste Sauerstoff im Wasser. Er ist nur dort in ausreichender Menge vorhanden, wo Wellen sich brechen und eine gute Durchmischung des Wassers gewährleistet ist. Diese findet fast ausschließlich in den oberen Schichten der Meere statt. Fehlenden Sauerstoff erhalten die Korallenpolypen von ihren Untermietern, den Zooxanthellen, die diesen bei der Photosynthese freisetzen.

Auch die Ernährung der Korallenpolypen kann zu einem begrenzenden Faktor für die Verbreitung so mancher Korallenart werden. Ein großes Nahrungsangebot bedeutet automatisch ein beschleunigtes Wachstum. Nun sind aber tropische Meere sehr planktonarm und auch die Konzentration an Nitraten und Phosphaten, auf die das Phytoplankton als Primärproduzent unbedingt angewiesen ist, ist gering. Die Nährstoffarmut wird weitgehend dadurch ausgeglichen, daß die Korallenpolypen eine ernährungsphysiologisch sehr ökonomische Symbiose mit ihren Untermietern, den Zooxanthellen, eingehen (siehe Kapitel Steinkorallen!).

Aber auch die Wasserbewegung übt einen großen Einfluß auf Verbreitung, Siedlungsmöglichkeit und Wuchsform der Korallen aus. Nahe der Wasseroberfläche sind nur sehr kräftige Korallenkolonien in der Lage, den angreifenden Wellen standzuhalten und sich hier zu behaupten. Mit zunehmender Tiefe werden die Wuchsformen der Korallen zarter, filigraner und großflächiger. Obwohl fast alle riffbildenden Korallen in bestimmten geographischen Breiten unter gleichen Bedingungen von Temperatur, Sauerstoff, Salzgehalt, Sonneneinstrahlung und Wasserbewegung leben, können trotzdem erhebliche Wachstumsunterschiede zwischen den verschiedenen Arten gemessen werden. So wachsen am schnellsten astbildende Korallen aus den Gattungen *Acropopra, Porites* und *Pocillopora*. Sie besiedeln vorwiegend die sehr lichtexponierten Teile des Riffdaches und des oberen Riffhanges, wo Sonneneinstrahlung, Wasserdurchmischung, Temperatur und Nahrungsangebot am größten sind. Andersartig geformte Korallen wachsen langsamer und stellen, wenn sie eine bestimmte Größe erreicht haben, das weitere Wachstum ein. Immer ist der Standort entscheidend, den sich der Primärpolyp für die Gründung einer Kolonie ausgesucht hat.
Es hat lange gedauert, bis es möglich war, exakte Daten über das Korallenwachstum zu gewinnen. Die hauptsächliche Schwierigkeit bestand darin, Korallen lebend und gesund über einen längeren Zeitraum außerhalb ihres natürlichen Biotops im Aquarium zu halten. Pionierarbeiten auf diesem Gebiet leistete Thomas Goreau aus Jamaica, der radioaktive Calcium-Ionen in das Seewasser einbrachte und den Einbau der Tracer-Ionen im Kalkskelett meßbar bestimmte. Da Korallen zwischen dem stabilen und dem radioaktiven Calcium nicht unterscheiden können, werden beide Isotopen im Skelett der Polypen in dem Verhältnis eingelagert, wie sie es vom umgebenden Seewasser angeboten bekommen. Mit dieser Methode war es erstmals möglich, meßbare Daten über das Korallenwachstum zu gewinnen. In neuerer Zeit werden die zu untersuchenden Korallen in ihrem natürlichen Biotop belassen und die Wachstumsraten mit Hilfe von Unterwasserwaagen oder mit Hilfe von Skelettfärbungen mittels Alizarin Rot S bestimmt.

Die meisten Korallen leben an den Riffen dicht gedrängt. Die Konkurrenz um Nahrung, Licht und Standort ist sehr groß. Um sich hier zu behaupten, haben sie verschiedene Überlebensmechanismen und Strategien entwickelt mit dem Ziel, die Art zu erhalten. Zu diesem Zweck setzen sie aggressiv ihre Nesselkapseln für die Verteidigung ein und bekämpfen sich mit Giften und wachstumshemmenden Mitteln oder toxischen Substanzen, um nicht verdrängt oder überwuchert zu werden. Alles ist im System des Miteinanderlebens so komplex , daß wir derzeit noch außerstande sind, es vollständig zu erfassen.
In den letzten Jahrzehnten haben viele Meeresbiologen versucht, wenigstens einige Geheimnisse zu enträtseln. Schwerpunkt ihrer Arbeit war es, die Beziehungen herauszufinden, die Korallen in vielfältiger Weise mit anderen Rifforganismen eingehen. Dabei sind Begriffe in der Literatur aufgetaucht, die einer Erklärung bedürfen. Der Begriff der *Endobionten* erklärt das Zusammenleben einzelliger Algen im Gewebe der Korallenpolypen, die wir als Zooxanthellen kennen. Sie dürfte die engste Beziehung sein, die Korallen eingehen. Sie wird auch als Endosymbiose bezeichnet. Bohrende Organismen, wie viele Bohrmuscheln, Bohrwürmer und andere Kalkbohrer, zählen zu den Cryptobionten. Sie beteiligen sich mit ihrer bohrenden Tätigkeit im Korallengestein an der Erosion der Riffe. Pflanzen und Tiere, die in tiefen, dunklen Spalten leben und sich an der Basis engstehender Korallenverzweigungen aufhalten, werden als Hypobionten bezeichnet. Zu ihnen zählen viele kleine Schnecken, Muscheln und Schlangensterne. Zu den Epibionten rechnet man viele epiphytische Pflanzen, Schwämme, Manteltiere, kleine Aktinien und Krustenanemonen, die die Skelette abgestorbener Korallen überziehen. Parabionten sind hingegen Tiere, die zeitweise zwischen den Korallenverzweigungen leben und hier Schutz vor ihren Freßfeinden suchen. Hierzu gehören viele kleine Krebse und kleine Fische. Schließlich gibt es noch die Peribionten, zu denen die meisten Fische zählen. Sie leben immer in der Nähe von Korallen, passen sich ihnen aber nicht an.
Ein Korallenriff, soweit es noch intakt ist, stellt in der Regel ein stabiles Ökosystem dar. Soll dieses erhalten bleiben, dann muß die Primärproduktion stets größer sein als alle Faktoren, die dazu

beitragen, daß ein Riff zerstört wird. Viele Fische, Borstenwürmer, Seeigel, Seesterne, Muscheln, Schnecken, Schwämme und viele andere Organismen, Pflanzen und Bakterien sind am Abbau der Riffe beteiligt. Selbst die Qualität des Wassers, sich ändernde Strömungen, die zivile Sedimentation (Abfall) und der schwerwiegende Eingriff des Menschen in das Gleichgewicht dieses so empfindlichen Ökosystems sind entscheidende Faktoren, die über Leben und Tod der Riffe entscheiden. Es muß bedacht werden, daß Korallen festsitzende Organismen sind, die sich nicht aktiv durch Ortsveränderung einer drastischen Verschlechterung ihrer Umweltbedingungen entziehen können. Sie sind ihnen hilflos ausgeliefert und reagieren entsprechend dramatisch schon auf kleinste Störungen ihres biologischen Gleichgewichtes.
In den letzten Jahren hat die Dornenkrone, *Acanthaster planci*, ein vielarmiger, stacheliger und sehr großer Seestern, mehrfach die nordöstlichen Korallenriffe des Großen Barriereriffs in Australien vor der Küste von Queensland überrannt und große Riffkomplexe kahlgefressen. Wenn man bedenkt, daß ein ausgewachsenes Tier täglich fast einen Quadratmeter Korallenfläche abgrast und die Polypen auffrißt, dann kann man ermessen, was passiert, wenn große Populationen dieser Seesterne über die Riffe herfallen. Bis zu 14.000 Tiere hat man auf einem Quadratkilometer gezählt.
Bedingt durch eine Erwärmung und Verschmutzung der Ozeane werden weltweit Riffkorallen von Krankheiten befallen, die sich als weiße und schwarze Bänder (Black-Band-Disease) bemerkbar machen. Sie werden durch Blaualgen verursacht, die sich plötzlich massenhaft vermehren. Auch hier steht die Wissenschaft noch vor einem Rätsel, und die eigentliche Ursache dieser Krankheit muß noch erforscht werden.
In den letzten Jahren hat der Mensch durch Eingriffe in die natürlichen Mechanismen des ökologischen Gleichgewichtes der Riffsysteme maßgeblich dazu beigetragen, irreparable Schäden zu verursachen: So an den Korallenriffen Australiens, der Malediven, im Persischen Golf und im tropischen Pazifik. Das Kalkgestein der Riffe wird nicht nur für die Zementherstellung, für den Häuser- und Straßenbau verwendet, sondern auch zur Düngemittelherstellung genutzt. Mit dem Wachstum von Industrie, Landwirtschaft und Bergbau hat die Verschmutzung küstennaher Gebiete

in den letzten Jahren rapide zugenommen. Nicht zu vergessen sind der sich stetig ausbreitende Tourismus, die Dynamitfischerei und die Folgeschäden der Abfallbeseitigung im Meer. Aber auch menschliche und industrielle Abwässer aus Städten, Häfen und Hotelanlagen auf den Inseln werden in das Meer gepumpt und belasten es mit Insektiziden, Pestiziden und Düngemitteln. Das hat zur Folge, daß Grün- und Blaualgen den Nährsalzeintrag nutzen und sich explosionsartig vermehren. Das führt letztlich dazu, daß sie die Riffe überwuchern und absterben lassen.
Es bedarf einer geringen Phantasie, sich vorzustellen, wie Korallenriffe einmal aussehen werden, wenn diese Aktivitäten weltweit anhalten. Schon jetzt sind viele Riffe abgesammmelt, weggesprengt und von Algen und Sekundärsiedlern überwuchert. Schleimalgen flotieren in der Strömung und ersticken alles Leben. Die Kausalität der Zusammmenhänge ist ja bekannt: Sterben die Korallen, dann stirbt das ganze Ökosystem Korallenriff! So hat der Mensch schon längst begonnen, ein Schöpfungswerk zu vernichten, das an Schönheit und Vielfalt seinesgleichen sucht.

Malediven

Die Strandregion

Die **Strandregion** stellt einen leicht ansteigenden Sand- und Geröllstrand dar. Das Sediment, das hier angehäuft wird, wird durch die Bewegung des Wassers herangetragen und angelagert. Die Oberflächenschichten werden ständig in Bewegung gehalten und zerkleinert. Dadurch entsteht eine feinsandige Strandregion, die stille Buchten und kleine Koralleninseln umsäumt und diese von einer seichten Lagune trennt.

Malediven

Der Strandfels

Der **Strandfels** (beachrock) stellt eine steinhart verfestigte Strandregion im Gezeitenbereich dar. Dieser bildet sowohl flache Platten als auch meterdicke und mancherorts kilometerlange Felsbänke aus, die sich zwischen der Uferregion und der Lagune auftürmen. Er besteht aus Sand und Geröllmaterial, das den Boden bedeckt und das durch dünne Kalkalgen miteinander verkittet wird. Hier wird alles miteinander verbacken, was das Meer anschwemmt. So findet man im Strandfels eingebacken viele Muscheln und Schnecken, Korallen, Glas, Coladosen und viele andere Gegenstände unserer Zivilisation. Die Entstehungsweise ist noch nicht eindeutig geklärt.

Malediven

Die Lagune

Die **Lagune** ist ein sandiger Bereich, der sich zwischen dem Strand und dem Riffwatt erstreckt. Sie kann unterschiedlich tief und breit sein und ist durchsetzt von kleinen Koralleansiedlungen und abgestorbenen Korallenbrocken, die durch die auslaufende Brandung vom Riffwatt in die Lagune eingebracht werden. Lagunen bieten vielen Pflanzen und Tieren, die im sandigen Lebensraum angepaßt leben, gute Entwicklungsmöglichkeiten. Hier leben viele Grün- und Braunalgen und große Areale können mit Seegras bestanden sein. Sie beherbergen dann wiederum eine ganz spezielle Fauna. Korallenkolonien fehlen in weiten Teilen der Lagune entweder gänzlich oder sie siedeln verstreut am Lagunenboden. Sie müssen in der Lage sein, einen gewissen Sedimenteintrag zu tolerieren, ansonsten ist ihre Lebenserwartung sehr gering. Sie versanden und sterben ab.

Barriereriff Malediven

Das Riffwatt

Das **Riffwatt** liegt in der Regel bei Niedrigwasser frei. Viele Organismen, die hier leben, fallen zur Zeit der Ebbe trocken und sind extremen biotischen und abiotischen Faktoren ausgesetzt. Die Korallen sind durch die Erosion von Wasser, Wind und Sonne weitgehend zerstört und die Vertiefungen im Riffwatt sind mit Sand und Korallenbruchstücken aufgefüllt. Die auflaufende Flut lagert hier feine Sand- und Sedimentpartikel ab und Sandareale bilden mehr oder weniger große Weichbodeninseln. Die Vertie-fungen im Riffwatt werden zu Gezeitentümpeln mit hohen Temperaturen und einem extremen Salzgehalt. Sie sind die letzten Zufluchtstätten für viele Rifforganismen, die mit dem ablaufenden Wasser zur Zeit der beginnenden Ebbe das offene Meer nicht mehr erreichen könnten.

Großes Barriereriff Australien

Das Riffdach

Die horizontale Fläche zwischen dem Riffwatt und dem Riffhang wird als Riffdach bezeichnet. Es kann in seiner Ausdehnung unterschiedlich breit sein und gelegentlich bei extremem Niedrigwasser trockenfallen. Das Riffdach wird vorwiegend von kräftig wachsenden Korallen besiedelt, die in der Lage sind, einer kräftig auflaufenden Brandung standzuhalten. Die hier lebenden Korallen sind widerstandsfähig und ihre aus dem Wasser ragende Kuppe meist abgestorben, wobei nur noch die vom Wasser bedeckten Seitenränder weiterwachsen. Hier kommt es zur Ausbildung von "Mikroatollen". Ein Riffdach ist vielfach zerklüftet. Da, wo die Brandung darüberbraust, entstehen Rinnen, in denen das Wasser ablaufen kann. Größere Sandareale und tiefe, felsige Bekken können hier durch die Erosion des Wassers entstehen, in denen sich Algen und Seegras ansiedeln. Ein Riffdach kann bei Niedrigwasser noch unter der Wasseroberfläche liegen oder gelegentlich trockenfallen. Das Bild zeigt kräftige *Acropora*-Korallen, die ein Riffdach am Barriereriff in Australien besiedeln. Im Labyrinth dieser Verzweigungen jagen viele junge Riffhaie, leben eine Vielzahl kleiner Fische, Krebse, Muscheln und Schnecken.

Malediven

Die Riffkrone

Die Riffkrone ist der höchste Teil eines Riffes. Sie trennt das Riff vom Meer ab und ist am stärksten der Brandung ausgesetzt, die sie kräftig überrollt. Seewärts bildet die Riffkrone eine erhöhte Riffkante. Eine Vielzahl kräftig wachsender Korallenstöcke siedelt hier bis dicht unterhalb der Niedrigwasserlinie. Sie müssen sich der angreifenden Kraft der Wellen stellen, um hier zu überleben. Bedingt durch einen niedrigen Wasserspiegel, eine intensive Sonneneinstrahlung und der damit verbundenen Temperaturzunahme des Wassers gedeihen hier ganz besonders gut viele Kalk- und Grünalgen, die mit dem Korallengestein verbacken sind und so die Widerstandskraft der Riffkrone gegenüber der Erosion des Wasser erhöhen.

Ribbon Reef, Australien

Die Riffkante

Die Riffkante ist ein schmaler Bereich, eine Art Übergangszone, wo das horizontale Riffdach in einen schräg oder steil abfallenden Riffhang übergeht. Sie ist zerfurcht und zerklüftet und folgt in ihrer Ausdehnung der Formation des Außenriffes. Sie wächst stets seewärts und ist vorwiegend von strömungsunempfindlichen Korallen besiedelt, die in starken Brandungswellen überleben können. Die Riffkante ist stets von Wasser bedeckt. Nur bei extremem Niedrigwasser kann sie gelegentlich trockenfallen und das Niveau des Meeresspiegels überragen.

Großes Barriereriff, Australien

Der Riffhang

Der Riffhang gliedert sich in ein oberes und in ein unteres Vorriff. Er kann sanft geneigt sein oder steil in die Tiefe abfallen. Darunter, am Fuße des Hanges, überwiegen Schutt- und Geröllmassen, die in einen sandigen Abhang auslaufen. Am oberen Riffhang siedeln die Korallen am üppigsten. Da sie einen wellenexponierten Standort besitzen, sind sie von überwiegend kräftiger Wuchsform. Hier, wo die Lichtexposition und die Wasserdurchmischung am größten ist, finden Korallen ideale Lebensbedingungen vor. Am unteren Riffhang, wo das einfallende Sonnenlicht bereits gefiltert die Korallenkolonien erreicht und die Wasserbewegung sie mit reduzierter Kraft trifft, wachsen andere, weniger kräftige Korallenkolonien. Sie sind filigraner in ihrer Wuchsform und sie siedeln auch nicht so dicht wie am oberen Riffhang.

Großes Barriereriff, Australien

Die Riffkanäle

Riffkanäle entstehen durch die Kraft der Brandung und durch das auf- und abfließende Wasser. Sie können das Riffdach durchfurchen oder tiefe Rinnen zwischen dem Außen- und dem Innenriff entstehen lassen. Sie sind Orte stark strömenden Wassers, das im Wechsel der Gezeiten bei Flut vom Meer über das Riff in die Lagune strömt und bei einsetzender Ebbe den umgekehrten Weg nimmt. Die Gezeitenströmung bewirkt, daß die Randpartien der Kanäle stark mit Korallen bewachsen sind, denn der ständige Wasserwechsel sorgt für ein gutes Nahrungsangebot und für einen guten Sauerstoffeintrag. Die Lichtintensität ist sehr hoch und verhilft den dort lebenden Korallen, wie denen im oberen Riffhang, zu einem üppigen Wachstum.

Lizard Island, Australien

Das Saumriff

Ein Saumriff entsteht in Ufernähe und folgt dem Verlauf der Küstenlinie. Es wächst stetig seewärts und ist durch die auflaufende Kraft des Wassers im rückwärtigen Teil eingetieft, zerklüftet und durch eine schmale Lagune, die mit Korallensand und Korallenbrocken gefüllt ist, vom Ufer getrennt. Wie breit ein Saumriff wird, hängt davon ab, wie steil der Meeresboden in die Tiefe abfällt.

Gefärbte Korallenstöcke werden zur Zimmerdekoration auf vielen Märkten Südostasiens, den Malediven und in Australien den Touristen angeboten. Sie werden von Tauchern aus den Riffen gebrochen, in Containern gesammelt und in kleinen Betrieben gereinigt und bemalt. Diese Sammeltätigkeit trägt mit dazu bei, daß ganze Rifflandschaften zerstört werden. So schnell und intensiv, wie die Korallen gesammelt werden, können sie in den Riffen nicht nachwachsen. Außerdem geht ein großer Anteil der gesammelten Korallen beim Transport zu Bruch.

Auf vielen tropischen Koralleninseln ist Korallengestein das einzige Baumaterial, das zum Bau von festen Unterkünften verwendet wird. Es wird aus den Riffen geschlagen oder gesprengt und mit Hilfe von Mörtel in die Mauern der Wohnhäuser eingebaut. Da immer mehr Menschen Wohnraum benötigen und die Touristenindustrie ganze Inseln bebaut und dabei Korallengestein verwendet, trägt diese Tätigkeit entscheidend dazu bei, daß große Teile eines Korallenriffes verschwinden.

Black - Band - Disease

Die Schwarze Bandkrankheit wird bei den Korallen durch die Braunalge *Phormidium corallyticum* hervorgerufen, die kranke oder geschwächte Polypen befällt und langsam und kontinuierlich den gesamten Korallenstock erobert. Die "Kampfzone", wo Algen und Polypen aufeinandertreffen, wird als ein schwarzes Band sichtbar. Da, wo Teile der Korallenkolonie bereits zerstört sind, entsteht freier Siedlungsplatz für schnellwüchsige Sekundärsiedler wie Algen, Schwämme und Krustenanemonen. Viele Flachwasserkorallen sind bereits davon befallen. Untersuchungen haben ergeben, daß es sich bei der Schwarzen Bandkrankheit um ein natürliches Phänomen handelt und die Ursache nicht in der Wasserverschmutzung liegt.

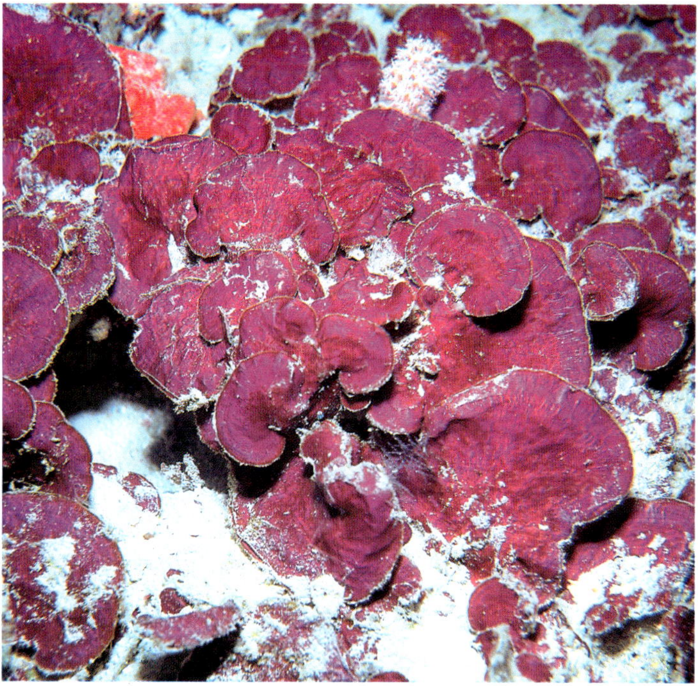

Kalkalgen scheiden Kalk in Form von Aragonit entweder zwischen ihren Zellwänden oder außerhalb des Thallus ab. Beim Aufbau und der Konstruktion von Korallenriffen haben sie eine außerordentlich große Bedeutung. Zum einen binden und verbacken sie loses Material miteinander, zum anderen liefern sie, ähnlich den Steinkorallen, das notwendige Kalziumkarbonat für den Riffaufbau. Das Bild zeigt eine schindelförmig wachsende Kalkrotalge, die auf abgestorbenen Korallengestein in 30 m Tiefe lebt und großflächig ihr Siedlungsareal bedeckt. Viele tierische Weidegänger sind ihre besonderen Feinde, die sie abgrasen, abbrechen, abfressen und zerkleinern. Die Algen liefern letztlich den biogenen Kalk, der in die Ritzen der Riffe eindringt und das gesamte System miteinander verbindet und verfestigt.

Steinkorallen besitzen die Fähigkeit, Kalkskelette aufzubauen, die Riffstrukturen bilden können. Sie treten nur in Form von Polypen auf, die entweder einzeln oder in Kolonien leben.
Die einzelnen Polypen sind von sackförmiger, zylindrischer Gestalt. Sie bestehen aus zwei Gewebsschichten, der Außen- und Innenschicht (Ekto-und Entoderm), zwischen die eine dünne Stützlamelle (Mesogloea) eingeschoben ist. Alle Schichten umschließen einen Hohlraum (Gastralraum), der durch nur eine Öffnung (Mund - After - Öffnung) mit dem Umgebungswasser in Verbindung steht.
Der Gastralraum eines jeden Polypen ist durch mindestens sechs Septen (Mesenterien) in einzelne Fächer (Gastraltaschen) unterteilt, wobei diese auf der Fuß- und Mundscheibe angewachsen sind. Sie vergrößern die aktive Oberfläche des Magenraumes und erzeugen Verdauungsfermente, die die aufgenommene Nahrung zerlegen und resorbierbar machen. Zusätzliche schlauchförmige Gebilde, die sog. Mesenterialfilamente, unterstützen diesen Vorgang. Sie können, wenn zu große Nahrungsbrocken nicht in den Magenraum des Polypen eingeführt werden können, durch den Mund oder die Körperwand ausgestülpt werden, um die Nahrung extragastrisch zu verdauen.
Alle Polypen eines Korallenstockes sind von einer feinen Gewebeschicht überzogen und durch ein reich verzweigtes Kanalsystem miteinander verbunden. Dadurch wird die Weitergabe gelöster Nahrung an die Polypen gewährleistet, die wenig oder keine Nahrung aus dem Wasser gefischt haben.
Eine fast kreisrunde Mundscheibe schließt den zylindrischen Körper des Polypen nach außen ab. Am Mundscheibenrand befinden sich die Fangarme (Tentakeln), die entweder nur in einem oder in mehreren Tentakelkränzen stehen. Ihre Anzahl beträgt sechs oder ein Vielfaches davon. Sie sind mit Nesselkapseln (Nematocysten) bewehrt, die der Feindabwehr und dem Beutefang dienen.
Die für den Stamm der Nesseltiere so typischen Nesselkapseln sind die wohl kompliziertesten Sekretionsprodukte im gesamten Tierreich. Mit Hilfe dieser unterschiedlich gestalteten Gebilde, die sich explosionsartig zu entladen vermögen, sobald sie berührt werden, können kleine Planktonorganismen betäubt und gefangen werden. Gifte und klebrige Fäden sind daran beteiligt. Explodierte

Nesselkapseln werden von den Polypen für den nächsten Einsatz schnellstens wieder regeneriert.
Die Geschlechtsverhältnisse bei den Steinkorallen sind recht unterschiedlich. Entweder sind die Kolonien getrenntgeschlechtlich oder zwittrig. Daneben vermehren sich die Polypen ungeschlechtlich durch Knospung und Sprossung. Dabei bleiben die durch Teilung entstandenen Tochterpolypen stets im kolonialen Verband, so daß sehr schnell ein Polypenstock, eine Kolonie, entsteht.
Die Geschlechtsprodukte entwickeln sich in den Polypen an den Mesenterien. Bei den zwittrigen Tieren reifen Ei- und Samenzellen zu unterschiedlichen Zeiten heran, um eine Selbstbefruchtung auszuschließen. Die Samenzellen gelangen über die Mundöffnung in das freie Wasser, wo sie aktiv schwimmend und mit Hilfe der Wasserbewegung einen anderen Korallenstock erreichen. Hier dringen sie über die Mundöffnung in den Gastralraum eines anderen Polypen der gleichen Art ein und befruchten dort die reifen Eizellen.
Aus einem befruchteten Ei entwickelt sich eine freischwimmende, bewimperte *Planula*-Larve, die den Mutterpolypen verläßt. Die Korallenlarven driften im Plankton. Dabei ist ihre Aufenthaltsdauer sehr unterschiedlich. Viele Larven beginnen sich bereits nach Tagen, einige nach Wochen und andere nach Monaten festzusetzen. Dabei ist ihre Verweildauer im Plankton sehr wichtig für die geographische Verbreitung der Art, denn je länger die Larven umhergetrieben werden, desto weiter können sie durch Wellen und Strömung verdriftet werden. Die meisten Larven werden während ihrer planktischen Lebensphase gefressen. Nur wenige haben die Chance, sich festzusetzen und eine neue Tierkolonie zu gründen. Das Festsetzen der Larven ist bisher nur im Labor untersucht und beobachtet worden. Es gibt keine Hinweise in der Literatur, wo Wissenschaftler das Festsetzen der Larven in der Natur beobachten konnten. Hat eine *Planula*-Larve ein geeignetes Substrat gefunden, dann läßt sie sich absinken und formt einen winzig kleinen Primärpolypen. Dieser beginnt sofort mit der Kalkproduktion und scheidet die ersten Septen auf der Basalplatte ab.
Der geschlechtlichen Fortpflanzung, die der Verbreitung der Art dient, folgt eine ungeschlechtliche Vermehrung durch fortgesetzte Knospung, so daß auf diese Weise Korallenkolonien entstehen.

Eine Querteilung der Polypen ist selten. Sie kommt fast ausschließlich bei solitären Arten vor.
Tropische Meere sind arm an Nährstoffen. Die Konzentration an gelösten organischen Substanzen ist von Habitat zu Habitat verschieden und jahreszeitlichen Schwankungen unterworfen. Oft sind organische Verbindungen, wie Aminosäuren, Kohlenhydrate und Fettsäuren nur in Spuren nachweisbar.
Bei den Korallen ist, wie bei allen anderen Tieren auch, die Aufnahme von Nahrung der Schlüssel zum erfolgreichen Überleben der Art. Doch eine Vielfalt von Ernährungsweisen macht Korallen weitgehend unabhängig von Schwankungen der Lebensbedingungen ihrer Umgebung. Dabei können die unterschiedlichen Wege der Nahrungsbeschaffung unabhängig voneinander oder in einer beliebigen Kombination zueinander eingesetzt werden.
Eine der Strategien der Nahrungsbeschaffung ist der Beutefang unter Einsatz von Nesselzellen. Als sessile Tiere sind Korallen an feste Standorte gebunden, wo sie mit dem auskommen müssen, was ihnen das Wasser an Nahrung zuträgt. Mit Hilfe ihrer nesselkapselbewehrten Fangarme erbeuten sie tierisches Plankton (Zooplankton) aus dem freien Wasser. Dabei ist ihre Beutefangaktivität auf die vertikale Wanderung des Planktons im Meer abgestimmt. Tagsüber sind die meisten Korallenpolypen inaktiv. Sie leben eingezogen in den Vertiefungen ihrer Korallenkelche. Erst nachts, wenn das Plankton aus der Tiefe des Meeres zur Wasseroberfläche aufsteigt, werden die Polypen aktiv und zum Nahrungsfang ausgestreckt. Die Größe der gefangenen Beute hängt dabei im wesentlichen von der Größe der Polypen und der Länge ihrer Fangarme ab. Kleine Korallenpolypen sind nicht in der Lage, große Beutetiere zu fangen. Nur die Riesenpolypen der Pilzkorallen (***Fungia***) besitzen die Möglichkeit, kleine Krebse, Borstenwürmer und auch kleine Fische zu erbeuten. Die gefangene Nahrung wird über den Mund in den Gastralraum eingebracht, in die Entodermzellen aufgenommen und in Nahrungsvakuolen verdaut. Unverdauliche Reste werden über den Mund in das Umgebungswasser ausgestoßen.
Ein weiterer Weg der Nahrungsbeschaffung ist die Aufnahme im Meerwasser gelöster organischer Verbindungen über die gesamte Körperoberfläche der Polypen. Die aufgenommenen Substanzen

stammen dabei entweder aus dem Meereswasser oder sie werden von einzelligen Algen, die im Gewebe der Polypen symbiontisch leben (Zooxanthellen), abgegeben.
Ein dritter, sehr wichtiger Weg der Nahrungsbereitstellung nutzt die Primärproduktion dieser Zooxanthellen. Sie spielen eine entscheidende Rolle bei der Kalkbildung. Riffbildende Korallen leben in einer sehr engen Gemeinschaft, in einer Endosymbiose, mit einzelligen Algen aus der Familie der *Dinophyceae* . Diese bringt beiden Partnern, sowohl den Algen als auch den Korallenpolypen, Vorteile. Da die Zooxanthellen für die Photosynthese Licht benötigen, leben riffbildende Korallen überwiegend in den oberen, von Sonnenlicht durchfluteten Wasserschichten. Ihre obere Wachstumsrate wird vom Meeresspiegel bestimmt. Die einzelligen Algen sind entweder an bestimmte Korallenarten angepaßt, oder sie leben mit mehreren Arten vergesellschaftet. Sie werden schon durch die *Planula*- Larven von einer Generation auf die nachfolgende übertragen. Messungen haben ergeben, daß Zooxanthellen etwa 10 % der Biomasse im Gewebe der Polypen ausmachen. Annähernd eine Million dieser winzigen Algen leben in einem Kubikmillimeter Polypengewebe. Sie vermehren sich innerhalb der Polypen durch Teilung und bleiben in ihrer Anzahl annähernd konstant, da die weniger stoffwechselaktiven Algen abgestoßen werden.
Zooxanthellen und Polypen gehen eine enge Symbiose ein und stehen in einem intensiven Nährstoffaustausch. Zum einen nutzen die einzelligen Algen die Energie des Sonnenlichtes, um aus Kohlendioxid und Wasser mit Hilfe der Photosynthese Kohlenhydrate und Sauerstoff zu produzieren, die die sauerstoffbedürftigen Polypen für ihren eigenen Stoffwechsel und für die Atmung nutzen. Zum anderen können die Algen auf kurzen energetischen Wegen die Stoffwechselprodukte der Korallenpolypen verarbeiten, wie Nitrate, Phosphate, Sulfate und Ammoniak. Der ökologische Sinn dieser enggeknüpften Endosymbiose zwischen einzelligen Algen und Korallenpolypen muß immer im Zusammenhang und vor dem Hintergrund der Nährstoffarmut tropischer Meere gesehen werden. Nicht zuletzt war der positive Einfluß der Algen auf die Kalkbildung entscheidend für die Evolution der Korallenriffe, denn nur dann, wenn Kalk schneller abgelagert wird, als physikalische und biologische Prozesse ihn zerstören, können Riffe entstehen.

Besonders die Kohlendioxid-Aufnahme durch die Algen ist von außerordentlicher Bedeutung für die Kalkbildungsrate der Korallen. Sie führt dazu, daß Korallen mit Zooxanthellen in ihrem Gewebe eine zehnfach höhere Kalkbildungsrate besitzen als die Korallen, die ohne sie leben. Nur so sind sie in der Lage, Riffe und Riffstrukturen zu bilden.

Unter ungünstigen Lebensbedingungen, wenn Korallen längeren Dunkelperioden ausgesetzt sind, die Wassertemperatur steigt oder sinkt oder wenn über einen längeren Zeitraum ein starker Süßwassereinfluß auf sie wirkt, können die Zooxanthellen vom Wirtspolypen abgestoßen werden. Sie haben in der veränderten Situation keine Aufgabe mehr. Dann verlassen die Algen aktiv ihren Wirt, bilden eine Geißel aus und schwimmen davon. Bei extrem hohem Nahrungsmangel greifen offensichtlich die Polypen auch zur pflanzlichen Kost. Dann verdauen sie ihre Symbiosepartner, die Zooxanthellen.

Nicht riffbildende Korallen (ahermatypische) können ohne die enge Partnerschaft mit einzelligen Algen leben. Sie kommen in allen Meeren und in fast allen Tiefen vor, wo sie unabhängig vom Licht schattige Höhlen und Unterhöhlungen bewohnen. Da ihre Kalkbildungsrate sehr niedrig ist, bilden sie nur kleine Skelette aus und sind an Riffbildungen nicht beteiligt.

Korallen im Aquarium

(von Dietrich Stüber, Berlin)

Durch die Möglichkeit, ein echtes Riff mit all seiner Faszination im Wohnzimmer entstehen zu lassen, hat die Meeresaquaristik Aufschwung bekommen. Dabei sind die Fortschritte auf diesem Gebiet nicht durch den zunehmenden Einsatz von immer umfangreicherer Technik möglich geworden. Der technische Teil wurde auf eine relativ einfache Weise gelöst. Er ist im Meerwasser-Atlas Band 1 ausführlich dargestellt worden und es soll nur noch stichpunktartig auf die Besonderheiten in der "Riffaquaristik" eingegangen werden.
Die Demonstration einer bestimmten Erfolgsstrategie ist immer subjektiv zu betrachten. Sie hat immer die beste Wirkung auch vom Verständnis her, wenn sie an lebenden Objekten im Aquarium nachvollzogen werden kann. Hierbei sollte das Augenmerk nicht nur auf die Technik, sondern auf den Besatz mit Tieren und die artgerechte Gestaltung der Dekoration gerichtet werden.
Im Hinblick auf das Artenschutzgesetz und den damit verbundenen Auflagen, können wir es uns heute nicht mehr leisten, das Leben auch nur eines einzigen Tieres, das wir im Aquarium pflegen, aufs Spiel zu setzen. Alle, die mit der Meeresaquaristik beginnen wollen, sollten sich darüber im klaren sein, daß sie mit ihrem Entschluß, dieses Hobby zu betreiben, eine Verantwortung im besonderen Maße übernehmen. Durch eine stetige Wissenserweiterung auf diesem Gebiet können wir dazu beitragen, daß Arten, die in der Natur durch zunehmende Umweltverschmutzung und Zerstörung vom Aussterben bedroht sind, erhalten werden.

Die Besonderheiten der Riffaquaristik:

Zu einem umfassenden Verständnis der biologischen Vorgänge in einem Korallenriff und in einem Riffaquarium ist ein Wissen erforderlich, das ein spezielles Studium voraussetzt. Leider ist bei den meisten Aquarianern der theoretische Wissensumfang nicht vorhanden, aber erlernbar. Die Vorgänge sind in diesem Lebensraum aber auch so komplex und vielfältig miteinander verknüpft, daß selbst Wissenschaftler oft vor einem Rätsel stehen und mitunter nur Theorien über bestimmte Vorgänge apostrophieren können, zumal diese oftmals nur aus relativ kurzen Biotopbeobachtungen oder Laborversuchen stammen. Hier hat der Meeres-

aquarianer einen wesentlichen Feldvorteil. Dennoch müssen sich die Aquarianer an wissenschaftlich fundierte Fakten halten, wenn die Meeresaquaristik etwas mehr sein soll als nur eine moderne Form der Hälterung von exotischen Tieren. Denn erst die Kenntnis grundlegender Faktoren, gepaart mit eigenen Beobachtungen, die die Lebensvorgänge im Meer beeinflussen, entscheiden über den Erfolg und das Überleben der Tiere in einem Aquarium.
So, wie für uns Menschen die Zusammensetzung der Luft für unser Leben von Wichtigkeit ist, so hat auch der Gehalt an gelösten Gasen im Meerwasser und im Meerwasseraquarium eine besondere Bedeutung. Hervorzuheben sind in diesem Zusammenhang der Sauerstoff, der Stickstoff und die Kohlensäure, die auch im Meer die Lebensvorgänge beeinflussen. Die ausgewogene Zusammensetzung und die Balance dieser Gase in einem Aquarium sind grundlegende Bedingungen für eine erfolgreiche Hälterung von Meerestieren. Es ist nachgewiesen, daß die Löslichkeit dieser Gase im Wasser temperaturabhängig ist. Mit sinkender Temperatur steigt die Löslichkeit, bei zunehmender Temperatur fällt sie. Das bedeutet für Meeresaquarianer, daß eine Temperatur von + 25° C eingehalten werden sollte, da bei steigender Temperatur die Löslichkeit der gelösten Gase abnimmt, die lebensnotwendig für die in einem Aquarium gehaltenen Tiere sind. Die besseren Assimilations- und Lebensbedingungen für Tiere und Wasserpflanzen bestehen also im allgemeinen in kühlerem Wasser. Dabei ist die Beeinflussung von Lebensvorgängen über die Temperatur nur innerhalb enger physiologischer Grenzen möglich. Der Besatz eines Beckens, besonders mit sessilen Tieren, muß nach diesen Gesichtspunkten ausgerichtet werden, wobei in diesem Zusammenhang die Wasserströmung sehr wichtig ist.
In der vom starken Licht durchfluteten Wasseroberfläche gedeihen naturgemäß die Algen besonders gut. Aufgrund der Assimilationsvorgänge wird sich hier bevorzugt Sauerstoff ansammeln, der durchaus zur Stabilisierung dieses Gases im Wasser beitragen kann. Das Negative dabei ist, daß mit der Assimilation der Algen, die Sauerstoff abgeben, ein Rückgang der freien Kohlensäure im Aquarienwasser verbunden ist. Die praktische Auswirkung ist eine Abnahme der Löslichkeit des Wasser für das Element Kalzium und damit verbunden ein Rückgang der Karbonathärte. Da andererseits

das Eindämmen der Algen in der Meeresaquaristik ein Problem besonderer Art darstellt, sollte nach Möglichkeit die vermehrte Ansiedlung von Algen, besonders in einem Riffbecken, unterlassen werden. Für die Versorgung der sessilen Tiere mit Sauerstoff ist ein Abschäumer von großer Wichtigkeit und eine gute Durchmischung des Wassers. Diese Aufgabe haben die Pumpen in einem Aquarium zu übernehmen.

Ob sich marine Tiere an bestimmten Orten im Meer ansiedeln und entwickeln können, hängt ganz wesentlich von den vorherrschenden abiotischen Faktoren ab. Sie werden als anorganische oder physiographische Bedingungen bezeichnet. Im Meer sind die wichtigsten Bedingungen für die Ansiedlung von Tieren der geologische Untergrund, die Temperatur, der Salzgehalt des Wassers, die Wasserbewegung und die im Meerwasser gelösten Nährstoffe. Diese Parameter sind besonders wichtig für die Siedlungsfähigkeit von sessilen Organismen. Zu ihrer Unbeweglichkeit kommt hinzu, daß sie aufgrund ihrer Physiologie wenig anpassungsfähig sind. Insbesondere trifft das auf die Tiere zu, die auf Nahrung angewiesen sind, die ihnen das Wasser in Form von Plankton oder in Form gelöster Stoffe zuträgt.

Wasserbewegung und Salzgehalt sind für die Formgebung, für die Größenentwicklung und für die Verbreitung von Meerestieren von großer Bedeutung. Für die Tiere, die dem Meer entnommen wurden und die in ein Aquarium eingesetzt werden, ist das insofern von Bedeutung, als daß diese Tiere sich an bestimmte Parameter angepaßt haben und ab einem gewissen Wachstumsstadium diese zum Weiterleben, auch in einem Aquarium, benötigen.

Der Lichteintrag in ein Riffaquarium, das mit hermatypischen Korallen besetzt ist, ist der entscheidende Faktor, der bei der Hälterung und Vermehrung der Tiere in der Meeresaquaristik beachtet werden muß. Die speziellen Erfordernisse des Lichtes sind sowohl an die Intensität als auch an das Spektrum zu stellen.

Die optimalste Ausleuchtung von Riffaquarien ist zur Zeit nur mit dem HQI- Brenner (Osram) in der Lichtfarbe "D", eventuell in Verbindung mit Blaustrahlern von Osram und der Lichtfarbe 67 oder von Philips TLD 18 zu erreichen, wobei die Blaustrahler, nach meiner persönlichen Meinung, keinen zusätzlichen, unabdingbaren, biologischen Nutzen haben. Diese, sowohl im Spektrum, aber be-

sonders in der Intensität fast als ideal zu bezeichnende Lichtquelle (HQI-D) wird z.Z. von keinem anderen Lampentyp übertroffen. Die Intensität des Lichtes ist insofern hervorzuheben, weil es, bis es dort angelangt ist, wo es in Lebensenergie umgesetzt wird, durch verschiedene Einflüsse Abschwächungen unterliegt.
Filter sind in der Meeresaquaristik fast schon zu einem Glaubensbekenntnis geworden. In Meerwasseraquarien gilt es im besonderen Maße Phosphate und Nitrate auf eine möglichst naturnahe Basis zu begrenzen und es muß zwischen den Extremwerten dieser Elemente die Balance gehalten werden. Das Phosphat ist mit dem Einsatz von hoch aufgehärtetem Nachfüllwasser durch Ausfällung begrenzbar und Nitrate sind in den Grenzen von 20 - 40 mg / Liter zu halten. Mit Filtern allein ist das jedoch nicht zu schaffen.
Ein Auftreten von Algen in Meeresaquarien ist in letzter Konsequenz nicht gänzlich zu vermeiden. Es ist nicht sinnvoll, sie mit technischen oder chemischen Mitteln zu bekämpfen, stellen sie doch die Nahrungsgrundlage für viele Kleinstlebewesen und Filtrierer dar. Außerdem stabilisieren sie das biologische Gleichgewicht durch die Aufnahme von im Wasser gelösten Nährstoffen (Nahrungskonkurrenz). Eine Massenausbreitung infolge von Überfütterung, zu dichtem Besatz, Strömungsmangel und zu viel Licht ist aber zu vermeiden, da dann das Leben von festsitzenden Tieren und höheren Algen behindert werden könnte. Eine der besten Bekämpfungsmethoden dieser Algen ist es, die Förderung der Nahrungskonkurrenz bzw. die Produzenten und Verbraucher in einem natürlichen Gleichgewicht zu halten.
In der Natur spielen sich überaus komplizierte Vorgänge ab, die in einem Aquarium nachzuahmen und zu beherrschen noch viel schwieriger ist. Deshalb ist zuallererst jeder abrupte Eingriff in Lebensvorgänge, die sich im Aquarium entwickelt haben, zu vermeiden. Meerwasseraquarien müssen systematisch und naturähnlich aufgebaut werden. In dieses System können wir, aus Gründen der Aufrechterhaltung einer gewissen Stabilität, von außen nur durch die zuvor schon ausführlich dargestellten chemischen und physikalischen Faktoren eingreifen.
Das Licht, als einer dieser Faktoren, stellt die Grundlage der Nahrungsproduktion für viele Niedere Tiere dar. Außerdem bewirkt es das Entstehen von Regulationsmechanismen im Meereswasser,

die ein natürliches Gleichgewicht entstehen lassen. Wenn wir das Licht über einem Aquarium als Sonnenersatz betrachten, dann wird die Wichtigkeit dieser Energiequelle deutlich. Eine optimale Beleuchtung für Riffaquarien wird erzielt, wenn die maximale Lichteinstrahlung auf der Wasseroberfläche etwa 30.000 - 35.000 Lux (möglichst breitstrahlend) erreicht. Die Besiedlung mit Korallen und anderen lichthungrigen Tieren soll bei dieser Beleuchtungsstärke in etwa 10 cm Wassertiefe beginnen. Eine wesentlich höhere oder niedrigere Beleuchtungsstärke schädigt sowohl die höheren Algen, als auch die Tiere, die mit symbiotischen Algen in einer Gemeinschaft leben.

Grundsätzliche Betrachtungen zur Hälterung von hermatypischen Korallen:

Die Hälterung von hermatypischen Steinkorallen im Aquarium wirft vielfältige Probleme auf. Es sind Probleme technischer Natur und andere, die aus dem Zusammenleben von verschiedenen Tierarten auf engstem Raum entstehen. Dazu kommen Schwierigkeiten, die den Bereich der Ernährung der Tiere sowie die Versorgung mit lebenswichtigen Spurenelementen betreffen. Riffbildende Steinkorallen galten bis vor kurzem noch als nicht haltbar in einem Aquarium. Diese Meinung wird auch heute noch vielfach vertreten. Es liegen aber gesicherte und vorzeigbare Beweise vor, die diese Behauptungen widerlegen. Es ist mittlerweile bekannt, daß Korallen wahre Lebenskünstler sind, die verschiedene Ernährungsstrategien entwickelt haben. Sie werden je nach Nahrungsangebot unabhängig voneinander eingesetzt. Jede dieser Strategien garantiert ein Überleben der Koralle. Die bis heute bekannten Ernährungsweisen sind in fünf große Bereiche aufgeteilt:

1.: Die Korallen fangen das im Wasser schwebende Plankton ein. Diese Möglichkeit der Nahrungsaufnahme kann den Korallen in einem Aquarium nicht geboten werden, es sei denn, man besitzt ein alt eingefahrenes Becken mit einer reichen Mikrofauna und nur sehr wenigen Fischen.

2.: Die Aufnahme von größeren Futterbrocken. Diese Art der Nahrungsaufnahme ist hauptsächlich bei den Solitär- und Blasenkorallen zu beobachten. Hierbei werden die Futterbrocken von den Tentakeln zur Mundscheibe befördert und im Gastralraum verdaut.

3.: Die Aufnahme von mikroskopisch kleinen Nahrungspartikeln, die im Meer bei der Nahrungsaufnahme von größeren Fischen abfallen und dabei auf die Oberfläche der Korallen gelangen. Sie werden dann von den Korallen eingeschleimt und extern verdaut. Diese Ernährungsweise kann in einer abgewandelten Form auch in einem Aquarium eine Rolle spielen.
4.: Die Aufnahme im Wasser gelöster organischer Verbindungen. Bei dieser Art der Nahrungsaufnahme werden die organischen Verbindungen über die gesamte Körperoberfläche der Polypen aufgenommen. Ob diese Art der Nahrungsaufnahme in einem Aquarium auch möglich ist, ist für Aquarianer nicht nachvollziehbar aber durchaus denkbar.
5.: Die Symbiosepartnerschaft mit Zooxanthellen. Diese Ernährungsweise ist die wohl bekannteste und auch die komplizierteste, die auch im Meer überwiegend stattfindet.
Lange Zeit war man der Meinung, daß Meeresaquarianer den Prozeß des Zusammenlebens von Korallen mit Zooxanthellen nicht nachvollziehen, geschweige denn aufrechterhalten können. Dank der Entwicklung von speziellen Lampentypen, die ein sonnenähnliches Spektrum besitzen, muß diese Meinung grundsätzlich revidiert werden. Es hat sich außerdem gezeigt, daß gerade diese komplizierte Ernährungsmöglichkeit es erlaubt, Korallen im Aquarium zu halten und zu vermehren.
Die Ernährungsmöglichkeiten auf der Basis der Photosynthese sind uns auch von anderen Blumentieren her bekannt. Was aber nicht bekannt war, ist die Tatsache, daß fast alle Blumentiere in der Lage sind, sich ausschließlich autotroph zu ernähren und am Leben zu erhalten. Das hat in der Konsequenz auch dazu geführt, daß wir die Tiere nicht mehr extern füttern müssen und somit das Beckenwasser entscheidend entlastet wird.
In der Gesamtheit läuft diese Ernährungsform, wegen der Notwendigkeit eines komplizierten Zusammenspiels von biochemischen Abläufen, auf einer sehr hohen Entwicklungsstufe ab. Gravierende und länger anhaltende Störungen des Wasserchemismus führen deshalb nur zuerst zum Tod dieser Tiere.
Als Grundlage für die autotrophe Ernährung der Korallen fungieren winzige, mikroskopisch kleine, einzellige Algen, die Zooxanthellen. Sie existieren in großer Anzahl im Gewebe der riffbildenden Stein-

korallen und benötigen für ihre Existenz intensives Sonnenlicht. Die Zooxanthellen bieten dem empfindlichen Korallengewebe einen wirksamen Schutz gegen zu intensive UV- Strahlung und sie leben gut geschützt vor Freßfeinden. Außerdem nutzen sie fortlaufend die Stoffwechselprodukte ihrer Wirtstiere für ihre eigene Ernährung. Dazu gehören in erster Linie das aus der Atmung der Koralle hervorgehende Kohlendioxyd und die bei der Verdauung der Koralle zurückbleibenden Schlackstoffe, wie Stickstoff- und Phosphorverbindungen. Letztere gehören im Meerwasser zu den Mangelstoffen und können von den Zooxanthellen nicht aus dem Wasser aufgenommen werden. Sie sind für die Algen aber von existenzieller Bedeutung. Das Kohlendioxyd im Zusammenwirken mit dem Licht verwendet die Alge zur Produktion von Sauerstoff. Diesen benötigt die Koralle für ihre Atmung. Weitere Nährstoffe, wie Zucker und Aminosäuren, die bei der Photosynthese der Algen anfallen, werden von den Korallen genutzt. So findet die Nahrungsproduktion auf engstem Raum statt, wodurch Stoff- und Energieverluste weitgehend vermieden und die Nährstoffe, die wechselseitig produziert werden, optimal genutzt werden.

Ein weiterer Bereich, der besondere Aufmerksamkeit verdient, ist die Bereitstellung von Spurenelementen, die für den Skelettaufbau der Korallen benötigt werden. Hier hat die Zugabe von Kalkwasser eine Stagnation in der Entwicklung der Riffbecken verhindert. Strontium und Jod sind zwei weitere wichtige Elemente, die von den wachsenden Steinkorallen in größeren Mengen verbraucht werden. Sie sind jedoch allein durch das Nachfüllwasser nicht zu ersetzen. Strontium wird von den Korallen in erster Linie dazu benutzt, das Aragonit in Lösung zu halten. Außerdem spielt es eine wichtige Rolle beim Offenhalten der Membrankanäle, die zur Matrix führen. Hier findet die Kalkanlagerung statt. Die Dosierung ist dabei Erfahrungssache. Sie ist in erster Linie abhängig von der Wassermenge und den darin lebenden skelettbauenden Tieren und Pflanzen.

Steinkorallen naturgetreu in einem Aquarium zu pflegen ist, abgesehen von den vorgenannten Grundparametern, in erster Linie mit einem intensiven Pflegeaufwand verbunden. Mit diesem Aufwand ist vorrangig die Beobachtung der Tiere, das Erkennen von Wechselbeziehungen und das Reagieren darauf gemeint. Neu in ein Aqua-

rium eingesetzte Tiere müssen intensiv beobachtet werden mit dem Ziel, herauszufinden, ob die im Becken befindlichen Tiere geschädigt werden und ob die Dosierung des Lichts einen negativen Einfluß auf sie ausübt. Wenn alle Parameter stimmen und die Korallenpolypen sich entfalten, dann müssen die Bedingungen im Becken stabilisiert werden. Veränderungen der eingesetzten Technik sollten danach möglichst vermieden werden, und die Technik sollte sich stets nach den Ansprüchen der Korallen richten und nicht umgekehrt. Schädigungen, die aus ungünstigen Standorten oder Einwirkungen von Strömungen herrühren, sind irreparabel, wenn sie zu spät erkannt werden. Dazu kommen Faktoren unter dem Aspekt der Raumkonkurrenz. Allein in diesem Bereich liegt ein enormes Beschäftigungspotential, das den manuellen Pflegeaufwand bei weitem übersteigt. Hier jedoch liegt der Schlüssel für den erfolgreichen Betrieb eines Riffaquariums.
Das Wachstum der Tiere wird über kurz oder lang dazu führen, daß wir auch bei den Niederen Tieren eine Auslese treffen müssen, um Platz zu schaffen für Korallen, die zu wachsen beginnen. Sie bestimmen dann weitgehend bei kräftigem Besatz den Chemismus des Wassers in einem Riffbecken.
Ein wichtiger Aspekt bei der Raumkonkurrenz ist die Nesselfähigkeit und die Intensität des Nesselgiftes der Tiere. Dabei ist die Art und Stärke des Nesselgiftes für den Aquarianer nicht meßbar. Auswirkungen sind erst bei der Einwirkung auf die mitbewohnenden Tiere und deren Reaktion darauf zu erkennen. Es sollten aus diesem Grund nur ähnliche Arten gemeinsam in unmittelbarer Nachbarschaft angesiedelt werden. Anders geartete Tiere sollten immer mit einem ausreichenden Sicherheitsabstand zu stark nesselnden Tieren gehalten werden. Zusammenfassend kann festgestellt werden: Für die erfolgreiche Hälterung riffbildender Korallen ist ein alteingefahrenes Becken mit einem relativ stabilen Chemismus des Wassers notwendig. Das Becken sollte mindestens 2 Jahre alt sein. Mit der Stabilität des Wassers sind in erster Linie die schädlichen Wasserinhaltsstoffe, wie Nitrat, die Dichte der KH- und der pH-Werte gemeint. Der Nitratgehalt sollte innerhalb der Grenzen von 20 - 40 mg/l liegen; starke Schwankungen sollten vermieden werden. Ein Nitratgehalt, der gegen Null tendiert, braucht nicht angestrebt zu werden, da Erfahrungen gezeigt

zeigt haben, daß gerade riffbildende Korallen dann nicht mehr optimal wachsen. Die Karbonathärte muß in der Folgezeit möglichst stabil gehalten werden und sollte einen Minimalwert von 6 - 8 Grad nicht unterschreiten. Beachtet werden muß auch der Kalziumgehalt des Wassers, der bei 400 mg/l liegen soll. Dieser Wert muß in jedem Fall stets dann gemessen werden, wenn die Karbonathärte einen Wert unter 6 Grad anzeigt. Hinzu kommt ein pH-Wert in den Grenzen zwischen 7,8 - 8,3, eine Temperatur um 26° C und eine Dichte von 1.024. Es ist grundsätzlich darauf zu achten, daß keine Faden- oder Schmieralgen im Becken sind und daß der Fischbesatz mäßig ist. Eine dem Becken angepaßte Abschäumung, eine den Tieren angepaßte Strömung, HQI-Licht der Lichtfarbe "D" und eine 10stündige Beleuchtungsdauer sind unabdingbare Voraussetzungen zur erfolgreichen Pflege von Steinkorallen.

Die Nahrungsaufnahme hermatypischer Steinkorallen:

Steinkorallen haben mehrere Ernährungsstrategien entwickelt, um in nahrungsarmen, tropischen Meeren überleben zu können. Sie sind auf warmes, sauerstoffreiches Wasser angewiesen und benötigen intensives Sonnenlicht als Energiespender. Als festsitzende Tiere sind sie nicht in der Lage, dem Nahrungsangebot zu folgen. Sie müssen daher an dem Ort, an dem sie siedeln, mit dem auskommen, was vorhanden ist. Das einfallende Sonnenlicht und die vorher genannten Grundparameter reichen aus, Korallen siedeln und wachsen zu lassen. Hierbei spielt die hochspezialisierte Art der Ernährungsweise, die auf der Symbiosepartnerschaft mit den Zooxanthellen beruht, eine herausragende Rolle. Da diese Symbiose in einem sehr komplizierten Prozeß abläuft, ist es naheliegend anzunehmen, sie wäre für die Korallen nur eine Notlösung für den Fall, daß nicht ausreichend andere Nahrung vorhanden ist oder vorübergehend ausfällt.
Ich bin heute mehr denn je der Meinung, daß gerade diese Ernährungsform eine der wesentlichen Voraussetzungen dafür gewesen ist, daß Steinkorallen im Aquarium überhaupt zu halten sind. Sie hat dazu geführt, daß wir heute Miniriffe in unseren Wohnzimmern haben, die diesem Anspruch auch voll gerecht werden. Die ständige Fütterung mit tierischem Plankton oder anderen Ersatzfutterstoffen tierischer Grundlage hatte eine zu große Wasserbelastung

zur Folge, zumal die Verwertbarkeit des Ersatzfutters immer fraglich geblieben ist. Auch ein rigoroser Wasserwechsel, wie er in der Vergangenheit immer wieder empfohlen wurde, löst das Problem nicht. Er ist aus anderen Gründen sicherlich wichtig, bleibt aber insgesamt gesehen nur ein Teilaspekt.
Es ist bekannt, daß die Polypen der Gattung *Xenia* Pumpbewegungen durchführen, die als Nahrungseinfangen interpretiert wurden, obwohl sie gar nicht in der Lage sind, aktiv zu fressen. Diese Fehlinterpretation hat dazu geführt, daß wir den Tieren mit unserer Fütterung mehr geschadet als geholfen haben. Dabei sind diese Tiere nur mit Hilfe des Lichtes und ihrer Symbionten in der Lage zu überleben.
Um diese Theorie zu beweisen, hatte ich den Versuch unternommen, Korallen ohne eine externe Fütterung über einen längeren Zeitraum am Leben zu erhalten. Dabei war es wichtig festzustellen, ob eine Koralle, die im Aquarium fütterbar ist, auch nach 6 Jahren Futterpause dieses wieder annehmen würde. Ausgewählt hatte ich für diesen Versuch eine Art aus der Gattung *Pavona*. Sie zählt zu den großpolypigen Korallen, bei der der Vorgang der Nahrungsaufnahme auch optisch nachvollziehbar ist. Nur im ersten Jahr ihres Aquarienaufenthaltes wurde sie von mir gefüttert. Seit 1985, also seit nunmehr 6 Jahren, kommt die gleiche Koralle ohne zusätzliches Futter in meinem Aquarium aus. Ich hatte versucht, mit Hilfe verschiedener Futtermittel (*Mysis*, Staub- und Trockenfutter, Futtertabletten, Muschelfleisch) ihr Freßverhalten zu reaktivieren. Dabei konnte ich feststellen, daß ihr Freßreflex noch voll aktiv ist, sie aber das Fressen "verlernt" hat. Den Beweis aber, daß sie ohne externe Fütterung über viele Jahre lebensfähig ist, hat sie erbracht. Aber auch andere Arten, wie z.B. *Montipora monasteriata*, leben in meinem Aquarium schon viele Jahre, ohne gefüttert zu werden, obwohl gerade diese Art zu den riffbildenden Korallen zählt, kleinpolypig ist und eine andere Wuchsform zeigt. Ich muß deshalb hier ganz deutlich konstatieren: Es ist entgegen anders lautenden Meinungen nach meiner Auffassung nicht notwendig, Steinkorallen extern in einem nennenswerten Umfang im Aquarium zu füttern! Das Wachstum der Korallen im Aquarium hängt nicht in erster Linie vom externen Futterangebot ab. Hier üben möglicherweise die Raumkonkurrenz und wasserbelastende Stoffe einen größeren Einfluß aus.

Die Fortpflanzung und Vermehrung von Steinkorallen:

Im Gegensatz zum Wachstum der Korallen durch Verzweigung, stellt sich die Beobachtung der Entwicklung aus einer *Planula*-Larve äußerst schwierig dar. Sichere Erkenntnisse bei der Entwicklung von Korallen aus Larven liegen mir nur von einer *Seriatophora*- und einer *Stylophora*-Koralle vor. Die Larven der *Seriatophora*-Koralle setzen sich an strömungsreichen Stellen am Substrat fest und wachsen hier zunächst flächenförmig bis zu einem Basisdurchmesser von 10 mm heran. Erst nach 3 Monaten beginnt die Koralle merklich in die Höhe zu wachsen: Der Buckel teilt sich praktisch. Weitere 3 Monate dauert es, bis die beiden Äste eine Höhe von 15 mm erreicht haben. Während die Basis abstirbt, prägen weitere, feinverzweigte Ästchen das Erscheinungsbild der Koralle. So zart und zerbrechlich diese Koralle auch sein mag, in ihrer Umgebung behauptet sie sich äußerst erfolgreich, indem sie sich mit ihrem Nesselgift gegen Raumkonkurrenten verteidigt. Einmal erfolgreich in einem Aquarium angesiedelt, wächst sie in 3 Jahren zu einer stattlichen Größe von 15 cm heran. *Seriatophora*-Korallen lassen sich auch mechanisch vermehren, indem Äste vom Gesamtstock abgebrochen und neu angesiedelt werden. Der Ort der Neuansiedlung muß immer eine exponierte Stelle sein, die günstige Strömungsverhältnisse aufweist. Das Licht spielt in diesem Fall keine so wichtige Rolle, woraus zu schließen ist, daß sich diese Koralle nicht ausschließlich von den Stoffwechselprodukten ihres Symbiosepartners, den Zooxanthellen, ernährt. Der Vergleich mit anderen Korallen *(Acropora, Stylophora)* bezüglich des Lichtes spricht für diese Vermutung. Es ist daher ratsam, gelegentlich eine Fütterung mit staubfeinem Futter vorzunehmen.

In letzter Zeit habe ich Versuche unternommen, die abgebrochenen Äste auf dem Boden des Beckens anzusiedeln. Hier zeigt sich einerseits die Anspruchslosigkeit der Korallen in Bezug zum Licht und andererseits der Einfluß der veränderten Strömungsverhältnisse. Am Boden des Beckens entwickeln die Korallen andere, kompaktere Wuchsformen. Dabei macht es ihnen offensichtlich nichts aus, von bodenbewohnenden Tieren umgeworfen zu werden. Da sie auch hier bei ausreichend starker Strömung weiterwachsen, ist zu vermuten, daß sie am Boden, wo Schwebstoffe aufgewühlt werden, zu einer anderen, modifizierten Ernährungsform übergegangen sind. Diese Vermehrungen sollten als ein positives Zeichen dafür gewertet werden, daß bei verschiedenartigen Umweltbedingungen, die in jedem Aquarium trotz aller Bemühungen vorliegen, kein negativer Einfluß auf das Fortpflanzungsvermögen sichtbar geworden ist. Trotzdem geben uns die Lebensweisen und die unterschiedlichen Fortpflanzungsmöglichkeiten der Korallen noch viele Rätsel auf. Zu ihnen zählen auch neue, uns bis dahin noch unbekannte Entwicklungs- und Fortpflanzungsformen. Sie werden erst jetzt, da sie hautnah im Aquarium miterlebt werden können, sichtbar.

Fungia- Korallen sind eine Besonderheit unter den Steinkorallen. Sie unterscheiden sich sowohl in ihrer Form, als auch in ihrer Lebensweise von den herkömmlichen Steinkorallen. *Fungia*-Korallen leben, nachdem sie sich von ihrem Stiel getrennt haben, lose auf dem Untergrund. Sie sind ausgezeichnet diesem Lebensraum angepaßt und können sich von einer auflagernden Sedimentation befreien. In den vergangenen Jahren habe ich *Fungia*- und *Herpolithon* - Arten in meinem Aquarium gepflegt und beobachtet. Sie vermehren sich im Aquarium auf zwei verschiedene Weisen, die als ungewöhnlich zu bezeichnen sind. Nach drei Jahren Aquarienaufenthalt begann sich eine der *Herpolithon* - Arten langsam aufzulösen. Die kleinen Tentakeln wurden nicht mehr ausgestreckt und das Skelett wurde sichtbar. Es sah so aus, als würde die Koralle sterben. Fadenalgen hatten sich sofort an den freiliegenden Stellen des Korallenskelettes angesiedelt, ein typisches Zeichen dafür, daß die geschädigte Koralle die abgestorbenen Skeletteile nicht mehr mit lebendem Polypengewebe überzieht. Unter dem Einfluß meiner Rettungsaktion, die darin bestand, daß ich die Fadenalgen mit einer Wimpernbürste entfernte, stellte ich fest, daß Reste von Polypengewebe in den Vertiefungen der Septen vohanden waren. Das Polypengewebe wurde danach größer und trat wulstartig aus den Septen hervor. Hier bildete sich offensichtlich eine neue Koralle. Etwa 60 kleine Einzelpolypen entwickelten sich auf diese Weise. Nach einem Jahr hatte sich der Rest der Koralle ebenfalls in einzelne Polypen geteilt. Die so entstandenen Ursprungspolypen, die etwa 1 cm Durchmesser hatten, bildeten neue Korallenkolonien. Benachbarte und sehr enganliegende “Korallenteller” vereinigten sich, wuchsen zusammen und bildeten eine neue Koralle.

Von der "normalen" Vermehrung von *Fungia*-Korallen hatte ich schon gehört, sie jedoch nie in meinem Aquarium beobachten können. Vor einem Jahr etwa beobachtete ich auf einem Stein im Aquarium die Entwicklung eines kleinen Polypen. Nach 6 Monaten hob sich die Krone des Polypen vom Substrat ab und es wurde ein kleiner Korallenteller auf einem Stiel sichtbar. Der Teller brach nach etwa 8 Monaten Entwicklungszeit vom Stiel ab und führt seitdem ein selbständiges Leben auf dem Boden meines Aquariums. Die Besonderheit lag darin, daß der Stiel sofort einen neuen Teller ausbildete. Der Ort und die Art der Entwicklung belegt eindeutig, daß sich diese Koralle aus einer Larve entwickelt hat.

Die Lebenserwartung hermatypischer Steinkorallen:

Heute werden ***Acropora-, Seriatophora-, Porites-, Merulina-, Pachyseris, Pectinia, Favia-*** und ***Fungia***-Arten in Aquarien gehalten und vermehrt. Da sie ausdauernd und leicht zu halten sind, finden sie immer größere Verbreitung und der Erfahrungsschatz in der Hälterung wird zunehmend größer. Fast alle der genannten Korallen, die in Aquarien gepflegt werden, sind Ableger ehemaliger "Wildformen" und daher in Bezug auf ihre Ansprüche nicht mehr mit den Korallen vergleichbar, die gerade gesammelt wurden und in den Handel kommen. Sie entwickeln dabei ganz unterschiedliche Habitusformen und stellen auch reduziertere Ansprüche an ihr Milieu als die Arten, die in einem Korallenriff leben. Daher ist es heute nicht mehr nur den Spezialisten vorbehalten, diese Tiere in einem Aquarium zu pflegen.
Die Lebenserwartung von Korallen, die in Aquarien gepflegt werden, läßt sich besonders gut von Anfang an beobachten. Hier kann die Experimentierfreudigeit der Aquarianer ansetzen, und die Hälterungsbedingungen, können so modifiziert und nachgestellt werden, daß sie denen in der Natur nahekommen. Mit der Variation von Licht, Strö-mung, Standort und eventuell Nahrungsangebot lassen sich so die Parameter verändern und für die jeweiligen Korallen die günstigsten Lebensbedingungen ermitteln, unter denen sie wachsen und sich vermehren. So konnte beobachtet werden, daß ein Korallenstock zwar ständig wächst und sich vergrößert, daß er aber auch nach einer gewissen Zeit des stetigen Wachstums ebenso kontinuierlich abstirbt. Der Zeitraum für das Wachsen und

vom Wachstumsverhalten der Korallen selbst und nicht, wie früher vermutet, durch instabile Wasserverhältnisse bedingt. Daher kann auch keine allgemeingültige Antwort darauf gegeben werden, wie alt werden nun Korallen. Etwa 100 Jahre alt, vielleicht mehr, oder weniger?
Astförmige Korallen aus den Gattungen *Acropora* und *Seriatophora* wachsen besonders schnell und besiedeln relativ große Flächen im Korallenriff. Man hat nachgewiesen, daß *Acropora*-Arten im Aquarium pro Jahr etwa 16 cm wachsen. Es ist sicherlich nicht schwierig sich auszurechnen, wie lang ein Ast würde, wenn er in einem Zeitraum von 100 Jahren mit der gleichen Geschwindigkeit wachsen würde. Das macht die Koralle sicherlich nicht, da ihr Skelett zu instabil ist und abbrechen würde. Es sind sicherlich viele Faktoren daran beteiligt, das Alter von Korallen zu beeinflussen. So spielen die Raumkonkurrenz, die Intensität der Strömung, der Siedlungsuntergrund, die Wasserqualität und das Freßverhalten der Räuber, die sich von Korallen ernähren, sicherlich eine gewichtige Rolle. Korallen, die abbrechen, leben in der Regel weiter, wenn sie nicht einer zu hohen Sedimentation zum Opfer fallen und am Boden versanden. So entstehen aus abgebrochenen Teilen der Korallen neue Kolonien, die völlig unabhängig voneinander weiterleben. Hier ist eine Vermehrungsform zu erkennen, die sich die Aquaristik zu eigen gemacht hat und die auch praktiziert wird. Werden Korallenäste an den Verzweigungen abgebrochen und an einem neuen Standort am Untergrund fixiert, dann entstehen neue Korallenstöcke.
Korallen lassen sich im allgemeinen länger als 10 Jahre in einem gut eingefahrenen Riffaquarium halten. Die Lebensdauer ist sowohl von der zu pflegenden Art, als auch von allen biotischen und abiotischen Faktoren abhängig, die in einem Aquarium herrschen. Folgendes Beispiel soll das verdeutlichen: Bei der Einrichtung eines neuen Aquariums war es leider nicht möglich, eine im Aquarium sehr groß gewordene *Acropora*-Koralle in einem Stück aus dem alten Aquarium zu heben. Sie mußte geteilt werden. Der zerlegte Korallenstock kam nur zum Teil wieder an die ursprüngliche Stelle in das neue Aquarium, die abgetrennten Äste wurden in der unmittelbaren Nachbarschaft angesiedelt. Nach einigen Wochen zeigte sich, daß diese offensichtlich doch einen besseren Standort

bekommen hatten, denn sie entwickelten sich besser und wuchsen schneller als die alte Mutterkolonie. In nur einem Jahr betrug das Längenwachstum bei dieser Koralle 16 cm. Bei der Mutterkolonie begann sich daraufhin die Basis infolge Lichtabschattung durch benachbarte, gleichartige Korallen aufzulösen. Das Beispiel zeigt, daß Wachstum und Absterben in einer unmittelbaren, räumlichen Nachbarschaft in unterschiedlichen Zeitabständen ablaufen und die Lebensdauer einer Koralle abhängig ist von den im Aquarium herrschenden Lebensparametern. Ähnliche Erfahrungen konnte ich auch bei der Koralle der Gattung ***Seriatophora*** machen, die noch unterschiedlichere Wachstumsformen zeigt, wie die vorher erwähnte ***Acropora*** - Koralle. Aus einer *Planula* - Larve entstand ein 15 mm dicker Korallenast, der die Basis der Korallenkolonie bildet. Dieser Ast entwickelt strahlenförmig weitere Verzweigungen, die die Form eines Baumes annehmen, und von einem kurzen Stamm getragen werden. Diese Wuchsform führt dazu, daß der Korallenstock zwar eine große Stabilität erhält, die unteren Teile der Kolonie aber so stark abgeschattet werden, daß sie infolge von Lichtmangel absterben.

Schädigungsfaktoren an hermatypischen Steinkorallen:

Schädigungen unter dem Aspekt der Raumkonkurrenz sind durch das Zusammenleben auf engstem Raum von verschiedenartigen Tieren die häufigsten Ursachen der Beeinträchtigung in einem Aquarium. Der Kampf um Siedlungsraum wird aggressiv geführt und die Tiere, die die größte Aggression besitzen, werden sich den Siedlungsplatz anderer Tiere erobern. Und das geschieht in vielfältigen Formen. Schädigungen an Steinkorallen durch Parasiten nehmen in den Aquarien in der letzten Zeit zu. Äußere Schäden an Korallen sind schon beim Kauf zu erkennen und es muß davon abgeraten werden, diese Tiere in ein nicht optimal eingefahrenes Riffbecken einzufügen, da sie dann nicht in der Lage sind, sich zu regenerieren. Streßeinwirkungen durch den Transport und zusätzliche Einwirkungen aus einem sich verschlechternden Wassermilieu verstärken die biologischen Belastungen. Sind dann noch Fadenalgen infolge organischer Wasserbelastung vorhanden, haben die schon geschädigten Tiere keinerlei Überlebenschancen. Schädigungen anderer Art, die nicht so leicht zu erkennen sind, äußern sich wie folgt: Wenn neu eingesetzte Tiere sich nicht entfalten und nicht wachsen, dann sind mangelnde Beleuchtung, eine nicht ausreichende Strömung im Becken, ein ungünstiger Standort und das Einwirken von Nesselgiften dafür verantwortlich. Hier hat der Aquarianer nicht beachtet, was in der Meerwasserpraxis bekannt und gefordert wird. Wenn Korallen nicht anwachsen wollen, dann sind die Tiere zu groß oder die Basis ist abgestorben. Deshalb sollten große Korallen nicht in ein Aquarium eingesetzt werden. Korallen, die wachsen sollen, müssen unbedingt ruhig stehen. Auch minimale Bewegungen, hervorgerufen durch zu kräftige Strömungen, verhindern ein Anwachsen der Korallen am Siedlungssubstrat. Selbst wenn beim Festsetzen der Korallen eine Schädigung des lebenden Polypengewebes an der Basis auftritt, ist das nicht immer tragisch. Hier setzt ein Mechanismus ein, der die "Wunde" schließt. Ein sog. "Lichtstreben" ist bei *Seriatophora* und anderen Korallenarten besonders ausgeprägt. Es ist beim Festsetzen von mechanisch geteilten Korallen zu beachten, die ausreichend Licht benötigen, um Kalk zu produzieren und sich damit festzementieren. Wenn gut wachsende Korallen in einem Aquarium sich zusehends verändern und ausbleichen, dann ist die Suche nach den Ursachen schon schwieriger. Meist sind wasserchemische Parameter dafür verantwortlich, wie der Anstieg des Nitratgehaltes über 60 mg/l und die Ausdünnung des Aquarienwassers an Spurenelementen und hier besonders an Jod und Strontium. Auch eine Überbesetzung des Beckens kann negative Einflüsse auf das Korallenwachstum haben. Besonders die Fische sind hier zu erwähnen, deren Stoffumsatz sehr hoch ist. Auch ein unausgewogener Besatz an Wirbellosen Tieren, die sich mit vielfältigen chemischen und mechanischen Waffen bekämpfen, hat ähnliche Wirkungen auf ein vermindertes Korallenwachstum. Als gewissenhafter Aquarianer kann man diese Dinge in den Griff bekommen, wenn man sich in einem Auswahlverfahren nach den Gesichtspunkten der Raumkonkurrenz für einen ausgewogenen Besatz im Becken entscheidet.

Die Begrenzung des Nitratwertes in einem Becken ist besonders wichtig, wobei zu beachten ist, daß diese Begrenzung ohne zu gravierende Eingriffe in den Gesamtchemismus des Wassers erfolgen muß. Aber auch Phosphate, Phenole und Bakterientoxine aus biologischen Umsetzungsprozessen werden vermehrt im Wasser angereichert und führen zu einer langsamen Vergiftung. Irgendwann wird eine nicht sichtbare Grenze überschritten und der Zustand des Beckens verschlechtert sich unmerklich. Dieser Vorgang kann sich jedoch über Jahre hinziehen. Wird diese Situation am desolaten Zustand der Tiere sichtbar, dann reagieren viele Aquarianer mit der Installation neuer Filter, die auch vorübergehend eine Besserung bringen, im Grunde aber nur einen Verzögerungsfaktor darstellen. Hier wäre eine drastische Reduzierung des Tierbestandes angebrachter. Die Blockade in der Handlung liegt wohl darin begründet, daß sich kaum ein Meerwasser-Aquarianer von Teilen seines Tierbestandes trennen möchte. Meine jahrelangen Erfahrungen haben mir gezeigt, daß Steinkorallen mit der Installation veränderter Filtertechniken, die mit neuartigen Umsetzungsprozessen ein ganz neues Wasserklima erzeugen, nicht fertig werden. Ein besonderes Augenmerk ist hier auf den Dauereinsatz von Aktivkohle als Filtermedium zu richten, durch den es zu einem Mangel an Spurenelementen kommen kann. Sie werden teilweise auch von den Abschäumern eliminiert, die jedoch ein unverzichtbares Element in der Meeresaquaristik darstellen. Richtig ist es, diesen Dingen mit einem Wasserwechsel zu begegnen. Der Wasserwechsel sollte monatlich erfolgen und nicht mehr als 5 % vom Gesamtvolumen des Beckens betragen. Der Bodengrund eines jeden Aquariums ist in der Art seiner Zusammensetzung ein wichtiger Faktor, der auch die Wasserqualität beeinflußt. Die Besiedlung des Bodengrundes mit Tieren, die ihn bewegen und säubern, ist dabei wichtig. Mangelerscheinungen an Spurenelementen im Wasser können ihre Ursachen auch hier haben.

Neuere Erkenntnisse von Schädigungen an Riffkorallen kommen aus einem ganz anderen, besonders tückischen Bereich der Meeresfauna. Sie gehören zwar zu den natürlichen Schädigungen, die sich im Meer tagtäglich abspielen und in der Regel keine Katastrophen einleiten, in einem Aquarium aber zu großen Schäden führen können. Es sind die Schädigungen, die von den Mitbewohnern des Aquariums ausgehen. Dabei geht die größte Gefahr von den Nahrungsspezialisten aus, wobei hier besonders die Nacktkiemenschnecken und einige Seesterne zu beachten sind.

Es ist besser, diese Tiere aus einem Korallenbecken zu entfernen, als darauf zu warten, bis sie zu große Schäden anrichten. Nach meinen Beobachtungen sind zwei Schneckenarten als echte Korallenfresser identifiziert worden. Die beiden nachtaktiven Tiere sind trotz ihrer auffälligen Färbung kaum aufspürbar. Sie befallen überwiegend astbildende Korallen und sind in der Lage, einen Korallenzweig von 5 cm Länge innerhalb einer Nacht kahlzufressen. Eine von ihnen weidet auf *Galaxea*-Korallen und auf Krustenanemonen. Man kann sie nur mit Hilfe einer Lupe erkennen, was letztlich ihr Aufspüren erschwert. Ein sicheres Anzeichen für ihre Existenz ist es, wenn sich die Korallenpolypen nicht mehr öffnen und diese einen schleimigen Überzug produzieren.
Ein weiterer, kaum faßbar und vermeidbarer Bereich für die Schädigung von Korallen liegt in der Einwirkung von Bakterien. Daß diese in einem Aquarium existieren, ist unbestreitbar. Nur die Reaktionen darauf haben wir noch nicht entwickelt. Dennoch sind sie erkennbar: Löst sich eine Koralle an der Basis auf und schreitet diese Auflösung über die einzelnen Verzweigungen weiter fort, dann ist ein Bakterienbefall angezeigt. Man rettet die befallenen Korallen, indem man die Stücke außerhalb des Aquariums abbricht und den Rest wieder ansiedelt.
Schädigungen von Riffkorallen werden in der Aquaristik auch weiterhin auftreten. Wir sollten aber diese Tatsache nicht einfach hinnehmen, sondern uns Gedanken darüber machen, "warum" es passieren konnte. Wenn wir diese Tiere weiterhin in unseren Aquarien halten und vermehren wollen, müssen wir auch in der Zukunft mehr Fakten zusammentragen, die verhindern helfen, daß Korallen in einem Aquarium sterben. Dann kann die Hälterung dieser Tiere zu einem faszinierenden Abenteuer werden. Einen Fortschritt auf diesem Gebiet erreicht man aber nur in einer Zusammenarbeit und einem Erfahrungsaustausch, der alle Aquarianer mit einbezieht.

Stamm : CNIDARIA	Nesseltiere
Klasse : ANTHOZOA	Blumentiere
Unterklasse : HEXACORALLIA	Sechsstrahlige Korallen
Ordnung : SCLERACTINIA	Steinkorallen

Unterordnung : Astrocoeniina
- Familie : Astrocoeniidae
  - Gattung: *Stephanocoenia*
- Familie : Pocilloporidae
  - Gattungen: *Madracis*, *Pocillopora*, *Seriatopora*, *Stylophora*
- Familie : Acroporidae
  - Gattungen: *Acropora*, *Anacropora*, *Astreopora*, *Montipora*

Unterordnung : Fungiina
- Familie: Agariciidae
  - Gattungen: *Agaricia*, *Leptoseris*, *Pachyseris*, *Pavona*
- Familie: Siderastreidae
  - Gattung: *Siderastrea*
- Familie: Poritidae
  - Gattungen: *Alveopora*, *Goniopora*, *Porites*
- Familie: Fungiidae
  - Gattungen: *Fungia*, *Heliofungia*, *Herpolitha*, *Sandalolitha*

Unterordnung: Faviina
Familie: Faviidae
Gattungen: *Caulastrea*
Cladocora
Colpophyllia
Diploria
Echinopora
Favia
Favites
Manicina
Montastrea
Moseleya
Platygyra
Solenastrea
Familie: Trachyphylliidae
Gattung: *Trachyphyllia*
Familie: Oculinidae
Gattungen: *Galaxea*
Oculina
Familie: Meandrinidae
Gattungen: *Dendrogyra*
Dichocoenia
Meandrina
Familie: Mussidae
Gattungen: *Cyarina*
Isophyllia
Lobophyllia
Mussa
Mycetophyllia
Scolymia
Symphyllia
Familie: Pectinidae
Gattungen: *Mycedium*
Pectinia
Familie: Merulinidae
Gattungen: *Hydnophora*
Merulina

Unterordnung: Caryophylliina
Familie: Caryophylliidae
Gattungen: *Caryophyllia*
Euphyllia
Eusmilia
Physogyra
Plerogyra
Polycyathus
Unterordnung: Dendrophyllina
Familie : Dendrophylliidae
Gattungen: *Astroides*
Balanophyllia
Leptopsammia
Tubastrea
Turbinaria

Seriatopora hystrix

Acropora sp.

Favia sp.

Porites sp.

Pavona sp.

Scolymia sp.

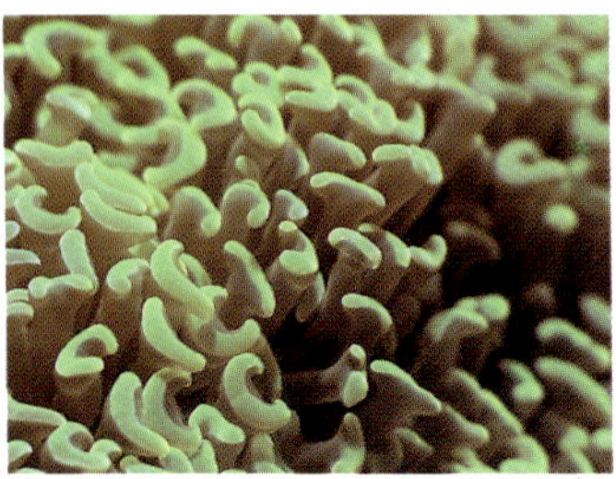

Euphyllia ancora

Caulastrea fracata

Stephanocoenia michelinii EDWARDS & HAIME, 1848
Kleinäugige Sternkoralle

Vork.: Karibisches Meer, Florida, Bermudas, Bahamas, Bonaire, Curaçao.
GU: Keine.
Hält.B.: Nicht bekannt.
FU: K; Plankton.
Bes.: Kolonien wachsen massiv, hemisphärisch oder inkrustiert. Die Korallenkelche messen 2 - 3 mm im Durchmesser und besitzen 24 Septen. Sie stehen in drei Kreisen. Korallenkolonien leben vom Flachwasser bis in Tiefen von über 80 m an Riffhängen und auf unterseeischen Plattformen. Die Polypen sind nachtaktiv und überwiegend braun gefärbt.

T: 23 - 27° C, Ø: 50 cm, BS: 4 (Gattung geschützt)

Madracis decactis LYMANN, 1859
Knotige Koralle, Felderkoralle

Vork.: Karibisches Meer, Florida , Bahamas, Bermudas.
GU: Keine.
Hält.B.: Nicht bekannt.
FU: K; Plankton.
Bes.: Kolonien wachsen mit kurzen, dicken und abgerundeten Knoten aus einer krustigen Korallenmasse heraus in das freie Wasser. Die Knoten sind dicht mit Polypen besetzt, die auch tagsüber ausgestreckt sind. Die geduckte Wuchsform ist eine Anpassung der Art an stark strömendes Wasser. Die Kolonien leben auf vertikalen und horizontalen Hartsubstraten vom Flachwasser bis in mittlere Tiefen und an Riffabschnitten mit starken Wasserturbulenzen. Die Farbe der Polypen ist variabel.

T: 23 - 27° C, **Ø**: 20 cm, **BS**: 4

Madracis mirabilis (DUCHASSAING & MICHELOTTI, 1860)
Zweigkoralle

Vork.: Karibisches Meer, Florida, Bahamas, Bermudas.
GU: Keine.
Hält.B.: Nicht bekannt.
FU: Plankton.
Bes.: Korallen wachsen in Form dünner, fingerförmiger, reich verzweigter Kolonien. Durch die auch tagsüber ausgestreckten Polypen besitzen sie ein buschiges Aussehen. Zweigkorallen sind überwiegend Tiere des flachen Wassers. Sie formieren sich zu ausgedehnten Rasen im Stillwasserbereich ruhiger Buchten. Hier siedeln sie auch bis dicht unterhalb der Wasseroberfläche. Sie leben aber auch zum Teil auf sandigen Arealen der Außenriffe. Ihre Kolonien sind sehr zerbrechlich.

T: 23 - 27° C, **Ø**: 20 cm, **BS**: 4

Pocillopora damicornis (LINNAEUS, 1858)
Himbeerkoralle, Keulenkoralle

Vork.: Rotes Meer, Ostafrika, Indo-Pazifik.
GU: Keine.
Hält.B.: Nicht bekannt.
FU: K; Plankton.
Bes.: Kolonien wachsen aufrecht und reich verzweigt. Die Verzweigungen enden stumpf. Viele kleine Korallenkelche formieren sich an den Enden der Verzweigungen zu einem an eine Himbeere erinnerndes Köpfchen.Die Kolonien siedeln bevorzugt an sonnigen Standorten nahe der Wasseroberfläche. Die Farbe der Kolonien ist variabel.

T: 23 - 27° C, Ø: 10 cm, BS: 4 (Gattung geschützt)

Pocillopora eydouxi EDWARDS & HAIME, 1860
Blumenkohlkoralle

Vork.: Rotes Meer, Indo-Pazifik bis Galapagos und Gorgona.
GU: Keine.
Hält.B.: Nicht bekannt.
FU : K; Plankton.
Bes.: Korallenkolonien wachsen aufrecht mit kurzen, kräftigen und teilweise abgeflachten Verzweigungen, die entweder separiert stehen oder eine kompakte Kolonie bilden. Die Kolonien sind besonders dann sehr kräftig ausgebildet, wenn sie in starker Strömung siedeln. Sie wachsen bis dicht unterhalb der Wasseroberfläche. Die Farbe der Kolonien ist variabel.

T: 23 - 27° C, **Ø**: 60 cm, **BS**: 4 (Gattung geschützt)

Seriatopora caliendrum EHRENBERG,1834
Nadelkoralle

Vork.: Rotes Meer, Ostafrika, Indo-Pazifik, Malaysia, Borneo.
GU: Keine.
Hält.B.: Korallen sind im Aquarium sehr gut haltbar und zeigen ein befriedigendes Wachstum. Ihre sehr starke Nesseltätigkeit zwingt die Aquarianer zur Vorsicht bei der Ansiedlung anderer hermatypischer Korallen. Sie sollten nicht in ihrer unmittelbaren Nachbarschaft angesiedelt werden.
Licht: Mittellichtzone.
FU: K; Plankton.
Bes.: Korallenkolonien wachsen am oberen Riffhang in relativ ruhigem Wasser. Sie sind sehr filigran, reich verzweigt und besitzen spitze, nadelförmige Enden. Diese sind hell abgesetzt. Die Korallenkelche befinden sich in den Reihen entlang der Verzweigungen. Ihre Polypen sind nachtaktiv.

T: 23 - 28° C, Ø: 15 cm, BL: ab 150 cm, WB: m, WR: m, BS: 3 - 4, SG:

Seriatopora hystrix DANA, 1846
Nadelkoralle, Dornige Reihenkoralle, Christusdorn - Koralle

Vork.: Rotes Meer, Ostafrika, Indo-Pazifik.
GU: Keine.
Soz.Verh./Vgs.: Gut mit Fischen und Garnelen zu vergesellschaften.
Hält.B.: Ihr Wachstum im Becken ist abhängig von den Licht- und Strömungsverhältnissen. Wenn diese stimmen, dann sind die Korallen im Becken gut haltbar. Lediglich gegen Fadenalgen sind sie empfindlich.
FU: Ersatzplankton, Flüssignahrung.
Bes.: Kolonien wachsen auf relativ schmaler Basis sehr filigran, reich verzweigt und mit spitzen, an Dornen erinnernde Enden. Sie bevorzugen strömungsarme Siedlungsgebiete, um nicht durch starke Wasserturbulenzen zerbrochen zu werden. Die kleinen Korallenkelche sind in parallelen Reihen entlang der Verzweigungen angeordnet. Die Farbe der Kolonien ist sehr variabel.

T: 23 - 27° C, Ø: 25 cm, BL: ab 150 cm, WB: s, WR: o - m, BS: 4 (Gattung geschützt), SG: 4

Stylophora pistillata ESPER, 1797
Griffelkoralle

Vork.: Rotes Meer, Ostafrika, Madagaskar, Indo-Pazifik.
GU: Keine.
Hält.B.: Die Kolonien sind im Aquarium gut haltbar. Sie benötigen viel Licht. Daher sollte ihre Ansiedlung bis dicht unter die Wasseroberfläche erfolgen. Sie behalten auch im Aquarium ihre rosarote Farbe bei. Die Skelette werden zur Dekoration genutzt.
Licht: Sonnenlichtzone.
FU: K; Plankton.
Bes.: Sehr häufige Korallenart an den Riffen des Indo-Pazifik. Die Koralle bildet verzweigte, griffel- bis fingerförmige Kolonien aus, die je nach Standort und Substratunterlage auch verschiedene Wuchsformen zeigen. Kolonien leben vom Flachwasser bis in große Tiefen auf festen Unterlagen an gut durchströmten Riffhängen. Die Farbe der Kolonien ist variabel.

T: 23 - 27° C, Ø: 20 cm, BS: 4 (Gattung geschützt)

Stylophora subseriola DANA, 1846
Fingerkoralle

Vork.: Rotes Meer, Indo-Pazifik.
GU: Keine.
Hält.B.: Die Korallen sind im Aquarium zwar gut haltbar, doch wachsen sie sehr langsam. Sie benötigen viel Licht und sind sehr empfindlich gegen Raumkonkurrenten.
Licht: Sonnenlichtzone.
FU : K; Plankton.
Bes.: Kolonien wachsen fingerförmig und reich verzweigt. Sie leben auf festen Unterlagen an Riffhängen mit mäßiger Wasserbewegung. Verzweigungen terminal. Die Spitzen sind heller abgesetzt. Polypen auch tagsüber ausgestreckt und unterschiedlich gefärbt.

T: 23 - 27° C, Ø: 10 cm, BS: 4 (Gattung geschützt)

Acropora abrolhosensis VERON, 1985
Geweihkoralle

Vork.: Australien bis Houtmann - Abrolhos - Island.
GU: Keine .
Hält.B.: Nicht bekannt.
FU: K; Plankton.
Bes.: Die Kolonien wachsen strauchförmig mit geraden Verzweigungen und siedeln in Lagunen und an strömungsarmen, geschützten Riffabschnitten. Die axialen Korallenkelche sind groß, die radialen dagegen sind wesentlich kleiner und besitzen runde Öffnungen.

T: 23 - 27° C, Ø: 40 cm, BS: 4 (Gattung geschützt)

Acropora cervicornis (LAMARCK, 1816)
Hirschgeweihkoralle

Vork.: Karibisches Meer, Florida, Bahamas, Bermudas.
GU: Keine.
Hält.B.: Ihre Pflege im Aquarium ist problematisch. Die Kolonien gedeihen nur unter Zugabe von Kalkwasser und Strontium. Außerdem dürfen keine Fadenalgen auftreten. Sie sind schwer mit anderen Nesseltieren in einem Becken zu vergesellschaften, da sie diese verdrängen.
Licht: Sonnenlichzone.
FU: Ersatzplankton.
Bes.: Wachsen mit stark verzweigten Kolonien im Flachwasser von Lagunen, auf Riffdächern und am oberen Riffhang. Die zahlreichen zylindrischen Verzweigungen sind zugespitzt und ihre Oberfläche übersät mit kleinen, seitlich abstehenden, tubulären Korallenkelchen. Ihre abgestorbene Basis wird von einer Vielzahl kleiner, Wirbelloser Tiere und von Algen besetzt. Im Labyrinth der Verzweigungen leben viele Fische, Krebse, Schlangen- und Haarsterne.
T: 23 - 27° C, Ø: 100 cm, BS: 4 (Gattung geschützt)

Acropora echinata (DANA, 1848)
Stachelige Geweihkoralle

Vork.: Indo - Pazifik, Australien, Marshall - Inseln bis Samoa.
GU: Keine.
Hält.B.: Nicht bekannt.
FU: K; Plankton.
Bes.: Das Bild zeigt eine Nahaufnahme der Kolonie. Die zarten Spitzen sind flaschenbürstenartig. Besonders die sekundären Verzweigungen sind fein und gleichmäßig. Die reichverzweigten Kolonien leben in klaren, strömungsarmen Riffabschnitten nahe der Wasseroberfläche in lichtdurchstrahlten Zonen. Die Farbe der Kolonien ist variabel.

T: 23 - 27° C, **Ø**: 40 cm, **BS**: 4 (Gattung geschützt)

Acropora granulosa (EDWARDS & HAIME, 1860)
Rauhe Geweihkoralle

Vork.: Rotes Meer, Indo-Pazifik bis Tahiti.
GU: Keine.
Hält.B.: Nicht bekannt.
FU: K; Plankton.
Bes.: Kolonien wachsen elliptisch bis rund, flach, fast horizontal und geduckt. Sie bestehen aus kurzen, nach oben gerichteten Verzweigungen, die röhrenförmige Korallenkelche tragen. Die Kolonien leben in Lagunen und im Stillwasser der Riffhänge. Sie zeigen kaum Farbvarianten. Meist sind sie grau oder cremefarben.

T: 23 - 27° C, Ø: 60 cm, BS: 4 (Gattung geschützt)

Acropora hyacinthus (DANA, 1846)
Tischkoralle, Schirmkoralle

Vork.: Rotes Meer, Indo-Pazifik.
GU: Keine.
Hält.B.: Nicht bekannt.
FU: K; Plankton.
Bes.: Tischkorallen bilden große, flache, breite, tischförmige Kolonien, die auf einer kräftigen Basis in einem oder in mehreren Quirlen wachsen. Die gesamte Kolonie streckt ihre Breitseite dem einfallenden Licht entgegen. Die Feinstruktur der Kolonie zeigt zarte, aufrechte Verzweigungen, die in spiraliger, rosettenähnlicher Anordnung stehen. Tischkorallen siedeln auf Riffdächern und am Riffhang. Sie brechen bei Belastung sehr leicht ab, wachsen aber weiter. Ihre Farbe ist variabel.

T: 23 - 27° C, Ø: 100 cm, BS: 4 (Gattung geschützt)

Acropora palifera (LAMARCK, 1816)
Fingerkoralle

Vork.: Rotes Meer, Indo-Pazifik.
GU: Keine.
Hält.B.: Nicht bekannt.
FU: K; Plankton.
Bes.: Die Kolonien besitzen eine kräftige Wuchsform. Sie wachsen säulen- bis plattenförmig und nur wenig verzweigt. Die Verzweigungen sind kurz, kräftig und enden stumpf. Sie siedeln in geringer Wassertiefe an stark durchströmten Riffhängen.

T: 23 - 27° C, Ø: 25 cm, BS: 4 (Gattung geschützt)

Acropora palmata (LAMARCK, 1816)
Elchhornkoralle

Vork.: Karibisches Meer, Florida bis Venezuela.
GU: Keine.
Hält.B.: Nicht bekannt.
FU: K; Plankton.
Bes.: Die Kolonien leben im Starkwasserbereich der Riffe. Sie sind Wellenbrecher im oberen Riffhang. Die Kolonien sind sehr kräftig, mit breiten, schaufelartigen Verzweigungen, die von einem zentralen Stamm nach allen Seiten in das freie Wasser wachsen. Die Spitzen der Verzweigungen sind hell abgesetzt. Sie markieren die Wachstumszone der Koralle und sind noch frei von symbiontischen Zooxanthellen. Elchhornkorallen bilden Riffstrukturen und sind dominant an vielen karibischen Riffen. Abgebrochene Teile der Kolonie wachsen weiter und bilden neue Kolonien aus.

T: 23 - 27° C, Ø: 100 cm, BS: 4 (Gattung geschützt)

Acropora squarrosa (EHRENBERG, 1834)
Geweihkoralle

Vork.: Rotes Meer, Indo-Pazifik, Malaysia.
GU: Keine.
Hält.B.: Nicht bekannt.
FU: K; Plankton.
Bes.: Die Koralle bildet dichte, reichverzweigte, rasenförmige Kolonien im Flachwasser stiller Buchten und Rifflagunen aus. Sie besiedelt teilweise auch den oberen Riffhang.

T: 23 - 27° C, Ø: 100 cm, BS: 4 (Gattung geschützt)

Acropora sp.
Geweihkoralle

Vork.: Indo - Pazifik, Malaysia.
GU: Keine.
Hält.B.: Nicht bekannt.
FU: K; Plankton.
Bes.: Kolonien wachsen massiv mit kurzen und dicken Verzweigungen, die helle Spitzen tragen. Die Basis der Verzweigungen ist sehr breit. Sie leben an strömungsstarken Riffbereichen im Flachwasser.

T: 23 - 27° C, Ø: 60 cm, BS: 4 (Gattung geschützt)

Acropora sp.
Geweihkoralle

Vork.: Indo-Pazifik, Thailand.
GU: Keine.
Hält.B.: Nicht bekannt.
FU: K; Plankton.
Bes.: Die Kolonien wachsen außerordentlich stark verzweigt, mit feinen und sehr zarten Seitenverzweigungen. Die zahlreichen Korallenkelche sind klein und alle gleich groß. Die Kolonien siedeln in fast allen Riffbereichen, fehlen aber in Gebieten mit starken Wasserturbulenzen und in sandigen Lagunen. Sie können mit ihrer geduckten Wachstumsweise viele Quadratmeter des Untergrundes bedecken

T: 22 - 27° C, Ø: 200 cm, BS: 4

Ordnung: Scleractinia
Fam.: Acroporidae

Anacropora sp.
Geweihkoralle

Vork.: Indo-Pazifik, Australien.
GU: Keine.
Hält.B.: Nicht bekannt.
FU: K; Plankton.
Bes.: Die Kolonien sind astförmig und reich verzweigt. Sie leben in Nischen, unter Überhängen und vor Höhleneingängen, ohne die Nachbarschaft anderer Korallen zu dulden. Die Polypen sind sehr aggressiv. Geweihkorallen dieser Art werden, da sie versteckt leben, sogar von aufmerksamen Tauchern übersehen.

T: 23 - 27° C, **Ø**: 40 cm, **BS**: 4 (Gattung geschützt)

Astreopora gracilis BERNARD, 1896
Sternkoralle

Vork.: Rotes Meer, Indo-Pazifik.
GU: Keine.
Hält.B.: Nicht bekannt.
FU: K; Plankton.
Bes.: Die Kolonie wächst massiv und überwiegend hemisphärisch. Die zylindrischen Korallenkelche überragen die Kolonieoberfläche und strahlen nach allen Richtungen. Sternkorallen siedeln in allen Tiefen und besonders an Riffabschnitten, die wenig Wasserturbulenzen aufweisen.

T: 23 - 27° C, Ø: 60 cm, BS: 4 (Gattung geschützt)

Montipora foliosa (PALLAS, 1766)
Folien - Mikroporenkoralle

Vork.: Rotes Meer, Indo-Pazifik bis Neue Hebriden und Fidschi.
GU: Keine.
Hält.B.: Nicht bekannt.
FU: K; Plankton.
Bes.: Kolonien wachsen breit, flach und lappig. Die Platten sind teilweise ineinander verschachtelt. Die Korallenkelche sind in Reihen angeordnet. Die Ränder der Kolonie sind heller abgesetzt, da die Zuwachszone noch keine Zooxanthellen besitzt. Die Kolonien leben häufig an geschützten Riffhängen. Ihre Farbe ist variabel.

T: 23 - 27° C, Ø: 100 cm, BS: 4 (Gattung geschützt)

Montipora monasteriata (FORSKÅL,1775)
Sternkoralle

Vork.: Rotes Meer, Indo-Pazifik, Hawai, Thailand, Australien.
GU: Keine.
Hält.B.: Nicht bekannt.
FU: K; Plankton.
Bes.: Die Kolonien wachsen massiv, krustig bis flächig, ähnlich dicken Platten. Die Kolonieränder sind häufig hell abgesetzt. Die Oberfläche der Kolonie zeigt warzige bis knotige Erhebungen. Die Steinkoralle siedelt an Riffhängen und auf tiefen Riffplateaus in kräftig durchströmten Riffabschnitten. Ihre Farbe variiert von braun bis rosa.

T: 23 - 28° C, L: 60 cm, BS: 4

Montipora tuberculosa (LAMARCK, 1816)
Mikroporenkoralle

Vork.: Rotes Meer, Indo-Pazifik bis Japan und Marquesas-Inseln.
GU: Keine.
Hält.B.: Nicht bekannt.
FU: K; Plankton.
Bes.: Die Kolonien wachsen tellerförmig und leicht gefaltet. Die Korallenkelche sind klein und durch Knötchen voneinander getrennt. Die Polypen sind nachtaktiv, teilweise aber auch tagsüber ausgestreckt. Bei der Mikroporenkoralle handelt es sich um eine weitverbreitete Art, die an allen Riffabschnitten gegenwärtig ist. Die Farbe der Kolonien ist variabel.

T: 23 - 27° C, Ø: 70 cm, BS: 4 (Gattung geschützt)

Agaricia agaricites (LINNAEUS, 1758)
Salatkoralle, Lärchenpilzkoralle

Vork.: Karibisches Meer, Florida bis Venezuela.
GU: Keine.
Hält.B.: Nicht bekannt. Die Skelette sind nach dem Auswaschen besonders weiß und werden als Dekorationsmaterial verkauft.
FU: K; Plankton.
Bes.: Die Kolonien wachsen massiv, hemisphärisch oder inkrustiert. Im tiefen Wasser sind sie scheibenförmig und setzen die Breitseite ihrer Kolonie als Lichtfalle ein. Die mäandrische Oberfläche der Kolonie zeigt irreguläre Erhebungen und Vertiefungen. Die Ränder der Kolonie sind sehr dünn, hell abgesetzt, nach außen gebogen und gezähnt. Sie leben bevorzugt auf festen Substraten vom Flachwasser bis in große Tiefen. Ihre Farbe ist variabel.

T: 23 - 27° C, **Ø:** 60 cm, **BS:** 4

Agaricia lamarcki EDWARDS & HAIME, 1851
Lamarck Salatblattkoralle

Vork.: Karibisches Meer, Westindische Inseln, Florida, Bermudas.
GU: Keine.
Hält.B.: Nicht bekannt.
FU: K; Plankton.
Bes.: Korallen bilden dünne, flache und blattförmige Kolonien, die mit einer kleinen Basis am Untergrund festgewachsen sind. Die Kolonien leben erst unterhalb einer Wassertiefe von 20 m. Sie setzen ihre breite Oberfläche in der Tiefe als Lichtfalle ein. Ihre Korallenpolypen befinden sich auf der Kolonieoberseite. Die Unterseite ist polypenfrei. Die Polypen sehr klein und nachtaktiv.

T: 23 - 27° C, **Ø**: 80 cm, **BS**: 4

Agaricia tenuifolia DANA, 1848
Salatblattkoralle, Folienkoralle

Vork.: Karibisches Meer, Florida bis Kolumbien.
GU: Keine.
Hält.B.: Nicht bekannt.
FU: K; Plankton
Bes.: Die Kolonien wachsen aufrecht mit salatblattähnlichen Skeletten, die einzeln stehen und an der Basis miteinander verwachsen sind. Die Basis ist meist von Kalkalgen und kleinen, Wirbellosen Tieren besiedelt. Sie leben im Stillwasserbereich seichter Buchten und können hier viele Quadratmeter Korallengrund bedecken. Kleinere Kolonien leben am Rande von Seegraswiesen.

T: 23 - 27° C, Ø: 100 cm, BS: 4

Leptoseris cucullata (ELLIS & SOLANDER, 1786)
Wellenkoralle, Becherkoralle

Vork.: Karibisches Meer, Florida, Bermudas, Bahamas.
GU: Keine.
Hält.B.: Die Korallen sind im Aquarium gut haltbar. Sie benötigen viel Licht. Sobald die Kolonie kelchförmig wächst, muß die Wasserbewegung so gerichtet sein, daß sie den Kelch umspült und sauber hält. Außerdem sollte darauf geachtet werden, daß der kleine Kelch nicht zuwächst.
Licht: Sonnenlichtzone.
FU: K; Plankton.
Bes.: Junge Kolonien wachsen becherförmig und annähernd rund. Große Kolonien sind dagegen irregulär geformt, meist scheibenförmig und sehr dünn. Die Polypen sind sehr klein und nachtaktiv. Sie befinden sich nur auf der Kolonieoberseite. Becherkorallen leben am Riffhang, in Unterhöhlungen und gelegentlich auch auf Sandgrund bis in Tiefen von 90 m.

T: 23 - 27° C, Ø: 40 cm, BS: 4

Leptoseris scabra VAUGHAN, 1907
Wellenkoralle

Vork.: Indo - Pazifik, Hawaii, Tahiti, Malaysia.
GU: Keine.
Hält.B.: Nicht bekannt.
FU: K; Plankton.
Bes.: Die Kolonien sind meist zusammengesetzt aus krustigen, flachen, blattförmigen Verzweigungen und vertikal wachsenden Säulen oder Tuben. Die Ränder der Kolonie sind heller abgesetzt. Wellenkorallen leben im mäßig bewegten Wasser der Riffhänge.

T: 23 - 27° C, **Ø**: 20 cm, **BS**: 4

Pachyseris speciosa (DANA, 1846)
Rinnenkoralle

Vork.: Rotes Meer, Indo - Pazifik.
GU: Keine.
Hält.B.: Nicht bekannt.
FU: K; Plankton.
Bes.: Die Kolonien wachsen flach, scheiben - bis schindelförmig, lamellär und überwiegend horizontal. Die Schindeln größerer Kolonien überdecken sich gelegentlich. Sie besitzen dichte, konzentrische Leisten, die eine waschbrettähnliche Oberfläche formen. Die Korallenkelche sind entlang der rinnenförmigen Vertiefungen angeordnet. Die Kolonien leben auf Hartsubstrat und auf Korallenbruch. Die Scheibenunterseite ist nicht vollständig am Untergrund festgewachsen. Die Farbe der Kolonien ist variabel.

T: 23 - 27° C, Ø: 70 cm, BS: 4 (Gattung geschützt)

Pavona cactus (FORSKÅL, 1775)
Stachelige Rippenkoralle, Kaktuskoralle

Vork.: Rotes Meer, Indo-Pazifik bis Marshall-Inseln.
GU: Keine.
Hält.B.: Nicht bekannt.
FU: K; Plankton.
Bes.: Die Kolonien wachsen blattförmig mit gelappten, gewellten und vertikalen Verzweigungen. Diese sind dünn und zerbrechlich. Sie siedeln fleckenförmig in Lagunen und an Riffhängen, die nur leicht durchströmt werden.

T: 23 - 27° C, Ø: 10 cm, BS: 4 (Gattung geschützt)

Pavona clavus (DANA, 1848)
Sternsäulenkoralle

Vork.: Rotes Meer, Indo-Pazifik bis Galapagos.
GU: Keine.
Hält.B.: Nicht bekannt.
FU: K; Plankton.
Bes.: Die Kolonien wachsen groß und umfangreich. Sie formen im Flachwasser Kolonien, die aus einer Vielzahl einzeln stehender Säulen bestehen. Im tiefen Wasser ist ihre Wuchsform plan bis scheibenförmig. Die kräftigen Kolonien siedeln am oberen Riffhang im Gezeitenbereich in einer Zone starker Wasserbewegungen. Die Farbe der Kolonien ist variabel.

T: 23 - 27° C, **Ø**: 60 cm, **BS**: 4 (Gattung geschützt)

Pavona sp.
Sternsäulenkoralle

Vork.: Rotes Meer.
GU: Keine.
Hält.B.: Nicht bekannt.
FU: K; Plankton.
Bes.: Die Kolonien wachsen massiv, mit kräftigen, parallel oder irregulär geformten Säulen, die durch weite Lumina voneinander getrennt sind. Sie leben im stark bewegten Wasser der oberen Riffhänge.

T: 23 - 27° C, Ø: 50 cm, BS: 4 (Gattung geschützt)

Siderastrea siderea (ELLIS & SOLANDER, 1786)
Runde Sternkoralle

Vork.: Karibisches Meer, Florida bis Venezuela.
GU: Keine.
Hält.B.: Nicht bekannt.
FU: K; Plankton.
Bes.: Die Kolonien wachsen überwiegend hemisphärisch. Ihre Korallenkelche sind 4 - 5 mm im Durchmesser und besitzen mehr als 48 Septen. Die Polypen sind nachtaktiv und leicht rötlich-braun gefärbt. Sie siedeln am häufigsten im flachen Wasser der oberen Riffhänge und kommen vereinzelt auch in größeren Tiefen vor.

T: 23 - 27° C, Ø: 30 cm, BS: 4

Alveopora sp.
Porenkoralle

Vork.: Indo - Pazifik, Malaysia.
GU: Kolonien getrenntgeschlechtlich.
Hält.B.: Nicht bekannt.
FU: K; Plankton.
Bes.: Die Kolonien wachsen fingerförmig verzweigt und bilden ausgedehnte Rasen im Flachwasser der Riffe aus. Die Basis der Kolonien ist meist abgestorben und von Kalkalgen und Niederen Tieren besetzt. Die terminalen Enden der Verzweigungen sind abgerundet und die Polypen tag- und nachtaktiv.

T: 23 - 27° C, Ø: 100 cm, BS: 4 (Gattung geschützt)

Goniopora lobata EDWARDS & HAIME, 1860
Grobe Porenkoralle

Vork.: Rotes Meer, Ostafrika, Indo - Pazifik bis Fidschi und Samoa.
GU: Kolonien getrenntgeschlechtlich.
Hält.B.: Eine Aquarienhaltung der Tiere ist sehr schwierig. Eine notwendige starke Beleuchtung führt zur Vermehrung der kalkbohrenden Grünalge *Ostreobium,* die in das Kalkskelett eindringt. Die Polypen werden immer kleiner, blasiger und sterben letztlich ab.
FU: Ersatzplankton, *Artemia*-Nauplien, Flüssigfutter, Mikroplankton.
Bes.: Die Kolonien wachsen massig und hemisphärisch mit sehr langen und schlauchförmigen Polypen, die stets ausgestreckt sind. An ihren terminalen Enden tragen sie runde Mundscheiben, die von 24 randständigen Tentakeln umgeben sind. Der Mund liegt in der Mitte der Mundscheibe und ist meistens farblich abgesetzt. Die Farbe der Zooxanthellen, die im Polypengewebe leben, bestimmen die Farbe der Kolonie. Grobe Porenkorallen leben im starken bis sehr stark strömenden Wasser auf Riffplattformen und an Riffhängen.
T: 23 - 27° C, Ø: 20 cm, BS: 4 (Gattung geschützt)

Goniopora planulata (EHRENBERG, 1834)
Anemonenkoralle

Vork.: Rotes Meer, Indo-Pazifik bis Fidschi und Samoa.
GU: Kolonien getrenntgeschlechtlich.
Hält.B.: Nicht bekannt.
FU: K; Plankton.
Bes.: Die Kolonien sind zusammengesetzt aus langen, keulenförmigen Knollen mit abgestorbenem Stiel. Nur die Oberfläche der Knollen ist von lebendem Korallengewebe bedeckt. Die Polypen sind außerordentlich lang und auch tagsüber expandiert. Die Tentakelkronen sind anemonenähnlich und die Farbe der Kolonien variabel.

T: 23 - 27° C, Ø: 60 cm, BS: 4 (Gattung geschützt)

Goniopora sp.
Porenkoralle

Vork.: Rotes Meer, Indo-Pazifik, Malaysia.
GU: Kolonien getrenntgeschlechtlich.
Hält.B.: Nicht bekannt.
FU: K; Plankton.
Bes.: Die Kolonien wachsen massiv und hemisphärisch auf Hartsubstrat. Die Polypen sind lang und fleischig und besitzen 24 Fangarme. Diese sind tag- und nachtaktiv. Die abgebildete Kolonie lebt am oberen Riffhang.

T: 23 - 27° C, **Ø**: 30 cm, **BS**: 4 (Gattung geschützt)

Porites astreoides LAMARCK, 1816
Knotige Porenkoralle

Vork.: Karibisches Meer, Florida bis Venezuela.
GU: Keine.
Hält.B.: Nicht bekannt.
FU: K; Plankton.
Bes.: Die Kolonien wachsen massiv, hemisphärisch oder inkrustiert. Ihre Wuchsform ist abhängig von der Wassertiefe und der Wasserbewegung. Im Flachwasser wachsen die Kolonien überwiegend beulenförmig. Im tiefen Wasser dagegen sind sie flach und plattenförmig. Sie leben von der Niedrigwasserzone bis in Tiefen von 70 m. Die Farbe der Kolonien ist variabel.

T: 23 - 27° C, **Ø**: 30 cm, **BS**: 4 (Gattung geschützt)

Porites cylindrica DANA, 1846

Zylindrische Porenkoralle

Vork.: Rotes Meer, Indo - Pazifik bis Tonga und Marshall - Inseln.
GU: Keine.
Hält.B.: Nicht bekannt.
FU: K; Plankton.
Bes.: Die Kolonien sind reich verzweigt und meist mit breiter, inkrustierter Basis am Untergrund festgewachsen. Die Verzweigungen sind zylindrisch und besitzen helle, abgerundeten Spitzen. Die Kolonien sind häufig dominant im Flachwasser von Lagunen. Ihre Korallenkelche sind sehr flach und die Polypen nachtaktiv. Die Farbe der Kolonien ist variabel.

T: 23 - 27° C, **Ø**: 30 cm, **BS**: 4 (Gattung geschützt)

Porites cylindrica

Porites lobata DANA, 1846
Bergkoralle

Vork.: Rotes Meer, Indo - Pazifik, Australien.
GU: Keine.
Hält.B.: Nicht bekannt.
FU: K; Plankton.
Bes.: Die Kolonien wachsen in großen, hemisphärischen Blöcken nahe der Wasseroberfläche in Lagunen, an Felsenriffen und auf Riffplattformen. Der obere Teil der Kolonie fällt bei Niedrigwasser trocken. Durch Erosion von Sonne, Wind und Wasser stirbt die Kuppe der Kolonie ab, so daß nur noch die seitlichen Ränder, die vom Wasser bedeckt sind, weiterwachsen. Das führt zur Bildung von "Mikroatollen", die Siedlungssubstrat für eine Vielzahl sessiler und bohrender Organismen sind.

T: 23 - 27° C, **Ø**: 100 cm, **BS**: 4 (Gattung geschützt)

Porites lutea EDWARDS & HAIME, 1860
Porenkoralle

Vork.: Indo-Pazifik, Australien.
GU: Keine.
Hält.B.: Nicht bekannt.
FU: K; Plankton.
Bes.: Das Bild zeigt eine besonders große, massive und hemisphärische Wuchsform dieser Art von mehreren Metern im Durchmesser. Der Taucher im Hintergrund zeigt deutlich die Größenrelation. Die Oberflächenstruktur des Korallenblockes ist buckelig, mit vielen Vertiefungen und Einkerbungen. Die Kolonie siedelt auf dem Riffdach dicht unterhalb der Wasseroberfläche.

T: 23 - 27° C, **Ø:** 100 cm, **BS:** 4 (Gattung geschützt)

Porites porites (PALLAS, 1766)
Porenkoralle, Fingerkoralle

Vork.: Karibisches Meer, Florida bis Venezuela.
GU: Keine.
Hält.B.: Porenkorallen sind sehr empfindlich und daher auch nicht gut haltbar. Sie werden kaum noch im Handel angeboten. Ihre Skelette dienen mehr Dekorationszwecken.
FU: Ersatzplankton.
Bes.: Fingerkorallen bilden Riffstrukturen in seichten Buchten und in Stillwasserzonen von Lagunen. Sie können sich zu ausgedehnten Rasenflächen formieren und wachsen fingerförmig, reich verzweigt, mit abgerundeten, terminalen Enden. Die Basis der Kolonie ist meist abgestorben. Sie wird von Schwämmen, Algen und kleinen Wirbellosen Tieren besiedelt. Die Polypen sind klein und auch tagsüber ausgestreckt.

T: 23 - 27° C, **Ø**: 100 cm, **BS**: 4 (Gattung geschützt)

Porites porites var. *divaricata* LESUEUR, 1821
Verzweigte Porenkoralle

Vork.: Karibisches Meer, Kolumbien.
GU: Keine.
Hält.B.: Nicht bekannt.
FU: K; Plankton.
Bes.: *Porites divaricata* ist eine Wuchsform von *P. porites*. Sie wächst in Form dünner Verzweigungen, die einen Durchmesser von 4 - 5 mm besitzen. Diese sind nahe der terminalen Endigungen gegabelt. Die Basis der Kolonie liegt abgestorben im Sediment. Die kleinen Kolonien leben auf Korallensand und zwischen Korallenbrocken bis in 50 m Tiefe.

T: 23 - 27° C, Ø: 7 cm, BS: 4 (Gattung geschützt)

Ordnung: SCLERACTINIA
Fam.: Poritidae

Porites sp.
Porenkoralle

Vork.: Großes Barriereriff, Australien.
GU: Keine.
Hält.B.: Nicht bekannt.
FU: K; Plankton.
Bes.: Die relativ glatte Oberfläche der Porenkoralle wird durch eine deutliche Grenzlinie zu einem benachbarten Bohrschwamm durchbrochen. Der Rote Bohrschwammm aus der Gattung *Cliona* ist bekannt als aggressiver Raumkonkurrent. Er hat begonnen, die Korallenpolypen zu zerstören. Beide Arten kämpfen an der Grenzlinie. Gewinnen wird der Schwamm, der die größere Aggressivität besitzt.

T: 23 - 27° C, **Ø**: 20 cm, **BS**: 4 (Gattung geschützt)

Fungia fungites (LINNAEUS, 1758)
Pilzkoralle

Vork.: Rotes Meer, Ostafrika, Indo-Pazifik.
GU: Keine.
Hält.B.: Pilzkorallen sind im Aquarium langfristig nicht haltbar. Deshalb sollte darauf verzichtet werden! Ihre Skelette werden häufig als Dekorationsmaterial angeboten.
FU: Ersatzplankton, *Mysis*, kleine Garnelen.
Bes.: Die große Pilzkoralle wird von nur einem Polypen gebildet. Nur in ihrer Jugend wächst sie auf einem Stiel, ähnlich einem Pilz (Name!). Als erwachsenes Tier lebt sie lose auf Sand- und Geröllböden. Sie lebt zum Teil in sedimentreichen Gewässern und ist in der Lage, sich von Sinkstoffen zu befreien. Die Struktur der Koralle ist gut erkennbar. Ihre Septen sind radiär, lang und gezahnt. Die Koralle besitzt eine große Regenerationsfähigkeit.

T: 23 - 27° C, **Ø**: 15 cm, **BS**: 4 (Gattung geschützt)

Fungia klunzingeri DÖDERLEIN, 1901
Klunzingers Pilzkoralle

Vork.: Rotes Meer, Indo - Pazifik, Australien.
GU: Keine.
Hält.B.: Nicht bekannt.
FU: K; Plankton.
Bes.: Diese Pilzkoralle ist im Verhältnis zu anderen Pilzkorallen relativ klein, flach, rund und selten oval. Sie liegt allen möglichen Unterlagen auf. Die Radiärrippen sind fein, dicht stehend, gezahnt und überwiegend braun gefärbt; teilweise sind sie von hellen Rippen durchsetzt.

T: 23 - 27° C, Ø: 5 cm, BS: 4 (Gattung geschützt)

Fungia scruposa KLUNZINGER, 1879
Pilzkoralle

Vork.: Rotes Meer, Indo - Pazifik.
GU: Keine.
Hält.B.: Nicht bekannt.
FU: K; Plankton.
Bes.: Das Bild zeigt eine große Pilzkoralle mit dickem, schweren und runden bis ovalen Skelett. Ihre Radiärrippen sind kräftig und gezahnt. Diese Art ist nicht häufig an den Riffen des Roten Meeres. Sie lebt auf Riffdächern und am Riffhang, auf toten Korallen und zwischen Geröllbrocken. Ihre Farbe ist überwiegend hellbraun.

T: 23 - 27° C, Ø: 25 cm, BS: 4 (Gattung geschützt)

Heliofungia actiniformis (QUOY & GAIMARD, 1833)
Anemonen - Pilzkoralle, Sonnen - Pilzkoralle

Vork.: Rotes Meer, Indo - Pazifik, Philippinen, Mikronesien bis Neukaledonien.
GU: Keine.
Hält.B.: Die Tiere sind im Aquarium langfristig nicht haltbar. Sie sind empfindlich gegen Störungen durch Fische und Krebse und benötigen einen Sicherheitsabstand zu anderen Nesseltieren. Man sollte sie auf Sand- und Geröllboden plazieren.
FU: Ersatzplankton, *Mysis*, kleine Krebse.
Bes.: Solitäre, freilebende Koralle mit flachem, scheibenförmigem Skelett. Ihrem Aussehen nach gleicht sie geöffneten Anemonen. Ihre langen Fangarme sind die größten, die Korallentiere besitzen. Sie sind tag- und nachtaktiv. Die Tentakelenden sind ballonartig erweitert und heller abgesetzt. Die Mundscheibe ist gestreift. Die Tiere leben auf Felsen, auf Korallen und auf Geröllböden. Von Unkundigen werden sie für Seeanemonen gehalten.

T: 23 - 27° C, **Ø**: 15 cm, **BL**: ab 120 cm, **WB**: s, **WR**: o - m, **BS**: 4(Gattung geschützt), **SG**: 4

Herpolitha limax HOUTTUYN, 1772

Zungenkoralle, Bumerangkoralle

Vork.: Rotes Meer, Indo-Pazifik, Ostafrika. **GU**: Keine.

Soz.Verh./ Vgs.: Eine Vergesellschaftung mit anderen Hohltieren ist möglich, nicht jedoch mit Fischen und Garnelen.

Hält.B.: Zungenkorallen werden im Handel gelegentlich lebend angeboten. Sie sind im Aquarium nicht lange überlebensfähig, jedoch besser haltbar als Pilzkorallen. Sie benötigen wenig Licht, kräftige Wasserbewegungen und groben Korallenbruch als Untergrund.

Licht: Dämmerlichtzone. **ZU/Verm.**: Vermehrung durch Fragmatation.

FU: 2 x wöchentlich Ersatzplankton und *Mysis*.

Bes.: Die Kolonien sind freilebend, langgestreckt bis zungenförmig. Sie werden von mehreren Polypen gebildet. Rechts und links der zentralen Längsfurche befinden sich einander überlappende Septen, die zu den abgerundeten Seitenrändern laufen. Sie setzen sich auf der Unterseite der Kolonie fort. Die Kolonien leben an geschützten Riffabschnitten und liegen dem Untergrund lose auf. Teilweise sind sie zwischen Korallen verkeilt.

T: 23 - 27° C, **L**: 15 - 20 cm, **BS**: 4 (Gattung geschützt)

Sandalolitha robusta QUELCH, 1886
Robuste Hutkoralle, Robuste Korbkoralle

Vork.: Indo - Pazifik, Thailand, Ost - Pazifik bis Tahiti.
GU: Keine.
Hält. B.: Nicht bekannt.
FU: K; Plankton.
Bes.: Die Kolonien sind groß, in der Form rund oder oval, sehr schwer und mit rauher und stacheliger Oberfläche. Viele Polypen formen sie. Die Korallen liegen frei dem Untergrund auf und werden bei schwerer See oder gelegentlich durch Fische umgeworfen. Ihr Lebensraum sind unterseeische Terrassen und seicht abfallende Riffhänge, wo sie auch am Riffgrund auf Korallenbruch liegen. Sie sind ausschließlich nachtaktiv. Kleine Fische nutzen die Unterseite der Kolonien, um ihre Eier und Eigelege anzuheften. Die Farbe der Kolonien ist überwiegend hell- bis dunkelbraun.

T: 23 - 28° C, L: bis 75 cm, BS: 4

Sandalolitha robusta

Caulastrea curvata WIJSMANN-BEST, 1972
Gewundene Fingerkoralle

Vork.: Indo - Pazifik, Australien, Malaysia.
GU: Keine.
Hält.B.: Nicht bekannt.
FU: K; Plankton.
Bes.: Die Kolonien besitzen gestreckte und gewundene, verzweigte und separiert voneinander stehende Korallenkelche. Diese sind etwa 8 mm im Durchmesser. Die einzelnen Kolonien erheben sich nur wenig über die Substratoberfläche. Sie leben geduckt am Riffhang im relativ ruhigen Wasser.

T: 23 - 27° C, Ø: 20 cm, BS: 4

Caulastrea frucata DANA, 1846
Fingerkoralle

Vork.: Indo - Pazifik bis Tonga und Samoa.
GU: Keine.
Hält.B.: Nicht bekannt.
FU: K; Plankton.
Bes.: Die Korallenkelche entspringen einer gemeinsamen Basis. Sie stehen separiert voneinander. Die Kelche sind entweder rund, oval oder in Teilung begriffen. Sie messen etwa 10 mm im Durchmesser. Die Polypen sind fleischig und verschieden gefärbt. Die Septen sind zahlreich und auch gut durch die fleischigen Polypen hindurch sichtbar. Die meisten Kolonien sind klein und geduckt. Sie leben auf felsigem Boden an strömungsreichen Riffabschnitten. Ihre Polypen sind nachtaktiv.

T: 23 - 27° C, **Ø**: 8 cm, **BS**: 4

Cladocora cespitosa (LINNAEUS, 1767)
Rasenkoralle, Röhrchenkoralle

Vork.: Mittelmeer, Balearen bis Kleinasien.
GU: Keine.
Hält.B.: Rasenkorallen sind im Aquarium gut haltbar. Sie benötigen stark bewegtes Wasser, eine gute Durchlüftung und ausreichend Kleinstfutter. Die Polypen verblassen bei längerem Aquarienaufenthalt und werden transparent. Die Zooxanthellen verlassen ihre Wirtspolypen.
FU: Kleinstplankton.
Bes.: Kolonien wachsen rasen-, stauden- und polsterförmig im oberen Felslitoral. Die Wuchsform und die Größe der Kolonie sind abhängig vom Standort und von der Wasserbewegung. Die Korallenkelche sind zylindrisch und rund im Querschnitt. Die Polypen sind braun und tragen transparente Tentakelspitzen. Sie besitzen Zooxanthellen.

T: 10 - 20° C, Ø: 60 cm, BS: 3

Colpophyllia amaranthus (HOUTTUYN, 1772)
Grobe Atlantische Hirnkoralle

Vork.: Karibisches Meer, Florida bis Kolumbien.
GU: Keine.
Hält.B.: Nicht bekannt.
FU: K; Plankton.
Bes.: Die Kolonien wachsen überwiegend flach, selten hemisphärisch. Die mäandrischen Furchen sind breiter als die von *C. natans* . Die mäandrischen Täler sind anders gefärbt als die Kammlinien. Die Tiere siedeln vom Flachwasser bis in große Tiefen.

T: 23 - 27° C, Ø: 60 cm, BS: 4 (Gattung geschützt)

Colpophyllia natans (HOUTTUYN, 1772)
Gerillte Atlantische Hirnkoralle

Vork.: Karibisches Meer, Florida, Bahamas, Kolumbien.
GU: Keine.
Hält.B.: Nicht bekannt.
FU: K; Plankton.
Bes.: Die Kolonien zeigen unterschiedliche Wuchsformen je nach Tiefe, Standort und Wasserbewegung. Meist wachsen sie in einer mäandrischen, hemisphärischen Wuchsform mit tiefen Tälern und hohen Kämmen, die zwei parallel laufende Kammlinien besitzen. Diese sind etwa 1 - 2 cm breit und 1 cm tief. Auf einem Zentimeter Kammlänge befinden sich 8 - 9 Septen. Die Kolonien siedeln vom Flachwasser bis in Tiefen von über 50 m. Ihre Farbe ist variabel.

T: 23 - 27° C, Ø: 20 cm, BS: 4

Diploria strigosa (DANA, 1848)
Gewöhnliche Hirnkoralle

Vork.: Karibisches Meer, Florida bis Venezuela.
GU: Keine.
Soz.Verh./Vgs.: Diese Korallenkolonien werden häufig von dem Meeresborstenwurm *Spirobranchus giganteus* besiedelt.
Hält.B.: Nicht bekannt.
FU: K; Plankton.
Bes.: Die Kolonien wachsen massiv, hemisphärisch bis flach und mäandrisch. Die Kolonieoberfläche ist unregelmäßig und besitzt 15 - 20 Septen pro Zentimeter Kammlänge. Sie ist die wohl häufigste Hirnkoralle im Karibischen Meer. Die Farbe der Kolonien ist variabel.

T: 23 - 27° C, **Ø**: 50 cm, **BS**: 4 (Gattung geschützt)

Diploria labyrinthiformis (LINNAEUS, 1758)
Feine Atlantische Hirnkoralle, Labyrinthkoralle

Vork.: Karibisches Meer, Florida bis Kolumbien.
GU: Keine.
Hält.B.: Nicht bekannt.
FU: K; Plankton.
Bes.: Die Kolonien sind groß, massiv und überwiegend hemisphärisch in der Wuchsform. Sie sind besonders auffällig durch die doppelten, labyrinthähnlich verlaufenden Furchen auf der Oberfläche. Die Kolonie auf dem Bild wirkt atypisch, da ihre Oberfläche überwiegend querverlaufende Furchen zeigt. Die mäandrische Form bildet sich erst im Verlaufe des weiteren Wachstums heraus. Sie siedelt vom Flachwasser bis in große Tiefen. Ihre Polypen sind nachtaktiv.

T: 23 - 27° C, Ø: 20 cm, BS: 4 (Gattung geschützt)

Diploria labyrinthiformis

Ordnung: Scleractinia
Fam.: Faviidae

Echinopora lamellosa (ESPER, 1795)
Rauhsternkoralle

Vork.: Rotes Meer, Indo-Pazifik bis Fidschi und Samoa. **GU**: Keine.
Hält.B.: Korallen wachsen im Aquarium sehr gut, nur sind sie sehr bruchempfindlich.
Licht: Sonnenlichtzone.
ZU/Verm.: Bedingt durch die große Bruchempfindlichkeit lassen sich die großen Kolonien in kleinere unterteilen.
FU: Sie müssen im Aquarium nicht gefüttert werden, da sie mit Zooxanthellen in einer Endosymbiose leben.
Bes.: Kolonien wachsen horizontal oder vertikal in Form blattähnlicher Verzweigungen, die geschichtet in verschiedenen Windungen arrangiert sind. Gelegentlich formen sie auch zylindrische Tuben. Die Korallenkelche sind rund und zylindrisch und besitzen 3 - 4 Septenringe. Sie stehen isoliert voreinander. Die Kolonien leben an Riffhängen im mäßig strömenden Wasser. Ihre Farbe ist variabel.

T: 23 - 27° C, **Ø**: 80 cm, **BL**: ab 150 cm, **WB**: m, **WR** u, **BS**: 3 - 4, **GS**: 3 - 4 (Gattung geschützt)

Favia favus (FORSKÅL, 1775)
Knopfkoralle

Vork.: Rotes Meer, Indo-Pazifik bis Samoa.
GU: Keine.
Hält.B.: Nicht bekannt.
FU: K; Plankton.
Bes.: Die Kolonien wachsen massiv, hemisphärisch oder krustig. Ihre Korallenkelche sind rund bis oval und messen 1 - 2 cm im Durchmesser. Sie überragen die Kolonieoberfläche nur geringfügig. Die Polypen sind nachtaktiv. Einige Kolonien fluoreszieren. Die Farbe der Kolonien ist variabel.

T: 23 - 27° C, Ø: 60 cm, BS: 4 (Gattung geschützt)

Favia fragum (ESPER, 1797)
Sternkoralle, Kugelige Flachwasserkoralle

Vork.: Karibisches Meer, Florida bis Venezuela.
GU: Keine.
Hält.B.: Nicht bekannt.
FU: K; Plankton.
Bes.: Die Kolonien sind relativ klein, sie wachsen entweder hemisphärisch oder inkrustiert. Ihre Korallenkelche sind rund bis länglich oder irregulär geformt. Sie haben einen Durchmesser von 5 - 6 mm und besitzen 36 - 40 Septen. Die Farbe der Kolonien ist überwiegend gelblich. Sie leben in flachen Lagunen und am Riffhang bis in Tiefen von 30 m und sind an Steinen, toten Korallen und an Schiffwracks angewachsen.

T: 23 - 27° C, Ø: 15 cm, BS: 4 (Gattung geschützt)

Favia maxima VERON, PICHON & WIJSMAN-BEST, 1977
Große Sternkoralle

Vork.: Indo-Pazifik, Thailand, Malaysia, Australien, Neukaledonien.
GU: Keine.
Hält. B.: Nicht bekannt.
FU: K; Plankton.
Bes.: Die Korallenkolonien wachsen massiv und vorwiegend an Riffhängen. Sie sind nicht gerade häufig, doch wenn sie vorhanden sind, dann sind sie auffällig. Die einzelnen Korallenkelche messen etwa 2 - 3 cm im Durchmesser. Sie sind mehr oder weniger rund. Die Septen sind ungleich, doch in der Folge periodisch angeordnet. Die Farbe der Kolonien ist variabel. Entweder sind sie hellbraun, gelb-braun oder grün gefärbt.

T: 23 20° C, **Ø**: 80 cm, **BS**: 4 (Gattung geschützt)

Favia speciosa (DANA, 1846)
Sternkoralle

Vork.: Rotes Meer, Indo-Pazifik, Malaysia.
GU: Keine
Hält.B.: Nicht bekannt.
FU: K; Plankton.
Bes.: Die Kolonien wachsen massiv, hemisphärisch und annähernd rund. Die Korallenkelche auf der Kolonienoberfläche stehen dicht und sind etwa 12 mm im Durchmesser. Die Septen sind fein, sehr zahlreich und gleichförmig. Sie siedeln am Riffhang in Gebieten mit mäßig starker Wasserströmung.

T: 23 - 27° C, Ø: 35 cm, BS: 4 (Gattung geschützt)

Favia sp.
Sternkoralle

Vork.: Indo - Pazifik, Malaysia.
GU: Keine.
Hält.B.: Nicht bekannt.
FU: K; Plankton.
Bes.: Die Kolonien wachsen hemisphärisch, inkrustiert bis plattenförmig. Die Polypen sind relativ groß und nachtaktiv. Sternkorallen leben auf Hartsubstrat im unteren Riffhang.

T: 23 - 27° C, Ø: 30 cm, BS: 4 (Gattung geschützt)

Favia stelligera (DANA, 1846)
Sternkoralle

Vork.: Rotes Meer, Indo - Pazifik bis Hawaii.
GU: Keine.
Hält.B.: Nicht bekannt.
FU: K; Plankton.
Bes.: Die Korallenkolonien wachsen hemisphärisch, säulenförmig oder flach. Sie formen große, einzelne Stöcke und leben in allen Riffabschnitten und in fast allen Tiefen. Ihre Farbe ist variabel.

T: 23 - 27° C, Ø: 80 cm, BS: 4 (Gattung geschützt)

Favites peresi FAURE & PICON, 1972
Eckensternkoralle

Vork.: Rotes Meer.
GU: Keine.
Hält.B.: Nicht bekannt.
FU: K; Plankton.
Bes.: Korallenkolonien wachsen massiv, hemisphärisch oder inkrustiert. Die Korallenkelche sind miteinander verwachsen. Die Kolonien leben auf festen Unterlagen an Riffhängen mit kräftiger Wasserströmung.

T: 23 - 27° C, **Ø**: 20 cm, **BS**: 4 (Gattung geschützt)

Favites sp.
Eckensternkoralle

Vork.: Rotes Meer.
GU: Keine.
Hält.B.: Nicht bekannt.
FU: K; Plankton.
Bes.: Kolonien wachsen hemisphärisch oder plan, mit unregelmäßig geformten, im Querschnitt vielfach eckigen Korallenkelchen, die eng zusammenstehen. Sie sind durch hohe Kämme voneinander getrennt. Ihre Septen besitzen viele kleine Zähne. Kolonien siedeln an strömungsstarken Stellen der Riffhänge. Farbe variabel.

T: 23 - 27° C, Ø: ?, BS: 4 (Gattung geschützt)

Manicina areolata var. *mayori* (LINNAEUS, 1758)
Rosenkoralle

Verb.: Karibisches Meer, Florida bis Kolumbien.
GU: Keine.
Hält.B.: Nicht bekannt.
FU: K; Plankton.
Bes.: Die Koralle ist eine Wuchsform von *Manicina areolata,* nur größer und mit breiter Basis am Untergrund festgewachsen. Die Kolonie wächst hemisphärisch und mäandrisch sowohl im klaren, als auch im sedimentreichen Wasser und kann sich von Sinkstoffen relativ schnell befreien. Ihre Farbe ist variabel.

T: 23 - 27° C, Ø: 15 cm, BS: 4

Montastrea annularis (ELLIS & SOLANDER, 1786)
Kleine Sternkoralle, Knopfkoralle

Vork.: Karibisches Meer, Florida bis Kolumbien.
GU: Keine.
Hält.B.: Nicht bekannt.
FU: K; Plankton.
Bes.: Knopfkorallen wachsen im Flachwasser massiv und hemisphärisch, im tiefen Wasser dagegen flach, breit, inkrustiert und schindelförmig. Die Wuchsform ist abhängig von der Intensität der Wasserströmung und von der Tiefe. Diese Art ist eine der wichtigsten Riffbildner in der Karibik. Ihre Korallenkelche sind sternförmig, dichtstehend und die Polypen nachtaktiv. Die Farbe der Tierkolonien ist unterschiedlich.

T: 23 - 27° C, Ø: 70 cm, BS: 4

Montastrea cavernosa (LINNAEUS, 1767)
Große Sternkoralle

Vork.: Karibisches Meer, Florida bis Brasilien und Westafrika.
GU: Keine.
Hält.B: Nicht bekannt.
FU: K; Plankton.
Bes.: Diese Koralle ist ein sehr wichtiger Riffbildner an vielen karibischen Riffen. Die Kolonien leben vom Flachwasser bis in große Tiefen und zeigen tiefenabhängige Wuchsformen. Die Korallenkelche stehen dicht und messen etwa 10 mm im Durchmesser. Die Polypen sind anemonenähnlich, unterschiedlich gefärbt und nachtaktiv. Große Sternkorallen leben im klaren Wasser der Riffhänge und auf solitären Blöcken der Vorriffe.

T: 23 - 27° C, **Ø:** 60 cm, **BS:** 4

Moseleya latistellata QUELCH, 1884
Große Sternkoralle

Vork.: Indo-Pazifik, Malaysia, Australien.
GU: Keine.
Hält.B.: Nicht bekannt.
FU: K; Plankton.
Bes.: Die Kolonien wachsen flach, massiv oder freilebend. Sie besitzen einen großen, zentralen Polypen, der von kleineren umgeben ist. Diese entstehen durch extratentakuläre Knospung. Die Septen der Korallenkelche besitzen zahlreiche feine Zähne. Die Polypen sind sehr fleischig und nachtaktiv. Die Kolonien siedeln im kräftig bewegten Wasser der Riffhänge und können unterschiedlich gefärbt sein.

T: 23 - 27° C, Ø: 50 cm, BS: 4

Platygyra lamellina (EHRENBERG, 1834)
Indopazifische Hirnkoralle

Vork.: Rotes Meer, Indo - Pazifik bis Polynesien.
GU: Keine.
Hält.B.: Nicht bekannt.
FU: K; Plankton.
Bes.: Die Kolonien wachsen massiv, hemisphärisch oder flach, mit langen, feinen und mäandrischen Tälern und Kämmen. Die Septen stehen sehr dicht und sind abgerundet. Sie siedeln auf Riffplattformen und am oberen Riffhang im Gezeitenbereich.

T: 23 - 27° C, Ø: ca. 100 cm, BS: 4 (Gattung geschützt)

Ordnung: Scleractinia
Fam.: Faviidae

Solenastrea hyades (DANA, 1848)
Sonnensternkoralle

Vork.: Karibisches Meer, Florida bis Venezuela.
GU: Keine.
Hält.B.: Nicht bekannt.
FU: K; Plankton.
Bes.: Sonnensternkorallen gehören nicht zu den Riffbildnern in der Karibik. Sie sind äußerst selten, stehen vereinzelt und wachsen massiv und überwiegend hemisphärisch. Die Kolonieoberfläche ist unregelmäßig und buckelig. Sie leben bis in Tiefen von 20 m auch im sedimentreichen Wasser, auf Schlick und in der Nähe von Häfen.

T: 23 - 27° C, Ø: 20 cm, BS: 4

Trachyphyllia geoffroyi (AUDOUIN, 1826)
Rosenkoralle (Aquarienaufnahme)

Vork.: Rotes Meer, tropischer Indo-Pazifik.
GU: Keine.
Hält.B.: Rosenkorallen lassen sich in einem Aquarium sehr gut über Jahre pflegen. Sie müssen weniger lichtexponiert auf feste Dekoration aufgelegt werden und benötigen eine mittlere Strömung.
FU: K; Plankton.
Licht: Mittellichtzone.
Bes.: Kleine Kolonien leben zuerst festgewachsen auf Steinen, Muschel- und Schnekkenschalen, bevor sie zu schwer werden und abbrechen. Die erwachsenen Kolonien sind klein, flach und liegen dem Untergrund lose auf. Überwiegend leben sie auf sandigen Flächen oder auf schlammigen Böden. Die Polypen sind groß und fleischig. Sie können grün, rosa, blau, braun oder anders gefärbt sein. Einige Kolonien irisieren. Die Tentakeln der Polypen sind nur nachts ausgestreckt. Rosenkorallen leben an Riffhängen und in Lagunen; nur selten zwischen Korallenbruch.

T: 22 - 29° C, **Ø**: 12 cm, **BL**: ab 100 cm, **WB**: m, **WR**: m - u, **BS**: 3 - 4, **SG**: 2 - 3

Galaxea fascicularis (LINNAEUS, 1767)
Skalpellkoralle, Rasenkoralle, Kristallkoralle

Vork.: Rotes Meer, Indo-Pazifik bis Fidschi und Samoa. **GU**: Keine.
Soz.Verh./Vgs.: Sehr gut mit kleinen Fischen und anderen Niederen Tieren zu vergesellschaften.
Hält.B.: Art relativ gut im Aquarium haltbar. Sie benötigt eine intensive Beleuchtung und starke Strömung. Sie reagiert sehr empfindlich auf zu hohe Nitratwerte.
Licht: Sonnenlichtzone.
FU: Ersatzplankton, *Artemia*-Nauplien, *Mysis* und große Artemien.
Bes.: Die Kolonien wachsen flach, inkrustiert, rasenförmig, hemisphärisch und unverzweigt. Die Korallenkelche sind rund bis oval und von scharfen, spitzen, spikeähnlichen Septen umstanden. Die nachtaktiven Polypen besitzen weiße Tentakelspitzen. Skalpellkorallen siedeln auf totem Korallengrund an ruhigen, gut durchströmten Riffhängen in unterschiedlichen Tiefen. Die Farbe der Kolonien ist variabel.

T: 23 - 27° C, **Ø**: 20 cm, **BL**: ab 150 cm, **WB**: s, **WR**: o, **BS**: 4, **SG**: 3 - 4 (Gattung geschützt)

Oculina diffusa LAMARCK, 1810
Augenkoralle, Elfenbein - Buschkoralle

Vork.: Karibisches Meer, Florida bis Venezuela.
GU: Keine.
Hält.B.: Nicht bekannt.
FU: K; Plankton.
Bes.: Augenkorallen leben in Lagunen, in Seegraswiesen und im flachen Wasser mit hohem Sedimenteintrag. Die meisten von ihnen liegen dem Sediment frei auf und nur wenige sind auf festen Unterlagen angewachsen. Die Kolonien wachsen buschig und reich verzweigt. Die Korallenkelche sind klein, noppig und deutlich voneinander abgesetzt.

T: 23 - 27° C, Ø: 10 cm, BS: 4 (Gattung geschützt)

Dendrogyra cylindrus EHRENBERG, 1834
Säulenkoralle, Kandelaberkoralle

Vork.: Karibisches Meer, Florida, Bahamas, San Andrés, Providencia.
GU: Keine.
Hält.B.: Nicht bekannt.
FU: K; Plankton.
Bes.: Säulenkorallen bilden relativ große, struppige, vertikal verzweigte Korallenkolonien, die sehr hoch wachsen. Sie siedeln mit breiter Basis auf Korallengestein, wobei das massive, säulenförmige Skelett nach oben wächst. Die kräftigen Verzweigungen stehen oft in Gruppen. Die Polypen sind tag- und nachtaktiv. Säulenkorallen siedeln im flachen, ruhigen Wasser strömungsarmer Riffabschnitte; an wellenexponierten Riffen fehlen sie.

T: 23 - 27° C, Ø: 100 cm, BS: 4 (Gattung geschützt)

Dichocoenia stokesi EDWARDS & HAIME, 1848
Noppenkoralle, Sternchenkoralle

Vork.: Karibisches Meer, Florida, Bahamas bis Brasilien.
GU: Keine.
Hält.B.: Nicht bekannt.
FU: K; Plankton.
Bes.: Die Kolonien der Noppenkorallen wachsen hemisphärisch oder flach. Die Korallenkelche sind entweder rund, oval oder langgestreckt. Die Polypen besitzen ein sternförmiges Aussehen. Sie sind nachtaktiv. Die Kolonien leben vom Flachwasser bis in Tiefen von 70 m und bevorzugen als Standorte gut durchströmte Riffhänge. Ihre Farbe ist überwiegend gelb.

T: 23 - 27° C, **Ø:** 50 cm, **BS:** 4 (Gattung geschützt)

Meandrina meandrites (LINNAEUS, 1758)
Mäanderkoralle

Vork.: Karibisches Meer, Florida, Bahamas, Bermudas.
GU: Keine.
Hält.B.: Nicht bekannt.
FU: K; Plankton.
Bes.: Die Kolonien wachsen massiv, flach, irregular, hemisphärisch und schindelförmig in der Tiefe. Sie leben in allen Tiefen und allen Riffbereichen. Die mäandrischen Täler sind lang und verlaufen streckenweise sinusförmig. Die Polypen sind nachtaktiv. Mäanderkorallen sind sehr häufig an karibischen Riffen.

T: 23 - 27° C, Ø: 30 cm, BS: 4 (Gattung geschützt)

Meandrina meandrites var. *danai* (LINNAEUS, 1758)
Mäanderkoralle

Vork.: Karibisches Meer, Florida bis Kolumbien.
GU: Keine .
Hält.B.: Nicht bekannt.
FU: K; Plankton.
Bes.: Die relativ kleinen Kolonien leben frei auf Sand- und Geröllböden. Die Basis der Kolonien ist konisch. Durch Expansion ihres Korallengewebes sind sie in der Lage, sich umzudrehen, wenn sie von Fischen umgeworfen werden. Auch von starker Sedimentauflagerung können sie sich befreien. Die Kolonien wachsen auch weiter, wenn ein Teil zugeschüttet wird. Sie siedeln auf mobilen Böden und in tiefen Seegrasbeständen noch unterhalb von 50 m.

T: 23 - 27° C, L: 12 cm, BS: 4 (Gattung geschützt)

Cyarina lacrymalis (EDWARDS & HAIME, 1848)
Tränen - Sternkoralle

Vork.: Südliches Rotes Meer, Indo - Pazifik bis Neukaledonien.
GU: Keine.
Hält.B.: Die Tränen-Koralle ist gut geeignet für eine Aquarienhaltung. Die Tiere sind leicht pflegbar. Sie tolerieren ein breites Spektrum biotischer und abiotischer Faktoren im Becken. Braun gefärbte Tiere sollten an schattigen Stellen im Aquarium plaziert werden.
Licht: Mittellichtzone.
FU: Ersatzplankton, *Artemia*-Nauplien.
Bes.: Die Tiere leben solitär. Entweder sind sie rund oder oval im Durchmesser. Sie leben entweder frei oder sie sitzen mit einer schmalen Basis auf Hartsubstrat. Die Polypen sind groß und fleischig. Sie formen blasige Erhebungen. Die Tiere sind überwiegend nachtaktiv und phosphorizieren unter Blaulicht. Die Septen sind radiär arrangiert und scharf gezahnt.

T: 23 - 27° C, Ø: 10 cm, BS: 3

Isophyllia multiflora VERRILL, 1901
Rosenkoralle

Vork.: Karibisches Meer, Florida bis Kolumbien.
GU: Keine.
Hält.B.: Nicht bekannt.
FU: K; Plankton.
Bes.: Die Kolonien sind massiv und hemisphärisch mit mäandrischer Oberfläche. Die Kammlinien sind breit und mit 8 - 12 Septen pro Zentimeter versehen. Die Septen sind groß und gezahnt. Die Kolonien leben bevorzugt an den Außenriffen in unterschiedlichen Tiefen. Ihre Farbe ist variabel.

T: 23 - 27° C, Ø: 10 cm, BS: 4

Isophyllia sinuosa (ELLIS & SOLANDER, 1786)
Gestielte Kaktuskoralle, Rosenkoralle

Vork.: Karibisches Meer, Florida bis Kolumbien.
GU: Keine.
Soz.Verh./Vgs.: Mit kleinen Fischen und Garnelen.
Hält.B.: Korallen gedeihen im Riffaquarium bei niedrigen Nitrat- und Phosphatwerten am besten. Sie reagieren allergisch auf Fadenalgen und zu starken Besatz an Krustenanemonen.
FU: Ersatzplankton, Flüssigfutter.
Bes.: Die Kolonien wachsen massiv, mäandrisch und hemisphärisch. Sie werden nicht größer als 20 cm im Durchmesser. Die Kammlinien sind lang und sinusförmig mit 7 - 9 Septen pro Zentimeter. Die Septen tragen scharfe Zähne. Rosenkorallen leben in Lagunen und am Riffhang bis in 10 m Tiefe. Einige sind auf Hartsubstrat mit kleiner Basis festgewachsen, andere liegen frei dem Boden auf. Ihre Farbe ist sehr unterschiedlich.

T: 23 - 27° C, **Ø:** 15 cm, **BL:** ab 100 cm, **WB:** m, **WR:** m, **BS:** 4, **SG:** 4

Lobophyllia corymbosa (FORSKÅL, 1775)
Gelappte Becherkoralle, Faltenbecherkoralle

Vork.: Rotes Meer, Ostafrika, Indo-Pazifik.
GU: Keine.
Hält.B.: Siehe *L. hemprichii*
FU: Ersatzplankton
Bes.: Die Kolonien wachsen massiv und hemisphärisch. Sie sind aus keulenförmig verzweigten Säulen zusammengesetzt, die terminal runde bis ovale, etwa 2 - 3 cm große Korallenkelche tragen. Das sehr kräftige Polypengewebe bestimmt die Farbe der Kolonie. Die Farbe der Kolonien ist variabel. Gelappte Becherkorallen siedeln im stark strömenden Wasser der Riffhänge.

T: 23 - 27° C, Ø: 50 cm, BS: 4 (Gattung geschützt)

Lobophyllia costata (DANA, 1848)
Gezackte Doldenkoralle

Vork.: Rotes Meer, Indo - Pazifik bis Tahiti.
GU: Keine.
Hält.B.: Siehe *L. hemprichii.*
FU: Ersatzplankton.
Bes.: Die Koralle wächst massiv: sie ist mit relativ kleiner Basis auf Korallengestein befestigt. Die Täler zwischen den Septen sind breit und lang. Die Septen tragen lange und scharfe Spitzen. Ihre Polypen sind fleischig und nachtaktiv. Die Farbe der Kolonien ist variabel.

T: 23 - 27° C, Ø: 15 cm, BS: 4 (Gattung geschützt)

Lobophyllia hemprichii (EHRENBERG, 1834)
Doldenkoralle

Vork.: Rotes Meer, Ostafrika, Indo-Pazifik bis Marshall-Inseln.
GU: Keine.
Hält.B.: Alle Arten der Gattung *Lobophyllia* sind im Aquarium gut haltbar und ausdauernd. Sie können, bei guter Pflege, Jahre überdauern. Ein direkter Kontakt mit Scheiben- und Krustenanemonen ist zu vermeiden.
FU: Nächtliche Fütterung mit Ersatzplankton, Staubfutter, Rogen oder flüssiger Nahrung bei mäßiger Wasserbewegung.
Bes.: Kolonien wachsen massiv, flach bis hemisphärisch. Sie stehen entweder einzeln oder sie formen mäandrische Kolonien. Die Korallenkelche sind voneinander isoliert, die Polypen dick, fleischig und nachtaktiv. Die Kolonien leben am unteren Riffhang und können hier stellenweise dominant sein.

T: 23 - 27° C, **Ø:** 40 cm, **BL:** ab 150 cm, **WB:** s, **WR:** m, **BS:** 4 (Gattung geschützt)

Mussa angulosa (PALLAS, 1766)
Doldenkoralle, Großpolypenkoralle

Vork.: Karibisches Meer, Florida, Bahamas, Kolumbien.
GU: Keine.
Hält.B.: Nicht bekannt.
FU: K; Plankton.
Bes.: Die Doldenkoralle wächst in säulenförmigen Kolonien mit großen, endständigen Korallenkelchen. Die zahlreichen Septen besitzen scharfe und spitze Zähne. Die Polypen sind groß, fleischig und unterschiedlich gefärbt. Sie fluoreszieren bei ultraviolettem Licht. Sie siedeln vom Flachwasser bis in Tiefen von über 60 m und bevorzugen als Standort stark durchströmte Riffhänge. Ihre Aggressivität gegenüber Raumkonkurrenten ist sehr groß.

T: 23 - 27° C, Ø: 60 cm, BS: 4

Mycetophyllia ferox WELLS, 1973
Faltenkoralle

Vork.: Karibisches Meer, Florida, Jamaica, Westindische Inseln, Kolumbien.
GU: Keine.
Hält.B.: Nicht bekannt.
FU: K; Plankton.
Bes.: Faltenkorallen wachsen flach, annähernd rund und mäandrisch. Sie sind mit kleiner Basis auf Hartsubstrat angewachsen. Die Täler sind lang, breit und teilweise miteinander verbunden; sie treffen sich im Zentrum der Kolonie. Benachbarte Kammlinien sind teilweise miteinander verwachsen. Die Kolonien leben in Tiefen zwischen 10 - 40 m. Die Faltenkoralle ist eine der aggressivsten Korallen, die wir kennen. Sie duldet keine Raumkonkurrenten. Ihre Farbe ist variabel.

T: 23 - 27° C, Ø: 25 cm, BS: 4

Mycetophyllia lamarckiana EDWARDS & HAIME, 1848
Lamarcks Kaktuskoralle

Vork.: Karibisches Meer, Florida bis Kolumbien.
GU: Keine.
Hält.B.: Nicht bekannt.
FU: K; Plankton.
Bes.: Die Kolonien wachsen relativ flach mit kammähnlichen Außenrändern. Die Kammlinien besitzen 8 - 10 Septen pro Zentimeter Kammlänge und sind gezahnt. Die Kolonien werden nicht sehr groß und sind auch nicht häufig. Sie siedeln bis in 60 m Tiefe überwiegend an Riffhängen.

T: 23 - 27° C, **Ø**: 15 cm, **BS**: 4

Scolymia australis (EDWARDS & HAIMME, 1849)
Australische Solitärkoralle

Vork.: Indo - Pazifik, Australien.
GU: Keine.
Hält.B.: Nicht bekannt.
FU: K; Plankton.
Bes.: Die Korallen sind relativ klein und leben solitär auf allen möglichen festen Unterlagen der Außenriffe, in Buchten und Häfen. Sie siedeln bis in Tiefen von 50 m an schattigen Stellen von Überhängen. Die Larven schwimmen nicht sehr weit. Sie setzen sich in der Nähe der Mutterpolypen fest. Gelegentlich leben sie so dicht beieinander, daß sie sich berühren. Die Septen sind radiär angeordnet und scharf gezahnt. Die Farbe der Polypen ist variabel.

T: 23 - 27° C, Ø: 3 - 4 cm, BS: 4 (Gattung geschützt)

Scolymia lacera (PALLAS, 1766)
Großsternkoralle

Vork.: Karibisches Meer, Florida, Bahamas, Bermudas, Kolumbien.
GU: Keine.
Hält.B.: Arten der Gattung *Scolymia* können im Aquarium sehr ausdauernd sein. In der Literatur wird ein Lebenszeitraum von 5 - 6 Jahren angegeben. Voraussetzung dafür ist, daß sie keiner intensiven, direkten Bestrahlung ausgesetzt sind und schattig plaziert werden.
FU: 2 - 3 mal wöchentlich mit feinem Zooplankton, *Mysis* oder Fischbrut.
Bes.: Die Großsternkoralle ist die größte Solitärkoralle im Karibischen Meer. Ihre Polypen sind sehr groß, fleischig und bunt. Sie befinden sich oft im Zustand der Teilung. Die radiären Septen sind kräftig und tragen unterschiedlich lange, scharfe und spitze Zähne. Großsternkorallen siedeln von mittleren bis in sehr große Tiefen an Riffhängen. Die Farbe der Polypen ist variabel.

T: 23 - 27° C, Ø: 15 cm, BS: 4

Symphyllia recta (DANA, 1846)
Faltenkoralle

Vork.: Indo - Pazifik, Malediven, Thailand, Australien bis Marshall - Inseln.
GU: Keine.
Hält. B.: Nicht bekannt.
FU: K; Plankton.
Bes.: Die Korallenkolonien wachsen kuppelig bis hemisphärisch. Die Täler zwischen den Wällen sind 1 - 2 cm breit und in den meisten Fällen unterschiedlich gefärbt. In den Tälern sind beim genauen Hinsehen viele kleine Mundöffnungen sichtbar. Die Tentakeln der Polypen sind tagsüber zurückgezogen. Faltenkorallen leben im flachen Wasser der oberen Riffhänge und an brandungsgeschützten Saumriffen.

T: 23 - 28° C, **Ø**: 70 cm, **BS**: 4 (Gattung geschützt)

Symphyllia sp.
Wellige Becherkoralle

Vork.: Indo - Pazifik, Malaysia.
GU: Keine.
Hält.B.: Nicht bekannt.
FU: K; Plankton.
Bes.: Die Kolonien wachsen massiv, flach bis hemisphärisch. Ihre Täler unf Kämme geben den Kolonien ein mäandrisches Aussehen. Die benachbarten Kammlinien sind miteinander verschmolzen. Die Polypen leben in den Vertiefungen der Täler und sind nachtaktiv. Wellige Becherkorallen leben an mäßig durchströmten Riffhängen in mittleren Wassertiefen.

T: 23 - 27° C, Ø: 30 cm, BS: 4 (Gattung geschützt)

Mycedium elephantotus (PALLAS, 1766)
Chinakohl - Koralle

Vork.: Rotes Meer, Madagaskar, Indo - Pazifik bis Tahiti und Marshall - Inseln.
GU: Keine.
Hält.B.: Nicht bekannt.
FU: K ; Plankton.
Bes.: Die Kolonien wachsen flach und fast scheibenförmig. Ihre Korallenkelche sind nasenähnlich und deutlich voneinander abgesetzt. Sie überragen das Niveau der Kolonieoberfläche um 3 - 4 mm. Der Kolonierand ist sehr dünn, uneben und meist durch Fische beschädigt. Chinakohl-Korallen leben auf Hartsubstrat am Riffhang im mäßig strömendem Wasser. Ihre Polypen sind nachtaktiv und die Farbe ist variabel.

T: 23 - 27° C, Ø: 40 cm, BS: 4 (Gattung geschützt)

Pectinia lactuca (PALLAS, 1766)
Knüllpapierkoralle

Vork.: Südliches Rotes Meer, Indo-Pazifik bis Japan.
GU: Keine.
Hält.B.: Siehe *P. paeonia.*
FU: K; Plankton.
Bes.: Die Kolonien wachsen flach, blattförmig, mit hohen, scharfen, irregulär geformten, etwa gleichhohen Kammlinien und unterschiedlich weiten Tälern. Sie haben das Aussehen von zusammengeknäueltem Papier und leben an strömungsarmen Riffhängen in unterschiedlichen Tiefen. Die Polypen sind unterschiedlich gefärbt und nachtaktiv.

T: 23 - 27° C, Ø: 25 cm, BS: 4 (Gattung geschützt)

Pectinia paeonia (DANA, 1846)
Salatblattkoralle

Vork.: Südliches Rotes Meer, Indo-Pazifik bis Japan.
GU: Keine.
Hält.B.: Salatblatt-Korallen vertragen kein Sediment in den Falten ihrer Kolonien; sie sind gut in einem Aquarium zu pflegen. Sie besitzen ein gutes Regenerationsvermögen und sind empfindlich gegenüber der Raumkonkurrenz anderer Steinkorallen.
Licht: Dämmerungszone.
FU: Keine Fütterung notwendig, da die Polypen mit Zooxanthellen leben.
Bes.: Kolonien wachsen flach und breit mit irregulären, aufrechten Projektionen. Sie leben im stark strömenden Wasser von Saumriffen in mittleren Wassertiefen. Die Farbe der Kolonien ist variabel.

T: 23 - 27° C, **Ø**: 20 cm, **BS**: 4 (Gattung geschützt)

Hydnophora rigida (DANA, 1846)
Stachelkoralle

Vork.: Rotes Meer, Indo-Pazifik, Mikronesien bis Neukaledonien.
GU: Keine.
Hält.: Nicht bekannt.
FU: K; Plankton.
Bes.: Die Kolonien wachsen baumförmig, reich verzweigt und ohne massive Basis. Die Verzweigungen sind unterschiedlich dick und die Polypen sehr klein. Sie stehen sehr dicht und sind teilweise auch tagaktiv. Stachelkorallen siedeln an verschiedenen Riffabschnitten und bevorzugen geschützte Riffhänge und teilweise auch Lagunen als Lebensraum. Die Farbe der Kolonien ist variabel.

T: 23 - 27° C, Ø: 15 cm, BS: 4 (Gattung geschützt)

Merulina ampliata (ELLIS & SOLANDER, 1786)
Gekräuselte Krustenkoralle

Vork.: Rotes Meer, Ostafrika, Madagaskar, Indo - Pazifik bis Philippinen und Samoa.
GU: Keine.
Hält.B.: Nicht bekannt.
FU: K; Plankton.
Bes.: Die Kolonien wachsen inkrustiert, plattenförmig oder kohlähnlich. Sie sehen in ihren unterschiedlichen Wachstumsphasen stets anders aus. Zuerst wachsen sie flach und inkrustiert mit konzentrischen Wachstumslinien. Später bekommen sie kleine Erhebungen, die zu vertikalen und verzweigten Platten auswachsen. Die Peripherie der Kolonie ist stets heller und sehr dünn. Sie siedeln an Riffhängen und in Lagunen. Ihre Polypen sind nachtaktiv.

T: 23 - 27° C, Ø: 20 cm, BS: 4 (Gattung geschützt)

Caryophyllia inormata (DUNCAN, 1873)
Runde Nelkenkoralle

Vork.: Mittelmeer.
GU: Die Polypen sind vivipar.
Hält. B.: Bei ausreichendem Futter, stark bewegtem und sauerstoffreichem Wasser und Temperaturen deutlich unter 20° C ist eine Aquarienhaltung möglich.
Licht: Dämmerlichtzone. **FU:** K; Plankton.
Bes.: Runde Nelkenkorallen leben solitär. Oft sind sie zu kleinen Gruppen formiert, nie jedoch kolonial organisiert. Ihre Korallenkelche sind im Querschnitt weitgehend rund. Der basale Teil der Kelche ist gewöhnlich nicht verjüngt. Die Rippen sind flach und aus stumpfen Höckern zusammengesetzt. Die Polypen sind weitgehend transparent und ihre Tentakeln tragen verdickte Enden. Runde Nelkenkorallen leben in schattigen Höhlen und Unterhöhlungen, in Spalten und auf tiefen und schattigen Felswänden.

T: 7 - 18° C, **Ø:** 1 cm, **BL:** 70 cm, **WB:** m - s, **WR:** m - u, **BS:** 3, **SG:** 2 - 3

Euphyllia ancora (VERON & PICHON, 1980)
Bohnenkoralle, Große Bukettkoralle

Vork.: Indo-Pazifik, Australien, Malaysia. **GU**: Keine.
Hält.B.: Es kommen nur Bruchstücke in den Handel. Die Kolonien sind am besten in einem Artenbecken zu halten, da sie stark vernesseln. Sie bevorzugen kalkreiches Wasser und müssen am Boden des Beckens verankert werden.
Licht: Dämmerlichtzone. **FU**: Tierisches Ersatzplankton.
Bes.: Die Kolonien können sehr groß werden. Die Skelettstruktur wird erst dann sichtbar, wenn sich die Polypen zurückgezogen haben. Diese sind sehr lang, in mehreren Reihen angeordnet und mit bohnenähnlichen, terminalen Erweiterungen ausgestattet. Die Polypen sind tag- und nachtaktiv und nicht vollständig kontrahierbar. Bohnenkorallen siedeln am Riffhang und hier auf überwiegend horizontalen Substraten und am Riffgrund. Ihre Farbe ist variabel.

T: 23 - 27° C, **Ø**: 100 cm, **BS**: 4 (Gattung geschützt)

Eusmilia fastigiata (PALLAS, 1766)
Blumenkoralle

Vork.: Karibisches Meer, Florida bis Kolumbien.
GU: Keine.
Hält.B.: Nicht bekannt.
FU: K; Plankton.
Bes.: Die Kolonien wachsen mit kurzen und dicken Verzweigungen. Ihre abgestorbene Basis ist Siedlungssubstrat für viele Algen und kleine Wirbellose Tiere. Die Korallenkelche sind entweder mono-, di- oder trizentrisch. Sie besitzen 72 scharfe und nicht gezahnte Septen. Sie können ausgedehnte Rasen bilden und siedeln bis in große Tiefen. Die Farbe der Kolonien ist meist gelb.

T: 23 - 27° C, **Ø:** 10 cm, **BS:** 4

Eusmilia fastigiata var. *flabellata* (PALLAS, 1766)
Rauhe Blumenkoralle

Vork.: Karibisches Meer, Bahamas, Florida, Jamaika, Bonaire.
GU: Keine.
Hält. B.: Nicht bekannt.
FU: K; Plankton.
Bes.: Rauhe Blumenkorallen sind eine Wuchsform der Blumenkoralle *E. fastigiata*. Ihre Korallenkelche sind langgestreckt und gewunden. Sie stehen außerordentlich weit auseinander und können an schattigen Stellen am unteren Riffhang ausgedehnte Kolonien bilden. Die fast transparenten Polypen sind nachtaktiv. Die Basis der Korallenkelche und die Zwischenräume zwischen ihnen wird von einer großen Anzahl kleiner Wirbelloser Tiere besetzt. Überwiegend sind es Schwämme, die hier siedeln.

T: 20 - 27° C, **Ø**: 15 cm, **BS**: 4

Physogyra lichtensteini EDWARDS & HAIME, 1851
Spitze Blasenkoralle, Ballonkoralle

Vork.: Indo-Pazifik, Australien, Korallensee. **GU:** Keine.
Hält.B.: Wegen der Größe der Kolonien kommen nur Bruchstücke in den Handel. Daher sind die Kolonien auch häufig verletzt. Sie sterben schnell ab und sind lebend kaum noch für eine Hälterung geeignet. Abgestorbene Skelette eignen sich gut für einen Dekorationsbesatz. **FU:** Plankton, *Artemia*-Nauplien.
Bes.: Die Kolonien wachsen massiv, mäandrisch mit vielen weiten Tälern und langen, spitzen Septen. Tagsüber ist die Kolonie bedeckt mit einer Vielzahl von finger- bis traubenförmigen Vesikeln, die sich bei Störungen sofort zurückziehen. Die Polypen werden erst nachts ausgestreckt. Sie können nicht vollständig eingezogen werden. Ballonkorallen leben an geschützten Riffstellen und oft an vertikalen Wänden. Ihre Farbe ist variabel.

T: 23 - 27° C, **Ø:** 30 cm, **BS:** 4 (Gattung geschützt)

Plerogyra sinuosa (DANA, 1846)
Blasenkoralle

Vork.: Rotes Meer, Indo-Pazifik bis Samoa.
GU: Keine.
Hält.B.: siehe *Physogyra lichtensteini*.
FU: K; Plankton, *Artemia*-Nauplien.
Bes.: Die Kolonieoberfläche ist blasig bis traubig. Die hellen Linien auf der Vesikeloberfläche markieren Anhäufungen von Nesselzellen. Die Polypen sind nachtaktiv. Die Kolonien werden gelegentlich sehr groß. Sie wachsen mäandrisch mit breiten und tiefen Tälern und blasigen Kammlinien. Blasenkorallen leben im stark strömenden Wasser am Riffhang.

T: 23 - 27° C, **Ø**: 100 cm, **BS**: 4 (Gattung geschützt)

Polycyathus muellerae (ABEL, 1959)
Müller's Rasenkoralle

Vork.: Mittelmeer bis Portugal und Kanarische Inseln.
GU: Keine.
Hält.B.: Nicht bekannt.
FU: K; Plankton.
Bes.: Rasenkorallen sind ahermatypisch. Sie bilden häufig rasenartige Kolonien in Flachwasserhöhlen und Grotten und kommen auch in Unterhöhlungen vor. Sie siedeln bis in 30 m Tiefe. Ihre Polypen sind meist transparent. Die Tentakeln enden in kleinen, kugelförmigen Köpfchen.

T: 10 - 18° C, Ø: 30 cm, BS: 4

Astroides calycularis (PALLAS, 1766)
Sternkoralle, Kelchkoralle

Vork.: Südliches Mittelmeer, Marokko, Algerien, Tunesien, Sizilien.
GU: Die Polypen sind vivipar.
Hält.B.: Sternkorallen sind am besten im Dunkelbecken zu halten, sie reagieren empfindlich auf Veralgung.
FU: Die Kolonien müssen gezielt mit Artemien, *Mysis* und Ersatzplankton gefüttert werden.
Bes.: Sternkorallen sind koloniebildend. Entweder sind sie flachwüchsig mit dicht stehenden Einzelindividuen oder hochwüchsig mit locker stehenden Einzeltieren. Sie bilden Polster an Felsen und Steinen, an schattigen Stellen von Höhlen und Unterhöhlungen. Die einzelnen Kelche sind im allgemeinen bis zum Kelchrand miteinander verwachsen. Die Septen sind dünn und gerade, die Polypen gelb bis gelborange und ohne Zooxanthellen.

T: 12 - 20° C, **L**: 2 - 4 cm, **BS**: 4

Balanopyllia europaea (RISSO, 1826)
Warzenkoralle

Vork.: Mittelmeer, Atlantik.
GU: Keine.
Hält. B.: Warzenkorallen können in einem Aquarium erfolgreich über viele Jahre gepflegt werden. Sie müssen aber mit ihrer Substratunterlage eingesetzt werden.
Licht: Sonnenlichtzone.
FU: K; gefüttert wird mit *Cyclops*, *Daphnia* und mit kleinen Schwebegarnelen.
Bes.: Warzenkorallen wachsen solitär im oberen Sublitoral der Felsküsten, festzementiert an Steinen, auf Felsen und anderen festen Unterlagen; sie sind der Wellenbewegung des Flachwassers gut angepaßt. Die Polypen sind tagsüber eingezogen und werden erst nachts ausgestreckt. An den transparenten Tentakeln der Polypen befinden sich warzenähnliche Nesselbatterien (Name!). Die Korallenkelche sind breiter als hoch und mit verdicktem und porösem Kelchrand ausgestattet. Die Septen sind fein bedornt oder gekörnelt.

T: 10 - 24° C, **Ø**: 1 - 1,5 cm, **BL**: 80 cm, **WB**: m - s, **WR**: o, **BS**: 3, **SG**: 2

Leptopsammia pruvoti LACZE-DUTHIERS, 1897
Gelbe Nelkenkoralle

Vork.: Mittelmeer, selten in der Adria.
GU: Keine.
Hält.B.: Gut im Dunkelbecken haltbar.
FU: Ersatzplankton.
Licht: Dämmerlichtzone.
Bes.: Die Gelbe Nelkenkoralle wächst solitär oder in Form niedriger, rasenförmiger Kolonien auf tiefen Felsböden und auf sekundären Hartböden zwischen 10 - 50 m Tiefe. Sie lebt bevorzugt und zum Teil auch sehr häufig an Felswänden von Höhlen und Unterhöhlungen. Die Korallenkelche sind in ihrer Form variabel, mit geraden und schwach gebogenen Septen. Die Kelche sind außen gerippt und bilden Polypen ohne Zooxanthellen.

T: 23 - 27° C, L: 2 cm, BS:

Tubastrea coccinea LESSON, 1834
Orange Rohrkoralle

Vork.: Gattung kosmopolitisch, Rotes Meer, Karibisches Meer, Indo-Pazifik.
GU: Keine.
Soz.Verh./Vgs.: Mit kleinen Fischen und Niederen Tieren gut zu vergesellschaften. Wenn möglich, Aufwuchsfresser im Aquarium vermeiden.
Hält.B.: Rohrkorallen sind Tiere mit hohem Futterbedarf. Sie dürfen nicht horizontal im Becken eingepaßt werden. Schattige Stellen sind zu bevorzugen. Sie gedeihen mit zahlreichen Kalkalgen am besten. Empfindlich sind sie gegenüber Veralgung, Nitraten und Phosphaten. Da die Tiere dämmerungsaktiv sind, empfiehlt sich eine Haltung unter Blaulicht.
FU: Das Freßverhalten mit feinstem Plankton aktivieren. Danach *Artemia*-Nauplien. Die Polypen fressen in der Natur auch kleine Fische.
Bes.: Die Tiere bevorzugen als Lebensraum schattige Plätze an vertikalen Wänden. Sie siedeln an Hafenanlagen, an Schiffswracks und kleiden Unterhöhlungen großflächig aus. Die Polypen sind kräftig orange gefärbt mit gelben Tentakeln und ohne Zooxanthellen. An schattigen Stellen, wo der Lichteinfall auch tagsüber sehr gering ist, siedeln Kolonien mit ausgestreckten Fangarmen.

T: 23 - 27° C, Ø: 30 cm, BL: ab 150 cm, WB: m, WR: m - u, BS: 4, SG: 4

Tubastrea micrantha EHRENBERG, 1834
Schwarze Kelchkoralle, Schwarze Rohrkoralle

Vork: Rotes Meer, Indo-Pazifik.
GU: Keine.
Hält.B.: Siehe *T. aurea*.
FU: Ersatzplankton, *Artemia*-Nauplien.
Bes.: Die Kolonien wachsen aufrecht, reich verzweigt und baumförmig. Sie leben im Starkwasserbereich der Vorriffe auf abgestorbenen Korallen und richten ihre Kolonie quer zur Strömungsrichtung des Wassers aus. Kleine Kolonien siedeln an Höhlenrändern und unter Überhängen. Die Polypen sind dämmerungs- und nachtaktiv und besitzen keine Zooxanthellen. Die Farbe ist variabel. Die Polypen sind immer anders gefärbt als die schwarze bis dunkelbraune Kolonie.

T: 23 - 27° C, L: 80 cm, BS: 3

Ordnung: Scleractinia
Fam.: Dendrophylliidae

Turbinaria frondens (DANA, 1846)
Kelchkoralle

Vork.: Indo - Pazifik, Thailand, Japan, Fidschi, Samoa, Australien.
GU: Keine.
Hält.B.: Nicht bekannt.
FU: K; Plankton.
Bes.: Kelchkorallen leben im tiefen Wasser auf allen möglichen Siedlungsunterlagen und bilden überwiegend becherförmige, horizontale oder vertikale Strukturen aus. Die becherförmige Korallenkolonie beginnt mit einer schmalen Basis und endet in einer großen, runden Öffnung. Die Farbe der Kolonien reicht von grünlich-braun bis hin zu gelblich bis grau.

T: 20 - 24° C, **L**: 80 cm, **BS**: 4

Turbinaria mesenterina LAMARCK, 1816
Gewundene Salatkoralle, Folienkoralle, Kraterkoralle

Vork.: Rotes Meer, Ostafrika, Indo-Pazifik.
GU: Keine.
Soz.Verh./Vgs.: Eine Vergesellschaftung mit anderen Korallen, Putzergarnelen und Fischen ist möglich. Sie gedeiht am besten mit zahlreichen Kalkrotalgen im Becken.
Hält.B.: Die Korallen sind in einem Aquarium relativ gut haltbar. Es kommen nur Bruchstücke dieser Kolonien in den Handel.
FU: Gezielte Fütterung 1 - 2 mal wöchentlich mit Ersatzplankton
Bes.: *Turbinaria* ist die einzige Gattung riffbildender Korallen innerhalb der Familie der Dendrophylliidae. Die Kolonien wachsen vasenförmig, massiv und in gelappten Lagen und Platten. Sie leben im klaren Wasser gut durchströmter Riffhänge und können mehrere Quadratmeter Korallengrund bedecken. Die Polypen sind hell und nachtaktiv. Sie besitzen Zooxanthellen.

T: 23 - 27° C, **Ø:** 50 cm, **BS:** 2

Die gewundene Drahtkoralle *Cirrhipathes anguinea* (Malediven)

Dörnchenkorallen werden im allgemeinen Sprachgebrauch auch als **Schwarze Korallen** bezeichnet, weil ihre Kolonien dunkelbraune bis schwarze Achsenskelette bilden, die in der Schmuckindustrie zu Perlen, Perlenketten, Amuletten und zu anderen Gegenständen verarbeitet werden.
Es handelt sich bei den Dörnchenkorallen um koloniebildende, meist auf einer festen Unterlage angewachsene, sechsstrahlige Korallen, die ein dorniges, elastisches und hornartiges, kalkfreies Achsenskelett ausbilden, das Konvergenzen zum Skelett der Hornkorallen (Gorgonaria) aufweist. Das Skelett beider Tiergruppen weist jedoch einige Unterschiede auf.
Das Achsenskelett der Dörnchenkorallen wird von einer dünnen, weichen, lebenden Außenschicht überzogen, in der die Polypen mit ihren kurzen, dicken und unverzweigten Tentakeln leben.
Die einzelnen Polypen sind relativ klein. Sie messen nur wenige Millimeter und besitzen ein zylindrisches Aussehen. Um die Mundöffnung herum befinden sich sechs, selten acht, Fangarme (Tentakel), die nicht kontrahierbar sind. An ihrer Basis sind die einzelnen Polypen über eine gemeinsame Grundmasse (Coenosark) miteinander verbunden.
Dörnchenkorallen ernähren sich von feinstem pflanzlichen Plankton (Phytoplankton), das sie über Flimmerepithelien einstrudeln.
Sie zeigen sehr unterschiedliche Wuchsformen, die von langgestreckten, peitschenförmigen, bürstenartigen und fächerförmigen Kolonien bis hin zu kleinen Büschen und Bäumchen reichen. Oft sind die Stöcke in einer Ebene verzweigt und bilden Federn und Fächer oder benachbarte Zweige verwachsen miteinander zu einem Maschen- und Netzwerk. Kleine Arten sind quirlförmig verzweigt, wobei die Seitenäste rings um die Hauptachse der Kolonie ansetzen. Sie haben dann das Aussehen von Flaschenbürsten.
Einige Kolonien sind nur wenige Zentimeter groß, andere messen einige Meter. Besonders die peitschenförmigen Dörnchenkorallen, die wie lange Ruten in der Strömung stehen, erreichen eine Totallänge von sechs Metern. Sie sind an den Enden der Kolonie mehrfach aufgerollt.
Über die Biologie der Dornkorallen ist sehr wenig bekannt. Das liegt vor allem daran, daß die meisten Arten erst unterhalb einer Wassertiefe von 100 m leben. Daher sind die bekanntesten Arten auch

Ordnung: Antipatharia

Tiefseeformen, die als Dredgematerial aus großer Tiefe gezogen wurden und in den Museen der Welt den Taxonomen zwecks Bestimmung zur Verfügung standen. Zur Lebendbeobachtung von Dornkorallen in ihrem natürlichen Habitat haben Meeresbiologen selten Gelegenheit und wenn, dann werden nur die wenigen Arten erfaßt, die bis maximal 50 m Tiefe siedeln.
Die meisten bekannten Arten leben in den warmen, tropischen Meeren. Nur wenige Arten siedeln in gemäßigten Breiten, wie im mittleren und westlichen Atlantik und im Mittelmeer.
Auch über die Geschlechtsverhältnisse dieser Tiere ist sehr wenig bekannt. Man weiß, daß die Polypen eines Stockes entweder männlich oder weiblich sind. Zwittrige Kolonien sind nur ausnahmsweise nachgewiesen worden.
Bislang sind keine Freßfeinde bekannt. Wohl aber beobachtet man häufig, daß zahlreiche Tiere, wie Krebse, kleine Fische, Schlangensterne, Muscheln, Schnecken und Gorgonenhäupter auf ihren Kolonien leben, ohne daß man jedoch etwas genaueres über eine mögliche Wechselbeziehung zwischen den beteiligten Parteien weiß.
Schwarze Korallen sind weitgehend durch das Washingtoner Artenschutzabkommen geschützt. Meeresaquaristisch sind sie ohne Bedeutung .

Systematik

Stamm: Cnidaria	Nesseltiere
Klasse: Anthozoa	Blumentiere
Unterklasse: Hexacorallia	Sechsstrahlige Korallen
Ordnung: Antipatharia	Dörnchenkorallen
Familie: Antipathidae	
Gattungen: *Antipathes*	
Stichopathes	
Cirrhipathes	

Antipathes atlantica GRAY, 1857
Atlantische Schwarze Koralle

Vork.: Karibisches Meer, Trinidad, Jamaica, Kolumbien.
GU: Kolonien getrenntgeschlechtlich.
Hält.B.: Nicht bekannt.
FU. H; Plankton.
Bes.: Die Kolonien wachsen aufrecht und reich verzweigt. Sie entspringen einer kleinen Basis, die einen relativ kurzen Hauptstamm trägt. Die einzelnen Verzweigungen sind zart und tragen auch tagsüber ausgestreckte Polypen. Die Fächer der Kolonie sind meist quer zur Strömungsrichtung des Wassers positioniert. Die Kolonien leben in großer Wassertiefe.

T: 18 - 22° C, **L:** 80 cm, **BS:** 4 (Gattung geschützt), **SG:** 4

Antipathes dichotoma PALLAS, 1766
Schwarze Koralle

Vork.: Rotes Meer, Indopazifik bis Galapagos.
GU: Kolonien getrenntgeschlechtlich.
Hält.B.: Nicht bekannt.
FU: H; Plankton.
Bes.: Die Kolonien wachsen buschig, fächerförmig und reich verzweigt. Sie bestehen aus einer Vielzahl dünner und dorniger Verzweigungen, die einer stämmigen Basis entspringen. Sie sind stets quer zur Strömungsrichtung des Wasser ausgerichtet. Diese Art ist die größte in tropischen Meeren. Sie siedelt auf Hartsubstrat bis in sehr große Tiefen an Riffhängen und auf unterseeischen Plattformen. Ihr schwarzes Skelett wird in der Schmuckindustrie verwendet.

T: 22 - 26° C, **L:** 100 cm, **BS:** 4 (Gattung geschützt), **SG:** 4

Antipathes furcata GRAY, 1857
Schwarze Koralle

Vork.: Karibisches Meer, Bahamas, Bermudas, Jamaica, Barbados, Kolumbien.
GU: Kolonien getrenntgeschlechtlich.
Hält.B.: Nicht bekannt.
FU: H; Plankton.
Bes.: Die Kolonien wachsen aufrecht mit zarten und langen Verzweigungen, die auf einem kurzen Hauptstamm stehen. Die rutenförmigen Verzweigungen sind fächerförmig angeordnet und ohne Pinnulae. Die Kolonien leben in großen Tiefen auf allen nur möglichen Hartsubstraten.

T: 18 - 22° C, **L:** 60 cm, **BS:** 4 (Gattung geschützt), **SG:** 4

Ordnung: ANTIPATHARIA
Fam.: Antipathidae

Antipathes hirta GRAY, 1857
Schwarze Koralle

Vork.: Karibisches Meer, Trinidad, Barbados, Kolumbien.
GU: Kolonien getrenntgeschlechtlich.
Hält.B.: Nicht bekannt.
FU: H ; Plankton.
Bes.: Das Bild zeigt einen Teilausschnitt der Kolonie. Diese wächst mit nur wenigen Verzweigungen, die flaschenbürstenartig ausgebildet sind. Dieser Eindruck entsteht durch die Anordnung der Verzweigungen um eine zentrale Hauptachse. Die Pinnulae befinden sich in 4 - 6 Reihen beiderseits der Verzweigungen. Die Kolonien leben an tiefen Riffhängen bis in 80 m Tiefe.

T: 18 - 22° C, **L:** 50 cm, **BS:** 4 (Gattung geschützt), **SG:** 4

Antipathes thamnea WARNER, 1981
Schwarze Koralle

Vork.: Karibisches Meer, Trinidad, Barbados, Kolumbien.
GU: Kolonien getrenntgeschlechtlich.
Hält.B.: Nicht bekannt.
FU: H; Plankton.
Bes.: Die Kolonien wachsen aufrecht auf verschiedenen Hartsubstraten in großer Tiefe. Sie sind reich verzweigt; die Verzweigungen sind in einer Ebene ausgerichtet. Die Pinnulae sind in langen Reihen entlang der Verzweigungen angeordnet. Die lebende Rinde, die um das Achsenskelett gruppiert ist, ist je nach Alter der Kolonie, entweder rostrot oder braun. Rostrote Kolonien sind jünger. Die Polypen sind anemonenähnlich.

T: 18 - 22° C, **L**: 60 cm, **BS**: 4 (Gattung geschützt), **SG**: 4

Antipathes sp.
Schwarze Koralle

Vork.: Indopazifik, Malaysia.
GU: Kolonien getrenntgeschlechtlich.
Hält.B.: Nicht bekannt.
FU: H ; Plankton.
Bes.: Die Kolonien wachsen buschförmig mit langen Ruten und zarten, seitlichen Verzweigungen. Sie siedeln auf Korallen oder Korallenbruch und erheben sich nur geringfügig über ihr Siedlungssubstrat. Die Polypen sind tag- und nachtaktiv.

T: 22 - 26° C, L: 40 cm, BS: 4 (Gattung geschützt), SG: 4

Antipathes sp.
Schwarze Koralle

Vork.: Indopazifik, Malaysia.
GU: Kolonien getrenntgeschlechtlich.
Hält.B.: Nicht bekannt.
FU: H; Plankton.
Bes.: Die Kolonien siedeln auf einer abgestorbenen Drahtkoralle (*Cirrhipathes*) in stark strömendem Wasser am unteren Riffhang. Die Wuchsform der Kolonie ist federförmig. An den Verzweigungen befinden sich viele kleine, sechsstrrahlige Polypen.

T: 22 - 26° C, L: 8 cm, BS: 4 (Gattung geschützt), SG: 4

Antipathes sp., Malaysia

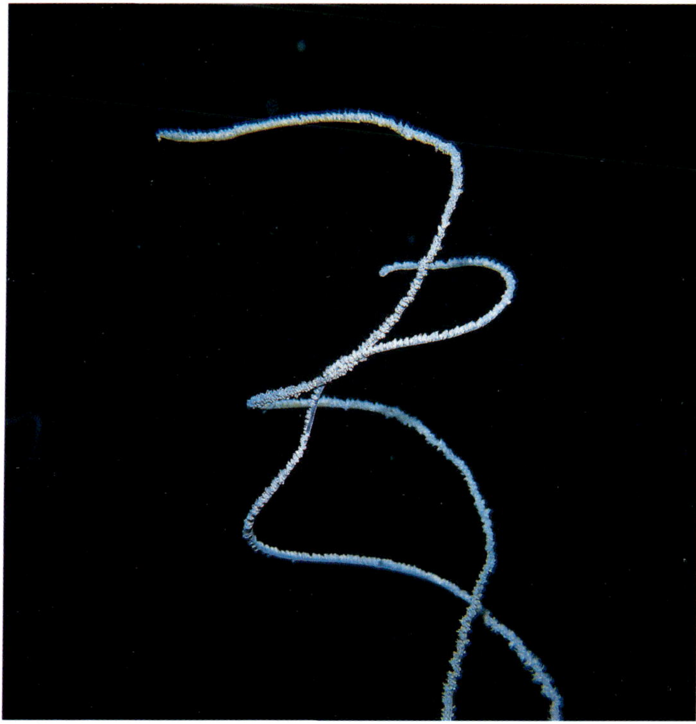

Stichopathes leutkeni BROOK, 1889
Spiralige Drahtkoralle

Vork.: Karibisches Meer, Jamaica, Curaçao, Kolumbien.
GU: Kolonien getrenntgeschlechtlich.
Hält.B.: Nicht bekannt.
FU: H; Plankton.
Bes.: Die Kolonien wachsen aufrecht, unverzweigt und drahtig. Große Kolonien sind im oberen Drittel stets spiralig aufgerollt. Sie können über 2 m Länge erreichen. Die Polypen sind entlang der Kolonieachse angeordnet und auch tagsüber expandiert. Pinnulae fehlen. Die Kolonien leben an vertikalen Wänden, unter Überhängen und auf unterseeischen Plattformen in großen Tiefen.

T: 18 - 22° C, **L**: 150 cm, **BS**: 4 (Gattung geschützt), **SG**: 4

Ordnung: ANTIPATHARIA
Fam.: Antipathidae

Cirrhipathes anguinea DANA, 1846
Gewundene Drahtkoralle

Vork.: Indopazifik, Malediven, Australien, Neukaledonien, Hawaii.
GU: Kolonien getrenntgeschlechtlich.
Hält.B.: Nicht bekannt.
FU: H; Plankton.
Bes.: Die Kolonien wachsen aufrecht, unverzweigt und gewunden. Sie siedeln mit kleiner Basis an Riffhängen und auf Plateaus in Tiefen zwischen 15 - 60 m. Die Rindenschicht ist unterschiedlich gefärbt, meist olivgrün bis orangerot. Die Polypen sind meist hell, fast transparent und auch tagsüber expandiert.

T: 22 - 26° C, L: 70 cm, BS: 4 (Gattung geschützt), SG: 4

Cirrhipathes sp. (*spiralis* ?)
Spiralige Drahtkoralle

Vork.: Indopazifik, Malediven.
GU: Kolonien getrenntgeschlechtlich.
Hält.B.: Nicht bekannt.
FU: H; Plankton.
Bes.: Die Kolonie wächst aufrecht und peitschenförmig. Sie ist im oberen Drittel spiralig aufgewunden und mit kleiner Basis an steilen Riffabfällen und auf Plateaus bis in große Tiefen festgewachsen. Die hellen Polypen, die radiär um die Peitschen angeordnet sind, sind auch tagsüber ausgestreckt. Die lebende Rindenschicht ist rostrot. Die Kolonien findet man sehr häufig an indopazifischen Riffen.

T: 22 - 26° C, **L**: 300 cm, **BS**: 4 (Gattung geschützt), **SG**: 4

Stamm: Ctenophora
Klasse: Tentaculata

Rippenquallen sind einfach gebaute, asymmetrische, zarte, transparente und überwiegend pelagische Hohltiere, die in der Zone des freien Wassers leben. Mit etwa 80 Arten sind sie in allen Weltmeeren vertreten. Früher wurden sie systematisch im Stamm der Nesseltiere (Cnidaria) zusammengefaßt; heute betrachtet man sie als einen eigenen Stamm, der sich deutlich von den Quallen der Nesseltiere unterscheidet. Während die Nesseltiere in Form von Polyp und Meduse vorkommen, trifft man bei den Rippenquallen nur eine Erscheinungsform an, die Meduse.

Die Gestalt der Rippenquallen ist kugel- bis birnenförmig, wobei einzelne Arten stark abgewandelt sein können. Ihr Körper besteht zu 99 % aus Wasser. Auf der Körperoberfläche fallen, deutlich sichtbar, 8 Reihen sog. Rippen auf, die mit Wimpernplättchen besetzt sind, von denen ein jedes zahlreiche, am Grund miteinander verklebte, Cilien trägt. Sie gelten als das charakteristische Merkmal der Rippenquallen.

Die Wimpernplättchen schlagen wohlkoordiniert und treiben den Körper durch das Wasser. Durch den Schlag der Wimpernreihen entstehen Interferenzfarben, die irisieren. Die Steuerung und Koordination dieser Bewegungen erfolgen über ein diffuses Nervensystem, das unter der Außenhaut liegt und sich unterhalb der 8 “Rippen” verdichtet.

Neben vielen Sinneszellen, die über die gesamte Körperoberfläche verteilt sind, besitzen Rippenquallen Statocysten, die als Gleichgewichtsorgane fungieren. Sie übermitteln den Tieren ihre Lage im freien Wasser und bestehen aus Statolithen, die auf Wimpernbürstchen ruhen. Das gesamte System wird von einer transparenten Kuppel überdacht.

Zwischen einer dünnen Außen- und Innenhaut (Ekto- und Entoderm) übernimmt eine dicke Gallertschicht (Mesogloea) Stützfunktion. Wie schon bei den Cnidarien besteht diese Schicht aus Protein mit vielen eingewanderten Zellen, in der Längs- und Ringmuskelstränge eingelagert sind.

Das Verdauungssystem beginnt mit einem dehnbaren Mund, der die Nahrung aufnimmt. Von hier führt ein langer Schlund (Pharynx) in einen Zentralmagen, der ein verzweigtes Kanalsystem in die Mesogloea entsendet. Ein Darmkanal teilt sich in vier Exkretionskanäle, von denen zwei durch kleine Poren nach außen münden.

Aufgabe und Funktion des Kanalsystems ist es, den Nährstofftransport innerhalb des Körpers der Quallen zu übernehmen. Zu diesem Zweck sind sie mit Wimperepithelien ausgekleidet.
Alle Rippenquallen sind Zwitter. Die Fortpflanzung findet auf geschlechtlichem Wege statt. Die Befruchtung der Gameten erfolgt überwiegend im freien Wasser; nur wenige Arten ziehen ihren Nachwuchs in Bruttaschen auf. Die Entwicklung der Rippenquallen unterscheidet sich grundlegend von der der Cnidaria. Die Gonaden liegen in den Rippengefäßen, in die sich Eier und Spermien ergießen. Über den Mund werden sie nach außen abgegeben. Eine freischwimmende Larve (Cydippen-Larve) kommt vor. Bei vielen Arten schlüpft aus dem befruchtetem Ei eine kleine Rippenqualle, die sich kurze Zeit danach zum ersten Mal fortpflanzt. Anschließend werden die Geschlechtsorgane zurückgebildet und die Quallen wachsen zu ihrer endgültigen Größe heran. Danach werden sie erneut geschlechtsreif und pflanzen sich zum zweiten Mal fort. In der Biologie bezeichnet man diesen Vorgang als Dissogonie.
Rippenquallen sind, bedingt durch ihre überwiegend pelagische Lebensweise, in hohem Maße von Strömungen abhängig. Bei ruhiger See werden sie oftmals nahe der Wasseroberfläche zu einer großen Individuendichte zusammengetrieben, wobei sie, wenn die See stürmischer wird, in tiefere Wasserschichten abwandern. Einige Arten, die nicht pelagisch leben, kriechen auf dem Boden. Als diese Tiere entdeckt wurden, glaubte man, eine Übergangsform zwischen den Nesseltieren (Cnidaria) und den Plattwürmern (Plathelminthes) gefunden zu haben. Das konnte jedoch nicht aufrecht erhalten werden. Damit bleiben alle Theorien über den Ursprung der Rippenquallen noch im Bereich der Spekulation stecken.
Die tentakeltragenden Arten (Tentaculata), die zwei lange Tentakeln hinter sich herziehen, die in tiefe Taschen eingezogen werden können, fischen mit ihren Fangarmen den Wasserraum nach Nahrung ab. Die Beute bleibt an Klebzellen (Kolloblasten) hängen, die mehrfach eingesetzt werden können. Nesselkapseln fehlen allen Rippenquallen. Von Zeit zu Zeit werden die Fangarme am Mund vorbeigezogen und die daran haftenden Beutetiere aufgenommen.

Tentakellose Rippenquallen (Atentaculata) leben überwiegend räuberisch, indem sie unter Dehnung ihres Körpers und starker Erweiterung ihrer Mundöffnung Beutetiere direkt verschlingen.

Systematik:

Stamm: Ctenophora	Kamm - und Rippenquallen
Klasse: Tentaculata	Tentakeltragende Rippenquallen
Ordnung: Cydippida	Cydippen
Familie: Pleurobrachiidae	Seestachelbeeren
Gattung: *Pleurobrachia*	
Ordnung: Lobata	Lappenrippenquallen
Familie: Bolinopsidae	
Gattungen: *Leucothea*	
Mnemiopsis	
Ordnung: Cestida	Venusgürtel
Familie: Cestidae	
Gattung: *Cestum*	
Klasse: Atentaculata	Tentakellose Rippenquallen
Ordnung: Beroida	Melonenquallen
Familie: Beroidae	
Gattung: *Beroe*	

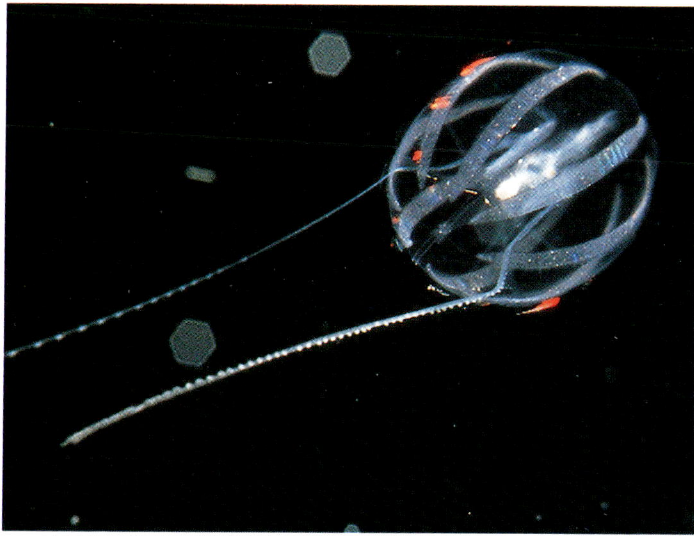

Pleurobrachia pileus (=*rhodophis*) (MÜLLER, 1776)
Seestachelbeere, Kugelrippenqualle

Vork.: Die Gattung ist kosmopolitisch und in allen europäischen Meeren beheimatet.
GU: Quallen sind Zwitter.
Hält.B.: Nicht bekannt.
FU: K; Plankton, kleine Fische.
Bes.: Seestachelbeeren sind Quallen mit kugeligem bis eiförmigem Körper, der 8 breite Rippen trägt, die vom Scheitelpol bis zur Mundregion führen. Sie sind mit dichten Wimperbändern besetzt. Sie schwimmen durch Hin- und Herschlagen ihrer peitschenartigen Wimpern. An den Seiten befinden sich ein Paar große Tentakeltaschen, aus der lange und gefiederte Fangarme herausgezogen und wie Fangfäden geschleppt werden. Ausgestreckt sind sie 20fach so lang, wie der Querschnitt der Qualle. Seestachelbeeren leben pelagisch und sind stark von Strömungen abhängig. Sie neigen zur Schwarmbildung und vertragen starke Aussüßungen des Wassers. Gegenüber niedrigen Temperaturen sind sie weitgehend unempfindlich.

T: 0 - 26° C, **L**: 2 - 3 cm, **BS**: 4, **SG**: 4

Ordnung: LOBATA
Fam.: Bolinopsidae

Leucothea multicornis (QUOY & GAIMARD, 1824)
Glas - Lappenqualle

Vork.: Mittelmeer, Atlantik, Nordsee, westliche Ostsee, Schwarzes Meer.
GU: Quallen sind Zwitter.
Hält.B.: Nicht bekannt.
Bes.: Quallenkörper überwiegend transparent, länglich-oval in der Form und seitlich abgeflacht. Die Tiere besitzen körpergroße Schwimmlappen und warzenförmige Körperpapillen, die vorstreckbar und mit Giftdrüsen besetzt sind. Sie unterstützen den Nahrungsfang. Mit den Tentakeln stehen zwei wurmförmige Fortsätze in Verbindung. Die Quallen leben pelagisch und bilden im Frühjahr und im Sommer große Schwärme nahe der Küste.

T: 8 - 18° C, **L**: 10 cm, **BS**: 4, **SG**: 4

Mnemiopsis leidyi AGASSIZ, 1865
Meerwalnuß, Katzenauge

Vork.: Westatlantik, Südkarolina, Neuengland, Asovsches Meer.
GU: Quallen sind Zwitter.
Hält.B.: Nicht bekannt.
FU: K; Plankton.
Bes.: Diese Quallen sind in ihrer Gestalt überwiegend birnenförmig und mit lappigen Fortsätzen ausgestattet, die die Körperwand verlängern. Die Rippen setzen sich auf diesen Lappen fort. Die 8 blättchenbesetzten Ruderkämme erzeugen eine Biolumineszenz und damit ein intensives Meeresleuchten. Bei ausgesprochen starker Vermehrung und Massenauftreten können sie Austernkulturen schädigen, indem sie die Larven verschlingen. Meerwalnüsse besitzen eine ausgesprochen große Temperatur- und Salzgehaltstoleranz.

T: 5 - 20° C, **L:** 10 cm, **BS:** 4, **SG:** 4

Venusgürtel

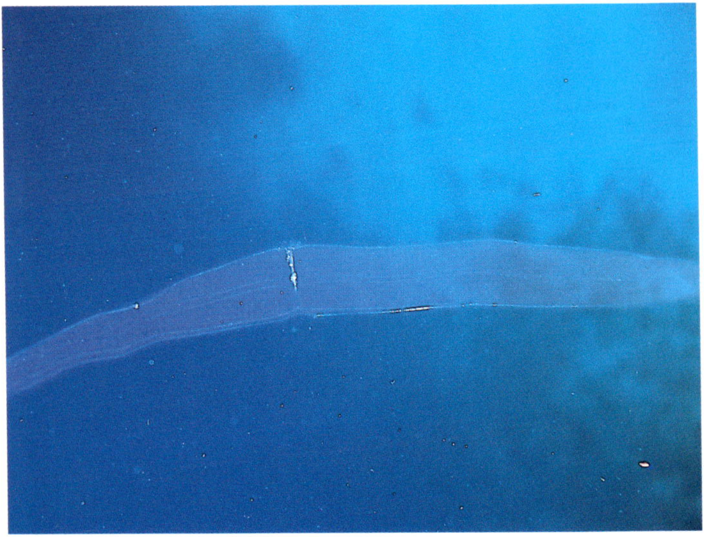

Cestum veneris LESUEUR, 1813
Venusgürtel, Meerschwert

Vork.: In allen warmen Meeren, Mittelmeer, tropischer Atlantik.
GU: Keine.
Hält.B.: Nicht bekannt.
FU: Plankton.
Bes.: Die Tiere sind in ihrer Form stark zusammengedrückt, flach und transparent. Die Jugendformen gleichen normalen Rippenquallen. Erst in der weiteren Embryonalentwicklung wächst der Körper der Tiere in der Schlundebene stark in die Länge und wird bandförmig. Sie besitzen vier mit Ruderblättchen besetzte Rippen, die bei mechanischen Reizen blau-grün bis blau fluoreszieren. Venusgürtel "stehen" völlig gestreckt mit senkrecht gestellter Schlundebene im Wasser und werden von der Strömung getrieben. Sie sind aber auch in der Lage, aktiv zu schwimmen. Jahreszeitlich bedingt kann es an manchen Küsten zu Massenansammlungen dieser Tiere kommen.

T: 10 - 26° C, **L:** 150 cm, **BS:** 4, **SG:** 4

Beroe sp.
Melonenqualle

Vork.: Pazifik, Kalifornien.
GU: Quallen sind Zwitter.
Hält.B.: Nicht bekannt.
FU: K; andere Rippenquallen.
Bes.: Melonenquallen leben planktisch. Mit Hilfe eines langen und breiten Schlundes würgen sie, unterstützt von einer kräftigen Muskulatur, andere Artgenossen komplett hinunter. Ein zentraler Magen ist weitgehend zurückgebildet und an den oberen Sinnespol verlagert worden. Junge Tiere sind glasig-transparent und besitzen noch nicht die Fähigkeit zu leuchten. Ältere Tiere sind rosa gefärbt und zu einem intensiven Leuchten befähigt. Die Abgrenzung der Arten ist außerordentlich schwierig.

T: 18 - 26° C, **L:** 12 cm, **BS:** 4, **SG:** 4

Ordnung: Beroida
Fam.: Beroidae

Die Melonenqualle *Beroe cucumis* (Arctic)

Die Seestachelbeere *Mertensia ovum* (Arctic)

Mertensia ovum mit Krill im Magenraum

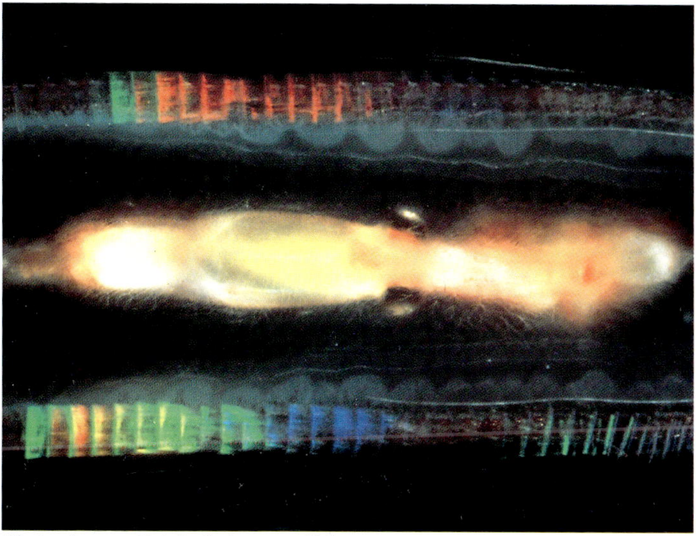

Mertensia ovum, Detailaufnahme vom Krill

Pseudobiceros hancockanus

Meeresstrudelwürmer sind ausschließlich marine Tiere, die in allen Meeren bis in Tiefen von über 100 m leben. Ihre größte Vielfalt und ihren größten Artenreichtum erreichen sie in den tropischen und subtropischen Meeren. Ihre unauffällige Lebensweise unter Steinen und in den Ritzen und Spalten des Litorals bedingt, daß sie wenig bekannt sind. Nur gelegentlich sieht man einige der tag- und nachtaktiven Tiere auf Steinen, Sand und Korallen, in Seegraswiesen und gelegentlich auch im Freiwasser. Schnell ist man geneigt anzunehmen, daß es sich bei diesen Tieren um Nacktschnecken handelt, die ein ähnliches Aussehen besitzen. Bei einer genaueren Betrachtung der Tiere fällt jedoch auf, daß sie weder Kiemenbüschel auf ihrer Körperoberfläche tragen, noch einen kräftigen und muskulösen Fuß besitzen. Statt dessen ist ihr Körper stark dorsoventral abgeflacht und verbreitert, er ist unsegmentiert, länglich-oval in der Form und häufig an den Körperrändern gelappt bis unduliert. Die Körperoberfläche kann glatt, warzig oder zottig sein. Sie trägt einen feinen Wimpernbesatz, der bei der Lokomotion hilfreich mitwirkt. Der Kopf trägt entweder paarige, einfach gelappte Fühler (Tentakeln), oder diese fehlen den Tieren völlig. Augenflecken, sogenannte Ocellen, sind entweder paarig bis zahlreich gehäuft angelegt oder sie sind in mehrreihigen Bändern entlang der Körperachse der Tiere positioniert. Sie sind für die Wahrnehmung von Lichtsinnesreizen verantwortlich.

Alle Meeresstrudelwürmer sind Hermaphrodithen. Sie besitzen sowohl weibliche als auch männliche Geschlechtsorgane in Form von Eierstöcken und Hodenbläschen, die in getrennten Gängen ausmünden. Dotterstöcke fehlen den Tieren. Die Vermehrung einer Art beginnt mit einer Kopulation. Die kleinen, dotterarmen und befruchteten Eier werden in Kapseln entweder einzeln oder in spiraligen Eikokons abgelegt und an das Substrat angeheftet. Die Entwicklung verläuft entweder direkt oder indirekt. Bei der direkten Entwicklung entsteht aus einem befruchtetem Ei ein kleiner Strudelwurm. Die indirekte Entwicklung läuft über planktische Larven (Müllersche Larve, Protrochula), aus denen sich neue Organismen entwickeln.

Besonders die tropischen und subtropischen Arten sind außerordentlich farbenprächtig. Im Gegensatz zu ihnen sind die Kaltwasserarten geradezu unauffällig und häufig transparent. Sie alle

leben überwiegend räuberisch und ernähren sich von Einzellern, von Schwämmen, Würmern, Seescheiden, Muscheln und von Aas und anderen, kleinen Wirbellosen Tieren. Gelegentlich fressen sie auch Kleinstalgen. Oft kommt es vor, daß sie Beutetiere verschlingen, die größer sind als sie selbst. Die aufgenommene Nahrung erreicht über einen ausstülpbaren Schlund (Pharynx) das Darmsystem. Die Verdauung erfolgt in einem umfangreichen, mehrästigen Darm. Da ihnen allen ein After fehlt, wird die unverdaute Nahrung über den Schlund ausgestoßen. Viele Arten sind regelrechte Nahrungsspezialisten. Sie leben entweder kommensalisch auf Tieren oder auf Tierstöcken.
Die Größe der Tiere variiert beträchtlich. Es gibt Winzlinge unter ihnen, die nur wenige Milimeter messen, aber auch solche, die eine Länge von 15 cm erreichen können.
Die Fortbewegung der Tiere erfolgt in einer Kombination von Wimpernschlag, Muskelkontraktion und Schleimabsonderung. Die Längs- und Ringmuskulatur des Hautmuskelschlauches befähigt die Tiere, sich zu strecken, zu verkürzen und sich einzurollen. Auffällig sind bei der Fortbewegung besonders die undulierenden, wellenförmigen Bewegungen der Seitenränder des Körpers, die das Tier vorantreiben. Viele kleine Arten, die planktisch leben, können mehr oder weniger gut schwimmen oder werden passiv umhergetrieben.
Erstaunlich groß ist das Regenerationsvermögen der Meeresstrudelwürmer. Dadurch werden Verletzungen sehr schnell ausgeheilt und aus Teilen eines Tieres können sich erneut komplette Organismen entwickeln.
Meeresstrudelwürmer zu bestimmen ist außerordentlich schwierig und Spezialisten, die mit ihnen arbeiten, gibt es wenige auf dieser Welt. Obwohl es zu vermuten ist, daß gerade tropische Arten anhand ihrer Körperfarbe leicht zu bestimmen sind, sind die Anordnung und die Position der Augen und Tentakeln, die Lage der Geschlechtsöffnungen und des Pharynx unabdingbare Identifikationsmerkmale, die man nur in einem Labor mit Hilfe eines Mikroskopes untersuchen kann. Daher konnten einige Arten in diesen Atlas nicht aufgenommen und wenige nur bis zur Gattung bestimmt werden.

Meerestrudelwürmer im Aquarium

Eine Aquarienhaltung der meisten Meeresstrudelwürmer ist weitgehend unbekannt. Die Tiere werden vereinzelt und rein zufällig mit anderen Arten, mit "lebenden Steinen" und mit Korallen eingeschleppt. Gezielt gesucht und gefangen werden sie nicht. Da Meeresstrudelwürmer eine überwiegend versteckte Lebensweise führen, sind sie für Meerwasser-Aquarianer sowieso nicht interessant und besonders attraktiv. Zudem sind die meisten tropischen Arten aus der Gattung *Pseudoceros* sowieso Nahrungsspezialisten, die sich von Schwämmen, Seescheiden und von anderen Wirbellosen Tieren ernähren. Ohne ihr spezielles Substrat und Futter würden sie in einem Aquarium nicht überleben. Aber gerade bei den Nahrungsspezialisten muß man vorsichtig sein. Der Zebra-Strudelwurm z.B., *Peseudoceros zebra,* weidet auf *Sinularia*-Weichkorallen. Es scheint so, daß er sich vom Körperschleim dieser Lederkoralle ernährt, ohne dabei sichtbare Fraßspuren zu hinterlassen. Ob die Lederkoralle dabei geschädigt wird, ist bis jetzt zumindest noch nicht bekannt. Hier sollten gezielt die Beobachtungen ansetzen.
Ein Problem in der Meerwasser-Aquaristik bereitet die sogenannte "Rote Pest", die von winzig kleinen, dunkelrot gefärbten Strudelwürmern herrührt. Diese Winzlinge kommen mit "lebenden Steinen" in die Aquarien und vermehren sich bei starker HQI-Beleuchtung explosionsartig. Obwohl sie sich ausschließlich von ihren Symbiosepartnern ernähren, die sie in ihrem Gewebe beherbergen, ist ihre Schleimabsonderung so gewaltig, daß sie alles, was sich in einem Aquarium befindet, in kurzer Zeit mit einem Schleimfilm überziehen und ersticken. Eine Bekämpfung dieser Pest erreicht man nur durch eine gründliche Säuberung des Bekkens und des Beckenbesatzes.

Systematik

Stamm: PLATHELMINTHES	Plattwürmer
Klasse: TURBELLARIA	Strudelwürmer
Ordnung: POLYCLADIDA	Meeresstrudelwürmer
Unterordnung: Cotylea	
Familie: Pericelididae	
Gattung: *Pericelis*	
Familie: Pseudocerotidae	
Gattungen: *Acanthozoon*	
Postheceraeus	
Pseudoceros	
Pseudobiceros	

Acanthozoon sp., Malediven

Pericelis sp.
Leoparden - Strudelwurm

Vork.: Karibisches Meer, Florida, Bahamas, Indo - Pazifik.
GU: Alle Tiere sind Hermaphrodithen.
Hält.B.: Nicht bekannt.
FU: K; die Tiere weiden auf Ascidien.
Bes.: Die meisten Tiere leben unter Steinen und unter Korallenbrocken und selten sichtbar auf Korallen oder Korallenbruch. Ihr Körper ist groß, breit und elliptisch in der Form. Er trägt eine Vielzahl unterschiedlich großer, runder, ovaler und gelb-braun bis braun-schwarzer Flecken auf dunkelbraunem Grund. Zwei kurze, sensorische Antennen befinden sich am Kopf.

T: 20 - 28° C, **L**: 6 cm, **BS**: 4, **SG**: 4

Ordnung: Polycladida
Fam.: Pseudocerotidae

Acanthozoon sp.
Gepunkteter Meeresstrudelwurm

Vork.: Indischer Ozean, Malediven.
GU: Alle Tiere sind Hermaphrodithen.
Hält.B.: Nicht bekannt.
FU: K; sie sind Räuber auf verschiedenen kolonialen Wirbellosen.
Bes.: Der Körper der Tiere ist länger als breit. Er besitzt eine länglich - ovale Form mit abgerundeten Körperenden. Die Körperunterseite der Tiere ist aschgrau bis schwarz und besitzt einen hellen Saum entlang der Körperperipherie. Der Saum ist stets unduliert. Die dunkelbraune bis schwarze Körperoberseite ist übersät mit einer Vielzahl goldgelber Punkte, mit hellen Flecken und Bändern. Der Kopf trägt ein Paar Fühler.

T: 20 - 28° C, L: 4 cm , BS: 4, SG: 4

Indischer Ozean, Baa Atoll, Malediven

Ordnung: Polycladida
Fam.: Pseudocerotidae

Postheceraeus giesbrechtii LANG, 1884
Bandplanaria

Vork.: Mittelmeer.
GU: Keine; alle Tiere sind Hermaphrodithen.
Hält.B.: Nicht bekannt.
FU: K; Bandplanarien weiden auf Seescheiden.
Bes.: Der Körper der Tiere ist abgeflacht, bandförmig, gestreift und an den Körperrändern unduliert. Das Vorderende des Körpers trägt gut entwickelte Tentakeln und viele Augen. Das Hinterende des Körpers ist zugespitzt. Die Körperfarbe der Tiere ist variabel. Auf cremefarbenen Untergrund verlaufen rosa, rötliche, dunkelbraune bis schwarze Streifen, wobei eine mediane orange bis zitronengelbe Längsbinde den Körper in zwei Hälften trennt. Die Körperunterseite ist weiß. Bandplanarien leben zwischen Pflanzenbeständen und Tierkolonien und auf Seescheiden der Gattung *Ciona*.

T: 8 - 22° C, L: 3 cm, BS: 4, SG: 4

Pseudoceros dimidiatus GRAFF in SAVILLE-KENT,1893
Meeresstrudelwurm

Vork.: Tropischer Indo-Pazifik, Malediven.
GU: Keine; alle Tiere sind Hermaphroditen.
Hält.B.: Nicht bekannt.
FU: K; sie fressen Moostierchen.
Bes.: Der Körper der Tiere ist langgestreckt und prächtig gefärbt. Paarige Tentakeln befinden sich am vorderen Bewegungspol. Die Körperränder sind wenig unduliert und tiefblau gefärbt. Die Körpermitte ist kräftig orangerot gefärbt in deren Zentrum eine gelbe Längsfurche verläuft.

T: 20 - 26° C, L: 4 cm, BS: 4, SG: 4

Pseudoceros ferrugineus HYMAN, 1959
Rotvioletter Strudelwurm

Vork.: Tropischer Indo-Pazifik, Sri Lanka, Indonesien, Philippinen.
GU: Keine, alle Tiere sind Hermaphrodithen.
Hält.B.: Nicht bekannt.
FU: K; sie ernähren sich von verschiedenen kleinen Wirbellosen Tieren.
Bes.: Der Kopf der Tiere ist deutlich an den paarigen Fühlern am Bewegungspol angezeigt. Die sehr schlanken Strudelwürmer besitzen einen goldgelben, undulierten Körpersaum und einen golggelb gepunkteten, rotviolett gefärbten Körper. Ein breites und dunkelrotes Band trennt Körper und Körpersaum voneinander.

T: 20 - 28° C, L: 8 cm, BS: 4, SG: 4

Pseudoceroś fuscopunctatus PRUDHOE, 1977
Gepunkteter Meeresstrudelwurm

Vork.: Indo - Pazifik, Indonesien, Australien.
GU: Keine, alle Tiere sind Hermaphroditen.
Hält.B.: Nicht bekannt.
FU: K; sie ernähren sich von verschiedenen Wirbellosen Tieren.
Bes.: Der Körper der Tiere ist dorsoventral abgeflacht, langgestreckt bis oval und an den Körperenden abgerundet. Die Grundfarbe des Körpers ist perlweiß mit länglichen, transversalen und dunklen Linien, Flecken und Punkten entlang der äußeren Körperbegrenzungen. Vom Kopf bis zum Körperende trägt die Körperoberseite eine Vielzahl unterschiedlich großer brauner bis goldbrauner Flecken und Punkte. Gut entwickelte Tentakeln sind vorhanden sowie Augen, die in Reihen angeordnet sind. Die zahlreichen Kopfaugen, die sich hinter den Tentakeln befinden, sind gehäuft angelegt. Der Mund liegt zentral an den Körperunterseite.

T: 20 - 28° C, **L:** 2 - 4 cm, **BS:** 4, **SG:** 4

Ordnung: Polycladida
Fam.: Pseudocerotidae

Pseudoceros sp.
Goldgepunkteter Meeresstrudelwurm

Vork.: Mittelmeer, Rotes Meer, Indo-Pazifik.
GU: Keine, alle Tiere sind Hermaphrodithen.
Hält.B.: Nicht bekannt.
FU: K; sie sind Räuber auf verschiedenen Seescheiden-Kolonien.
Bes.: Der Körper der Tiere ist länger als breit. Die Körperoberfläche trägt viele goldgelbe Papillen und Tuberkeln. Zahlreiche Kopfaugen sind in Gruppen angeordnet. Das Körpervorderende trägt Tentakeln. Die Körperfarbe der Tiere ist sehr variabel und möglicherweise abhängig vom Lebensraum. Der Körpersaum ist stets unduliert und hell abgesetzt.

T: 20 - 28° C, **L**: 4 cm, **BS**: 4, **SG**: 4

Pseudoceros sp.
Goldflecken - Strudelwurm

Vork.: Indischer Ozean, Thailand.
GU: Alle Tiere sind Hermaphrodithen.
Hält.B.: Nicht bekannt.
FU: K; die Tiere ernähren sich von kolonialen Wirbellosen.
Bes.: Der Goldflecken - Strudelwurm trägt auf seiner schwarzen Körperoberseite entlang eines breiten und goldgelben Saumes eine unterschiedlich geformte, goldgelbe und markante Körperzeichnung, die sich auch im medianen Körperabschnitt befindet. Tagsüber leben die Tiere versteckt unter Steinen und Korallen. Nachts kriechen sie dann über Korallen hinweg zu ihren Futterplätzen. Das abgebildete Tier ist als Art noch nicht beschrieben worden.

T: 24 - 28° C, L: 4 cm, BS: 4, SG: 4

Ordnung: POLYCLADIDA
Fam.: Pseudocerotidae

Pseudoceros sp. (n.sp.)
Gelblinien - Strudelwurm

Vork.: Indo - Pazifik, Philippinen.
GU: Alle Tiere sind Hermaphrodithen.
Hält.B.: Nicht bekannt.
FU: K, wovon sich die Tiere wirklich ernähren, ist nicht bekannt.
Bes.: Das Bild zeigt zwei Gelblinien - Strudelwürmer, die zwischen den Polypen einer Lederkoralle weiden. Möglicherweise ernähren sie sich von ihnen. Der ovale und schwarzgefärbte Körper der Tiere zeigt ein eindrucksvolles Muster an feinen und gelben Linien, die an einer medianen Linie beginnen und sich bis zum Körpersaum mehrfach aufspalten. Es handelt sich bei diesen Tiere um eine neue Art, die noch nicht beschrieben ist.

T: 24 - 28° C, L: 3 cm, BS: 4, SG: 4

Pseudoceros sp. (n.sp.)
Gelbgestreifter Meeresstrudelwurm

Vork.: Rotes Meer.
GU: Alle Tiere sind Hermaphrodithen.
Hält.B.: Nicht bekannt.
FU: K; wovon sich die Tiere ernähren ist nicht bekannt.
Bes.: Der ovale und schwarzgefärbte Körper der Tiere wird durch eine gelbe Medianlinie in zwei Hälften geteilt. Ein oranges Band umsäumt das Tier. Zwei Invaginationen am Körpervorderende formieren sich zu kleinen, orangefarbenen Hörnchen. Am Köpersaum beginnend verlaufen unterschiedlich lange und gelbe Radiärlinien in Richtung der Medianlinie, ohne sie zu erreichen. Das abgebildete Tier ist eine neue Art und in der Literatur noch nicht beschrieben.

T: 20 - 26° C, **L:** 3 cm, **BS:** 4, **SG:** 4

Ordnung: Polycladida
Fam.: Pseudocerotidae

Pseudobiceros bedfordi LAIDLAW, 1903
Bedfords Strudelwurm

Vork.: Tropischer Indo-Pazifik, Malediven, Australien, Indonesien.
GU: Keine; alle Tiere sind Hermaphrodithen.
Hält.B.: Nicht bekannt.
FU: K; Ascidien, Amphipoden, kleine Wirbellose Tiere.
Bes.: Bedingt durch die auffallende Musterung der Körperoberfläche sind Bedfords Strudelwürmer leicht zu erkennen. Sie verändern die Musterung und Färbung ihres Körpers nur geringfügig in ihrem großen Verbreitungsgebiet. Bedfords Strudelwürmer sind keine Nahrungsspezialisten. Sie verpacken ihre Beute in Schleim und schlingen sie komplett herunter. Sie leben in verschiedenen Habitaten und können auch über kurze Strecken schwimmen.

T: 20 - 28° C, **L**: 5 cm, **BS**: 4, **SG**: 4

Pseudobiceros hancockanus (COLLINGWOOD, 1876)
Rotrand - Strudelwurm

Vork.:Rotes Meer, Indo - Pazifik, West - Pazifik, Karibisches Meer.
GU: Keine; alle Tiere sind Hermaphrodithen.
Hält.B.: Nicht bekannt.
FU: K; sie fressen Seescheiden und Aas.
Bes.: Die Körperoberfläche ist tief blau bis schwarz gefärbt und umgeben von weiß-orangenen Bändern und einem purpurnen Saum. Am Kopf befinden sich 2 kurze Antennen, die man leicht übersieht, da sie die gleiche Farbe besitzen, wie die Körperoberfläche. An der Körperunterseite, die violett gefärbt ist, teilt eine mediane Linie den Körper in zwei Hälften. Rotrand-Strudelwürmer leben auf Korallen, zwischen Korallenbrocken und unter Steinen. Einen großen Standortwechsel nehmen sie schwimmend vor, indem ihre Körperränder undulierende Bewegungen ausführen und den Strudelwurm vorantreiben.

T: 20 - 28° C, **L**: 6 cm, **BS**: 4, **SG**: 4

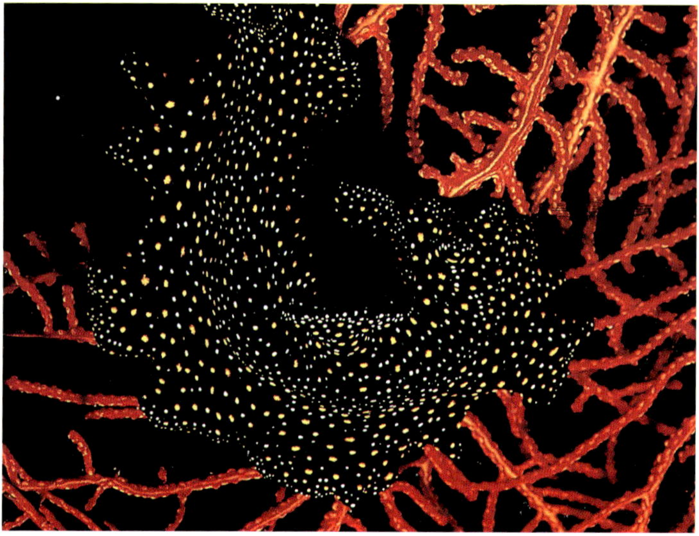

Pseudobiceros sp.
Gefleckter Strudelwurm

Vork.: Pazifikküste USA
GU: Alle Tiere sind Hermaphrodithen.
Hält.B.: Nicht bekannt.
FU: K; was die Tiere fressen ist nicht bekannt.
Bes.: Der Gefleckte Strudelwurm besitzt einen langen und gelappten Körpersaum, der breite Auswüchse besonders an der Kopfregion erkennen läßt. Der schwarze Körper ist übersät mit einer Vielzahl weißer, gelber und roter Punkte, die unterschiedlich groß sind. Im medianen Teil der Körpers sind sie besonders dicht gehäuft. Der abgebildete Strudelwurm weidet auf einer Hornkoralle, die möglicherweise sein Freßsubstrat darstellt. Das Tier ist als Art noch nicht beschrieben worden.

T: 18 - 24° C, **L**: 8 cm, **BS**: 4, **SG**: 4

Reteporellina sp.

Stamm: Tentaculata
Klasse: Bryozoa

Moostierchen gehören zum Stamm der Tentakelträger (Tentaculata). Sie leben sowohl im Meer als auch im Süßwasser. Die meisten der über 4000 rezenten Arten sind Kosmopoliten, die vom flachen Wasser bis in Tiefen von über 6000 m leben.

Bis auf wenige Arten bilden Moostierchen festsitzende Tiergemeinschaften, die auf Steinen und an Felswänden haften, auf Muschel- und Schneckenschalen siedeln, Schiffswände, Piers und Hafenanlagen bevölkern, sich großflächig auf Seegras und Seetang ausbreiten, Sand, Mud und Schlick als Lebensraum erschließen und sich auch chemisch in die Panzer so mancher Krebse bohren. Nur ganz wenige Arten sind in der Lage, sich langsam fortzubewegen.

Trotz der mikroskopischen Kleinheit der Einzeltiere (Zooide) innerhalb einer Kolonie (sie messen nur 0,3 - 1 mm), erreichen einige Arten im kolonialen Verband beträchtliche Größe.

Jede Moostierchenkolonie setzt sich aus Tausenden von winzig kleinen Einzelindividuen zusammen, die unterschiedlich gestaltet sein können, da sie im Dienste der Kolonie auch verschiedene Aufgaben zu erfüllen haben. So kommt es zu einer Arbeitsteilung der einzelnen Tiere innerhalb dieser Gemeinschaft, die in der Regel auch mit einer Gestaltsveränderung (Polymorphismus) verbunden ist.

Moostierchen sind Strudler. Mit Hilfe ihrer ständig schlagenden Tentakelkronen, die mit Flimmerzellen besetzt sind, werden Nahrungspartikel herbeigestrudelt und der Mundöffnung zugeführt. Über einen u-förmigen Darm erreicht die aufgenommene Nahrung den Magenraum, wo sie verdaut wird.

Die Einzeltiere der meisten Arten lassen zwei Körperabschnitte erkennen. Zum einen ist es der weichhäutige, tentakeltragende Vorderkörper (Polypid), zum anderen der meist von einem kutikularen, oft chitinisch und verkalkten Skelett geschützte Hinterkörper (Cystid). Der Vorderkörper der Tiere, der entweder eine geschlossene oder eine halbkreisförmige Tentakelkrone trägt, kann mit Hilfe kräftiger Muskelstränge in das Skelettkästchen zurückgezogen werden, wobei feine hydraulische Einrichtungen Hilfestellung leisten. Viele marine Arten können zudem nach ihrem Rückzug in das Außenskelett dieses mit einem festen Deckel (Operculum) verschließen.

Die Aufgabe der "normal" gestalteten Tiere ist es, die notwendige Nahrung für die Kolonie zu beschaffen, sie zu verdauen und zu verteilen. Sie werden, zur klaren Abgrenzung von den andersgestalteten Tieren innerhalb der Kolonie, als **Autozoide** bezeichnet. Alle anderen Individuen, die für ihre unterschiedlichsten Aufgaben umgestaltet wurden, werden **Heterozoide** genannt. Charakteristisch für diese ist es, daß sie ihre Tentakelkronen zurückgebildet oder zumindest modifiziert haben. So gibt es z.B. innerhalb dieser Heterozoide die sogenannten **Avicularien,** die einen ausgedehnten, schnabelartigen Zangenapparat besitzen, der alles ergreift und von der Oberfläche der Kolonie entfernt, was darauf landet oder sich festsetzen will. Ihre einzige Aufgabe besteht also darin, ein Überwuchern der zierlichen Kolonie durch Fremdbesatz zu verhindern. Eine ähnliche Aufgabe erfüllen die **Vibracularien,** die mit einem langen, beweglichen Stab ausgestattet sind. Auch sie sorgen dafür, daß die Oberfläche der Moostierchenkolonie nicht durch organische oder mineralische Sinkstoffe zusedimentiert wird. Sogenannte **Kenozoide** sind für die Befestigung der Tiere an das Substrat, auf dem sie leben, verantwortlich, während die **Gonozoide** im Dienste der Fortpflanzung stehen. Sie bilden die Geschlechtszellen, um sie in speziellen Eikammern reifen zu lassen. Damit hat ein jedes der umgestalteten Tiere innerhalb der kolonialen Gemeinschaft einen fest umrissenen Aufgabenbereich zu erfüllen. Sie werden von den "normalen" Nährzoiden über winzige Öffnungen in der Wand benachbarter Gehäuse mit Nahrung versorgt.
Die überwiegende Anzahl der im Meer lebenden Moostierchenkolonien sind Zwitter. Nur wenige Arten betreiben Brutpflege. Die Verbreitung der Art erfolgt über eine freischwimmende, bewimperte Larve (Cyphonautes), die sich nach einer kurzen, planktischen Lebensphase festsetzt und mit Hilfe einer fortgesetzten Knospung eine neue Moostierchenkolonie bildet. Süßwasser-Moostierchen vermögen sich zudem durch Dauerformen (Statoblasten) zu verbreiten, die immer dann ausgebildet werden, wenn die Mutterkolonien durch ungünstige Umweltbedingungen, wie z.B. Wintereinbruch, abzusterben drohen.
Die Lebensdauer vieler Moostierchen variiert sehr stark. Die meisten Einzeltiere leben nur wenige Wochen. Einige schaffen es, ein

Jahr zu überleben, was charakteristisch ist für Arten, die auf Algen und Tang leben. Nur wenige Arten leben zwei Jahre und länger, wobei sie bei Unwetterperioden oder im Winter ihr Wachstum drastisch reduzieren. Die Konsistenz der Kolonien ist artspezifisch. So sind sie entweder biegsam, gallertig oder aber auch sehr brüchig. Das hängt vom Anteil der Kalk- und Chitineinlagerungen im Außenskelett der Tiere ab.
Moostierchenkolonien (Zoarien) bilden vielerlei Wuchsformen aus, wobei einige an zarte Moose erinnern (Name!). Meist ist ihre äußere Erscheinungsform entweder reich verzweigt, netzartig, krusten-, klumpen-, blatt-, geweih- oder korallenförmig. An manchen der sehr typischen Wuchsformen kann man bereits die Tierart erkennen. Oft jedoch werden ihre Kolonien mit Hydroidstöckchen oder mit feingliedrigen Korallen verwechselt.

Moostierchen im Aquarium

Moostierchen sind seltene Gäste in Meeresaquarien. Ihre Zooide leben sowieso nur wenige Monate, höchstens ein Jahr. Außerdem sind die Kalkskelette der meisten Arten sehr brüchig und veralgen sehr schnell. Nur sehr kräftige Arten, wie die Rote Trugkoralle, *Myriapora truncata*, eignen sich als Dekorationsbesatz. Ihre Skelette werden oft mit denen der Steinkorallen verwechselt.

Stamm: Tentaculata — Tentakelträger
- Klasse: Bryozoa — Moostierchen
  - Unterklasse: Stenolaemata
    - Ordnung: Stenostomata — Engmünder
      - Unterordnung: Cancellat
        - Familie: Horneridae
          - Gattung: *Hornera*
  - Unterklasse: Gymnolaemata
    - Ordnung : Cheilostomata — Lippenmünder
      - Unterordnung: Anasca
        - Familie: Membraniporidae
          - Gattung: *Membranipora*
        - Familie: Calpensiidae
          - Gattung: *Calpensia*
      - Unterordnung: Ascophora
        - Familie: Hippoporinidae
          - Gattungen: *Hippodiplosia*, *Pentapora*
        - Familie: Smittinidae
          - Gattung: *Porella*
        - Familie: Schizoporellidae
          - Gattung: *Schizobrachiella*
        - Familie: Reteporidae
          - Gattungen: *Reteporella*, *Reteporellina*
        - Familie: Sertellidae
          - Gattung: *Sertella*
        - Familie: Myriaporidae
          - Gattung: *Myriapora*

Hornera frondiculata LAMOUROUX, 1821
Feinästiges Moostierchen

Vork.: Mittelmeer.
GU: Kolonien zwittrig.
Hält.B.: Nicht bekannt.
FU: O; Plankton, Detritus.
Bes.: Die Kolonien sind feingliedrig und reich verzweigt und von strauchförmiger, verästelter Wuchsform. Die fächerförmigen Verzweigungen sind ineinander verschachtelt. Die Zooide sind entlang dieser Verzweigungen in Längsreihen angeordnet. Die Kolonien siedeln auf festen Substraten und sind erst unterhalb einer Wassertiefe von 20 m häufiger.

T: 12 - 18° C, Ø: 5 cm, BS: 4, SG: 4

Membranipora membranacea (LINNAEUS, 1767)
Seerinde, Seemoos

Vork.: Atlantik, Nordsee, westliche Ostsee.
GU: Kolonien zwittrig.
Hält.B.: Nicht bekannt. FU: O; Plankton, Detritus.
Bes.: Die Kolonien wachsen membranös und matten- bis krustenförmig. Sie siedeln auf festen Unterlagen und bilden grauweiße, gezahnte Belege auf Steinen, Muscheln- und Schneckenschalen, auf Tangen und anderen Unterlagen. Junge Kolonien wachsen annähernd kreisrund. Ältere Kolonien sind unregelmäßig in ihrer flächigen Wuchsform. Die einzelnen Zooide sind rechteckig und durch kalkige Wände voneinander getrennt. Sie sind in parallelen Reihen angeordnet. Große Kolonien besitzen Millionen von Einzelzooiden. Die Nacktschnecke *Polycera quadrilineata* ernährt sich von den Zooiden dieser Kolonien.

T: 10 - 18° C, Ø: 60 cm, BS: 4, SG: 4

Calpensia nobilis (ESPER, 1796)
Krustiges Moostierchen

Vork.: Mittelmeer.
GU: Kolonien zwittrig.
Hält.B.: Nicht bekannt.
FU: O; Plankton, Detritus.
Bes.: Die Kolonien überziehen krustenförmig alle möglichen Unterlagen. Sehr häufig jedoch siedeln sie in Seegraswiesen, wo sie *Posidonia*-Blätter und ihre Wurzeln mit einem kräftigen Belag überziehen.

T: 10 - 18° C, L: 6 cm, BS: 4, SG: 4

Hippodiplosia foliacea (ELLIS & SOLANDER, 1761)
Blattzweig - Moostierchen, Elchgeweih - Moostierchen

Vork.: Mittelmeer.
GU: Kolonien zwittrig.
Hält.B.: Nicht bekannt.
FU: O; Plankton, Detritus.
Bes.: Die Kolonien wachsen reich verzweigt und strauchförmig. Die einzelnen Verzweigungen sind flach, blatt- bis elchgeweihförmig, stark verkalkt, sehr brüchig und beiderseits mit Zooiden besetzt. Die Zooide sitzen in zwei Schichten Rücken an Rücken. Die Kolonien leben fast ausschließlich auf Hartsubstraten und sind hier ab 25 m Tiefe massenhaft bis bestandbildend. Abgestorbene Teile der Kolonien werden schnell von Algen und anderen Organismen besetzt.

T: 10 - 18° C, **L**: 20 cm, **BS**: 4, **SG**: 4

Ordnung: Cheilostomata
Fam.: Hippoporinidae

Pentapora foliacea (ELLIS & SOLANDER, 1761)
Meerrose

Vork.: Atlantik, Mittelmeer.
GU: Kolonien zwittrig.
Hält.B.: Nicht bekannt.
FU: O; Plankton, Detritus.
Bes.: Die Moostierchenkolonie ist sehr auffällig. Sie kann bei gutem Standort flächendeckend wachsen. Sie siedelt auf Hartsubstrat in stark bewegtem Wasser im oberen Felslitoral. Die Kolonie besteht aus mäandrisch geformten, spreitenförmig bis spiralig wachsenden Septen, die von zwei Schichten von Zooiden besetzt werden. Es gibt in der Literatur keine Hinweise auf Wachstum und Lebensdauer dieser Moostierchenart. Mit etwas Phantasie betrachtet hat die Kolonie die Wuchsform einer Rose (Name!).

T: 10 - 18° C, Ø: 15 cm, **BS**: 4, **SG**: 4

Pentapora fascialis (PALLAS, 1766)
Band - Moostierchen

Vork.: Atlantik, Mittelmeer.
GU: Die Kolonien sind zwittrig.
Hält. B.: Siehe bei *Sertella beaniana*.
FU: O; Plankton, Detritus.
Bes.: Die Kolonien wachsen strauchförmig mit blattartig abgeflachten Verzweigungen, die sich annähernd regelmäßig aufspalten. Sie leben auf sekundären Hartböden, in großer Tiefe und können hier massenhaft vorkommen. Die Basis der Kolonien ist meist abgestorben und von Algen besetzt. Die lebende Zone der Kolonie ist durch die lachsrote Färbung gekennzeichnet.

T: 10 - 18° C, **L:** 20 cm, **BS:** 4, **SG:** 4

Porella (= Smittina) cervicornis (PALLAS, 1766)
Hirschgeweih - Moostierchen

Vork.: Mittelmeer.
GU: Kolonien zwittrig.
Hält.B.: Nicht bekannt.
FU: O; Plankton, Detritus.
Bes.: Die Kolonien wachsen aufrecht, filigran, reich verzweigt, mit gegabelten Enden und rauher Oberfläche. Sie ähneln einem Geweih (Name!). Die Verzweigungen sind im Querschnitt oval. Die Kolonien leben auf festen Unterlagen und auf tiefen, sekundären Hartböden in Stillwasserzonen unterhalb von 20 m Wassertiefe. Sie kommen jedoch auch in schattigen Bereichen des Felslitorals in den oberen Wasserschichten vor.

T: 10 - 18° C, L: 15 cm, BS: 4, SG: 4

Schizobrachiella sanguinea (NORMAN, 1868)
Rotbraunes Krustenmoostierchen

Vork.: Mittelmeer.
GU: Kolonien zwittrig.
Hält.B.. Nicht bekannt.
FU: O; Plankton, Detritus.
Bes.: Die Kolonien kommen in verschiedenen Wuchsformen vor. Sie wachsen jedoch meist flach und krustenförmig und überziehen im flachen Wasser fast alle glatten Flächen an Hafenanlagen, Bojen, Wracks, Steinen und Höhlenrändern. Im tieferen Wasser bilden sie klumpige Kolonien, die Algen, Fächerkorallen und sogar die Stacheln von Seeigeln umwachsen. Durch Einlagerung von Karotinoidfarbstoff in die Skelettsubstanz können einige Kolonien fast blutrot gefärbt sein (Name!).

T: 10 - 18° C, **L**: 8 cm, **BS**: 4, **SG**: 4

Ordnung: Cheilostomata
Fam.: Reteporidae

Reteporella graeffei KIRCHENPAUER, 1864
Gelbes Fächermoostierchen

Vork.: Indo - Pazifik, Australien.
GU: Kolonien zwittrig.
Hält.B.. Nicht bekannt.
FU: O; Plankton, Detritus.
Bes.: Die Kolonien wachsen filigran, reich verzweigt und in kleinen Fächern, die ineinander verschachtelt sind. Sie leben an schattigen Stellen von Korallenriffen, in Höhlen und Unterhöhlungen und an dunklen, vertikalen Wänden. Durch ihre leuchtend gelbe Farbe sind sie noch in großer Tiefe recht auffällig.

T: 22 - 26° C, Ø: 8 cm, BS: 4, SG: 4

Reteporellina sp. (*evelinae*?)
Weißes Fächermoostierchen

Vork.: Karibisches Meer, Bermudas, Bahamas, Kolumbien.
GU: Kolonien zwittrig.
Hält.B.: Nicht bekannt.
FU: O; Plankton, Detritus.
Bes.: Die Moostierchenkolonien wachsen fächerförmig, reich verzweigt und filigran. Sie sind sehr zerbrechlich. Sie siedeln auf Schwämmen, auf abgestorbenen Gorgonien, unter Korallen, in Höhlen und unter Überhängen im Stillwasserbereich der Tiefe. Sie sind erst unterhalb von 20 m Wassertiefe häufig. Die Zooide sind entlang der zarten Verzweigungen aufgereiht.

T: 20 - 24° C, **Ø**: 6 cm, **BS**: 4, **SG**: 4

Sertella beaniana (KING, 1846)
Neptunschleier, Netzkoralle

Vork.: Atlantik, Mittelmeer. GU: Kolonien zwittrig.
Hält.B.: Kolonien sehr schwierig zu halten und kurzlebig. Sie zerbrechen meist schon beim Sammeln und beim Transport. Sie veralgen sehr schnell.
FU: O; Plankton, Detritus.
Bes.: Die Kolonien sind sehr filigran und zerbrechlich. Sie wachsen blattförmig, gekraust, feinmaschig und trichterförmig gebogen. Die netzförmigen Flächen stehen dicht beieinander und die Zooide befinden sich ausschließlich auf den Innenseiten. Abgestorbene Teile der Kolonie werden sofort von Algen besetzt. Sie bevorzugen als Lebensraum schattige Standorte unter Felsüberhängen, leben in Höhlen und siedeln auf tiefen korallinen Böden. Gelegentlich sieht man sie auf abgestorbenen Gorgonien oder an den Wurzeln der *Posidonia*.

T: 10 - 18° C, Ø: 12 cm, BS: 4, SG: 4

Myriapora truncata (PALLAS, 1766)
Trugkoralle, Hundskoralle, Falsche Koralle

Vork.: Mittelmeer. **GU**: Kolonien zwittrig.
Hält.B.: Die Kolonien kommen gelegentlich in den Handel. Eine Aquarienhaltung ist ausgesprochen schwierig. Besondere Probleme bereitet die Fütterung. Auch veralgen die Kolonien sehr schnell. Abgestorbene Kolonien werden als Dekorationsbesatz verwendet. **FU**: O; Plankton, Detritus.
Bes.: Die Trugkoralle wird häufig mit der Edelkoralle *Corallium rubrum* verwechselt. Sie ist ähnlich gefärbt und siedelt auch häufig in ihrer unmittelbaren Nachbarschaft. Die Kolonien wachsen kräftig und verzweigt. Die Verzweigungen sind glatt und rund im Querschnitt und meist endständig gegabelt. Die Endverzweigungen sind abgestumpft. Die Kolonien leben in Schattengebieten von Felshöhlen, in Höhleneingängen und unter Überhängen vom Flachwasser bis in große Tiefen.

T: 10 - 18° C, **L**: 12 cm, **BS**: 3, **SG**: 4

Stamm: Mollusca

Über den Stamm Mollusca, Weichtiere

Die Weichtiere haben etwa 128.000 Arten, von denen die meisten im Meer leben. Sie besiedeln aber auch das Süßwasser und das Land.
Ihre Formenvielfalt und ökologische Verbreitung im Meer ist besonders vielfältig. Man findet sie sowohl in den Sedimenten der Tiefsee, als auch in den extremen Brandungszonen. Einige von ihnen können auch frei schwimmen.
Die Weichtiere bestehen aus drei Körperteilen - Kopf, Fuß und Eingeweidesack - die von einem "Mantel" umhüllt sind. Der **Kopf** liegt am Vorderende des Tieres. Er trägt die Mundöffnung und wichtige Sinnesorgane. Im Vorderdarm liegt die Radula oder Reibzunge, die sonst bei keinem anderen Tierstamm zu finden ist (siehe unten). Den Muscheln, die ihre Nahrung mit Hilfe der Kiemen filtrieren, fehlt sie allerdings. Die Augen der Mollusken sind vielfältig ausgebildet. Sie reichen vom einfachen Grubenauge, mit dem nur eine Hell-Dunkel-Wahrnehmung möglich ist, bis zum komplizierten Linsenauge der Kopffüßer. Neben den Augen findet man am Kopf noch die Tentakel (Fühler), die Tastsinnesorgane sind, aber auch chemische Reize wahrnehmen können. Eine Sonderform sind die "Rhinophoren" der Hinterkiemerschnecken. Der Fuß der Weichtiere liegt an der Ventralseite des Rumpfes und dient als Lokomotionsorgan. Er kann verschiedenartig ausgebildet sein: Bei den Muscheln ist er oft klein und fingerförmig, bei Schnecken groß und flächig und bei den Kopffüßern ist er zu Fangarmen umgewandelt. Der Fuß besteht hauptsächlich aus Muskulatur, flüssigkeitsgefüllten Gewebespalten und Nerven. Im **Eingeweidesack** ist die Hauptmasse der Organe untergebracht. Im wesentlichen sind dies der Verdauungstrakt mit seinen Anhängen, der Genitaltrakt und das Herz. In den Darm münden mehrere Drüsen, von denen die Mitteldarmdrüse besonders wichtig ist. Hier werden Verdauungsenzyme sezerniert und Nährstoffe resorbiert. Das Blutkreislaufsystem der Mollusken ist offen, nur bei den hochentwickelten Kopffüßern findet man teilweise Kapillaren ausgebildet. Der **Mantel** umhüllt die dorsalen Teile des Weichtieres und die Mantelhöhle, in der die **Kiemen** liegen. Die wesentliche Funktion des Mantels ist die Bildung einer **Schale**.

Murex pecten, Indonesien

Radula - Mundwerkzeug der Weichtiere

Die Radula, auch als Reibzunge bezeichnet, ist ein Charakteristikum der Weichtiere. Sie ist Bestandteil eines Muskel-Knorpelsystems, mit dessen Hilfe sie bewegt wird, um Nahrungsteilchen abzuschaben. Die Radula besteht aus einer Membran und den darauf in Reihe angeordneten Zähnchen. Von ihrem Grundbauplan gibt es zahlreiche Abwandlungen. Sie ist sicher eine der wichtigsten Voraussetzungen, die es den Mollusken ermöglichen, so viele Lebensräume zu besiedeln. Sie fehlt nur den Muscheln, die sich filtrierend ernähren.

Die Radula ist im muskulösen Pharynx (Schlundkopf) enthalten. Sie wird am Ende der taschenförmigen Radulascheide gebildet, wo eine Membran aus Protein und Chitin abgeschieden wird. In dieser Membran werden die einzelnen Zähnchen verankert. Die neu gebildeten Zahnreihen sind transparent, die älteren durch ihre Einlagerungen dunkel gefärbt.

Durch längeren Gebrauch werden die Zähne abgenützt oder brechen ab. Sie werden durch ständig aus der Radulascheide nachwachsende Reihen ersetzt, ähnlich wie bei einem Haigebiß.

Die Radula wird durch eine knorpelige Unterlage gestützt. Dieser Odontophor besteht aus zwei symmetrischen Polstern, die durch Muskeln miteinander verbunden sind. Andere Muskeln setzen an der Radulamembran an. Sie ziehen die Radula über den Odontophor vor und zurück. An dessen Kante stellen sich die Zähne mechanisch auf. Der Odontophor drückt die Radula auf das Substrat und so kann durch das Vor- und Zurückziehen geschabt werden.

Mit der Radula kann pflanzliche oder tierische Nahrung aufgenommen werden. Unterschiedliche Ernährung bringt die verschiedenen Typen der Ausbildung mit sich. Zum Beispiel ist die Radula der Napfschnecken (siehe Foto) besonders kräftig und lang, da mit ihr oberflächliche Gesteinsschichten abgeraspelt werden, in denen sich Blaualgen - die bevorzugte Nahrung dieser Schnecken - befinden. Die Reibzunge der räuberischen Muricidae (siehe Foto) ist so ausgelegt, daß große Stücke aus ihrer Beute geschnitten werden können. Eine Sonderbildung ist die Radula der *Conus*-Schnecken, die aus einem einzigen harpunenförmigen Giftzahn besteht.

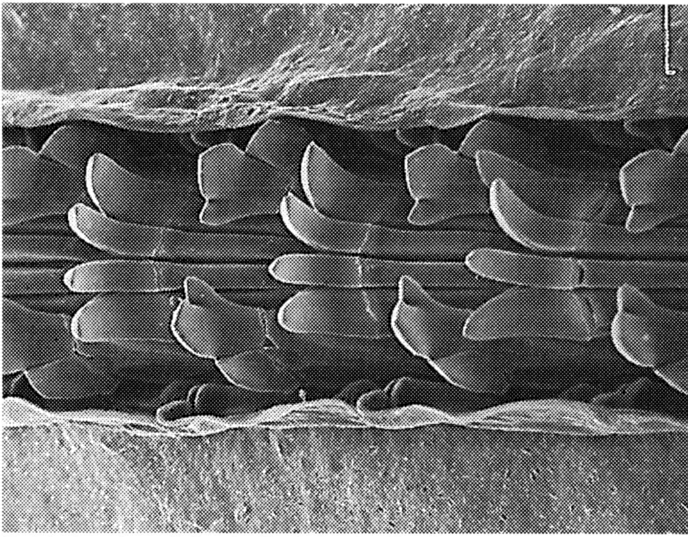

Radula einer algenschabenden Napfschnecke, *Patella* sp.

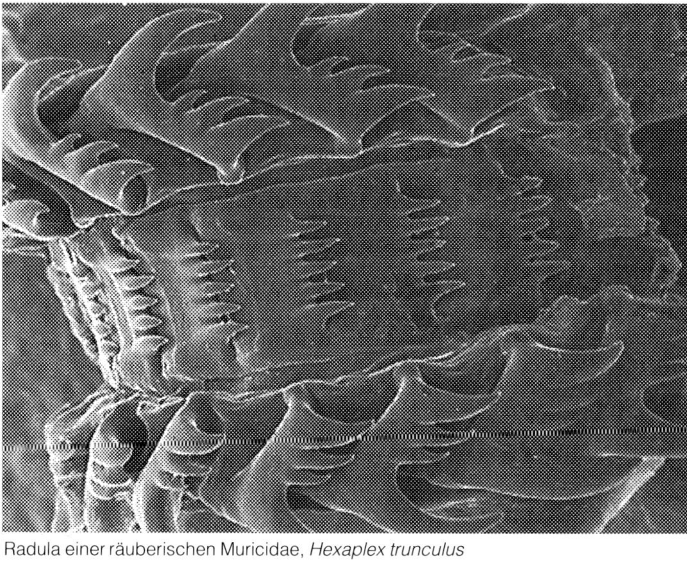

Radula einer räuberischen Muricidae, *Hexaplex trunculus*

Systematik

Stamm: Mollusca	Weichtiere
Unterstamm: Aculifera	Stachel-Weichtiere
Klasse: Caudofoveata	Schildfüßer
Klasse: Solenogastres	Furchenfüßer
Klasse: Polyplacophora	Käferschnecken
Ordnung: Ischnochitonida	Gelenkskäferschnecken
Familie: Chitotonidae	Gürtelkäferschnecken
Gattungen: *Acanthopleura*	
Callochiton	
Chiton	
Familie: Ischnochitonidae	
Gattung: *Stenochiton*	
Ordnung: Acanthochitonida	Stachelkäferschnecken
Familie: Acanthochitonidae	Stachelkäferschnecken i.e.S.
Gattungen: *Acanthochitonia*	
Cryptoplax	

Über die Klasse Caudofoveata, Schildfüßer

Alle Vertreter des Unterstammes der Stachel-Weichtiere, zu denen die Schildfüßer, die Furchenfüßer und die Käferschnecken gehören, sind Meeresbewohner, die streng zweiseitig symmetrisch aufgebaut sind. Am Kopf fehlen ihnen Sinnesorgane wie Augen und Tentakel. Die Schildfüßer sind kleine, wurmähnliche Weichtiere, deren ganzer Körper mit einer schuppenartigen Cuticula bedeckt ist. Am Vorderende haben sie eine Grabplatte ausgebildet, am Hinterende eine Mantelhöhle mit einem Paar Kiemen. Die meisten der über 60

Arten leben in größeren Tiefen (ab 100 m) auf Schlammböden, in die sie sich eingraben. Die Radula, die neben den Hautschuppen ein wichtiges Bestimmungsmerkmal darstellt, ist oft auf wenige Querreihen reduziert. Sie ernähren sich von Kleinorganismen, die im Schlammboden leben. Über ihr Verhalten und ihre Fortpflanzungsbiologie ist noch nicht sehr viel bekannt. Sie sind getrennt geschlechtlich, haben aber keine äußeren Geschlechtsunterschiede. Zur Fortpflanzungszeit geben sie Eier und Spermien in das freie Wasser ab. Die planktontischen Schwimmlarven sind noch nicht näher untersucht. Eine artgerechte Aquarienhaltung ist kaum möglich, da Schlamm im Becken rasch zu faulen beginnt.

Über die Klasse Solenogastres, Furchenfüßer

Auch sie haben einen wurmförmigen Körper, der mit einer schuppigen Cuticula bedeckt ist. An ihrer Bauchseite ist der Fuß als Längsfurche augebildet. Er ist mit Wimpern besetzt, mit deren Hilfe die Tiere über das Substrat gleiten. Die meisten Arten sind nur wenige Millimeter lang, nur einige erreichen mehr als 5 cm Länge. Über ihr Vorkommen und über ihre Biologie ist noch nicht viel bekannt. Bisher sind etwa 200 Arten beschrieben worden, vermutlich gibt es aber wesentlich mehr. Einige Arten leben auf Weichböden, andere als Epizoen (auf anderen Tieren aufsitzend). Sie kriechen auf den Stöcken von Gorgonien und von Hydrozoen, deren Polypen sie wahrscheinlich auch fressen. Soweit bisher bekannt ist, ernähren sich alle, auch die nicht epizoischen, von Nesseltieren. Zum Teil werden die Nesselkapseln dabei so mit einem "Saugpharynx" aufgenommen, daß sie sich nicht entladen. Ein ähnliches Phänomen kennt man auch von manchen Nacktschnecken. Einige Furchenfüßer sind Nahrungsspezialisten, die sich nur von einer bestimmten Art ernähren. Im Gegensatz zu den Schildfüßern sind die Furchenfüßer Zwitter. Die Eier werden in Laichschnüren oder kleinen Laichballen abgelegt. Wenige Arten betreiben Brutpflege. Ins Aquarium können sie mit Gorgonien eingeschleppt werden. Stirbt ihr Wirt, können auch sie nicht mehr weiter leben.

Über die Klasse POLYPLACOPHORA, Käferschnecken

Die Klasse der POLYPLACOPHORA ist dadurch gekennzeichnet, daß ihr Rücken acht Schalenplatten trägt, die meist dachziegelartig über einander angelegt sind. Dies bietet ihnen den Vorteil, daß sie sich abkugeln können, wenn sie von ihrem Untergrund losgelöst werden. Die kalkigen Schalenplatten sind seitlich von einem Gürtel umgeben, in dem kalkhaltige Schuppen oder Nadeln eingelagert sind. An der Bauchseite befindet sich ein breiter Kriechfuß. Mit ihm können sich die Tiere fest an eine Unterlage ansaugen. Um den Fuß ist eine Rinne, in der zahlreiche doppelfiedrige Kiemen zu finden sind. Die Anzahl der Kiemen, es können zwischen 6 und 88 Paare sein, ist artspezifisch. Ihre Oberfläche ist von einem Wimperepithel bedeckt, das einen kräftigen Wasserstrom erzeugt.
Die Sinnesorgane der Käferschnecken sind von besonderem Interesse. Anstelle der Kopfaugen haben sie spezielle Lichtsinnesorgane, die "Ästheten". Sie durchsetzen in großer Zahl (bis 70 pro mm^2) die Schalenplatten. Als Geschmackssinnesorgan dient das paarig angelegte Subradularorgan, das in der Mundhöhle liegt.
Die meisten Käferschnecken leben im flachen Wasser in Küstennähe. Nur wenige Arten sind in tiefen Wasserschichten zu finden. Viele tropische Arten bevorzugen den Gezeitenbereich. Durch ihren abgeflachten Körper und den kräftigen Fuß können sie sich auch in der stärksten Brandung am Felsen halten. Diese Arten sind meist positiv phototaktisch, das heißt, sie suchen gezielt stark belichtete Zonen auf. Im Gegensatz dazu sind andere Arten negativ phototaktisch. Diese verkriechen sich tagsüber an die Unterseite von Steinen und gehen nur nachts auf Nahrungssuche. Als Nahrung dienen ihnen Algen, die sie mit ihrer kräftigen Radula abraspeln. Bei einigen Arten findet man unschädliche Mitbewohner in der Kiemenrinne. Es sind dies Einzeller, Asseln oder Milben, selten auch Schuppenwürmer und Erbsenkrabben.
Fast alle Käferschnecken sind getrennt geschlechtlich. Ihre Keimzellen werden in das freie Wasser abgegeben, wo auch die Befruchtung stattfindet. Die Eizahl varriiert zwischen 500 und 1.500. Viele Einzelheiten der Fortpflanzung dieser Klasse sind noch ungeklärt. Nur ganz wenige Arten betreiben Brutpflege.

Acanthopleura haddoni, Rotes Meer

Acanthopleura haddoni WINCKWORTH, 1927
Haddon - Käferschnecke

Vork.: Diese Art ist im Gezeitenbereich des Roten Meeres sehr häufig anzutreffen. Sie sitzt auf Felsen, toten Korallenstöcken und an Hafenmauern.
GU.: Die Tiere haben keine äußeren Geschlechtsmerkmale.
Soz. Verh./Vgs.: Sie sind Einzeltiere, die jedoch gelegentlich in kleinen Gruppen zusammen sitzen.
Hält. B.: Felsaquarium. Gelegentlich sitzen sie auch an den Aquarienscheiben. LANGE & KAISER (1991) empfehlen ein Brandungsbecken. Hierbei wird Wasser in einen kippbaren Auffangbehälter über dem Becken gepumpt. Bei einem bestimmten Füllungsgrad entleert sich der Behälter und gießt seinen Inhalt in das Hauptbecken. Dadurch wird eine richtige Gischt erzeugt.
Licht: Sonnenlichtzone.
ZU/Verm.: Die Käferschnecken entwickeln sich über freischwimmende Larven.
FU: H; sie ernähren sich von fädigen Grünalgen, die auf der Oberseite von Steinen und toten Korallenblöcken wachsen.
Bes.: Im Gegensatz zu einigen anderen Käferschnecken ist diese Art positiv phototaktisch, das heißt, sie suchen sonnenbeschienene Plätze auf.

Acanthopleura granulata, Karibik

T: 22 - 28° C, **L:** 7 cm, **BL:** ab 100 cm, **WB:** s, **WR:** o, **BS:** 3, **SG:** 3

Ordnung: Ischnochitonida
Fam.: Chitotonidae

Callochiton septemvalis, Mittelmeer

Callochiton septemvalis (MONTAGU, 1803)
Korallenkäferschnecke

Vork.: Diese Art kommt, mit Ausnahme von Island, an allen europäischen Küsten vor. Sie lebt auf primären und sekundären Hartböden vom Seichtwasser bis in 100 m Tiefe.
GU.: Es gibt keine äußeren Geschlechtsunterschiede.
Soz. Verh./Vgs.: Sie sind meist auf verschiedenen flächigen Rotalgen, wie *Lithophyllum*, *Corallina* oder *Peysonellia*, aber auch an Steinunterseiten zu finden.
Hält. B.: Die Tiere werden meist unbeabsichtigt mit Steinen oder Sedimentbrocken in das Becken eingebracht. Sie ziehen sich tagsüber unter Steine oder in Felsspalten zurück.
Licht: Dämmerlichtzone.
ZU/Verm.: Über die Fortpflanzung und Entwicklung dieser Art ist nichts bekannt.
FU: H; mit Sicherheit ist anzunehmen, daß sie sich von den Rotalgen ernähren, auf denen sie hauptsächlich zu finden sind (Foto). Man weiß jedoch nicht, ob sie auch andere Rotalgen bzw. Grün- oder Blaualgen als Nahrung annehmen.
Bes.: Die Farbe kann von orange bis dunkelrot variieren oder eine Mischung von rotbraun und grün aufweisen. Manche Individuen haben ein Muster aus hellen Flecken oder Streifen. Aufgrund der vielfältigen Färbung wurden verschiedene Formen beschrieben. Diese Art wurde lange als *Chiton laevis* und dann als *C. achatinus* bezeichnet. Die atlantischen Tiere werden gelegentlich als Unterart (*Callochiton septemvalis euplaeae*) oder als eigene Art geführt.

T: 12 - 20° C, **L:** 2 cm, **BL:** ab 70 cm, **WB:** m, **WR:** u, **BS:** 3, **SG:** 3

Chiton affinis, Aquarienaufnahme

Chiton affinis ISSEL, 1896
Rotmeer-Chiton

Vork.: Diese Art kommt im ganzen Küstenbereich des Roten Meeres vor. Man findet sie festgeheftet an tote Korallen der Riffplattform sowie versteckt in Spalten und Löchern und unter Steinen.
GU.: Sie haben keine äußeren Geschlechtsmerkmale.
Soz. Verh./Vgs.: Sie sind Einzelgänger, die sich mit vielen Aquarienbewohnern vergesellschaften lassen. Vorsicht ist jedoch mit räuberischen Seesternen geboten.
Hält. B.: In einem Felsen- oder Korallenaquarium finden sie genügend Versteckmöglichkeiten. Der Transport geschieht am besten ohne Wasser, eingewickelt in ein feuchtes Tuch. Man muß die Tiere sehr vorsichtig von der Unterlage lösen, um ihren Gürtel nicht zu verletzen.
Licht: Dämmerlichtzone.
ZU/Verm.: Fortpflanzung und Entwicklung sind gleich wie bei der aus dem Mittelmeer stammenden *C. olivaceus*.
FU: H; mit der kräftigen Radula schaben sie Algen von der Steinoberseite. Im Aquarium müssen sie nicht separat gefüttert werden. Voraussetzung ist allerdings ein "eingefahrenes" Becken mit einem Überzug aus Grünalgen.
Bes.: Wie alle Arten der Gattung *Chiton* haben auch sie einen "Gürtel" der eine Cuticula mit Kalkspikel trägt.

T: 20 - 28° C, **L**: 4 cm, **BL**: ab 70 cm, **WB**: m, **WR**: u, **BS**: 2, **SG**: 1 - 2

Ordnung: ISCHNOCHITONIDA
Fam.: Chitotonidae

Chiton olivaceus, Mittelmeer

Chiton olivaceus SPENGLER, 1797
Oliven-Käferschnecke

Vork.: Diese Art ist im ganzen Mittelmeer häufig anzutreffen. Man findet sie von der Gezeitenzone bis in geringe Tiefen, vor allem an der Unterseite von Steinen, in leeren Muschel- und Schneckenschalen sowie in Felsspalten.

GU.: Sie sind getrennt geschlechtlich.

Soz. Verh./Vgs.: Im Aquarium sind sie mit fast allen Wirbellosen und Fischen gut zu vergesellschaften.

Hält. B.: Felsaquarium, in dem sie die Möglichkeit haben, in Spalten oder unter Steine zu kriechen. Erst in ein Becken einsetzen, in dem sich ein Algenüberzug über die Steine gebildet hat.

Licht: Dämmerlichtzone.

ZU/Verm.: Die Keimzellen werden in das freie Wasser abgegeben, wo dann die Befruchtung stattfindet. Aus den frei im Wasser treibenden Eiern schlüpfen nach etwa einem Tag die Larven, die sich ebenfalls im Plankton aufhalten. Nach etwa 10 Tagen beginnt die Metamorphose und die 0,5 mm langen Jungtiere gehen zum Bodenleben über.

FU: H; sie haben eine sehr kräftige und lange Radula, mit der sie Algenbewuchs von Steinen abschaben.

Bes.: Die Tiere sind negativ phototaktisch, das heißt, sie kriechen vom Licht weg. Erst in der Nacht kommen sie aus ihren Verstecken, um ihre Nahrung aufzunehmen. Tagsüber sind sie nicht zu sehen. Dadurch kann man sie gut von der sonst ähnlichen *Middendorffia capraerum* unterscheiden, die in Gezeitentümpeln der Felsküste zu finden ist.

T: 15 - 24° C, **L:** 4 cm, **BL:** ab 70 cm, **WB:** m, **WR:** u, **BS:** 2, **SG:** 1 - 2

Chiton olivaceus

Ordnung: Ischnochitonida
Fam.: Chitotonidae

Chiton torrianus, Aquarienaufnahme

Chiton torrianus HEDLEY & HULL, 1910

Felsen - Käferschnecke

Vork.: Sie kommen an der Westküste der USA vor. Sie leben dort unterhalb des Gezeitenbereiches, fest an den Untergrund angesaugt. Tagsüber ziehen sie sich in Felsspalten und unter Steine zurück.

GU.: Die Tiere sind getrennt geschlechtlich, haben jedoch keine äußeren Geschlechtsmerkmale.

Soz. Verh./Vgs.: Sie sind Einzelgänger, die sich mit vielen Wirbellosen und Fischen zusammen halten lassen.

Hält. B.: Sie benötigen Verstecke, in die sie sich während des Tages zurückziehen können.

Licht: Dämmerlichtzone.

ZU/Verm.: Sie entwickeln sich über planktontische Eier und Larven. Von einer Zucht im Aquarium ist noch nichts bekannt geworden. Hauptproblem ist hierbei die planktontische Phase.

FU: H; sie ernähren sich von niederen Grünalgen, die sie während ihrer Wanderungen von den Steinoberseiten abschaben.

Bes.: Wie bei allen Käferschnecken ist beim Fang darauf zu achten, daß die fest angesaugten Tiere nicht verletzt werden. Am besten entfernt man sie mit einem Ruck mit dem Daumen von ihrem Sitzplatz. Noch besser ist es allerdings, sie mitsamt ihrer Unterlage zu transportieren. Verletzungen am Gürtel werden im Aquarium kaum regeneriert und sind meist Ursache für einen baldigen Tod.

T: 22 - 28° C, **L**: 4 cm, **BL**: ab 70 cm, **WB**: m, **WR**: u, **BS**: 3, **SG**: 1 - 2

Stenochiton longicymba, Australien

Stenochiton longicymba (BLAINVILLE, 1825)
Australische Seegras - Käferschnecke

Vork.: Diese Art ist in Südwestaustralien und im nördlichen Tasmanien häufig zu finden. Sie lebt meist auf den Blättern des Autsralischen Seegrases *Posidonia australis*, aber auch auf Steinen und Muschelschalen im Bereich von Seegraswiesen.
GU.: Die Tiere sind getrennt geschlechtlich, haben aber keine äußeren Geschlechtsunterschiede.
Soz. Verh./Vgs.: Sie sind Einzelgänger, die aber auch in Gruppen auftreten können. Sie haben nur wenige Feinde.
Hält. B.: Leider ist es bisher nicht gelungen, Seegräser im Aquarium zu kultivieren. Da *S. longicymba* sich wahrscheindlich von *Posidonia* ernährt, ist sie für eine Aquarienhaltung nicht geeignet.
Licht: Mittellichtzone.
ZU/Verm.: Über die Fortpflanzung und Entwicklung dieser Art weiß man kaum etwas.
FU: H; man nimmt an, daß sie sich ausschließlich vom Australischen Seegras *Posidonia australis* ernährt.
Bes.: Tiere der Gattung *Stenochiton* leben alle auf Seegräsern. Sie sind durch ihre lange und schmale Form und ihren dünnen Gürtel speziell an diesen Lebensraum angepaßt. Eine weitere Art, *S. pilsbryanus*, kann ebenfalls auf Blättern des Australischen Seegrases gefunden werden. Sie bleibt jedoch kleiner und ist heller gefärbt als *S. longicymba*.

T: 18 - 22° C, **L:** 4,5 cm

Ordnung: Acanthochitonida
Fam.: Acanthochitonidae

Acanthochitonia crinita, Aquarienaufnahme

Acanthochitonia crinita (PENNANT, 1777)
Stachelkäferschnecke

Vork.: Diese Art kommt im Mittelmeer und im Atlantik von Skandinavien bis zu den Kapverden vor. Sie lebt in geringen Tiefen an der Unterseite von Steinen.
GU.: Bis auf eine einzige Art (*Lepidochitona raymondi*) sind alle Käferschnecken getrennt geschlechtlich. Es gibt jedoch keine äußeren Geschlechtsunterschiede.
Soz. Verh./Vgs.: Sie können mit allen Fischen und Wirbellosen zusammen gehalten werden.
Hält. B.: Die Tiere sind sehr anspruchslos und werden gelegentlich mit Steinen in das Aquarium eingeschleppt. Wichtig sind Felsspalten, in die sie sich zurückziehen können.
Licht: Dämmerlichtzone. Die Tiere sind nachtaktiv.
ZU/Verm.: Eier und Spermien werden in das freie Wasser abgegeben, wo die Befruchtung stattfindet. Es entwickelt sich eine freischwimmende Larve, die später zum Bodenleben übergeht. Genaueres zur Entwicklung ist nicht bekannt.
FU: H; sie schaben mit ihrer langen Radula Algen von den Steinen ab.
Bes.: Die Gattung ist leicht an den 14 Stachelbündeln zu erkennen. Die Färbung dieser Art kann variieren. Gelegentlich ist die Schale mit Kalkrotalgen bewachsen (Foto). Bei einer ähnlichen Art (*A. fascicularis*) ist die noppenartige Struktur der Schale weniger grob ausgebildet.

T: 15 - 20° C, **L**: 2 cm, **BL**: ab 70 cm, **WB**: m, **WR**: u, **BS**: 2, **SG**: 1

Cryptoplax sp., Japan

Cryptoplax sp.
Gürtelkäferschnecke

Vork.: Diese Käferschnecke kommt an der Ostküste Japans vor. Tagsüber verkriecht sie sich unter Steine oder in Felsspalten.

GU.: Es gibt keine Möglichkeit, die beiden Geschlechter von der Außenseite zu unterscheiden.

Soz. Verh./Vgs.: Die Tiere werden fast immer zusammen mit Schwämmen gefunden. Im Aquarium kann man sie sowohl mit Fischen, als auch mit Wirbellosen zusammen halten. Schwämme werden von ihnen gefressen.

Hält. B.: Sie stellen keine besonderen Ansprüche an die Wasserqualität. Hauptproblem ist die Ernährung (siehe unten).

Licht: Mittellichtzone. Diese Käferschnecken sind negativ phototaktisch. Sie kommen nur bei Dunkelheit aus ihren Verstecken hervor.

ZU/Verm.: Über die Fortpflanzung dieser Gattung weiß man noch wenig. Wie andere Käferschnecken entwickeln auch sie sich über planktontische Larven.

FU: K; soweit man weiß, sind alle Vertreter der Gattung *Cryptoplax* Nahrungsspezialisten. Sie ernähren sich nur von Schwämmen. Es ist anzunehmen, daß sie im Aquarium keine Ersatznahrung annehmen.

Bes.: Der Gürtel, der die acht Schalenplatten umgibt, ist bei dieser Gattung besonders breit ausgebildet. Bei einer anderen Gattung der Familie sind die Schalenplatten vollkommen vom Gürtel überdeckt. Hierzu gehört auch die größte Käferschnecke, die kalifornische *Cryptochiton stelleri*, die über 40 cm lang wird. Sie ist ein beliebtes Untersuchungsobjekt für physiologische Fragestellungen.

T: 17 - 24° C, **L:** 5 cm, **BL:** ab 100 cm, **WB:** m, **WR:** u, **BS:** 4, **SG:** 4

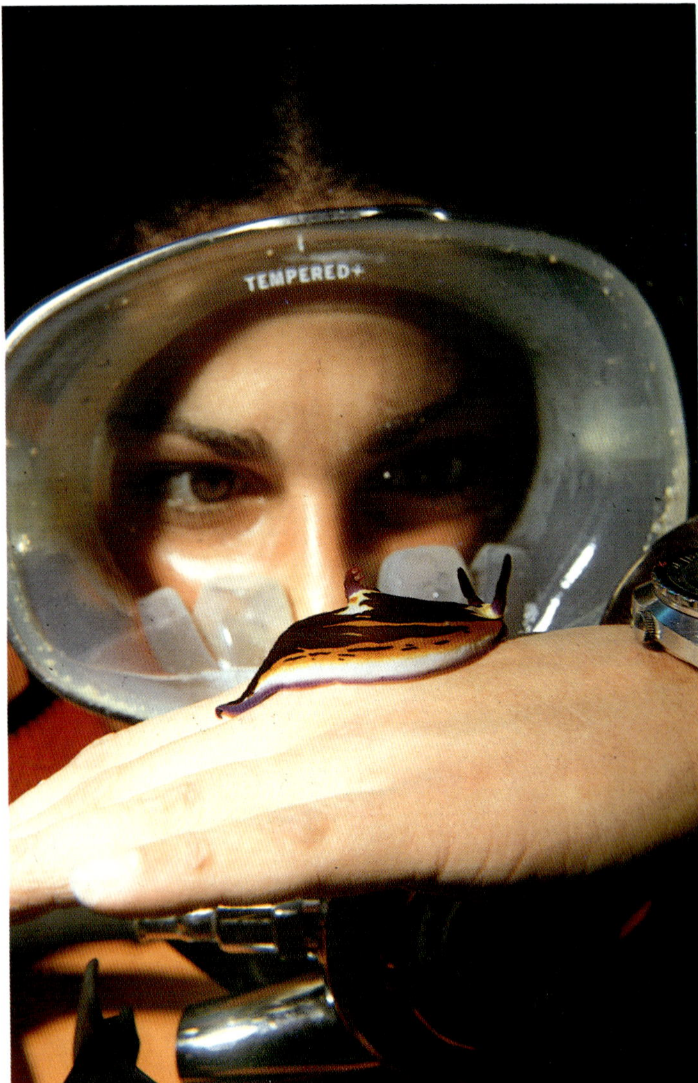

Nembrotha sp., siehe Seite 670

Über die Klasse MONOPLACOPHORA

Diese artenarme Gruppe wurde lange Zeit für ausgestorben gehalten. Bis zum Jahr 1952 kannte man nur fossile Arten. Bei der "Galathea-Expedition" wurde dann vor der Westküste Mittelamerikas in 3.590 m Tiefe das erste lebende Exemplar entdeckt. Man nannte es *Neopilina galatheae*. Im Laufe der kommenden Jahre fand man noch 5 weitere *Neopilina* - Arten, die alle im Meer in Tiefen zwischen 1.600 und 6.500 m auf Schlammböden leben. Ihr Vorkommen beschränkt sich auf 30° südlicher und 30° nördlicher Breite, beiderseits des Äquators. Vertreter von sonst ausgestorbenen Tiergruppen bezeichnet man als "lebende Fossilien".
Die Tiere der Klasse MONOPLACOPHORA haben eine einteilige, napfförmige Schale, die 3 bis 4 cm in der Länge mißt. Die Tiere sind bilateralsymmetrisch aufgebaut und haben 8 Muskelpaare, die vom Fuß zur Schale ziehen. Da einige andere Organe ebenfalls in Reihen angeordnet sind, vermutete man einen Hinweis auf die Verwandtschaft mit Ringelwürmern (Annelida). Dies wird jedoch von vielen Forschern angezweifelt. Die Tiere ernähren sich von Mikroorganismen wie Kieselalgen, Radiolarien und Foraminiferen, die sie im und am Schlamm finden. Als Sinnesorgane haben sie Statocysten, Tentakel und ein Organ zur Aufnahme chemischer Reize, das Subradularorgan. Augen fehlen ihnen. *Neopilina* - Arten sind getrennt geschlechtlich, haben jedoch keine äußeren Geschlechtsmerkmale. Die Eier, die frei im Ovar liegen, sind etwa 0,3 mm lang und 0,15 mm breit. Da man keine Kopulationsorgane gefunden hat, nimmt man an, daß Eier und Spermien abgegeben werden und die Befruchtung im freien Wasser stattfindet. Über die weitere Entwicklung ist nichts bekannt. Es wird jedoch angenommen, daß sie eine veliger - ähnliche Larve haben. Für eine Aquarienhaltung kommen diese Tiefseebewohner wohl nicht in Frage.

Systematik

Stamm: MOLLUSCA	Weichtiere
Unterstamm: CONCHIFERA	Schalen-Weichtiere
Klasse: MONOPLACOPHORA	
Klasse: GASTROPODA	Schnecken
Unterklasse: PROSOBRANCHIA	Vorderkiemerschnecken
Ordnung: ARCHAEOGASTROPODA	Altschnecken
Familie: Haliotidae	Seeohren
Gattung: *Haliotis*	
Familie: Fisurellidae	Lochschnecken
Gattung: *Megathura*	
Familie: Patellidae	Napfschnecken
Gattung: *Patella*	
Familie: Trochidae	Kreiselschnecken
Gattungen: *Clanculus*	
Monodonta	
Tectus	
Familie: Turbinidae	Turbanschnecken
Gattung: *Turbo*	
Familie: Neritidae	Schwimmschnecken
Gattung: *Nerita*	
Ordnung: MESOGASTROPODA	Mittelschnecken
Familie: Littorinidae	Strandschnecken
Gattung: *Littorina*	
Familie: Vermetidae	Wurmschnecken
Gattungen: *Dendropoma*	
Sperbulorbis	
Vermetus	
Familie: Janthinidae	Floßschnecken
Gattung: *Janthina*	
Familie: Aporrhaidae	Pelikanfüße
Gattung: *Aporrhais*	
Familie: Strombidae	Flügelschnecken
Gattungen: *Lambis*	
Strombus	
Familie: Cypraeidae	Porzellanschnecken
Gattungen: *Cypraea*	
Monetaria	

Familie: Ovulidae		Eischnecken
Gattungen:	*Calpurnus*	
	Cyphoma	
	Ovula	
	Pseudosimnia	
	Volva	
Familie: Cassidae		Helmschnecken
Gattung:	*Cassis*	
Familie: Cymatiidae		Tritonshörner
Gattung:	*Charonia*	
Familie: Tonnidae		Tonnenschnecken
Gattung:	*Tonna*	
Ordnung: NEOGASTROPODA		Neuschnecken
Familie: Muricidae		Purpurschnecken
Gattungen:	*Chicoreus*	
	Hexaplex	
	Murex	
Familie: Nassariidae		Reusenschnecken
Gattung:	*Nassarius*	
Familie: Fasciolariidae		Tulpenschnecken
Gattung:	*Fasciolaria*	
Familie: Olividae		Olivenschnecken
Gattung:	*Oliva*	
Familie: Vasidae		Vasenschnecken
Gattung:	*Turbinella*	
Familie: Harpidae		Harfenschnecken
Gattung:	*Harpa*	
Familie: Volutidae		Walzenschnecken
Gattung:	*Cymbiola*	
Familie: Conidae		Kegelschnecken
Gattung:	*Conus*	
Familie: Terebridae		Schraubenschnecken
Gattung:	*Terebra*	
Unterklasse: OPISTHOBRANCHIA		Hinterkiemerschnecken
Ordnung: CEPHALASPIDEA		Kopfschildschnecken
Familie: Aglajidae		Aglajon
Gattungen:	*Chelidonura*	
	Navanax	

Ordnung: ANASPIDEA	Seehasen
Familie: Aplysiidae	Seehasen i. e. S.
Gattung: *Aplysia*	
Familie: Dolabriferidae	
Gattung: *Phyllaplysia*	
Ordnung: SACOGLOSSA	Sackzüngler
Familie: Elysiidae	Samtschnecken
Gattungen: *Elysia*	
Tridachia	
Ordnung: NOTASPIDEA	Rückenschildschnecken
Familie: Pleurobranchiidae	Seitenkiemerschnecken
Gattung: *Pleurobranchus*	
Ordnung: NUDIBRANCHIA	Nacktkiemerschnecken
Familie: Chromodorididae	Pracht-Sternschnecken
Gattungen: *Chromodoris*	
Hypselodoris	
Risbecia	
Familie: Dendrodorididae	Baum-Sternschnecken
Gattungen: *Dendrodoris*	
Doriopsilla	
Familie: Polyceridae	Kopflappen-Sternschnecken
Gattungen: *Gymnodoris*	
Nembrotha	
Polycera	
Roboastra	
Tambja	
Familie: Asteronotidae	Rücken-Sternschnecken
Gattung: *Halgerda*	
Familie: Kentrodorididae	Mittel-Sternschnecken
Gattungen: *Jorunna*	
Kentrodoris	
Familie: Hexabranchidae	Sechskiemerschnecken
Gattung: *Hexabranchus*	
Familie: Discodorididae	Scheiben-Sternschnecken
Gattung: *Peltodoris*	
Familie: Platydorididae	Blatt-Sternschnecken
Gattung: *Platydoris*	

Familie: Phyllidiidae		Warzenschnecken
Gattungen:	*Phyllidia*	
	Phyllidiopsis	
	Reyfria	
Familie: Tethyidae		Schleierschnecken
Gattung:	*Tethys*	
Familie: Dendronotidae		Baumschnecken
Gattung:	*Dendronotus*	
Familie: Flabellinidae		Fadenschnecken
Gattungen:	*Flabellina*	
Familie: Glaucidae		Finger-Fadenschnecken
Gattungen:	*Glaucus*	
	Phidiana	
	Pteraeolidia	
Klasse: SCAPHOPODA		Elefantenzahnschnecken

Über die Torsion der Schnecken

Die Torsion ist eine Drehung des Eingeweidesackes um 90 bis 180° im Laufe der Entwicklung der Klasse GASTROPODA (Schnecken). Dabei gelangen ursprünglich links gelegene Organe an die rechte Seite und ursprünglich hinten gelegene nach vorne. Dies ist der Grund, warum bei vielen Schnecken die Genitalorgane im Vorderkörperbereich liegen. Auch die spiralige Windung der Schale ist auf die Torsion zurückzuführen. Fast alle Schneckenschalen sind rechtsgewunden, es gibt wenig linksgewundene. Nur bei der zu den Lungen-schnecken gehörenden Weinbergschnecke findet man ganz selten (1:1 Million) auch linksgewundene Gehäuse.

Klasse: Gastropoda

Über die Klasse Gastropoda, Schnecken

Mit über 40.000 Arten ist dies die artenreichste Klasse der Weichtiere. Für die marin interessierten Aquarianer beziehungsweise Taucher und Schnorchler sind vor allem die gehäusetragenden Vorderkiemerschnecken (Prosobranchia) und die meist gehäuselosen Hinterkiemerschnecken (Opisthobranchia) von Interesse. Die Lungenschnecken (Pulmonata) sind fast ausschließlich Bewohner des Landes oder des Süßwassers. Die Hinterkiemerschnecken werden auf den Seiten 632 bis 635 beschrieben. Sie sind in Farbe und Gestalt sehr ansprechend, eignen sich jedoch wenig für eine Aquarienhaltung (Seite 633). Die im folgenden Kapitel dargestellten Vorderkiemerschnecken sind in allen Meeren von der Küstenlinie bis zur Tiefsee zu finden. Einige von ihnen können sogar schwimmen (*Janthina*). Ihre kalkige Schale ist bis auf wenige Ausnahmen (*Patella*) spiralig aufgewunden. Nach ihr werden fast alle Arten determiniert. Wichtige Bestimmungsmerkmale sind die Anzahl der Windungen, das Verhältnis von Höhe und Breite, das Vorhandensein eines Nabels, eines Siphonalkanales oder einer Lippe (Verdickung des Schalenrandes) sowie Färbung und Zeichnung. Viele Arten haben ein Operculum, einen Deckel, mit dem sie die Schalenöffnung als Schutz verschließen können. Dieser hornige oder manchmal auch verkalkte Deckel liegt bei den umherkriechenden Tieren am Fußrücken. Die Ernährung ist, bedingt durch die Artenfülle, sehr vielfältig. Man kennt Algenfresser, Räuber, Aasfresser, Planktonfresser und Parasiten. Im Gegensatz zu den Hinterkiemerschnecken findet man bei den Vorderkiemerschnecken nur wenige Nahrungsspeziaisten. Bis auf einige parasitische Formen haben alle eine mehr oder weniger gut ausgebildete Radula.
Die Prosobranchier sind getrennt geschlechtlich. Bei manchen von ihnen ist beim männlichen Tier an der rechten Kopfseite ein Penis zu finden. Nach einer Kopulation werden die Eier in einem Gelege abgelaicht. Die darauffolgende planktontische Larvalphase dauert unterschiedlich lange (Stunden bis Wochen). Über eine "Trochophora-Larve" bildet sich eine "Veliger-Larve", die durch ein zwei- oder vierlappiges Segel (Velum) gekennzeichnet ist. Diese Larve bildet am Ende ihrer Entwicklung einen Fuß und eine Schale (Embryonalschale) aus, das Segel wird beim Übergang zum Bodenleben abgeworfen.

Schnecken im Aquarium

Die Aquarienhaltung von Hinterkiemerschnecken wird auf den Seiten 633 bis 635 beschrieben. Hier soll nur auf die Vorderkiemerschnecken (PROSOBRANCHIA) eingegangen werden. Da vor allem die Ernährung sehr unterschiedlich ist, lassen sich nur wenige allgemeine Fakten festhalten. In jedem Fall ist es wichtig, die Nahrung der Tiere zu kennen. Algenfresser kann man erst dann in das Becken setzen, wenn sich ein Überzug aus Grünalgen gebildet hat. Räuberische Arten fallen oft andere Beckeninsassen an, Muscheln, Schnecken, Seescheiden, verschiedene Stachelhäuter und sogar am Boden ruhende Fische können ihre Opfer werden. Da fast alle von ihnen auch Aasfresser sind, gibt man ihnen ab und zu einen Brocken Garnelen-, Muschel- oder Fischfleisch. Planktonfressenden Arten, wie zum Beispiel den festgewachsenen Wurmschnecken, spritzt man mit einer Pipette Planktonersatz oder Muschelmilch in ihr Fangnetz. Einige Litoralformen haben die Tendenz aus dem Wasser zu klettern und über den Beckenrand nach außen zu fallen. Für sie ist eine gute Beckenabdeckung oder zumindest eine 3 bis 5 cm breite, waagerecht nach innen gerichtete Umrandung notwendig. Für den Aufbau der Schale benötigen die Schnecken Kalk. Da dieser jedoch auch von anderen Wirbellosen (z.B. Korallen, Krebse, Röhrenwürmer) dem Wasser entzogen wird, muß er in Form von Kalziumhydroxid regelmäßig dem Wasser zugegeben werden. Es empfiehlt sich hier, das verdunstete Wasser durch eine gesättigte Lösung (mehr zugeben als gelöst wird, Bodensatz) von Kalziumhydroxid zu ersetzen. Arten mit einer sehr kurzen Larvalzeit können auch im Aquarium gezüchtet werden. Weitere Details entnehme man den Beschreibungen der einzelnen Arten.

Murex brandaris, Mittelmeer

Haliotis (Notohaliotis) gigantea, Japan

Haliotis (Notohaliotis) gigantea GMELIN, 1791
Japanisches Riesenmeerohr

Vork.: Sie leben an der japanischen Pazifikküste in wenigen Metern Tiefe auf Hartböden.
GU: Sie sind getrennt geschlechtlich und haben keine äußeren Geschlechtsmerkmale.
Soz. Verh./Vgs.: Nur zur Fortpflanzungszeit sind sie in Paaren anzutreffen. Im Aquarium sind sie zusammen mit den meisten Wirbellosen und allen Fischen zu halten.
Hält. B.: Sie benötigen einen festen Untergrund mit reichlichem Algenbewuchs.
Licht: Mittellichtzone.
ZU/Verm.: Diese Art wird in Japan in einigen Zuchtanstalten aufgezogen. Eine Aufzucht im Aquarium dürfte unschwer gelingen. PEÑA (Aquaculture 52:1986, 35-41) gibt Anleitungen über ein induziertes Ablaichen von *H. coccinea canariensis*.
FU: H; gelegentlich fressen sie auch Aas. Großen Exemplaren gibt man im Aquarium abgebrühte Salatblätter und alle zwei Wochen eine Futtertablette.
Bes.: Diese Art wird in Japan teilweise gezüchtet, aber auch von Hand aus gesammelt. Sie gilt als Delikatesse. Bei allen See- oder Meerohren ist der Fuß in eine linke und rechte Hälfte geteilt. Bei der Fortbewegung werden die beiden Hälften gegeneinander verschoben. Dadurch ist ein für Schnecken sehr rasches Kriechen möglich. Mit dem Fuß können sie sich bei Gefahr äußerst fest an den Untergrund ansaugen. Sie sind dann nur mit einem Brecheisen vom Substrat zu lösen. Dabei werden sie jedoch häufig verletzt.

T: 18 - 24° C, **L**: 15 cm, **BL**: ab 120 cm, **WB**: m, **WR**: m, **BS**: 3, **SG**: 1 - 2

Ordnung: Archaeogastropoda
Fam.: Haliotidae

Haliotis multiperforata, Aquarienaufnahme

Haliotis multiperforata REEVE, 1846
Viellöchriges Meerohr

Vork.: Die Tiere leben im Küstenbereich des Roten Meeres. Tagsüber sind sie an Steinunterseiten oder unter abgestorbenen Korallenblöcken versteckt.
GU: Sie sind getrennt geschlechtlich, haben jedoch keine äußeren Geschlechtsmerkmale.
Soz. Verh./Vgs.: Sie lassen sich mit vielen Wirbellosen und Fischen zusammen halten.
Hält. B.: Im Felsen- oder Korallenaquarium suchen sie tagsüber Löcher und Spalten auf. Wichtig ist die regelmäßige Zugabe von Kalziumhydroxid um ihren Bedarf an Kalk für den Schalenbau zu decken.
Licht: Dämmerlichtzone.
ZU/Verm.: SCHOMISCH (Das Aquarium, 4: 1993, 35-37) berichtet über das Ablaichen einer anderen tropischen Art im Aquarium. Die Tiere richten sich nachts zu etwa 80 % ihres Körpers auf und geben ihren Laich in die Strömung ab. Die Nachzucht war erfolgreich.
FU: H; sie ernähren sich fast ausschließlich von verschiedenen Grünalgen. In einem Becken mit gutem Algenbewuchs wachsen sie relativ rasch. Gelegentlich nehmen sie auch Futtertabletten mit starkem Pflanzenanteil sowie abgebrühten Salat und Spinat.
Bes.: Aufgrund ihrer perlmutt-glänzenden Innenseite werden sie gerne gesammelt.

T: 20 - 28°C, **L**: 4 cm, **BL**: ab 100 cm, **WB**: m, **WR**: u - m, **BS**: 2, **SG**: 1 - 2

Haliotis tuberculata form *lamellosa*, Mittelmeer

Haliotis tuberculata form *lamellosa* LAMARCK, 1822
Mittelmeer - Seeohr

Vork.: Die Tiere kommen auf Hartböden im gesamten Mittelmeer vor. Tagsüber findet man sie fest an die Unterseite von Steinen angesaugt.
GU: Sie haben keine äußeren Geschlechtsmerkmale.
Soz. Verh./Vgs.: Die Seeohren sind Einzelgänger. Sie vertragen sich gut mit Fischen und Wirbellosen.
Hält. B.: Steine mit Grünalgen, die sie abweiden. Sie sitzen auch gerne an den Scheiben des Aquariums.
Licht: Dämmerlicht- bis Mittellichtzone. Die Tiere sind nachtaktiv.
ZU/Verm.: Die Gattung *Haliotis* ist eine der ganz wenigen Vorderkiemerschnecken, die sich im Aquarium vermehrt. Aufgrund der kurzen Larvalphase können sie auch in einem gefilterten Becken zur Fortpflanzung gebracht werden. Die Jungtiere wachsen relativ rasch heran.
FU: H; nachts weiden sie Grünalgen von den Steinoberseiten. Im Aquarium kann man Ihnen gelegentlich eine Futtertablette geben. Auch Salat- und Spinatblätter (abgebrüht) werden angenommen.
Bes.: Die atlantische *Haliotis tuberculata* LINNAEUS, 1758, erreicht über 10 cm Schalenlänge. Sie wird besonders gerne gegessen. In Frankreich ist sie aufgrund von Überfischung sogar gesetztlich geschützt.

T: 16 - 22° C, **L**: 5 cm, **BL**: ab 40 cm, **WB**: m, **WR**: u, m, **BS**: 1, **SG**: 1

Lochnapfschnecke (Küste Kaliforniens)

Eine Lochnapfschnecke wehrt sich gegen einen Seestern

Die Schnecke stülpt ihren Mantel aus.

Der Seestern zieht sich zurück.

Megathura crenulata, Baja California

Megathura crenulata (SOWERBY, 1825)
Riesen - Lochschnecke

Vork.: Diese Art kommt an der pazifischen Küste im südlichen Bereich von Nordamerika und in der Bucht von Kalifornien vor. Sie lebt im oberen Sublitoral, wo sie sich tagsüber unter Steine und in Felsspalten zurückzieht.
GU: Die Tiere haben keine äußeren Geschlechtsunterschiede.
Soz. Verh./Vgs.: Sie sind Einzelgänger, die gut mit anderen Tieren gehalten werden können. Für räuberische Seesterne und Raubschnecken sind sie jedoch eine leichte Beute.
Hält. B.: In Felsaquarien suchen sie Verstecke auf, die sie nachts verlassen.
Licht: Dämmerlichtzone.
ZU/Verm.: Über die Fortpflanzung ist relativ wenig bekannt. Man weiß nur, daß sie Eier ablegen, aus denen planktontische Larven mit flügelartigen Lappen schlüpfen.
FU: H; sie sind Algenweider, die nachts auf Nahrungssuche gehen. Gelegentlich nehmen sie auch eine Futtertablette oder am Boden liegendes Trockenfutter auf.
Bes.: Wie die meisten Arten der Familie haben sie am apikalen Ende der Schale eine lochartige Öffnung, die zum Aussscheiden des verbrauchten Atemwassers und der Exkremente (Analöffnung) dient. Der Lochrand ist innen mit einer hinten abgestutzten Kallusschwiele umgeben. Sie haben keinen Deckel (Operculum) zum Verschließen des Gehäuses und können ihren Weichkörper - im Gegensatz zu den Napfschnecken - nicht gänzlich unter der Schale verbergen.

T: 18 - 22° C, **L:** 10 cm, **BL:** ab 120cm, **WB:** m, **WR:** m, **BS:** 2, **SG:** 1 - 2

Patella coerulea, Mittelmeer

Patella coerulea LINNAEUS, 1758
Flache Napfschnecke

Vork.: Sie kommt im Mittelmeer, hauptsächlich im westlichen Teil, vor. An Felsküsten lebt sie im Gezeitenbereich und in den oberen Wasserschichten.
GU: Es gibt keine äußeren Geschlechtsunterschiede.
Soz. Verh./Vgs.: Sie sind Einzelgänger, die jedoch sehr häufig auftreten können. Im Aquarium vertragen sie sich gut mit Wirbellosen (ausgenommen räuberische Seesterne) und mit Fischen.
Hält. B.: Empfohlen werden kann hier das (relativ aufwendige) Brandungsbecken nach LANGE & KAISER, 1991. In einem Aquarium mit ruhiger Wasseroberfläche bleiben sie manchmal nicht lange am Leben. Haben sie sich allerdings eingewöhnt, können sie über 10 Jahre alt werden.
Licht: Sonnenlichtzone.
ZU/Verm.: Ein Teil der Männchen kann sich im Laufe des Wachstums zu Weibchen umwandeln. Aus den dotterarmen Eier schlüpfen Larven, die im Plankton schwimmen.
FU: H; sie raspeln mit ihrer kräftigen und über körperlangen Radula Grünalgen und endolithische (in die Oberfläche von Steinen eingebettete) Blaualgen ab.
Bes.: Die Schale ist napfförmig und hat keinen Deckel. Sie haben feste Sitzplätze, an die sie bei Niedrigwasser zurückkehren. Sie orientieren sich dazu an Schleimspuren, die sie beim Hinkriechen gelegt haben.

T: 15 - 24° C, **L:** 5 cm, **BL:** ab 100 cm, **WB:** s, **WR:** o, **BS:** 1, **SG:** 1 - 2

Patella rustica, Mittelmeer

Patella rustica LINNAEUS, 1758
Lusitanische Napfschnecke

Vork.: Die Art kommt häufig im ganzen Mittelmeer und im Atlantik von Mauritanien bis nach Biaritz vor. Sie lebt in der Gezeitenzone von Felsküsten.
GU: Es gibt keine Geschlechtsunterschiede an den Schalen.
Soz. Verh./Vgs.: Sie sind oft in großer Dichte zu finden (Foto). Im Aquarium vertragen sie sich gut mit Wirbellosen und Fischen.
Hält. B.: Diese Art benötigt einen Wechsel zwischen Trockenliegen und untergetaucht sein. Sie sind ideale Bewohner für ein Gezeitenbecken oder ein Brandungsbecken (LANGE & KAISER, 1991).
Licht: Sonnenlichtzone.
ZU/Verm.: Aus den Eier schlüpfen Trochophora-Larven.
FU: H; sie haben eine aufgewundene Radula, die ein Mehrfaches ihrer Körperlänge mißt. Mit ihr raspeln sie die Steinoberfläche mit den darin enthaltenen Blaualgen ab.
Bes.: Aufgrund der dunklen Streifen an der Unterseite der Schale und ihren zu dunklen Punkten aufgelösten Strahlen an der Oberseite der Schale sind sie leicht von anderen *Patella*-Arten zu unterscheiden. Sie saugen sich so an den Felsen fest, daß sie gut vor Feinden geschützt sind. Ihre Schale ist dazu genau an die Unebenheiten des Felsbodens angepaßt. Nur wenn sie bei Wasserbedeckung (Hochwasser) auf Nahrungssuche gehen, werden sie leichter erbeutet.

T: 15 - 24° C, **L**: 5 cm, **BL**: ab 100 cm, **WB**: s, **WR**: o, **BS**: 1, **SG**: 2 - 3

Clanculus pharaonius, Aquarienaufnahme

Clanculus pharaonius (LINNAEUS, 1758)
Erdbeerschnecke

Vork.: Schnecken dieser Art kommen im Roten Meer, in Ostafrika und im Indischen Ozean vor. Sie sind häufig im unteren Litoralbereich und zwischen Korallengeröll.
GU: Es gibt keine äußeren Geschlechtsmerkmale.
Soz. Verh./Vgs.: Sie sind gut mit vielen anderen tropischen Tieren zusammen zu halten.
Hält. B.: Im Aquarium sollten Felsen zum Umherkriechen vorhanden sein. Sonst stellen sie keine besonderen Ansprüche.
Licht: Mittellichtzone.
ZU/Verm.: Sie legen befruchtete Eier ab, die in einer Kapsel eingebettet sind. Aus ihnen schlüpfen Veliger-Larven, die nach einer relativ kurzen planktonischen Phase zum Bodenleben übergehen. Über Nachzuchten in Aquarien ist bisher nichts bekannt geworden.
FU: H; sie sind Algenweider, die bevorzugt nachts auf Nahrungssuche gehen. Sie sollten erst dann in das Becken gesetzt werden, wenn sich ein Überzug aus Grünalgen gebildet hat.
Bes.: Aufgrund ihrer roten Färbung haben sie ihren deutschen und englischen ("strawberry shell") Namen. An der Schalenunterseite haben sie einen sogenannten falschen Nabel, eine höhlenartige Einsenkung über dem durch eine kalkige Schwiele verschlossenen Nabel.

T: 21 - 28° C, **L:** 2 cm, **BL:** ab 70 cm, **WB:** m, **WR:** m, **BS:** 2, **SG:** 1 - 2

Ordnung: ARCHAEOGASTROPODA
Fam.: Trochidae

Monodonta turbinata, Mittelmeer

Monodonta turbinata (BORN, 1780)
Turbanschnecke

Vork.: Sie ist ein Bewohner der obersten Wasserzone an den Felsküsten des Mittelmeeres.
GU: Sie hat keine äußeren Geschlechtsunterschiede.
Soz. Verh./Vgs.: Die Tiere treten fast immer in großen Mengen auf. Ein Sozialverhalten ist jedoch nicht bekannt. Mit Fischen und Wirbellosen vertragen sie sich ausgezeichnet.
Hält. B.: Sie klettern an den Aquarienscheiben und an Felsaufbauten. Ohne Abdeckung klettern sie bis zum oberen Rand des Aquariums und fallen nach außen. Sie kommen auch für eine Haltung in einem Brandungsbecken (nach LANGE & KAISER) in Frage. Der Transport geschieht ohne Wasser in einem feuchten Tuch.
Licht: Sonnenlichtzone.
ZU/Verm.: Die Larvalphase ist kurz. In gut eingelaufenen und nicht stark gefilterten Becken kann es zur Vermehrung kommen.
FU: H; sie weiden Algen von Steinen und Aquarienscheiben.
Bes.: Das Aussehen kann variieren. Es gibt noch zwei andere Arten im selben Verbreitungsgebiet, *M. articulata* und *M. mutabilis*, mit denen sie leicht verwechselt werden können.

T: 16 - 24° C, **L**: 3 cm, **BL**: ab 30 cm, **WB**: m - s, **WR**: o, **BS**: 1, **SG**: 1

Tectus dentatus, Rotes Meer

Tectus dentatus (FORSKÅL, 1775)
Gezahnte Kreiselschnecke

Vork.: Diese Kreisenlschnecken sind häufig im Roten Meer, im Indischen Ozean und im Indopazifik zu finden. Sie leben im oberen Bereich von Korallenriffen, nahe der Wasserlinie.
GU: Sie haben keine äußeren Geschlechtsmerkmale.
Soz. Verh./Vgs.: Sie sind Einzelgänger, die mit fast allen Fischen und Wirbellosen zusammen gehalten werden können. Empfindliche sessile Tiere (z.B. Röhrenwürmer) werden jedoch gelegentlich gestört.
Hält. B.: Felsaquarium mit genügend Raum zum Umherkriechen.
Licht: Sonnenlichtzone.
ZU/Verm.: Die Tiere legen Eier in Kapseln ab, aus denen freischwimmende Larven schlüpfen. Über eine Aufzucht im Aquarium ist nichts bekannt.
FU: H; sie weiden nachts den Algenbewuchs des Untergrundes ab. Sie sollten nur in Becken mit reichlichem Grünalgenbewuchs gehalten werden. Notfalls kann man sich mit überbrühten Salatblättern und Futtertabletten behelfen.
Bes.: Das kegelförmige Gehäuse mit den stumpfen Zähnen (Name!) ist oft so mit Kaltrotalgen, Moostierchen und anderen Wirbellosen überwachsen, daß man die Tiere kaum erkennen kann. Die Spindel endet knopfartig. Die Tiere können sich mit ihrem Fuß fest an den Untergrund ansaugen und sind so vor der Brandung geschützt. Sie werden in großen Mengen gesammelt und gegessen.

T: 20 - 28° C, L: 8 cm, BL: ab 120 cm, WB: m, WR: o, BS: 2, SG: 1 - 2

Tectus (Rochia) niloticus, Malaysia

Tectus (Rochia) niloticus (LINNAEUS, 1767)
Perlmuttkegel, Riesen - Kreiselschnecke

Vork.: Diese Art lebt in den oberen Wasserbereichen von Korallenriffen im ganzen indopazifischen Bereich.
GU: Sie ist getrennt geschlechtlich, hat jedoch keine äußeren Geschlechtsmerkmale.
Soz. Verh./Vgs.: Sie sind Einzelgänger, die mit vielen Fischen und Wirbellosen zusammen gehalten werden können. Empfindliche sessile Tiere (z.B. Röhrenwürmer, Weichkorallen) werden jedoch gelegentlich durch das Umherwandern gestört.
Hält. B.: Die Felsaufbauten sollten so weit von der Wasserlinie entfernt sein, daß die Schalenspitze der Schnecke nicht aus dem Wasser ragt.
Licht: Sonnenlichtzone.
ZU/Verm.: Nach der Befruchtung legen die Schnecken die Eier in Kapseln auf ein festes Substrat. Aus ihnen schlüpfen Larven, die kurz im Plankton leben und sich dann am Boden niederlassen.
FU: H; sie weiden große Mengen von Grünalgen ab. Im Aquarium muß man große Individuen zusätzlich mit Salatblättern (überbrüht) und Tabletten füttern.
Bes.: Die schwarz-weiß gestreiften Schalen sind oft so mit Algen bewachsen, daß man die Färbung nicht erkennen kann. Jüngere Exemplare mit einer Schalenhöhe von etwa 5 cm gelangen öfters in den Aquarienhandel. Sehr oft werden große Schalen in Souveniergeschäften angeboten. Ähnlich ist die rot-weiß gestreifte *T. conus*, die jedoch nur 5 cm hoch wird.

T: 20 - 28° C, **L**: 15 cm, **BL**: ab 120 cm, **WB**: m, **WR**: o, **BS**: 1 - 2, **SG**: 1 - 2

Turbo petholatus, Großes Barriereriff

Turbo petholatus LINNAEUS, 1758
Katzenaugenschnecke, Gobelinturban

Vork.: Die Art ist weit verbreitet. Man findet sie vom Roten Meer über Ostafrika bis nach Polynesien. Sie leben in Löchern und Spalten der Außenriffe, vom Flachwasser bis in mittlere Tiefen.
GU: Die Tiere sind getrennt geschlechtlich, ohne äußere Geschlechtsunterschiede.
Soz. Verh./Vgs.: Sie sind Einzelgänger, die sich im Aquarium gut mit anderen Bewohnern vertragen.
Hält. B.: Felsaquarium. Sie eignen sich gut zur Vorbeugung gegen Fadenalgen.
Licht: Mittellichtzone.
ZU/Verm.: Die planktontische Phase ist relativ kurz. Über eine Aufzucht im Aquarium ist noch nichts bekannt geworden. STARK (Das Aquarium 3: 1992, 25-27) konnte (unbeabsichtigt) eine ganz ähnliche Art im Aquarium nachzüchten.
FU: H; sie ernähren sich von Algen. Im Aquarium kann man ihnen gelegentlich eine Futtertablette reichen.
Bes.: Das Operculum (Deckel zum Verschließen der Schale) ist kalkig. Aufgrund des dunklen Zentrums wird es als “Katzenauge” bezeichnet. Das Gehäuse ist auffallend glatt und glänzend. Die Färbung und die flammenartige Markierung kann sehr variabel sein. Die Spiralreihen sind durch dunkle Flecken und helle Bänder gekennzeichnet.

T: 20 - 28° C, **L**: 8 cm, **BL**: ab 120 cm, **WB**: m, **WR**: m, **BS**: 3, **SG**: 2

Nerita albicilla, Großes Barriere Riff

Nerita albicilla LINNAEUS, 1758
Weißgefleckte Schwimmschnecke

Vork.: Die Verbreitung dieser Art reicht von Ostafrika bis zu den Philippinen und zum Großen Barrierriff. Die Tiere leben im Gezeitenbereich der Felsküsten.
GU: Es gibt keine äußeren Geschlechtsunterschiede.
Soz. Verh./Vgs.: Sie sind Einzelgänger, die jedoch aufgrund ihrer Häufigkeit gelegentlich kleine Gruppen bilden können. Man kann sie mit allen Wirbellosen, ausgenommen mit räuberischen Seesternen, und mit den meisten Fischen zusammen im Aquarium halten.
Hält. B.: Sie benötigen algenbewachsene Felsen zum Klettern und zum Abweiden. Wichtig ist eine gute Abdeckung, da sie gerne an den Scheiben bis zum Rand hochklettern und außen zu Boden fallen. Interessant ist eine Haltung im Brandungsbecken (nach LANGE & KAISER).
Licht: Sonnenlichtzone.
ZU/Verm.: Über ihre Fortpflanzung ist bisher noch wenig bekannt.
FU: H; sie sind nachtaktive Algenweider, die sich tagsüber in Felsspalten aufhalten. Sie sollten nur in Aquarien mit Grünalgenbewuchs eingesetzt werden.
Bes.: Ihre Gehäuse zeigen eine außerordentlich große Variationsbreite an Farben, die von weiß und schwarz-weiß gebändert bis hin zu braun-schwarz und schwarz reicht. Sie haben einen kalkigen Deckel, mit dem sie das Gehäuse fest verschließen können. Dabei können sie Wasser speichern und sind so fähig, Trockenperioden zu überstehen. Alle Arten der Familie haben nur eine Kieme und eine Niere (bei anderen Schnecken paarig).

T: 20 - 28° C, **L**: 2,5 cm, **BL**: ab 70 cm, **WB**: m, **WR**: o, **BS**: 2, **SG**: 1 - 2

Littorina littorea, Nordsee

Littorina littorea (LINNAEUS, 1758)
Gemeine Uferschnecke

Vork.: Diese Art besiedelt den nördlichen Atlantik bis Portugal und ist auch in der Nord- und Ostsee zu finden. Nach Nordamerika wurde sie eingeschleppt. Sie lebt auf Felsen und Tangen im Uferbereich.
GU.: Die Tiere haben keine äußeren Geschlechtsunterschiede.
Soz. Verh./Vgs.: Sie kommen oft in großen Mengen vor. Aufgrund ihrer dicken Schale haben nur sie wenige Feinde.
Hält. B.: Diese Art ist nur für ein Kaltwasseraquarium geeignet. Die Schnecken klettern gerne in trockene Bereiche über der Wasserlinie. Vom oberen Beckenrand stürzen sie dann nach außen ab. Deshalb ist eine gute Abdeckung unbedingt notwendig. Sie können zum Transport mehrere Tage feucht, ohne Wasser, gehalten werden.
Licht: Sonnenlichtzone.
ZU/Verm.: Die Entwicklung verläuft direkt, ohne freies Larvenstadium. Eine Nachzucht im Aquarium ist deshalb relativ leicht.
FU: H; sie ernähren sich von Algen, sollen gelegentlich aber auch Seepocken fressen. In einem Aquarium mit Grünalgenbewuchs werden sie nicht separat gefüttert.
Bes.: Ihre Kiemen sind reduziert, dafür besitzen sie eine gut durchblutete Mantelhöhle. Deshalb können sie längere Zeit im Trockenen überstehen.

T: 10 - 18° C (!), **L**: 3 cm, **BL**: ab 70 cm, **WB**: m, **WR**: o, **BS**: 2, **SG**: 1

Ordnung: Mesogastropoda
Fam.: Vermetidae

Dendropoma maxima, Malediven

Dendropoma maxima (SOWERBY, 1825)
Große Wurmschnecke

Vork.: Diese Wurmschnecken kommen in den Korallenriffen des Roten Meeres, des Indischen Ozeans und des Indo-Pazifiks vor. In geringer Tiefe sind sie an Felsen oder Korallenblöcken festgewachsen. Zum Teil wird ihre Schale vollkommen von Korallen überwachsen.
GU: Sie haben keine äußeren Geschlechtsunterschiede.
Soz. Verh./Vgs.: Gelegentlich erreichen sie eine hohe Besiedlungsdichte.
Hält. B.: Sie können nur mit ihrem Untergrund transportiert und eingesetzt werden. Man befestigt sie im mittleren oder oberen Beckenbereich, der gut durchströmt ist.
Licht: Sonnnenlichtzone.
ZU/Verm.: Die freischwimmenden Larven setzen sich an einem harten Untergrund fest und beginnen ihre Schale auszubilden.
FU: K; die Wurmschnecken sind Planktonfresser. Sie bilden ein Schleimnetz das frei im Wasser hängt. Das Netz wird dann mitsamt den daran haftenden Fut-terpartikeln eingezogen und verzehrt. Danach wird wieder eine neues Netz gebildet. Im Aquarium füttert man sie (mäßig) mit zerriebenem Trockenfutter.
Bes.: Der bewohnte Teil ihrer Schale wird durch ein Septum gegen den hinteren Teil abgeschlossen. Sie könne oft jahrelang in Aquarien gehalten werden.

T: 22 - 28° C, **L**: 15 cm, **BL**: ab 120 cm, **WB**: m - s, **WR**: o - m, **BS**: 2, **SG**: 1 - 2

Sperbulorbis araenarius, Mittelmeer

Sperbulorbis araenarius (LINNAEUS, 1758)
Mittelmeer - Wurmschnecke

Vork.: Diese Art lebt an den Felsküsten des Mittelmeeres, im östlichen Atlantik und auf den Kanarischen Inseln.
GU: Die Tiere haben keine äußeren Geschlechtsmerkmale.
Soz. Verh./Vgs.: Sie lassen sich gut mit Wirbellosen und Fischen vergesellschaften.
Hält. B.: Mittelmeeraquarium. Sie werden mit ihrem Untergund so in das Becken eingesetzt, daß ihre Schalenöffnung nach oben weist. Eine mittlere bis starke Strömung sollte vorhanden sein.
Licht: Mittellichtzone.
ZU/Verm.: Sie vermehren sich über freischwimmende Larven. Nach dem Kontakt mit einem festen Untergrund beginnen sie mit der Bildung der Schale, die festgekittet wird. Die ganz junge Schale (Protoconch) ist noch wie die einer "normalen" Schnecke spiralig gewunden.
FU: O; sie bilden Schleimnetze, mit denen sie Plankton und Detritus aus dem Wasser aufnehmen. Das Netz wird mitsamt dem Inhalt verzehrt und wieder neu gebildet. Man füttert sie mit zerriebenem Trockenfutter und Ersatzplankton.
Bes.: Sie haben ein festgewachsenes Gehäuse. Ihre Röhren werden oft mit jenen von Kalkröhrenwürmern verwechselt. Die Schale der Wurmschnecken ist dreilagig, die innere Lage ist glänzend; die der Röhrenwürmer ist zweilagig und im Inneren matt.

T: 18 - 22° C, **L**: 8 cm, **BL**: ab 70 cm, **WB**: m - s, **WR**: m, **BS**: 2, **SG**: 1

Ordnung: Mesogastropoda
Fam.: Vermetidae

Sperbulorbis inopertus (RÜPPEL, 1830)
Unbedeckte Wurmschnecke

Vork.: Sie kommen in den Korallenriffen des Roten Meeres und des Indischen Ozeans vor.
GU: Sie haben keine erkennbaren Geschlechtsunterschiede.
Soz. Verh./Vgs.: Im Aquarium halten sie sich gut und sind mit vielen anderen Bewohnern von Korallenmeeren zu vergesellschaften.
Hält. B.: Fels- oder Korallenaquarium mit guter Strömung.
Licht: Mittellichtzone.
ZU/Verm.: Sobald ihre freischwimmenden Larven einen festen Untergrund erreicht haben, beginnen sie mit der Produktion ihrer Schale.
FU: O; wie die anderen Wurmschnecken sind sie Schleimnetzfänger.
Bes.: Ihre Schale ist fest an den Untergrund gekittet.

T: 22 - 28° C, **L**: 8 cm, **BL**: ab 100 cm, **WB**: m, **WR**: m, **BS**: 2, **SG**: 1 - 2

Schale entfernt

Sperbulorbis inopertus, Malediven

Vermetus adansoni, Malediven

Vermetus adansoni DAUDIN, 1800
Adanson - Wurmschnecke

Vork.: Die Tiere kommen im gesamten Indischen Ozean und im Indo - Pazifik vor. Sie besiedeln bevorzugt Gorgonien und Schwarze Korallen.
GU: Es gibt keine äußeren Geschlechtsunterschiede.
Soz. Verh./Vgs.: Sie bilden meist kolonieartige Gruppen (siehe Foto). Im Aquarium lassen sie sich mit vielen Wirbellosen und Fischen zusammen halten.
Hält. B.: Sie bevorzugen gut beströmte Abschnitte des Beckens. Nach Möglichkeit sollen sie mit einem Ast einer Gorgonie (auch abgestorben) in das Aquarium gesetzt werden.
Licht: Mittellichtzone.
ZU/Verm.: Sie vermehren sich über freischwimmende Veliger-Larven. Im Aquarium können sie nicht nachgezogen werden.
FU: O; mit Schleimnetzen fangen sie vorbeidriftendes Plankton und Detritus.
Bes.: Die einzelnen Wohnröhren einer "Kolonie", haben nur etwa 5 mm im Durchmesser. Sie sind verschieden lang und ihre Oberfläche ist meist von Hydroiden bewachsen. Der skandinavische Forscher ADANSON (Art-Name) hat als erster erkannt, daß die Wurmschnecken zu den Weichtieren und nicht zu den Würmern gehören.

T: 22 - 28° C, **L:** 4 cm, **BL:** ab 100 cm, **WB:** m - s, **WR:** m, **BS:** 2, **SG:** 1 - 2

Janthina janthina, Aquarienaufnahme

Janthina janthina (LINNAEUS, 1758)
Floßschnecke, Veilchenschnecke

Vork.: Diese Art ist ein Hochseebewohner und kommt weltweit in tropischen und gemäßigten Meeren vor. Sie treibt mit einem selbst erzeugten Floß an der Wasseroberfläche.
GU: Die Tiere sind konsekutive Zwitter (zuerst männlich, dann weiblich).
Soz. Verh./Vgs.: Sie sind Einzelgänger, die im Aquarium mit benthischen Tieren gehalten werden können.
Hält. B.: Durch Strömungen (Filterpumpe) werden die Tiere an die Aquarienscheiben getrieben.
Licht: Sonnenlichtzone.
ZU/Verm.: Diese Art ist "lebendgebärend". Die Veliger-Larven schlüpfen bereits in der Mantelhöhle und werden in das freie Wasser abgegeben. Andere *Janthina*-Arten betreiben Brutpflege, indem sie die Eier an ihrem Floß mittragen.
FU: K; sie ernähren sich hauptsächlich von an der Meeresoberfläche treibenden Staatsquallen, wie *Velella* (Segelqualle) und *Physalia* (Portugiesische Galeere). Aus diesem Grund sind sie im Aquarium kaum zu halten.
Bes.: Alle Arten der Gattung *Janthina* bauen aus einem erhärtenden Schleim und Luftblasen ein Floß. Dies ermöglicht ihnen in der Hochsee an der Wasseroberfläche zu treiben. Verlieren sie das Floß, sinken sie zu Boden.

T: 18 - 28° C, **L**: 4 cm, **BL**: ab 150 cm, **WB**: I, **WR**: o, **BS**: 3, **SG**: 3

Aporrhais pespelicani, Mittelmeer

Aporrhais pespelicani (LINNAEUS, 1758)
Pelikanfuß

Vork.: Diese Art wird von Island über Norwegen bis Marokko und im Mittelmeer auf Schlammböden in einer Tiefe zwischen 10 und 180 m gefunden.
GU: Es gibt keine Geschlechtsunterschiede an der Schale.
Soz. Verh./Vgs.: Die Schnecken kommen in ihrem natürlichen Biotop oft in kleinen Gruppen vor. Im Aquarium vertragen sie sich mit Fischen und Wirbellosen.
Hält. B.: Flacher Boden, möglichst Sandboden. Geraten die Tiere in Felsspalten können sie sich meist nicht mehr befreien. Die Wassertemperatur sollte nur kurzfristig 21° übersteigen.
Licht: Dämmerlicht- bis Mittellichtzone.
ZU/Verm.: Wie alle Vorderkiemerschnecken legen sie Eier, aus denen Veliger-Larven schlüpfen, die sich einige Zeit im Plankton aufhalten bevor sie sich am Boden niederlassen.
FU: O; sie suchen am Boden nach organischen Stoffen und nehmen Reste von Trockenfutter auf.
Bes.: Die Schalenform kann sehr stark variieren. Die Tiere bewegen sich ruckartig fort, wobei die Schale am Boden abgesetzt wird. Sie kriechen dann ein kleines Stück und schieben die Schale mit einem Ruck nach. Entlang der adriatischen Küste wird diese Schnecke häufig gegessen.

T: 15 - 20° C, **L**: 4 cm, **BL**: ab 60 cm, **WB**: I, **WR**: u, **BS**: 2, **SG**: 2

Ordnung: Mesogastropoda
Fam.: Strombidae

Lambis chiragra, Malaysia

Lambis chiragra (LINNAEUS, 1758)
Chiragra - Spinnenschnecke, Großer Bootshaken

Vork.: Diese Art kommt im südlichen Westpazifik bis nach Vorderindien vor. Sie lebt im Bereich von Korallenriffen in 5 bis 30 m Tiefe.
GU: Die Gehäuse der weiblichen Tiere werden größer. Sie erreichen eine Länge bis zu 25 cm. Ihre Schalenmündung ist hell-fleischrot. Die beiden letzten Schulterbuckel sind größer als die anderen. Die männlichen Gehäuse erreichen nur 18 cm Länge. Die Mündung ist kräftiger gefärbt und die Schulterbuckel sind alle gleich groß.
Soz. Verh./Vgs.: Durch das Umherkriechen stören sie andere Tiere, die sich am Boden aufhalten.
Hält. B.: Nur junge, kleine Individuen sollen in Aquarien eingesetzt werden.
Licht: Mittellichtzone.
ZU/Verm.: Sie vermehren sich über freischwimmende Larven. Eine Nachzucht im Aquarium ist kaum möglich.
FU: O; sie nehmen hauptsächlich Grünalgen auf. Im Aquarium fressen sie auch zusätzlich Trockenfutter und Futtertabletten.
Bes.: Die männliche Form wurde früher fälschlich als eigene Art beschrieben: *L. rugosa*.

T: 22 - 28° C, L: 15 cm, BL: ab 100 cm, WB: m, WR: u, BS: 2, SG: 2

Lambis lambis, Malediven

Lambis lambis (LINNAEUS, 1758)
Kleine Teufelskralle, Gemeine Spinnenschnecke

Vork.: Ihr Vorkommen erstreckt sich vom Roten Meer bis in den westlichen Indopazifik. Nicht im Atlantik, wie andere Flügelschnecken. Sie lebt auf Sand- und Hartböden zwischen den Korallenriffen.
GU: Man findet Geschlechtsunterschiede in der Gehäuseform. Männliche Schalen sind kleiner und haben zwei Einzelknoten auf der Rückenschulter. Die seitlichen Fortsätze sind nicht aufgerichtet sondern verlaufen in der Mündungshöhe. Gehäuse weiblicher Tiere haben einen länglichen Höcker auf der Rückenschulter und aufwärts gerichtete Fortsätze.
Soz. Verh./Vgs.: Sie sind gut mit Fischen zu vergesellschaften. Gelegentlich können sie sich an sessilen Wirbellosen vergreifen.
Hält. B.: Sie benötigen genügend Bewegungsfreiheit. Da sie gut klettern können ist bei hohen Felsaufbauten eine Abdeckung des Beckens zu empfehlen.
Licht: Mittellichtzone.
ZU/Verm.: Wie alle Vorderkiemerschnecken pflanzen sie sich über freischwimmende Veliger-Larven fort, die im Aquarium jedoch nicht aufkommen.
FU: O; sie ernähren sich von Algen, aber auch Aas wird gelegentlich gefressen. Im Aquarium bietet man ihnen Muschelfleisch - gerne werden Miesmuscheln in der Schale genommen - und Futtertabletten.
Bes.: Diese Gattung hat einen sehr guten optischen Sinn.

T: 22 - 28° C, **L:** 15 cm, **BL:** ab 100 cm, **WB:** m, **WR:** u, **BS:** 2, **SG:** 2

Lambis truncata sebae, Thailand

Lambis truncata sebae (KIENER, 1843)
Große Teufelskralle

Vork.: Das Vorkommen dieser Unterart beschränkt sich auf den südwestlichen Bereich des Pazifiks. Sie lebt dort in 10 bis 30 m Tiefe. *L. truncata truncata* (HUMPHREY, 1786) kommt in den Riffen des Indischen Ozeans vor.
GU: Bei dieser Art ist der Geschlechtsunterschied der Schalen nicht so markant wie bei *L. lambis*.
Soz. Verh./Vgs.: Alle Teufelskrallen lassen sich gut mit Fischen vergesellschaften. Mit sessilen Wirbellosen ist jedoch Vorsicht geboten. Einerseits können diese von der Schnecke gefressen werden, andererseits kann sie mit ihren ausladenden Krallen andere Tiere beschädigen oder vom Untergrund losreißen.
Hält. B.: Wie *L. lambis*. Für die Aquarienhaltung sind nur Jungtiere zu empfehlen. Die älteren halten sich nicht sehr lange.
Licht: Mittellichtzone.
ZU/Verm.: Eine Nachzucht im Aquarium ist nicht bekannt.
FU: O; wie *L. lambis*.
Bes.: Das Kennzeichen dieser Art ist eine gedrungene Schalenspitze, ein Merkmal, das vor allem bei der Unterart *L. t. truncata* auffallend ist.

T: 22 - 28°C, **L**: bis 40 cm, **BL**: ab 120 cm, **WB**: m, **WR**: u, **BS**: 3, **SG**: 2

Strombus costatus, Karibik

Strombus costatus (GMELIN, 1791)
Kleine Flügelschnecke

Vork.: Die Kleine Flügelschnecke lebt in Seegraswiesen sowie auf Sand- und Schlammböden in der Karibischen See. Sie ist vom Flachwasser bis in Tiefen von 50 m zu finden.
GU: Die Geschlechter unterscheiden sich äußerlich nicht.
Soz. Verh./Vgs.: Sie sollte nicht mit am Boden sitzenden Wirbellosen vergesellschaftet werden. Mit Fischen verträgt sie sich gut.
Hält. B.: Die Tiere kriechen auf Sandböden oder Muschelgrus. Instabile Aufbauten werden oft zerstört.
Licht: Mittellichtzone.
ZU/Verm.: Sie vermehren sich über planktontische Veliger-Larven.
FU: H; sie ernähren sich von Algen, nehmen aber gelegentlich auch Aas auf. Im Aquarium reicht man ihnen ab und zu eine Futtertablette und Stückchen von Fisch- oder Muschelfleisch.
Bes.: Das Gehäuse ist dickschalig und schwer. Bei älteren Tieren ist es oft vollkommen von Algen und wirbellosen Tieren bewachsen. Sie können das Operculum wie *S. gigas* zur Verteidigung verwenden. Im Mittelmeer gibt es eine einzige *Strombus* Art, die auf Sandböden der türkischen Küsten vorkommt: *S. decorus raybaudii*. Aus dem indopazifischen Bereich werden die wesentlich kleineren *S. pipus* und *S. gibberulus* importiert, die sich besser für die Aquarienhaltung eignen.

T: 21 - 27° C, **L**: 15 cm, **BL**: ab 130 cm, **WB**: m, **WR**: u, **BS**: 3, **SG**: 2

Strombus gigas, Karibik

Strombus gigas LINNAEUS, 1758
Riesenflügelschnecke, Fechterschnecke

Vork.: Diese Art lebt im Bereich von Süd-Florida, Bahamas und in der Karibik auf Weichböden schon ab wenigen Metern Tiefe.
GU: Sie hat keine äußeren Geschlechtsmerkmale.
Soz. Verh./Vgs.: Größere Exemplare sollte man nur in Schauaquarien mit freischwimmenden Fischen halten. Sie vergreifen sich zwar nicht an Wirbellosen, stören sie jedoch durch ihr Umherkriechen.
Hält. B.: Sie benötigen ein großes Becken mit ebenem Boden. Nur Jungtiere soll man in das Becken einsetzen.
Licht: Mittel- und Sonnenlichtzone.
ZU/Verm.: In der Karibik gibt es Anstalten, die sich mit der Aufzucht von *S. gigas* beschäftigen. Es werden dort Larven aufgezogen, die nach einem Monat etwa 1 mm Länge erreichen (HEYMAN et al.: Aquaculture 77:1989, 277-285).
FU: O; sie sind Algenfresser, die aber auch gerne Stücke von Fisch- und Muschelfleisch nehmen.
Bes.: Der deutsche Name “Fechterschnecke” stammt von ihrer Fähigkeit, bei Bedrohung mit dem scharfen, lanzettförmigen Operculum (Verschlußdeckel) wild um sich zu schlagen. Also Vorsicht! Im ganzen Verbreitungsgebiet werden sie in großen Mengen gefangen, denn das Fleisch gilt - roh oder gegart - als besondere Delikatesse.

T: 22 - 28° C, L: 20-30 cm, BL: ab 200 cm, WB: m, WR: u, BS: 3, SG: 1

Strombus gigas, Auge

Strombus-Haufen, Isla Providencia, Kolumbien

Strombus mutabilis, Malediven

Strombus sp., Rotes Meer

Über die Familie Cypraeidae, Porzellanschnecken

Die Porzellanschnecken werden auch als Kaurischnecken oder fälschlicherweise als Kaurimuscheln bezeichnet. Aufgrund ihrer glänzenden Schale und der Vielfältigkeit der Färbungen gehören sie zu den Weichtieren, die am meisten gesammelt werden. Der Glanz, der die Schalen wie frisch lackiert erscheinen läßt, rührt daher, daß die Tiere ihre Schale komplett mit ihrem Mantel überziehen. Daher können keine Algen oder ähnliches auf der Schale anwachsen. Nur bei Gefahr wird der Mantel in die Schale zurückgezogen. Der Mantel ist mit vielen lappenartigen Auswüchsen versehen, die der Schnecke eine perfekte Tarnung verleihen. Die Schalenöffnung ist nur ein schmaler Schlitz, der oft mit zahnartigen Bildungen ausgestattet ist. Ihnen fehlt das Operculum, der Deckel, mit dem fast alle Vorderkiemerschnecken ihr Gehäuse bei Gefahr verschließen können.

Diese Schnecken haben übrigens dem Porzellan den Namen gegeben und nicht umgekehrt. Im Italienischen heißen sie "porcellana" (kleines Schweinchen). Als man im Mittelalter aus China das erste Porzellan nach Italien brachte, benannte man dieses Material aufgrund der Zartheit und des Glanzes nach der Schnecke. Früher dienten einige Arten in Teilen Asiens und Afrikas als Zahlungsmittel, der Gattungsname *Monetaria* erinnert noch daran. In Zypern war die Schale der Pantherschnecke (*Lyncina pantherina*) der Liebesgöttin Aphrodite geweiht. Andere Arten wurden als Amulette gegen Unfruchtbarkeit und Geschlechtskrankheiten getragen.

Die Porzellanschnecken kommen in allen wärmeren Meeren vor. Ihre größte Verbreitung und Artenvielfalt erreichen sie im indopazifischen Bereich. Die meisten Arten leben tagsüber verborgen unter Steinen und in Höhlen, andere sitzen auf Schwämmen, Stein- oder Weichkorallen. Von wenigen der nahezu 200 Arten kennt man die Nahrungsbedürfnisse. Kleinere Arten fressen entweder Algen oder sind Nahrungsspezialisten (Weichkorallen, Schwämme), größere sind meist räuberisch. Für Aquarien werden Jungtiere oder kleinere Arten empfohlen. Bis auf die Nahrungsspezialisten sind sie leicht zu halten. Sie beseitigen Algen und Futterreste und müssen meist nicht speziell gefüttert werden.

Die Gattung *Cypraea* wird von einigen Autoren in eine Reihe von verschiedenen Gattungen unterteilt.

Cypraea spedica, Aquarienaufnahme

Cypraea carneola, Aquarienaufnahme

Cypraea carneola (LINNAEUS, 1758)
Fuchskauri

Vork.: Diese Art ist weit verbreitet. Man findet sie in Korallenriffen vom Roten Meer über Polynesien bis nach Hawaii.
GU: Sie haben keine äußeren Geschlechtsunterschiede.
Soz. Verh./Vgs.: Da die Tiere nachts aktiv sind und leicht gestört werden, sollten sie nicht mit nachtaktiven Fischen, Krabben und anderen größeren Krebstieren zusammen gehalten werden.
Hält. B.: In einem Korallen- oder Felsaquarium benötigen sie Verstecke, in die sie sich tagsüber zurückziehen können.
Licht: Dämmerlichtzone.
ZU/Verm.: Eine Nachzucht im Aquarium ist aufgrund der relativ langen planktonischen Larvalphase (Veliger-Larve) kaum möglich.
FU: O; sie ernähren sich von Algen, nehmen jedoch auch Aas und gelegentlich Schwämme auf. Kleinere Exemplare müssen in einem eingelaufenen Aquarium nicht speziell gefüttert werden. Größeren gibt man ab und zu Muschel- oder Tintenfischfleisch.
Bes.: Sind nicht bekannt.

T: 20 - 28° C, **L**: 7 cm, **BL**: ab 120 cm, **WB**: m, **WR**: m, **BS**: 2, **SG**: 2

Ordnung: Mesogastropoda
Fam.: Cypraeidae

Cypraea ocellata, Aquarienaufnahme

Cypraea ocellata (LINNAEUS, 1758)
Augenkauri

Vork.: Sie kommen vom Golf von Oman bis Vorderindien und Sri Lanka im Bereich von Korallenriffen vor.
GU: Die Gattung ist getrennt geschlechtlich, zeigt jedoch keine äußeren Geschlechtsunterschiede.
Soz. Verh./Vgs.: Wie bei *Cypraea* ist bei der Vergesellschaftung mit Seeanemonen Vorsicht angebracht. Mit *Hetractis*-Arten (siehe MeerwasserAtlas Band I) sollen sie sich jedoch gut vertragen. Nicht mit nachtaktiven Fischen zusammen halten. Im Aquarium vergreifen sie sich manchmal an Schwämmen - besonders gerne Krustenschwämme der Gattungen *Halichondria* und *Haliclona* - und Lederkorallen.
Hält. B.: Felsaquarium mit ausreichend Versteckmöglichkeiten in die sich die Tiere tagsüber zurückziehen können.
Licht: Dämmerlichtzone.
ZU/Verm.: Wie alle Vorderkiemerschnecken pflanzen sie sich über freischwimmende Veliger-Larven fort, die im Aquarium jedoch nicht aufkommen.
FU: K, H; Jungtiere werden nicht speziell gefüttert. Sie weiden den Boden ab und nehmen hauptsächlich Kieselalgen auf. Größeren Exemplaren reicht man ab und zu nach Abschalten der Beleuchtung kleine Stücke von Muschel- oder Fischfleisch.
Bes.: Ihren deutschen und wissenschaftlichen Namen haben sie von den augenähnlichen Flecken auf ihrer Schale.

T: 21 - 26°C, **L**: 3 cm, **BL**: ab 70 cm, **WB**: m, **WR**: u, **BS**: 3, **SG**: 2

Cypraea guttata, Aquarienaufnahme

Cypraea venusta, mit Gelege

Cypraea sp., Philippinen

Cypraea vitellus, Aquarienaufnahme

Cypraea talpa (LINNAEUS, 1758)
Talpakauri

Vork.: Diese Art kommt in Korallenriffen des Indopazifiks von Ostafrika bis zu den Phillipinen vor.
GU: Sie hat keine äußeren Geschlechtsunterschiede.
Soz. Verh./Vgs.: Durch andere nachtaktive Tiere werden sie gestört.
Hält. B.: Fels- oder Korallenaquarium mit Unterschlupfmöglichkeiten.
Licht: Dämmerlichtzone.
ZU/Verm.: Wie andere Kauris legen sie Eier, aus denen freischwimmende Larven schlüpfen.
FU: O; sie sind Pflanzenfresser, die aber auch tierisches Material auf-nehmen. Im Aquarium weiden sie nachts an den mit Grünalgen über-zogenen Steinen. Sie nehmen auch Futtertabletten und am Boden liegen-des Trockenfutter auf.
Bes.: Sie sind durch drei helle Querbänder über dunklem Grund charakterisiert.

T: 22 - 28° C, **L**: 8 cm, **BL**: ab 120 cm, **WB**: m, **WR**: u, **BS**: 2, **SG**: 2

Cypraea mappa, Malaysia

Cypraea talpa, Rotes Meer

Cypraea tigris, Malediven

Cypraea tigris LINNAEUS, 1758
Tigerkauri, Tigerschnecke

Vork.: Die Art ist im gesamten indopazifischen Bereich vom Roten Meer bis zum Großen Barriere-Riff verbreitet. Im Gebiet von Hawaii werden die Schalen am größten.
GU: Sie haben keine äußeren Geschlechtsunterschiede.
Soz. Verh./Vgs.: Sie vertragen sich gut mit den meisten Wirbellosen, wie Röhrenwürmer, Seeigel und kleine Seesterne. Große Tigerkauris knabbern manchmal Seeanemonen an. Nicht mit den Goldrosen *Condylactis* vergesellschaften. Größere Exemplare vergreifen sich manchmal an Schwämmen und Weichkorallen. Fische picken oft am ausgestülpten Mantelrand der Schnecke.
Hält. B.: Sie sind gut in Felsaquarien zu halten, die ihnen genug Plätze zum Verkriechen bieten.
Licht: Mittellichtzone.
ZU/Verm.: Eine Nachzucht ist bisher nicht gelungen.
FU: K; sie sind Räuber und Aasfresser, die im Aquarium gerne Stücke von Fisch- und Muschelfleisch nehmen. Empfohlen werden auch TetraTips. Kleinere Exemplare brauchen nicht speziell gefüttert werden.
Bes.: Die Tigerkauri ist eine der größten Kaurischnecken. Sie kommt häufig vor, ist aber durch Aufsammeln (Schalenverkauf) stellenweise selten geworden. Es gibt eine Reihe von Farbvarianten, die meist geographisch bedingt sind.

T: 22 - 28° C, **L**: 5 - 10 cm, **BL**: ab 60 cm, **WB**: I, **WR**: u, **BS**: 2, **SG**: 1

Cypraea histrio, Aquarienaufnahme

Untersuchungen an der Küste von Tansania haben eindeutig gezeigt, daß die kommerziell gesammelten Schneckenarten stark im Rückgang begriffen sind (NEWTON et al., Biol. Conserv. 63 (1993) 241-245). Bei der Insel Mafia wurden bis 18 mal mehr Individuen gefunden, als an den stark besammelten Küsten von Dar es Salaam und Zanzibar Island. Davon besonders betroffen waren die *Cypraea*-Arten *C. tigris*, *C. histrio* und *C. lynx*. Die Aufsammlungen für die Aquaristik spielen hier jedoch kaum eine Rolle; vielmehr sind es die Schalen, die den Touristen zu Hunderten angeboten werden.

Cypraea mappa

Cypraea sp., Aquarienaufnahme

Monetaria annulus, Aquarienaufnahme

Monetaria annulus (LINNAEUS, 1758)
Geringelte Geldkauri

Vork.: Im ganzen indopazifischen Raum ist diese Art sehr häufig auf den Felsen der Gezeitenzone zu finden.
GU: Wie bei allen Porzellanschnecken gibt es keine äußeren Geschlechtsunterschiede.
Soz. Verh./Vgs.: Die Geldkauris - auch *M. moneta* - sind gut mit allen Wirbellosen und Fischen zu vergesellschaften.
Hält. B.: Sie benötigen einige Felsbereiche, ansonsten stellen sie keine besonderen Ansprüche. Sie sollen jedoch erst dann in das Becken eingesetzt werden, wenn sich ein Algenüberzug gebildet hat (Futter).
Licht: Sonnenlichtzone.
ZU/Verm.: Im Bereich der Niedrigwasserlinie heften sie Gelege mit etwa 500 Eiern an geschützte Stellen des Riffs. Von einer Nachzucht im Aquarium ist noch nichts bekannt geworden.
FU: H; sie ernähren sich hauptsächlich von Algen, die sie mit ihrer Radula von den Felsen abraspeln.
Bes.: Die kleinen Porzellanschnecken werden oft unbeabsichtig mit “lebenden Steinen” importiert. An dem gelben bis grünlichen Ring ist diese Art leicht von anderen zu unterscheiden. Die in mehreren Farbvarianten vorkommende Echte Geldkauri (*M. moneta*) stellt die gleichen Ansprüche an die Haltung.

T: 22 - 28° C, **L:** 2,5 cm, **BL:** ab 60 cm, **WB:** m - s, **WR:** m, **BS:** 1, **SG:** 1

Ordnung: Mesogastropoda
Fam.: Ovulidae

Calpurnus sp., Indonesien

Calpurnus sp.
Kleine Eikauri

Vork.: Diese nicht näher bestimmte Art kommt in den indopazifischen Korallenriffen vor. Sie wurde in Indonesien fotografiert.
GU: Es gibt keine äußeren Geschlechtsmerkmale.
Soz. Verh./Vgs.: Die Tiere leben einzeln. Sie sind in der Nacht auf Weichkorallen, von denen sie sich ernähren, zu finden (Foto).
Hält. B.: Nur im Korallenaquarium mit Weichkorallen sind sie haltbar.
Licht: Dämmerlichtzone.
ZU/Verm.: Über die Fortpflanzung und Entwicklung dieser Art ist nichts bekannt.
FU: K; sie sind Nahrungsspezialisten, die sich ausschließlich von Polypen verschiedener Weichkorallen ernähren. Im Aquarium nehmen sie kein Ersatzfutter an.
Bes.: Tagsüber sind sie in Verstecke zurückgezogen und nachts gehen sie auf Nahrungssuche. Im Roten Meer lebt *C. verrucosus*, deren weiße Schale rosarote Enden aufweist. Auch sie ist auf Weichkorallen, hauptsächlich auf *Sacrophyton*, zu finden.

T: 22 - 28° C, **L**: 3 cm, **BL**: ab 120cm, **WB**: m, **WR**: m, **BS**: 3, **SG**: 3

Cyphoma gibbosum (LINNAEUS, 1758)
Flamingozunge

Vork.: Sie kommt an der Südostküste Nordamerikas und in der ganzen Karibik vor. Man findet sie häufig auf Gorgonienfächern in geringer Tiefe.
GU: Sie haben keine Geschlechtsunterschiede.
Soz. Verh./Vgs.: Diese Art ist nur auf den Fächern von *Gorgonia flabellum* und *G. ventalina* zu finden. Oft sitzen mehere Individuen auf einem Fächer.
Hält. B.: Sie können nur zusammen mit den Gorgonien gehalten werden.
Licht: Sonnenlichtzone.
ZU/Verm.: Über eine Aufzucht ist nichts bekannt.
FU: K; sie sind Nahrungsspezialisten, die sich nur von *Gorgonia flabellum* und *G. ventalina* ernähren
Bes.: Sind nicht bekannt.

T: 22 - 28° C, **L**: 3 cm, **BL**: ab 100 cm, **WB**: s, **WR**: m, **BS**: 3, **SG**: 4

Cyphoma gibbosum, Karibik

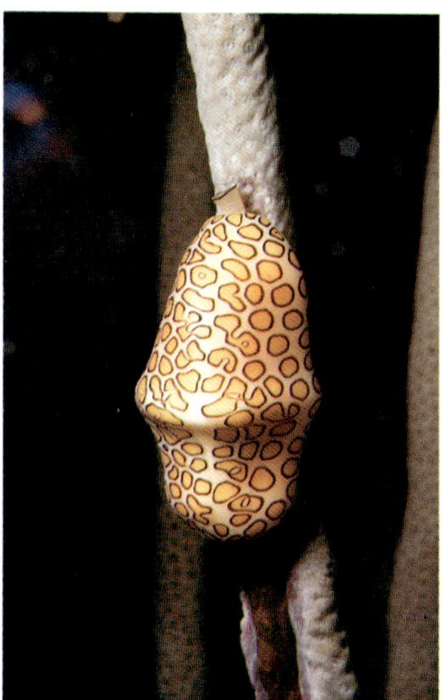

Cyphoma gibbosum, Karibik

Cyphoma signatum

Ovula ovum, Kenia

Ovula ovum (LINNAEUS, 1758)

Eischnecke

Vork.: Die Eischnecken kommen in den Korallenriffen des Indo - Pazifiks auf Hartböden ab wenigen Metern Tiefe vor.

GU: Sie haben keine äußeren Geschlechtsmerkmale.

Soz. Verh./Vgs.: Sie sind Einzeltiere, die Weich- und Lederkorallen fressen. Sie können Beute von großen Raubschnecken und räuberischen Seesternen werden.

Hält. B.: Fels- oder Korallenaquarium. **Licht**: Mittellichtzone.

ZU/Verm.: Einzelheiten sind nicht bekannt.

FU: K; sie ernähren sich räuberisch von verschiedenen Weichkorallen. Im Aquarium nehmen sie kein Ersatzfutter an.

Bes.: Die Schale ist außen weiß und innen orangebraun.

T: 22 - 28° C, **L**: 8 cm, **BL**: ab 120 cm, **WB**: m, **WR**: u, **BS**: 2 - 3, **SG**: 3

Pseudosimnia carnea, Aquarienaufnahme

Pseudosimnia carnea (POIRET, 1789)
Edelkorallenkauri

Vork.: Diese Art kommt im Mittelmeer, auf den Azoren, Madeira und den Kanarischen Inseln vor. Sie lebt auf Hartböden in 20 bis 120 m Tiefe.
GU: Es gibt keine äußeren Geschlechtsunterschiede.
Soz. Verh./Vgs.: Sie leben in Vergesellschaftung mit der Edelkoralle *Corallium rubrum* und gelegentlich auch mit Gorgonien, wie *Lophogorgia sarmentosa*.
Hält. B.: Sie sind nur im Mittelmeerbecken mit lebenden Edelkorallen oder Gorgonien zu halten.
Licht: Dämmerlichtzone.
ZU/Verm.: Sie vermehren sich über freischwimmende Veliger-Larven. Einzelheiten über die Fortpflanzung und Entwicklung dieser Art sind nicht bekannt.
FU: K; sie sind Nahrungsspezialisten, die sich ausschließlich von achtstrahligen Korallen (OCTOCORALLIA) ernähren. Bevorzugt sind die Polypen der Edelkoralle. Im Aquarium nehmen sie kein Ersatzfutter an.
Bes.: Ihre Färbung ist unterschiedlich und hängt von ihrem Wirtstier ab. Auf Edelkorallen sind sie rot, auf Gorgonien orangefarben, gelb oder weiß. In Südspanien werden sie relativ häufig von Korallentauchern gefunden.

T: 17 - 22° C, **L:** 1,5 cm, **BL:** ab 100 cm, **WB:** m, **WR:** m, **BS:** 3, **SG:** 3

Volva volva (LINNAEUS, 1758)
Spindelkauri

Vork.: Diese Schnecken findet man von Ostafrika bis zu den Phillipinen und Taiwan. Sie leben meist auf Gorgonien und Alcyonarien (Lederkorallen).
GU: Sie haben keine äußeren Geschlechtsmerkmale.
Soz. Verh./Vgs.: Sie werden von Fischen und Wirbellosen nicht gestört.
Hält. B.: Die Tiere benötigen lebende Gorgonien oder Alcyonarien.
Licht: Mittellichtzone.
ZU/Verm.: Sie vermehren sich über freischwimmende Larven.
FU: K; sie ernähren sich räuberisch von ihren Wirtstieren.
Bes.: Der Mantel nimmt oft die Farbe des Wirtstieres an. Die Gehäuseöffnung hat keine Lippenzähne.

T: 22 - 28° C, **L:** 10 cm, **BL:** ab 120 cm, **WB:** m, **WR:** m, **BS:** 2, **SG:** 3

Phaenacovolva birostris

Volva volva, Malediven

Cassis cornuta, Malaysia

Cassis cornuta (LINNAEUS, 1758)
Gehörnte Helmschnecke

Vork.: Sie sind weit verbreitet und kommen vom Roten Meer über Ostafrika bis Polynesien, Japan und Australien vor. Sie leben bevorzugt auf Sandböden mittlerer Tiefen.
GU: Die weiblichen Schalen werden größer und haben kleinere und mehr Schultererhebungen als die männlichen.
Soz. Verh./Vgs.: Diese Räuber kann man nur mit größeren Fischen vergesellschaften.
Hält. B.: Sie benötigen ein Becken mit Sandboden, starkem Filter und Eiweißabschäumer.
Licht: Mittellichtzone.
ZU/Verm.: Sie legen kleine Eier, die sie zu turmartigen Gebilden aufhäufen. Aus ihnen schlüpfen die Veliger-Larven, die eine relativ lange planktonische Phase durchlaufen.
FU: K; sie sind Räuber, die vor allem Seeigel fressen. Sie geben eine neurotoxinähnliche Substanz ab, mit der sie ihre Beute immobilisieren. Ihr Speichel beinhaltet Schwefelsäure, um den Kalkpanzer ihrer Opfer aufzulösen. Im Aquarium kann man sie meist an Muschel- oder Tintenfischfleisch gewöhnen.
Bes.: Diese Art ist eine der wenigen, bei denen die Schalen Geschlechtsunterschiede aufweisen. Die großen Schalen werden oft in Souvenierläden angeboten. Ihr horniges Operculum ist lang und schmal. Es gibt mehrere verwandte Arten, die jedoch etwas kleiner bleiben.

T: 22 - 28° C, **L**: 30 cm, **BL**: ab 150 cm, **WB**: m, **WR**: u, **BS**: 2, **SG**: 2 - 3

Charonia lampas (LINNAEUS, 1758)
Atlantisches Tritonshorn

Vork.: Diese Art kommt auf den Azoren, Madeira und den Kanarischen Inseln sowie an der Atlantikküste von Spanien und Frankreich vor. Sie ist aber auch im Mittelmeer, besonders im westlichen Teil, zu finden. Sie lebt in Tiefen zwischen 10 und 700 m, meist auf Hartböden.
GU: Die Tiere haben keine äußeren Geschlechtsmerkmale.
Soz. Verh./Vgs.: Sie sind Einzelgänger, die auch im Aquarium einzeln gehalten werden sollen. Größere Exemplare nicht mit Stachelhäutern (Seeigel, Seesterne) zusammen halten.
Hält. B.: Sie stellen keine besonderen Ansprüche an die Aquarieneinrichtung, benötigen jedoch genügend Freiraum. Aufgrund des großen Futterumsatzes ist ein Eiweißabschäumer unerläßlich.
Licht: Mittellichtzone.
ZU/Verm.: Über die Fortpflanzung und Entwicklung dieser Art ist kaum etwas bekannt.
FU: K; sie ernähren sich hauptsächlich räuberisch von Roten Seesternen (*Echinaster sepositus*). Im Aquarium kann man sie mit Muschel- und Tintenfischfleisch füttern.
Bes.: Die Schalen werden gerne gesammelt. Bei größeren Exemplaren sind die älteren Windungen oft mit Kalkrotalgen bewachsen, erodiert oder sogar abgebrochen. Gelegentlich sind Teile der Schale durch Algen grünlich gefärbt.

T:15 - 20° C, **L**: 25 cm, **BL**: ab 120 cm, **WB**: m, **WR**: u, **BS**: 3, **SG**: 2 - 3

Charonia tritonis, Mittelmeer

Charonia tritonis (LAMARCK, 1816)
Großes Tritonshorn

Vork.: Diese Art kommt sowohl im Indo-Pazifik als auch im tropischen und subtropischen Atlantik sowie im östlichen Mittelmeer vor.
GU: Die Tiere sind getrennt geschlechtlich, haben aber keine äußeren Geschlechtsunterschiede.
Soz. Verh./Vgs.: Sie sind einzeln zu halten. Empfindliche Wirbellose werden durch das Umherkriechen leicht gestört. Nicht mit Stachelhäutern vergesellschaften, da diese leicht ihre Beute werden können.
Hält. B.: Sie haben einen starken Bewegungsdrang und benötigen daher viel Platz.
Licht: Mittellichtzone.
ZU/Verm.: Sie legen Eier, aus denen planktontische Veliger-Larven schlüpfen.
FU: K; sie sind Räuber, die sich von Seesternen und Seeigeln ernähren. In ihrer Speicheldrüse ist Schwefelsäure enthalten, mit der sie die Kalkpanzer ihrer Opfer auflösen. Im Aquarium kann man sie mit Muschel- und Tintenfischfleisch füttern.
Bes.: Die Schalen sind meist in einem besseren Zustand wie die von *C. lampas*. Sie wurden früher von Fischern als Signalhorn benützt. Dazu wurde das Gewinde im oberen Bereich mit einem Loch versehen. Diese Art ist einer der ganz wenigen Feinde des Dornenkronenseesterns *Acanthaster planci*.

T: 18 - 25° C, **L**: bis 40 cm, **BL**: ab 120cm, **WB**: m, **WR**: u, **BS**: 3, **SG**: 2 - 3

Tonna galea, Mittelmeer

Tonna galea (LINNAEUS, 1758)
Tonnenschnecke, Große Faßschnecke

Vork.: Sie kommt im Mittelmeer und auf den Kanarischen Inseln vor. Ihre Hauptverbreitung hat sie in der Adria und an den griechischen Küsten. Sie lebt in Tiefen zwischen 20 und 80 m auf Hart- und Weichböden.
GU: Sie haben keine äußeren Geschlechtsunterschiede.
Soz. Verh./Vgs.: Sie sind Einzelgänger, die nicht mit Stachelhäutern und anderen Weichtieren zusammen gehalten werden können.
Hält. B.: Sie benötigen einen genügend großen, flachen Sand- oder Felsboden, gute Filter und einen Eiweißabschäumer.
Licht: Dämmerlichtzone.
ZU/Verm.: Einzelheiten über die Fortpflanzung und Entwicklung sind nicht bekannt.
FU: K; sie sind gefräßige Räuber, die sich hauptsächlich von Stachelhäutern (Seesterne, Seegurken) ernähren. Sie fallen aber auch über Muscheln und Schnecken her. Ihr Speichel enthält Schwefelsäure, mit der sie den Kalk ihrer Opfer auflösen. Kleine Beutetiere werden ganz verschlungen, größere mit Hilfe der Radula zerkleinert. Im Aquarium nehmen sie kein Ersatzfutter an.
Bes.: Sie haben keinen Deckel (Operculum) zum Verschließen der Schale. Das Gehäuse ist dünnwandig und hat eine weite Öffnung. Die Schalen werden oft als Dekoration verwendet. In Sizilien werden diese Schnecken gegessen.

T: 18 - 20° C, **L**: 20 cm, **BL**: ab 150 cm, **WB**: m, **WR**: u, **BS**: 3, **SG**: 3

Chicoreus ramosus, Großes Barrierereiff

Chicoreus ramosus (LINNAEUS, 1758)
Riesenstachelschnecke

Vork.: Diese Art kommt im gesamten Indo-Pazifik und im Großen Barrierriff vor. Sie lebt im Flachwasser auf Felsen sowie auf Sand- und Schlickböden.
GU: Es gibt keine Geschlechtsunterschiede an der Schale. Beim ♂ kann man gelegentlich den großen Penis an der rechten Seite des Kopfes erkennen.
Soz. Verh./Vgs.: Größere Exemplare hält man am besten einzeln oder mit freischwimmenden Fischen.
Hält. B.: Becken mit flachem Boden, auf dem sie umherkriechen können.
Licht: Mittellicht- bis Sonnenlichtzone.
ZU/Verm.: Die ♀♀ legen ihre Eier in dicke, derbe Kapseln und verkleben sie zu einem Gelege.
FU: K; sie ernähren sich räuberisch von Schnecken und Muscheln, deren Schale sie mit ihrer Radula anbohren. Im Aquarium nehmen sie Fisch-, Garnelen-, Tintenfisch- und Muschelfleisch an.
Bes.: Die Art ist die größte und bekannteste Stachelschnecke. Sie wird häufig in Souvenierläden angeboten. Der Mündungsrand ist glänzend rosa, innen sind sie weiß gefärbt. Es gibt eine Reihe von anderen *Chicoreus*-Arten, die jedoch nicht so groß werden und dunkler gefärbt sind.

T: 22 - 28° C, **L**: 18 cm, **BL**: ab 150 cm, **WB**: m, **WR**: u, **BS**: 2 - 3, **SG**: 1 - 2

Ordnung: Neogastropoda
Fam.: Muricidae

Chicoreus steeriae, Malaysia

Chicoreus steeriae (REEVE, 1845)
Steers Stachelschnecke

Vork.: Diese Art kommt im Indo-Pazifik vor. Sie lebt im Bereich von Korallenriffen.
GU.: Es gibt keine äußeren Geschlechtsunterschiede an der Schale.
Soz. Verh./Vgs.: Da sie Räuber sind, hält man sie einzeln oder mit freischwimmenden Fischen.
Hält. B.: Felsaquarium mit flachem Boden. Kleinere Exemplare von Stachelschnecken sind mehrere Jahre im Aquarium haltbar.
Licht: Mittellichttzone.
ZU/Verm.: Aus dem Gelege schlüpfen Veliger-Larven, die eine freischwimmende, planktontische Phase durchmachen. Sie bilden dabei bereits eine "Embryonalschale" aus. Wenn sie zum Bodenleben übergehen, werfen sie ihr bewimpertes "Velum" ab.
FU: K; sie ernähren sich räuberisch von Weichtieren, indem sie die Schale mit ihrer Radula anbohren. Im Aquarium füttert man sie am besten mit aufgetautem Tiefkühlfutter.
Bes.: Ihr langer Sipho, der zur Aufnahme des Atemwassers und zum Aufspüren der Beute dient, liegt geschützt in dem nach unten ausgezogenen Siphonalkanal.

T: 22 - 28° C, **L**: 10 cm, **BL**: ab 120 cm, **WB**: m, **WR**: u, **BS**: 2 - 3, **SG**:1 - 2

Hexaplex trunculus, Mittelmeer

Hexaplex trunculus (LINNAEUS, 1758)
Purpurschnecke

Vork.: Mittelmeer. Sie wird gelegentlich auch auf den Kanarischen Inseln sowie entlang der portugiesischen und marokkanischen Küste gefunden.
GU: Sie sind getrennt geschlechtlich.
Soz. Verh./Vgs.: Die Tiere sind Einzelgänger. Nicht mit Stachelhäutern, anderen Weichtieren und sessilen Tieren vergesellschaften.
Hält. B.: In jedem Mittelmeeraquarium mit Felsen ist diese Art leicht zu halten.
Licht: Bei starkem Licht sind sie hauptsächlich nachts aktiv.
ZU/Verm.: Zur Laichzeit versammeln sich bis mehrere hundert Individuen und legen einen gemeinsamen Laichballen ab. Im Aquarium geben auch einzelne weibliche Tiere kleine Eiballen ab. Die geschlüpften Jungtiere können mit TetraTips gefüttert werden.
FU: K; sie sind Aasfresser, die sich aber auch an langsam bewegliche oder sessile Tiere heranmachen. Besonders gefährdet sind Seesterne. Gelegentlich gibt man ihnen einen Brocken von Fisch- oder Muschelfleisch, aber auch Futtertabletten werden gerne genommen.
Bes.: Im Altertum wurde neben anderen Schneckenarten auch diese zur Herstellung von Purpur gefangen. Tausende Tiere waren notwendig, um ein Gramm des kostbaren Farbstoffes zu gewinnen. Heute werden sie noch auf den Fischmarkt gebracht und gegessen.

T: 15 - 25° C, **L**: 5 - 8 cm, **BL**: ab 50 cm, **WB**: m, **WR**: u, **BS**: 3, **SG**: 1

Murex brandaris, Mittelmeer

Murex brandaris LINNAEUS, 1758
Brandhorn, Herkuleskeule, Stachelschnecke

Vork.: Diese Art lebt auf allen Weichböden des Mittelmeeres und den ostatlantischen Küsten.
GU: Es sind keine äußeren Geschlechtsunterschiede vorhanden.
Soz. Verh./Vgs.: Das Brandhorn vergreift sich an vielen sessilen Wirbellosen, an Stachelhäutern und an anderen Weichtieren. Mit Fischen verträgt es sich jedoch gut.
Hält. B.: Die Wassertemperatur sollte auf Dauer nicht 22° überschreiten. Sonst stellt diese Art keine Ansprüche. Obwohl sie in der Natur ein Weichbodenbewohner ist, findet man sie im Aquarium auch auf Felsen und an den Scheiben.
Licht: Mittellichtzone.
ZU/Verm.: Zur Laichzeit bilden sie Gruppen, die zusammen einen großen Laichballen abgeben. G. MÄGERLEIN (TI) berichtet, daß frisch geschlüpfte *Murex* Rinderherz und Fischfleisch verschmähen, aber gierig TetraTips fressen.
FU: K; sie sind Räuber und Aasfresser. Gelegentlich gibt man ihnen Stücke von Muschel- oder Fischfleisch. Auch Futtertabletten werden angenommen.
Bes.: Wie *Hexabranchus trunculus* wurde auch diese Art zur Erzeugung der Purpurfarbe verwendet. Individuen aus der nördlichen Adria sind fast immer mit der Schmarotzerrose *Calliactis parasitica* besetzt. Dies schützt sie vor den räuberischen Kraken.

T: 15-22°C, **L**: 8 cm, **BL**: ab 50 cm, **WB**: m, **WR**: u, **BS**: 2, **SG**: 1

Murex sp., Indonesien

Murex sp.
Kamm - Murex

Vork.: Die hier abgebildete Schnecke wurde in Indonesien gefunden. Wie alle langstacheligen *Murex*-Arten lebt auch sie auf tieferen, feinsandigen oder schlammigen Weichböden.
GU.: Beim männlichen Tier liegt der große Penis rechts, unterhalb der Kopffühler.
Soz. Verh./Vgs.: Nicht mit Muscheln und sessilen Wirbellosen (z.B. Röhrenwürmern) zusammen halten. Mit Fischen vertragen sie sich gut.
Hält. B.: Sie benötigen einen Bodengrund aus feinem Sand.
Licht: Mittellichtzone.
ZU/Verm.: Sie legen ihre Eier in Ballen ab. Aus den Eikapseln schlüpfen Larven, die eine Entwicklungsphase im Plankton durchmachen.
FU: K; sie ernähren sich räuberisch von Muscheln und Schnecken. Mit ihrer Radula bohren sie Löcher in die Schale und geben aus der Speicheldrüse ein Betäubungsgift ("Purpurin") ab. Im Aquarium nehmen sie auch aufgetautes Gefrierfutter (Muschel-, Tintenfisch-, Garnelen- und Fischfleisch).
Bes.: Individuen aus gut geschützten Gebieten haben besonders lange Stacheln. Jede Stachelreihe entspricht der Lage einer Verdickung der Außenlippe der Mündung. Der lang ausgezogene "Stiel" ist der Siphonalkanal mit dem Sipho, durch den das Atemwasser aufgenommen wird. Besonders schöne Stacheln hat der Venuskamm, *M. pecten*.

T: 22 - 28° C, **L**: 10 cm, **BL**: ab 120 cm, **WB**: m, **WR**: u, **BS**: 3, **SG**: 1 - 2

Nassarius variegatus (A. ADAMS, 1852)
Tropische Netzreusenschnecke

Vork.: Diese Art lebt im Roten Meer und im westlichen Indopazifik auf Sandboden.
GU.: Keine Geschlechtsunterschiede.
Soz. Verh./Vgs.: Sie sind gut mit Fischen und Wirbellosen zu vergesellschaften.
Hält. B.: Im Fels- oder Korallenaquarium benötigen sie ausreichend Sandboden.
Licht: Mittellichtzone.
ZU/Verm.: Eine Nachzucht im Aquarium ist nicht bekannt.
FU: K; sie sind Aasfresser. Im Aquarium gibt man ihnen ab und zu kleine Stücke von Gefrierfutter.
Bes.: Sie haben einen ausgezeichneten Geruchsinn und können Aas über ihren lang ausgezogenen Sipho (Fotos) bis auf eine Entfernung von 30 m (!) wahrnehmen.

T: 20 - 28° C, L: 3 cm, BL: ab 100 cm, WB: m, WR: u, BS: 2, SG: 1

Nassarius coronatus, Malediven

Nassarius variegatus, Rotes Meer

Fasciolaria tulipa, Kolumbien

Fasciolaria tulipa (LINNAEUS, 1758)
Echte Tulpenschnecke

Vork.: Diese Art kommt ausschließlich in der Karibischen See vor. Sie lebt überwiegend auf Böden mit hohen organischen Anteilen bis in 10 m Wassertiefe.
GU.: Die Tiere haben keine äußeren Geschlechtsmerkmale.
Soz. Verh./Vgs.: Sie dürfen nicht mit anderen Weichtieren zusammen gehalten werden, da diese sonst ihre Beute werden.
Hält. B.: Sie benötigen genügend Freiraum, um umherkriechen zu können. Ein Eiweißabschäumer ist zu empfehlen.
Licht: Mittellichtzone.
ZU/Verm.: Aus den Eigelegen schlüpfen Veliger-Larven, die einige Zeit freischwimmend im Plankton verbringen.
FU: K; sie sind Räuber, die vor allem Schnecken erbeuten. Selbst gleichgroße Individuen werden von ihnen angefallen. Im Aquarium nehmen sie verschiedenes Gefrierfutter an.
Bes.: Mit ihrem kräftigen, rotorangefarbenem Fuß durchpflügen sie den Untergrund. Die Zeichnung auf ihrer Schale kann variieren. Ihr Periostracum (äußere, organische Schicht der Schale) ist sehr dünn und fehlt oft bei den größeren Individuen.

T: 21 - 27° C, **L:** 18 cm, **BL:** ab 150 cm, **WB:** m, **WR:** u, **BS:** 3, **SG:** 1 - 2

Oliva spicata, Baja California

Oliva spicata RÖDING, 1798
Kalifornische - Olivenschnecke

Vork.: Diese Art kommt an der Westküste des südlichen Nordamerika, besonders im Golf von Kalifornien vor. Sie lebt in der Gezeitenzone oder knapp darunter.
GU.: Sie hat keine äußeren Geschlechtsmerkmale.
Soz. Verh./Vgs.: Diese Schnecken sollten nicht zusammen mit solchen Wirbellosen und Fischen gehalten werden, die sich am Sandboden aufhalten oder dort eingraben.
Hält. B.: Wichtig ist ein Sandboden, in den sich die Tiere tagsüber eingraben.
Licht: Mittellichtzone.
ZU/Verm.: Die Eier werden in linsenförmigen Kapseln in Gruppen an festes Substrat angeheftet. In jeder Kapsel befinden sich etwa 8 Eier. Nach dem Schlüpfen gehen die Jungtiere direkt zum Bodenleben über, das heißt, sie haben kein freies Larvenstadium wie die meisten anderen Schnecken.
FU: K; sie sind Aasfresser und Räuber, die ihre Beute im oder am Sand erbeuten. Im Aquarium nehmen sie Fisch- und Muschelfleisch an.
Bes.: Ähnlich wie bei den *Cypraea*-Arten ist ihr Gehäuse von einer glänzenden Schmelzschicht bedeckt. Sie wird von den Mantellappen abgeschieden, die die Schale bedecken. Tagsüber sind die Tiere im Sand vergraben und gehen nachts auf Beutefang.

T: 20 - 25° C, **L**: 5 cm, **BL**: ab 100 cm, **WB**: m, **WR**: u, **BS**: 3, **SG**: 1

Oliva sp., Kolumbien

Oliva sp.
Olivenschnecke

Vork.: Diese Art kommt in den flachen Gewässern der Karibik vor. Sie lebt auf Sandboden, in den sie sich häufig eingräbt.
GU.: Bei den Olivenschnecken gibt es keine äußeren Geschlechtsunterschiede.
Soz. Verh./Vgs.: Sie können in einem Gemeinschaftsbecken mit Anemonen, Seeigeln, Schlangensternen, Krebsen und Fischen gehalten werden.
Hält. B.: Sie benötigen Sandgrund, der so tief sein muß, daß sie sich komplett vergraben können.
Licht: Mittellichtzone.
ZU/Verm.: Wie fast alle Vorderkiemerschnecken legen auch die Olivenschnecken Eier ab, aus denen planktontische Larven schlüpfen. Genauere Einzelheiten sind jedoch noch nicht untersucht.
FU: K; sie ernähren sich räuberisch von kleinen Weichtieren und Borstenwürmern, nach denen sie im Bodengrund suchen. Im Aquarium lassen sie sich gut mit Muschelfleisch füttern.
Bes.: Das Gewinde der Olivenschnecken ist flach, sie besitzen einen spitzen Apex. Ihre Form erinnert an eine Olive (Name). *Oliva*-Arten sind weltweit im Bereich von Korallenriffen zu finden.

T: 21 - 28° C, **L**: 4 cm, **BL**: ab 100 cm, **WB**: m, **WR**: u, **BS**: 3, **SG**: 1

Turbinella angulatus, Karibik

Turbinella angulatus SOLANDER, 1786
Winkel - Spindelschnecke

Vork.: Sie lebt auf Weichböden Kolumbiens, Bahia Concha und der Karibik.
GU.: Es gibt keine Geschlechtsunterschiede an der Schale.
Soz. Verh./Vgs.: Größere Exemplare eignen sich nur für Schauaquarien. Eine Vergesellschaftung mit Wirbellosen ist nicht ratsam, da diese durch die herumkriechenden Schnecken immer wieder gestört werden.
Hält. B.: Großes Becken mit Sandboden, den die Schnecken mit ihrem breiten und kräftigen Fuß durchpflügen.
Licht: Mittellichtzone.
ZU/Verm.: Die weiblichen Tiere geben feste Eikapseln ab, aus denen freischwimmende Larven schlüpfen.
FU: O; sie sind Algenfresser, die aber auch Stücke von Fisch- und Muschelfleisch nehmen.
Bes.: Die Schale ist von einem dicken, dunkelbraunen Periostracum überzogen, das beim toten Tier in Schuppen abblättert. Bei den Indianern im Norden Kolumbiens dienen die Gehäuse als Blasinstrument und - fein zermahlen - als Beimengung zu den Coca-Blättern.

T: 21 - 27° C, **L**: 20 cm, **BL**: ab 150 cm, **WB**: m, **WR**: u, **BS**: 3, **SG**: 1 - 2

Harpa amouretta, Rotes Meer

Harpa amouretta RÖDING, 1798
Kleine Harfenschnecke

Vork.: Diese Harfenschnecke kommt vom Roten Meer über den Indischen Ozean bis nach Hawaii vor. Sie lebt in verschiedenen Habitaten vom Seichtwasser bis in größere Tiefen.
GU.: Es gibt keine äußeren Geschlechtsunterschiede.
Soz. Verh./Vgs.: Sie lassen sich gut mit Fischen, aber auch mit vielen Wirbellosen zusammen halten. Kleine Krebstiere werden oft ihre Beute.
Hält. B.: Sie benötigen zumindest teilweise einen Sandboden, in den sie sich gerne eingraben.
Licht: Mittellichtzone.
ZU/Verm.: Sie pflanzen sich über freischwimmende Veliger-Larven fort.
FU: K; sie ernähren sich hauptsächlich von kleinen Krebstieren, denen sie im Sand nachstellen. Zumindest im Aquarium nehmen sie auch Aas: Muschel-, Fisch- und Garnelenfleisch.
Bes.: Die Harfenschnecken haben einen besonders langen und breiten Fuß, der im ausgebreiteten Zustand doppelt so groß wie die Schale sein kann. Werden sie angegriffen, können sie das hintere Ende ihres Kriechfußes abwerfen, um ihren Feind abzulenken. Diese "Autotomie" (Selbstverstümmelung) kennt man auch von Krabben, Weberknechten und Eidechsen. Es gibt mehrere ähnliche Arten, die meist größer werden als *H. amouretta*.

T: 22 - 28° C, **L**: 5 cm, **BL**: ab 100 cm, **WB**: m, **WR**: u, **BS**: 3, **SG**: 1 - 2

Cymbiola vespertilio, Aquarienaufnahme

Cymbiola vespertilio (LINNAEUS, 1758)
Fledermaus - Walzenschnecke

Vork.: Diese Art kommt im Bereich der Philippinen und in Nordaustralien vor. Sie lebt in mittleren Tiefen im Bereich von Korallenriffen.
GU.: Sie hat keine äußeren Geschlechtsunterschiede.
Soz. Verh./Vgs.: Größere Exemplare sollte man allein oder mit freischwimmenden Fischen zusammen halten.
Hält. B.: Felsenaquarium. Ein guter Filter und ein Eiweißabschäumer werden empfohlen. Da sie sich für Schnecken verhältnismäßig schnell fortbewegen, muß das Becken groß genug sein.
Licht: Mittellichtzone.
ZU/Verm.: Wie die meisten Walzenschnecken vermehren sie sich über nicht-freischwimmende Larven. Sie können sich deshalb nur durch Weiterkriechen verbreiten und sind relativ lokal beschränkt. Eine Aufzucht im Aquarium müßte unschwer gelingen.
FU: K; sie sind Räuber, die im Aquarium mit aufgetautem Gefrierfutter (Garnelen, Tintenfische, Muscheln) ernährt werden.
Bes.: Form und Färbung dieser Art können stark variieren. Durch ihre geringe Verbreitungsmöglichkeit (siehe oben) kommt es oft zur Ausbildung von Lokalformen. Sie haben eine stumpfe Schalenspitze und 3 knotige Windungen. An den Schultern haben sie kurze Stacheln. Die helle Mündung trägt 4 Spindelfalten.

T: 22 - 28° C, **L**: 10 cm, **BL**: ab 120 cm, **WB**: m, **WR**: u - m, **BS**: 2, **SG**: 1 - 2

Über die Gattung *Conus*, Kegelschnecken

Die Gattung *Conus* ist eine der artenreichsten unter den Schnecken. Ihre Radula ist stark modifiziert. Sie besteht nur aus einem Zahn, der harpunenartig geformt ist. In der Radulatasche findet man noch Reservezähne. Der mit einem oder mehreren Widerhaken versehene Zahn ist innen hohl und steht mit einer Giftdrüse in Verbindung. Dieses Gift, ein Neurotoxin, ist so stark, daß es auch für den Menschen gefährlich, ja von einigen Arten sogar tödlich ist. Die gefährlichsten Arten sind: *C. aulicus*, *C. geographus*, *C. marmoreus*, *C. striatus*, *C. textile* und *C. tulipa*. Der Radulazahn liegt im Rüssel und wird beim Fang regelrecht in die Beute hineingeschossen. Er wird nur einmal verwendet; geht der "Schuß" daneben, ist er verloren. Ein neuer Zahn rückt dann nach. Als Beute dienen ihnen Schnecken, Muscheln, Kopffüßer, Borstenwürmer, Krebse und Fische. Meist sind sie auf bestimmte Beutetiere spezialisiert. Einige von ihnen pirschen sich nachts an schlafende Fische. Sie schieben dann ihren langen, dehnbaren Rüssel weit vor und schießen ihren Giftzahn ab. Beim Fang dieser Schnecken, beim Transport und bei der Handhabung im Aquarium muß man äußerste Vorsicht walten lassen. Die Tiere sollten nie mit der Hand angefaßt werden, sondern immer nur mit einem Netzchen! Die Fortbewegung vieler *Conus*-Arten ist eher untypisch für Schnecken. Sie bewegen sich arhythmisch fort, indem sie ihre Schale ruckartig vorwärts schieben. Man kennt dies auch von anderen Neogastropoda wie *Aporrhais* (Seite 583) und *Strombus* (Seite 588). *Conus*-Schnecken sind oft wertvolle Sammlerstücke. So wird für *Conus gloriamaris*, von der bisher nur wenige Exemplare gefunden wurden, ein Preis von einigen tausend Mark erzielt.

Conus arenatus

Conus captianeus

Conus geographus, Okinawa

Conus geographus LINNAEUS, 1758
Landkarten - Kegelschnecke

Vork.: Diese Art kommt im ganzen Indo-Westpazifik vor. Sie lebt dort auf Korallenschotter.
GU.: Die Tiere sind getrennt geschlechtlich, ihre Schalen unterscheiden sich aber nicht voneinander.
Soz. Verh./Vgs.: Sie sind nur mit wenigen Wirbellosen und Fischen zu vergesellschaften. Nachts am Grund schlafende Fische sind stark gefährdet.
Hält. B.: Im Aquarium benötigen sie Versteckmöglichkeiten. Achtung! Die Schnecken haben einen giftigen Radulazahn. Sie sollten nur mit einem Netzchen gehandhabt werden.
Licht: Dämmerlichtzone.
ZU/Verm.: Aus den abgelegten Eiern schlüpfen Larven, die einige Zeit im Plankton schwimmen und danach zum Bodenleben übergehen. Eine Nachzucht im Aquarium ist noch nicht gelungen.
FU: K; sie sind Räuber, die vor allem Fische im Schlaf erbeuten.
Bes.: Die Schale dieser Art ist relativ dünn. An der Schulter sind Knoten ausgebildet. Diese Art zählt mit *C. aulicus*, *C. marmoreus*, *C. striatus*, *C. textile* und *C. tulipa* zu den giftigsten Schnecken.

T: 22 - 28° C, **L**: 10 cm, **BL**: ab 100 cm, **WB**: m, **WR**: u, **BS**: 2, **SG**: 4 (giftig!)

Conus litteratus, Großes Barriereriff

Conus litteratus LINNAEUS, 1758
Bedruckte Kegelschnecke

Vork.: Diese Art kommt von Ostafrika bis zum Großen Barrierriff und Polynesien vor. Sie lebt dort im Flachwasser auf Sand und auf Korallenschotter.
GU.: Es gibt keine äußeren Geschlechtsunterschiede.
Soz. Verh./Vgs.: Sie sind nur mit wenigen Wirbellosen und Fischen zu vergesellschaften. Nachts am Grund schlafende Fische sind stark gefährdet.
Hält. B.: Im Aquarium muß ein Sandboden vorhanden sein, in den sich die Tiere teilweise eingraben. Achtung! Die Schnecken haben einen giftigen Radulazahn. Sie sollten nur mit einem Netzchen gehandhabt werden.
Licht: Mittellicht- bis Sonnenlichtzone.
ZU/Verm.: Sie legen Eikapseln ab, aus denen planktontische Veliger-Larven schlüpfen. Aus diesen entwickelt sich die sogenannte Veliconcha, die noch schwimmen kann, aber überwiegend am Boden kriecht.
FU: K; sie sind arge Räuber, die für viele Wirbellosen und Fische gefährlich sind.
Bes.: Diese Art wird relativ häufig importiert. Die Oberfläche ihres Gehäuses trägt eng anliegende, rechteckig schwarze oder dunkelbraune Flecken, die bandartig um das Gehäuse laufen. An der Schulter werden sie größer und laufen teilweise zusammen. Es gibt eine Reihe ähnlicher Arten, die sich durch Muster und Zeichnung am Gehäuse unterscheiden.

T: 22 - 28° C, **L:** 13 cm, **BL:** ab 100 cm, **WB:** m, **WR:** u, **BS:** 1, **SG:** 4 (giftig!)

Conus marmoreus, Großes Barriereriff

Conus marmoreus LINNAEUS, 1758
Marmor - Kegelschnecke, Makeltrichterschnecke

Vork.: Diese Art kommt im ganzen Indo - Pazifik vor. Sie lebt in Lagunen, auf Riffplattformen und im flachen Wasser der Riffhänge.
GU.: Es gibt keine Geschlechtsunterschiede an der Schale.
Soz. Verh./Vgs.: Am Boden ruhende Fische und viele Wirbellose, besonders Schnecken und Muscheln, werden angefallen und verzehrt.
Hält. B.: Vorsicht! Die Schnecken haben eine Radula mit einem starken Gift, das auch für den Menschen tödlich sein kann. Sie soltlen nur mit einem Netzchen gehandhabt werden. Das Becken muß einen Sandgrund haben, die Schnecken benötigen jedoch auch Versteckmöglichkeiten, um sich tagsüber zurückzuziehen.
Licht: Mittellichtzone.
ZU/Verm.: Diese Art vermehrt sich wie *C. litteratus* über eine freischwimmende Veliger und eine Veliconcha. Es gibt jedoch eine andere Art, *C. omaria*, die keine freien Larven hat. Diese sollte auch im Aquarium aufzuziehen sein.
FU: K; diese räuberische Schnecke ernährt sich hauptsächlich von anderen Schnecken und Muscheln.
Bes.: Die Tiere leben tagsüber versteckt zwischen Korallenbruch oder im Sand eingegraben und gehen erst nachts auf Nahrungssuche. *C. marmoreus* ist die Typusform für die Untergattung *Conus*. Das Gewinde ist niedrig, die Schulterkante schwachknotig. Charakteristisch sind die rundlich-dreieckigen hellen Flecken.

T: 22 - 28° C, **L**: 10 cm, **BL**: ab 100 cm, **WB**: m, **WR**: u, **BS**: 1, **SG**: 4 (giftig!)

Conus textile

Conus textile LINNAEUS, 1758
Textil - Kegelschnecke

Vork.: Diese Art kommt im Roten Meer und im Indo-Pazifik vor. Sie lebt im seichten Wasser und in den Lagunen auf Korallenbruch und auf Sand. Tagsüber ist sie eingegraben, nachts geht sie auf Nahrungssuche.
GU.: Es gibt keine äußeren Geschlechtsunterschiede.
Soz. Verh./Vgs.: Sie sind nur mit wenigen Wirbellosen und Fischen zu vergesellschaften.
Hält. B.: Im Aquarium muß ein Sandboden vorhanden sein, in den sich die Tiere teilweise eingraben. Achtung! Die Schnecken haben einen giftigen Radulazahn. Sie sollten nur mit einem Netzchen gehandhabt werden. Als Bodengrund benötigen sie groben Sand, Korallenbruch oder Muschelgrus in einer solchen Tiefe, daß sie sich vollkommen eingraben können
Licht: Mittellichtzone.
ZU/Verm.: Die Eier werden in abgeflachte, beutelartige Kapseln abgelegt. Aus ihnen schlüpfen planktonische Veliger-Larven.
FU: K; sie sind Räuber, die sich hauptsächlich von Schnecken ernähren. Bevorzugt werden Arten, die kein Operculum haben. Mit ihrem langen Rüssel tasten sie die Beute ab und schießen dann ihren giftigen Radulazahn ab.
Bes.: Diese Art wird relativ häufig importiert. Sie gehört zu den *Conus*-Arten mit dem stärksten Gift.

T: 22 - 28° C, **L**: 10 cm, **BL**: ab 100 cm, **WB**: m, **WR**: u, **BS**: 2, **SG**: 4 (giftig!)

Terebra guttata, Aquarienaufnahme

Terebra guttata (RÖDING, 1798)
Schlanke Schraubenschnecke

Vork.: Diese Tiere kommen im indopazifischen Bereich vor. Sie leben auf den Sandplattformen der Riffhänge und auf Sandflächen des Riffgrundes.
GU.: Sie weisen keine äußeren Geschlechtsmerkmale auf.
Soz. Verh./Vgs.: Sie leben einzeln und sind im Aquarium gut mit Wirbellosen und Fischen zusammen zu halten. Im oder am Boden lebende Tiere werden gelegentlich gefressen.
Hält. B.: Wichtig ist ein Bodengrund aus mittelfeinem Sand, in dem sie leicht eingegraben umherkriechen. Die Sandschicht muß mehrere Zentimeter tief sein.
Licht: Mittellichtzone.
ZU/Verm.: Über die Fortpflanzungsbiologie und Entwicklung dieser Schneckenart ist nichts bekannt. Im Aquarium ist eine Nachzucht wohl kaum möglich.
FU: K; sie sind Räuber. Sie suchen die oberen Schichten des Sandes hauptsächlich nach Polychaeten (Vielborstenwürmer) ab. In Gefangenschaft nehmen sie aufgetautes Muschel- und Garnelenfleisch, gelegentlich auch einen Regenwurm.
Bes.: Von dieser Art sind keine Besonderheiten bekannt. Im Indopazifik gibt es viele *Terebra*-Arten, die alle eine ähnlich spitze Form haben und sich vor allem an der Zeichnung und Färbung ihrer Schale unterscheiden.

T: 22 - 28° C, **L**: 10 cm, **BL**: ab 100 cm, **WB**: m, **WR**: u, **BS**: 3, **SG**: 1 - 2

Terebra maculata, Rotes Meer

Terebra maculata (LINNAEUS, 1758)
Gefleckte Schraubenschnecke

Vork.: Diese Schraubenschnecke ist im Roten Meer und im gesamten West-Pazifik regelmäßig zu finden. Sie lebt im Sand flacher Lagunen und zwischen Korallenriffen bis in 30 m Tiefe. Beim Herumkriechen hinterlassen sie auf der Sandoberfläche eine breite Kriechspur.
GU.: Die Tiere haben keine äußeren Geschlechtsmerkmale.
Soz. Verh./Vgs.: Da sie den Sandgrund nicht verlassen, können sie mit Wirbellosen vergesellschaftet werden, die auf Felsen leben. Auch mit den meisten Fischen sind sie gut zusammen haltbar.
Hält. B.: Sie benötigen eine Sandfläche, deren Länge mindestens der 10fachen Gehäuselänge entspricht.
Licht: Mittellichtzone.
ZU/Verm.: Sie legen Eier, aus denen die Veliger-Larven schlüpfen, die einige Zeit frei im Plankton treiben.
FU: K; sie ernähren sich räuberisch, hauptsächlich von Borstenwürmern, die sie im Sandboden aufspüren. Im Aquarium sind sie meist leicht an verschiedenes Gefrierfutter zu gewöhnen.
Bes.: Die Grundfarbe des Gehäuses ist creme-weiß. Auf den Umgängen findet man dunkelbraune Bänder mit flammenförmigen Flecken. Die Axialskulptur ist nur in den Spitzenwindungen vorhanden.

T: 22 - 28° C, **L:** 11 cm, **BL:** ab 120 cm, **WB:** m, **WR:** u, **BS:** 3, **SG:** 1 - 2

Casmaria ponderosa gräbt sich ein

Die Flucht in das Sediment dauert nur 10 Sekunden.

Unterklasse: Opisthobranchia

Über die Unterklasse Opisthobranchia, Hinterkiemerschnecken

Zu ihnen zählen die farbenprächtigsten Weichtiere, die jedes Taucher- und Aquarianerherz höher schlagen lassen. Da viele von ihnen jedoch nur ganz spezielle Nahrung annehmen, sind sie äußerst schwer in Aquarien zu halten. Die Hinterkiemerschnekken sind eine heterogene Gruppe, die sich aus verschiedenen Ordnungen zusammensetzt. Die wichtigsten werden hier vorgestellt. Von den mehr als 13.000 Arten gehören die meisten zur Ordnung Nudibranchia, den Nacktkiemerschnecken.

Die Kiemen sind bei den höher entwickelten Formen meist rückgebildet. Am Rücken können dann sogenannte sekundäre Kiemen ausgebildet sein, die oft in Scheiden zurückziehbar sind, wie zum Beispiel bei den Sternschnecken. Die Schale ist nur bei ganz wenigen äußerlich angelegt. Einige haben einen dünnen Schalenrest, der vom Mantel überwachsen ist; den meisten fehlt die Schale jedoch völlig. Bei den letzteren haben zwar die freischwimmenden Veliger-Larven eine Schale, die aber beim Übergang zum Bodenleben abgeworfen wird. Ein weiteres wichtiges Merkmal der meisten Hinterkiemerschnecken sind die Rhinophoren. Dies sind spezielle Tentakel am Kopf, die oft zusätzlich zu den normalen Kopftentakeln vorhanden sind. Ihre durch Falten vergrößerte Oberfläche ist dicht mit Wimpern besetzt. Mit diesen Rhinophoren können die Schnecken einerseits chemische Reize wahrnehmen, andererseits dienen sie aber auch der Wahrnehmung von Strömungen. Sie können wie die sekundären Kiemen in Scheiden zurückgezogen werden.

Fast alle Hinterkiemerschnecken leben im Meer. Nur wenige Gattungen kommen im Brackwasser vor und nur zwei sind in das Süßwasser eingedrungen. Ihr hauptsächlicher Lebensbereich ist die Felsküste tropischer und gemäßigter Meere, man hat sie aber auch schon in 2.000 m Tiefe nachgewiesen. Einige von ihnen graben im Weichboden, andere, sehr kleine Formen leben im Mesopsammon (zwischen den Sandkörnern). Es gibt aber auch freischwimmende Formen, wie die auf Seite 702 dargestellte *Glaucus*. Sogar parasitische Hinterkiemerschnecken sind bekannt. Manche parasitieren an Quallen, andere an Schnecken und Muscheln sowie an Röhrenwürmern. An und in ihnen leben Einzeller sowie verschiedene Würmer und Krebse. Besonders erwähnenswert ist die Partnerschaft zwischen der Spanischen Tänzerin *Hexabranchus sanguineus* und einer *Periclimenes*-Garnele (siehe Seite 682). Die wichtigsten Feinde der Hinterkiemerschnecken sind Seeanemonen, Krebse, Seesterne, Fische und Küstenvögel. Teilweise können sie sich jedoch durch Einlagerung von Giften und fremden Nesselzellen vor Feinden schützen.

Über die Aquarienhaltung von Hinterkiemerschnecken

Es gibt wohl kaum einen Meeresaquarianer, der beim Anblick dieser farbenprächtigen Geschöpfe nicht das Bedürfnis hat, sie in sein Becken einzusetzen. Doch Vorsicht! Viele von ihnen sind Nahrungsspezialisten, die nur ein ganz bestimmtes Futter - Tier oder Pflanze - aufnehmen. Leider werden immer wieder die schönen Nacktkiemerschnecken importiert und von Händlern (wissentlich oder unwissentlich) mit der Bemerkung weitergegeben, daß sie in einem gut laufenden Becken schon Futter finden werden. Da sie sich nicht auf andere Nahrung umstellen können, sind sie in den meisten Fällen einem langsamen Hungertod geweiht. Für viele Meeresaquarianer gelten daher alle Hinterkiemerschnecken als nicht haltbar in Aquarien. Einige Arten sind jedoch sehr einfach zu füttern. Hierzu gehören fast alle Seehasen (Anaspidea). Sie können mit Algen (*Caulerpa*) und auch mit überbrühtem, ungedüngten Salat sehr gut gehalten werden. Die Tiere haben jedoch einen unwahrscheinlichen Appetit und weiden in Kürze sämtliche Algen ab, die man mit viel Mühe herangezogen hat. Sie wachsen auch relativ schnell heran, so kann der Kalifornische Seehase *Aplysia californica* bis 1 m lang werden und 7 kg erreichen! Etwas schwieriger sind schon die Vertreter der Sacoglossa (Sackzüngler) zu halten. Sie sind ebenfalls Pflanzenfresser, von denen sich jedoch einige auf ganz bestimmte Futterpflanzen spezialisiert haben. Für engagierte Aquarianer sollte es nicht allzu schwer sein, Grünalgen der Gattungen *Halimeda* oder *Udotea* zu züchten. Allerdings braucht man zuerst einen guten Bestand davon und kann dann erst die Schnecken einsetzen. Vor Freßfeinden wie Fischen und Garnelen sind sie dadurch geschützt, daß sie spezielle Abwehrsekrete haben. Die Rückenschildschnecken (Notaspidea) sind Räuber, die sich von verschiedenen Wirbellosen, wie Nesseltieren, Moostierchen und Seescheiden ernähren. Sie sind jedoch meist nicht so wählerisch, daß sie nur eine ganz bestimmte Tierart aufnehmen. Man kann ihnen Muschelfleisch oder auch Glasrosen (*Aiptasia*) anbieten, die man in einem separaten Becken gezüchtet hat.

Die schönsten sind sicherlich am schwierigsten zu halten. Es sind dies die Vertreter der Nacktkiemerschnecken (Nudibranchia). Sie sind alle räuberisch und viele von ihnen sind Nahrungsspezialisten. Das heißt, daß sie sich nur von einer gewissen Tierart oder -gattung ernähren. So fressen manche nur eine ganz bestimmte Schwammart. Kann diese nicht angeboten werden, verhungern die Tiere unweigerlich. Daß solche Spezialisten auch Futtertabletten annehmen sollen, ist wohl ein Märchen, das manche Händler ihren gutgläubigen Kunden erzählen. Dennoch, (fast) nichts ist unmöglich. Vor mehreren Jahren galt es als nicht erfüllbarer Wunschtraum, lebende Steinkorallen und Weichkorallen zu halten. Heute ist dies dank der weiterentwickelten Technik möglich. Wenn man die Futtertiere der einzelnen Schnecken kennt, sollte es nicht allzu schwierig sein, diese zu halten. Bei Schwämmen ist dies bestimmt nicht leicht; und es ist zu entscheiden, ob man seinen mit großer Mühe herangezogenen Schwamm einfach einer Schnecke als Futter anbieten will. Einfacher ist es sicherlich mit denjenigen Nudibranchiern, die sich auf Nesseltiere spezialisiert haben. Manche von ihnen sind sogar mit der Ersatznahrung *Aiptasia* (Glasrose) zufrieden, wenngleich sie dann oft ihre schöne Färbung verlieren. Aber auch echte Spezialisten, wie zum Beispiel die auf Seite 700 vorgestellte Violette Fadenschnecke *Flabellina affinis* aus dem Mittelmeer, können gehalten werden. Voraussetzung ist allerdings, daß man eine Reihe von Bäumchenhydrozoen *Eudendrium* zuerst ansiedelt. Diese sind mit *Artemia*-Nauplien und Muschelmilch relativ leicht zu pflegen.
Funktionieren wird eine erfolgreiche Haltung von derart empfindlichen Nahrungsspezialisten allerdings nur mit wirklich verantwortungsbewußten Händlern, oder bei Selbstversorgern. Zuerst muß man wissen, auf welche Nahrung die Schnecke spezialisiert ist. Dies wiederum kann der Händler nur vom Fänger über seinen Exporteur erfahren. Aus der Literatur ist leider nicht sehr viel zu erfahren, nur bei wenigen Arten kennt man die genauen Nahrungsansprüche.

Eine Nachzucht von Hinterkiemerschnecken wird wohl noch lange nicht möglich sein. Die Tiere sind Hermaphroditen (Zwitter), was heißt, daß männliche und weibliche Keimdrüsen in einem Individuum vorhanden sind. Bei der Paarung werden bei einer Kopulation die Spermien übergeben. Nach der Befruchtung der Eier werden diese in charakteristische Weise abgelegt. Sehr oft hat der Laich die Färbung der Schnecken oder der Beute, in deren Nähe er oft abgelegt wird. Die Eier sind sehr klein, oft unter 0,1 mm im Durchmesser. Die daraus schlüpfende Veliger - Larve verbringt meist längere Zeit im Plankton. Dieses Stadium wird im Aquarium nicht überstanden. Es werden jedoch immer wieder Beobachtungen gemacht, daß in einem Becken ganz plötzlich viele Jungtiere einer Art auftreten. Hierbei ist aber am ehesten anzunehmen, daß sie in dem Stadium eingeschleppt wurden, in dem sie gerade zum Bodenleben übergegangen sind.
Als Fazit muß man sagen, daß es keineswegs unmöglich ist, Hinterkiemerschnecken zu halten, daß man sie jedoch keinesfalls ohne die entsprechenden Vorbereitungen in das Becken einsetzen kann.

Ordnung: CEPHALASPIDEA
Fam.: Aglajidae

Über die Ordnung CEPHALASPIDEA, Kopfschildschnecken

Die Kopfschildschnecken sind mit zahlreichen Arten in allen Meeren von der Küste bis in große Tiefen vertreten. Sie repräsentieren die ursprünglichste Ordnung der Hinterkiemerschnecken. Im Gegensatz zu den höher entwickelten Gruppen besitzen sie oft eine Schale und manche sogar einen Deckel (Operculum), wie die Vorderkiemerschnecken. Im Laufe der Evolution wurde jedoch die Schale weniger wichtig und so haben einige Arten nur mehr eine innere, vom Mantel überdeckte Schale. Die meisten Cephalaspidea besitzen eine charakteristische Verbreiterung des Kopfes ("Kopfschild"), die durch die Verschmelzung von Fühlern entstanden ist. Zwischen diesem Kopfschild und dem Fuß liegt ein spezielles, langgestrecktes Sinnesorgan, das Hancocksche Organ. Mit ihrem Kopfschild graben sie im Weichboden nach Foraminiferen, Borstenwürmern, Muscheln und Schnecken. Einige von ihnen, zu denen auch das an europäischen Küsten lebende Holzboot *Scaphander lignarius* gehört, sind Raubschnecken, die ihre Beute unzerkaut verschlingen und erst im Magen zerkleinern.
Mit Ausnahme einiger weniger Arten, die in das tropische Süßwasser eingedrungen sind, leben alle CEPHALASPIDEA im Meer, großteils als Bodenbewohner, manche im Plankton. Die Entwicklung verläuft über eine freischwimmende Larve, die Veliger, die eine kleine spiralige Schale mit Deckel trägt. Bei ganz wenigen Arten erfolgt die Entwicklung ohne freie Larven.
In die Ordnung der CEPHALASPIDEA gehören auch die Flossenfüßer, die in großen Mengen im Plankton leben und neben dem Krill eine wichtige Nahrung für die Wale sind.

Chelidonura flavolobata HELLER & THOMPSON, 1983
Blaue Schildkrötenschnecke

Vork.: Die Art lebt in den Korallenriffen des Roten Meeres.
GU: Die Tiere sind Zwitter.
Soz. Verh./Vgs.: Diese Art kommt eher in Gruppen als in Einzelexemplaren vor. Über das Verhalten im Aquarium ist kaum etwas bekannt. Nicht mit empfindlichen Wirbellosen vergesellschaften, da sie diese anfallen können.
Hält B.: Felsaquarium.
Licht: Mittellichtzone.
ZU/Verm.: Die Gattung legt viele kleine Eier, aus denen Veliger-Larven schlüpfen, die einige Zeit im Plankton verbringen. Eine Nachzucht im Aquarium ist deshalb kaum möglich.
FU: K; sie ernähren sich räuberisch, eine exakte Nahrungsanalyse liegt jedoch nicht vor.
Bes.: Sie wird normalerweise auf großen Hirnkorallen gefunden, auf Seescheiden und auch auf Weichkorallen. Da es unbekannt ist, ob die Tiere Nahrungsspezialisten sind, wird von einer Aquarienhaltung eher abgeraten.

T: 22 - 28° C, **L**: 3 cm, **BL**: ab 60 cm, **WB**: m, **WR**: u, **BS**: 4, **SG**: 3 - 4

Chelidonura flavolobata auf einer Sternkoralle

Navanax sp.

Ordnung: ANASPIDEA
Fam.: Aplysiidae

Über die Ordnung ANASPIDEA, Seehasen

Der Körper der Seehasen ist langgestreckt und hat meist seitliche Lappen, die sogenannten Parapodien. Diese können nach oben und nach der Seite geklappt werden und ermöglichen den Tieren durch wellenförmige Bewegungen ein Schwimmen. Es handelt sich um massige Schnecken, die bis zu 40 cm, in einem Fall (*Aplysia californica*) sogar bis 1 m lang werden können. Im Extremfall werden sie 7 kg schwer! Die Schale ist kalkig oder häutig und ist ganz oder teilweise vom Mantel überdeckt. Mitunter kann die Schale auch ganz fehlen. Ihre am Kopf sitzenden Rhinophoren (Strömungs- und Geschmackssinnesorgane) und Mundtentakel sind so aufgerollt, daß sie den Schnecken ein hasenähnliches Aussehen verleihen ("Seehasen").
Die ANASPIDEA sind reine Pflanzenfresser, die große Mengen von roten, grünen und braunen Algen und auch Seegräser fressen. Die Nahrung wird in großen Stücken verschlungen und im sogenannten Kaumagen weiter zerkleinert. Die im Eingeweidesack liegende "Bohadsche Drüse" oder Purpurdrüse erzeugt eine dunkle, oft violette Flüssigkeit, die bei Störung wie eine rauchartige Wolke ausgestoßen wird (siehe Foto rechts). Experimente haben gezeigt, daß Fische diese "Tinte" meiden.
Zum Ablaichen hängen sich manche Arten zu regelrechten Ketten zusammen. Der Laich mit den sehr kleinen Eiern wird in langen Schnüren, die zu Haufen aufgeknäult sind, abgegeben. Eine einzelne *Aplysia* kann in 5 Monaten fast 500 Millionen Eier produzieren! Detailierte Beschreibungen über das Verhalten des Kalifornischen Seehasen *Aplysia californica* sind bei LEONARD & LUKOWIAK (Behaviour 98/1986, 320ff) zu finden.

Aplysia dactylomela RANGE, 1928
Gefleckter Seehase

Vork.: Die Art lebt in Seegraswiesen und Beständen von dichtem Algenbewuchs im Indo-Pazifik.
GU: Wie alle Opisthobranchia sind auch die Seehasen Zwitter.
Soz. Verh./Vgs.: Im Freiland treten sie manchmal gesellig auf. Sie vertragen sich mit robusten Wirbellosen und Fischen. Empfindliche Tiere werden durch das Umherkriechen der Schnecke gestört.
Hält B.: Sie stellen keine besonderen Anforderungen.
Licht: Mittellichtzone.
ZU/Verm.: Sie legen auch im Aquarium lange Eischnüre, die an aufgeknäulte Spaghetti erinnern. Die Eier und die daraus schlüpfenden Larven sind sehr klein. Da diese Veliger-Larven eine längere Zeit frei im Plankton schwimmen, ist eine Nachzucht im Aquarium wohl kaum möglich.
FU: H; sie fressen große Mengen von Algen (hauptsächlich Grünalgen). *Caulerpa*-Bestände können sie in kurzer Zeit vertilgen. Mit (ungedüngtem) Salat, der kurz überbrüht wurde, kann man sie jedoch gut füttern.
Bes.: Sind keine bekannt.

T: 22 - 25° C, **L**: 30 cm, **BL**: ab 120 cm, **WB**: I, **WR**: u, **BS**: 3, **SG**: 2

Aplysia dactylomela beim Ausstoßen der "Tinte" aus der Bohad'schen Drüse

Aplysia dactylomela

Aplysia cf. *maculata* beim Fressen von *Caulerpa*

Phyllaplysia taylori DALL, 1900
Grüner Seehase

Vork.: Er lebt in den *Zostera*-(Seegras-)Wiesen des Ostpazifiks, in den Lagunen der Saumriffe.
GU.: Da alle Seehasen Zwitter sind, gibt es keine Geschlechtsunterschiede.
Soz. Verh./Vgs.: Diese kleine Schnecke ist nicht mit räuberischen Tieren zu vergesellschaften.
Hält B.: Die Tiere fühlen sich nur in Seegrasbeständen wohl. Kann man ihnen diese anbieten, ist eine Hälterung völlig problemlos.
Licht: Mittellichtzone.
ZU/Verm.: Der Grüne Seehase legt seinen mit Schleim überzogenen Laich auf Seegrasblätter ab (siehe Foto). Daraus schlüpfen Larven, die einige Zeit planktonisch leben. Im Aquarium können sie nicht nachgezüchtet werden. Sie können dennoch plötzlich auftreten, wenn sie als kleine Jungtiere unbemerkt mit *Zostera* eingeschleppt wurden.
FU: H; *Phyllaplysia taylori* frißt in der freien Natur nur Seegras (*Zostera*). Eine Fütterung mit Algen (*Caulerpa*) oder überbrühtem Salat ist meist nicht ausreichend.
Bes.: Dieser leuchtend grüne Seehase ist perfekt an seine Futterpflanze angepaßt. Die Gattung besitzt im Vergleich zu *Aplysia* reduzierte seitliche Lappen (Parapodien) und kann daher nicht frei schwimmen.

T: 22 - 28° C, L: 2 cm, BL: ab 100 cm, WB: l, WR: u, BS: 3, SG: 3

Ein bisher unbekannter Seehase aus Australien

Phyllaplysia taylori mit Gelege auf dem Seegras *Zostera* sp.

Über die Ordnung SACOGLOSSA, Sackzüngler

Die populär auch “Saftsauger” genannten Arten dieser Ordnung sind hochspezialisierte Pflanzenfresser. Sie sind kleine und zierliche Tiere, die maximal etwa 4 cm lang werden. Die meisten haben keine Schale, manche eine dünnwandige äußere oder eine innere. Bei einer kleinen Familie, den Juliidae, gibt es sogar eine zweiklappige Schale, die sonst nur Muscheln besitzen. Bis 1959 die ersten lebenden Tiere gefunden wurden, wurde diese Gruppe auch zu den Muscheln gezählt. Die Körperform der Sackzüngler kann stark variieren: Sie können aussehen wie längliche Sternschnecken oder wie Fadenschnecken mit großen, flachen Rückenanhängen, die allerdings keine Nesselsäcke tragen. Das hervorstechendste äußere Merkmal, das sie von allen anderen Hinterkiemerschnecken unterscheidet, sind die aufgerollten Rhinophoren (Geschmacks- und Strömungsrezeptoren). Die Mundtentakel fehlen oder sind sehr klein; auch Kiemen fehlen den meisten Arten.
Von einigen wenigen Ausnahmen abgesehen sind die SACOGLOSSA Pflanzenfresser und verzehren meist Grünalgen. Ihre Radula ist dazu speziell ausgebildet: Sie besitzt nur einen einzelnen Zahn pro Radulareihe und dieser wird dazu benutzt, die Algenzellen regelrecht aufzureißen. Die in einer fortgesetzten Reihe produzierten Zähne

Fortsetzung auf Seite 644

Elysia decorata HELLER & THOMPSON, 1983
Schmuck-Samtschnecke

Vork.: Diese Art ist wahrscheinlich endemisch im Roten Meer (kommt nur dort vor). Sie lebt unter Korallenblöcken oder in Steinspalten im seichten Wasser.
GU: Die Samtschnecken sind Zwitter und haben daher keine Geschlechtsunterschiede.
Soz. Verh./Vgs.: Sie sind Einzelgänger, die bei genügend Versteckmöglichkeiten in Aquarien mit kleinen Fischen oder Wirbellosen gehalten werden können. Da sie Abwehrsekrete absondern können, werden sie von Fischen und Garnelen verschmäht.
Hält B.: Felsaquarien mit genügend Bewuchs von Grünalgen.
Licht: Dämmerlichtzone.
ZU/Verm.: Die Samtschnecken legen Eier, aus denen die Veliger-Larven schlüpfen, die mit ihren Wimpernkränzen frei im Plankton schwimmen. Eine Nachzucht im Aquarium ist nicht möglich.
FU: H; sie ernähren sich von Grünalgen, die sie mit ihrer einreihigen Radula aufreißen und aussaugen.
Bes.: Die Familie Elysiidae (Samtschnecken) umfaßt 5 Gattungen unterschiedlicher Gestalt. Allen fehlt eine Schale und der Körper ist glatt, länglich und mit seitlichen Lappen am Mantel ausgestattet. Es gibt keine Rückenanhänge, Mundtentakel fehlen, die Fußtentakel sind normalerweise kurz und die Rhinophoren sind eingerollt.

T: 20 - 27° C, L: max. 12 mm!, BL: ab 60 cm, WB: m, WR: u, BS: 3, SG: 2

Elysia australis aus Australien

Elysia decorata aus dem Roten Meer

Fortsetzung von Seite 642

sind scharf und rasierklingenartig. Sie werden jeweils nur einmal verwendet und dann, wenn sie vom Zungenband abfallen, in einem Sack gesammelt. Daher der Name "Sackzüngler". Der flüssige Inhalt der Algenzellen wird mit Hilfe eines muskulösen Pharynx (Schlund), der wie eine kraftvolle Pumpe arbeitet, ausgesaugt. Die wenigen, nicht pflanzenfressenden Sacoglossa-Arten ernähren sich von den Eiern anderer Hinterkiemerschnecken.
Sacoglossa können in allen tropischen, gemäßigten und kühlen Meeren gefunden werden. Ganz wenige Arten kommen im Süß- und Brackwasser vor. Sie bewohnen die flachen Küstenregionen und leben dort zwischen Algen und im Seegras. Viele sind grün gefärbt und daher auf ihrer Beute, den Algen, kaum zu erkennen. Manche Sackzüngler (Fam. Lobigeridae) haben verbreiterte seitliche Lappen (Parapodien), mit denen sie wie die Seehasen schwimmen können (Seite 642). Obwohl man die einzelnen Arten der Sacoglossa gut identifizieren und einer klar definierten Gattung zuordnen kann, sind die verwandtschaftlichen Beziehungen zwischen ihnen und ihre Einordnung in Familien wesentlich schwieriger.
Die hier vorgestellten Arten gehören nur einer Familie an, sehen aber völlig unterschiedlich aus. Das kann man auch von den insgesamt 30 anderen Gattungen behaupten.

Tridachia crispata (MÖRCH, 1863)
Salatschnecke, Kräuselschnecke

Vork.: Diese Art kommt nur in der Karibik vor.
GU: Sind keine vorhanden, da die Tiere Zwitter sind.
Soz. Verh./Vgs.: Sie sind im Wirbellosenbecken gut zu halten. Auch mit den meisten Fischen vertragen sie sich.
Hält B.: Felsenaquarium mit genügend Algenbewuchs (Grünalgen).
Licht: Mittellichtzone.
ZU/Verm.: Die Salatschnecke legt auch im Aquarium immer wieder ihren Laich ab. Von einer Aufzucht der Larven ist uns allerdings noch nichts bekannt.
FU: H; sie weiden Grünalgen ab.
Bes.: Im Lauf der Entwicklung verändert die Schnecke ihre Gestalt. Jungtiere ähneln *Elysia*, da sie beiderseits des Körpers parapodiale Lappen besitzen. Wenn die Tiere größer werden, falten sich die seitlichen Lappen wellenförmig ein, bis das charakteristische, hier abgebildete Erwachsenenstadium erreicht ist.
T: 23 - 28° C, **L**: 8 cm, **BL**: ab 100 cm, **WB**: I, **WR**: u, **BS**: 2, **SG**: 2

Tridachia crispata

Tridachia crispata aus der Karibik

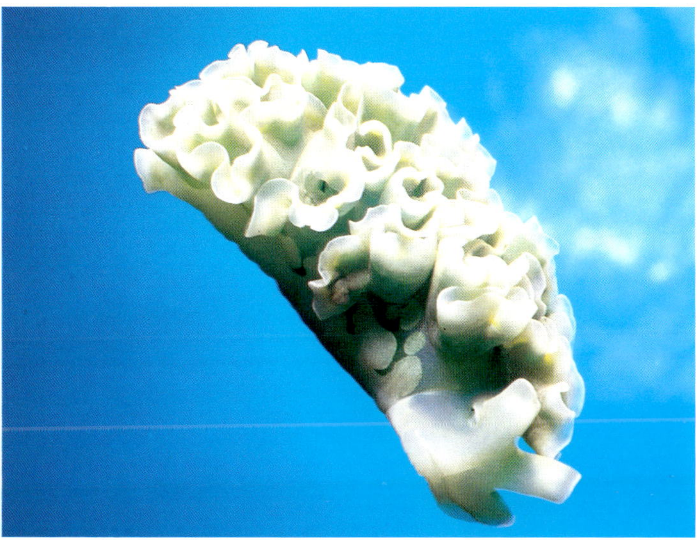

Tridachia crispata

Ordnung: NOTASPIDEA
Fam.: Pleurobranchiidae

Über die Ordnung NOTASPIDEA, Rückenschildschnecken

Die meisten Arten haben eine flache und dünne Schale, die am Rücken liegt und zum Teil vom Mantel überwachsen wird. Die Vertreter der Familie der Schirmschnecken (Umbraculidae) haben eine napfförmige Schale, die einen Teil des Tieres bedeckt. Arten der Familie Pleurobranchidae haben nur eine innere Schale, die vom Mantel eingehüllt oder ganz rückgebildet ist. Der durch Kalkeinlagerungen verfestigte Mantel hat entweder ringsum einen freien Rand oder er ist mit dem Kopf verschmolzen. Alle Rückenschildschnecken haben eine doppelfiedrige Kieme, die an der rechten Körperseite zwischen Mantelrand und Fuß liegt. Aus diesem Grund werden die Schnecken auch als "Flankenkiemer" bezeichnet.
Die meisten NOTASPIDEA leben im Flachwasser gemäßigter und tropischer Meere. Die Rückenschildschnecken sind "grasende" Räuber, die festsitzende Wirbellose, wie Schwämme, Seescheiden und anderes verzehren. Sie besitzen eine breite Radula (Raspelzunge) und starke Kiefer, mir denen sie Stücke aus ihrer Beute reißen. Sie haben ein Kopfsegel und ein Paar Rhinophoren (Chemo- und Strömungsrezeptoren). Einige Arten erzeugen Schwefelsäure, die sie zur Verteidigung abgeben. Man hat beobachtet, daß Fische aufgenommene Schnecken wieder fallen ließen.

Pleurobranchus semperi (VAYSSIERE, 1896)
Flankenkiemenschnecke

Vork.: Diese Art lebt auf Sandflächen und Felsen des tropischen Indo-Pazifik, meist in wenigen Metern Tiefe.
GU: Keine vorhanden, da die Tiere Zwitter sind. Die weibliche Genitalöffnung und der Penis liegen an der rechten Seite, noch vor den Kiemen. Die nach vorne gelagerten Genitalöffnungen sind durch die "Torsion" bedingt, eine Drehung des Eingeweidesackes, die sich im Laufe der Embryonalentwicklung vollzieht.
Soz. Verh./Vgs.: Im Riff sind sie Einzelgänger, über die Vergesellschaftung im Aquarium ist nichts bekannt.
Hält B.: Sind nicht bekannt.
Licht: Mittellichtzone.
ZU/Verm.: Da die Tiere planktontische Veliger-Larven haben, ist eine Nachzucht im Aquarium auszuschließen.
FU: K; die Gattung ernährt sich räuberisch, eine Nahrungsanalyse von *P. semperi* liegt jedoch nicht vor. Sie sollen im Aquarium jedenfalls Muschelfleisch annehmen.
Bes.: Sind nicht bekannt.

T: 23 - 28° C, L: 15 cm, BL: ab 100 cm, WB: l, WR: u, BS: 4, SG: 3

Pleurobranchus sp. aus dem Roten Meer

Pleurobranchus semperi

Ordnung: NUDIBRANCHIA

Über die Ordnung NUDIBRANCHIA, Nacktkiemerschnecken

Zu dieser Gruppe gehören sicherlich die schönsten und auffälligsten Hinterkiemerschnecken. Ihre Körperform variiert in hohem Maße, was von der Nahrung und dem Aufenthaltsort der einzelnen Arten abhängt. Sie alle sind Räuber und Fleischfresser, die sehr oft Nahrungsspezialisten sind. Sie nehmen nur eine ganz bestimmte Nahrung auf, so zum Beispiel Polypen einer einzigen Nesseltierart, eine bestimmte Schwammart oder Eier eines Fisches. Aus diesem Grund sind sie in Aquarien nur schwer zu halten. Zu ihrer Nahrung zählen fast alle Wirbellose, wie vor allem Nesseltiere, andere Weichtiere, verschiedene Würmer, Moostierchen und auch Fischeier.
Viele Nacktkiemerschnecken haben eine exakte Anpassung an ihre Beuteorganismen entwickelt, indem sie sich farblich diesen angleichen. Andere benutzen wiederum leuchtende Farben und Muster als Warnsignale, um Freßfeinden ihre Ungenießbarkeit zu signalisieren. Man findet sogar Mimikry, indem ungiftige Arten das Farbmuster von giftigen nachahmen. Viele Arten produzieren toxische Substanzen, andere wiederum lagern Nesselbatterien von Hydrozoen ein, die sie dann zur Abwehr verwenden.

Über die Fortpflanzung der Hinterkiemerschnecken (Fotos rechts)

Alle Hinterkiemerschnecken sind Zwitter. Das heißt, jedes Tier besitzt männliche und weibliche Keimdrüsen (Gonaden). Diese werden gemeinsam als "Zwitterdrüse" bezeichnet. Sie liegen immer auf der rechten Seite des Körpers und auch der Penis, durch den die Spermien abgegeben werden, liegt rechts, nahe dem Kopf. Wie die Aufnahme der beiden *Chromodoris amoena* zeigt, befruchten einander je zwei Einzeltiere. Die Gonoporen (Geschlechtsöffnungen) sind deutlich auf der rechten Seite der beiden Tiere erkennbar. Nach der Befruchtung trennen sich die Partner wieder und kriechen weg, um ihren Laich an einem geeigneten Platz abzulegen. Das kann am selben Tag aber auch Tage nach der Befruchtung geschehen.
Viele Nacktkiemerschnecken legen ihre spiraligen oder schleierartigen Gelege nur auf jenen Organismen ab, die ihnen als Nahrung dienen, und die Eier ähneln diesen in der Färbung. Aus den Eier schlüpfen Veliger-Larven, die frei als Plankton im Meer schwimmen und so für die Verbreitung der Art sorgen. Während dieser Phase tragen alle Nudibranchia ein Gehäuse! Erst wenn sie sich nach einigen Tagen oder auch erst Monaten auf einem geeigneten Grund niederlassen, legen sie ihr Gehäuse ab.

Paarungsakt von *Chromodoris amoena*, Ost-Australien

Chromodoris amoena bei der Eiablage

Über die Gattung *Chromodoris*

Die Gattung *Chromodoris* umfaßt die meisten und wohl auch die schönsten Arten der ganzen Familie. Sie kommen hauptsächlich im tropischen Indo-Pazifik vor, einige aber auch in der Karibik und im Mittelmeer. Die Tiere sind normalerweise kräftig gefärbt und besitzen einen länglich-ovalen Mantel, der den Fuß ganz bedeckt. Die sekundären Kiemen liegen im hinteren Bereich des Rückens und sind federartig gestaltet. Am Kopf tragen sie nur ein Tentakelpaar, die Rhinophoren, die lamellenartig gebaut sind. Es handelt sich dabei um Sinnesorgane, die chemische Reize und Strömungen wahrnehmen. Man findet sie nur bei der Unterklasse der Hinterkiemerschnecken. Der Mantel enthält etwas innerhalb seines Randes (submarginal) kleine Drüsen, die oben offen sind und wahrscheinlich Abwehrstoffe enthalten.

Chromodoris sp.

Chromodoris annae aus den Philipinen. Sie ist leicht von anderen Arten unterscheidbar

Chromodoris annulata. Bemerkenswerte Ähnlichkeit mit *Risbecia* (Seite 663)

Chromodoris coi. Sie hat eine weite Verbreitung im tropischen West-Pazifik

Chromodoris elizabethina aus Indonesien. Die Rückenzeichnung kann variieren

In einigen Fällen ist es sehr schwierig, ähnlich gefärbte Arten der Gattung *Chromodoris* voneinander abzugrenzen, andere Arten wiederum sind aufgrund ihrer Färbung nicht zu verwechseln. Am Foto links unten ist *Chromodoris fidelis* abgebildet, eine ziemlich häufige Art mit einigen geographisch bedingten Unterschieden in der Färbung. Rechts unten ist die seltene Art *Chromodoris geminus* abgebildet. Ihre Verbreitung ist auf das Rote Meer und den Indischen Ozean beschränkt. Unter Wasser scheinen die Farben des Mantels zu fluoreszieren.

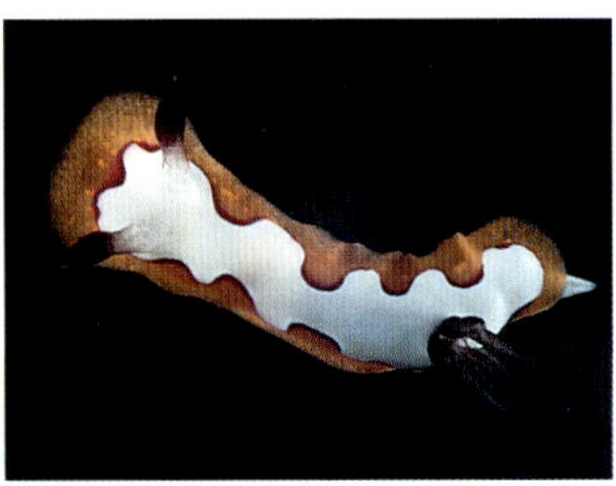

Chromodoris fidelis

Chromodoris geminus

Chromodoris kuniei. Eine häufige Art aus dem tropischen Süd-West-Pazifik

Chromodoris cf. *magnifica.* Die eigentliche Art hat ein breites oranges Längsband

Chromodoris sp. aus dem Roten Meer

Die auf dieser Seite und rechts oben dargestellte *Chromodoris quadricolor* (RÜPPELL & LEUCKART, 1828) ist im Roten Meer und in Ostafrika beim Tauchen und Schnorcheln relativ häufig anzutreffen. Der Mantel am Rücken hat ein blaues Feld, auf dem drei schwarze Längsstreifen verlaufen. Der äußere Mantelrand ist gelblich. Wie man auf dem kleinen Foto erkennen kann, setzt sich die Färbung auch an der Seite des Fußes, unterhalb des Mantelrandes fort. So schön diese Tiere im freien Wasser sind, im Aquarium haben sie nichts verloren. Sie sind Nahrungsspezialisten, die nur so lange im Aquarium leben bis sie verhungern. Leider werden sie aber immer wieder importiert!

Chromodoris quadricolor, Rotes Meer

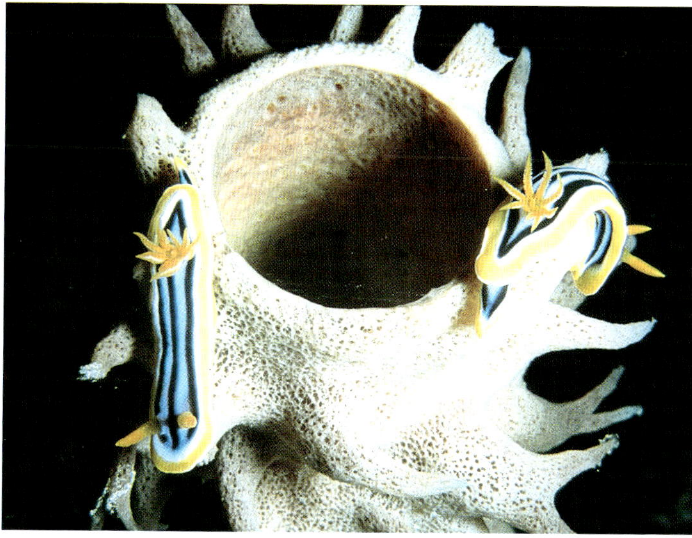

Chromodoris quadricolor auf einem Röhrenschwamm im Roten Meer

Einige *Chromodoris*-Arten sind relativ leicht mit *C. quadricolor* zu verwechseln. Man spricht von einer "*C. quadricolor*-Farbgruppe", da sehr viele Arten dieser Gattung der zuerst entdeckten *C. quadricolor* ähneln. Nahe Verwandte sind zum Beispiel: *C. annae* (Seite 650), *C. elizabethina* (Seite 652), *C. magnifica* (Seite 653) oder die unten abgebildete, nicht genau spezifizierte Art. Es ist auch mit Sicherheit anzunehmen, daß es einige, noch nicht beschriebene Arten dieser Gattung gibt. Erschwerend bei der Bestimmung kommt noch dazu, daß es geographische Variationen innerhalb der einzelnen Arten ge-ben kann.

Chromodoris sp. von den Philippinen

Chromodoris sp., eine noch nicht näher beschriebene Art von den Malediven

Chromodoris splendita lebt in Gewässern von Neu-Süd-Wales (Australien)

Chromodoris luteorosa, westliches Mittelmeer

Chromodoris luteorosa (v. RAPP, 1827)
Gefleckte Sternschnecke

Vork.: Die Art ist bisher nur aus dem westlichen Mittelmeer und dem Golf von Biscaya nachgewiesen worden. Sie lebt auf Hartböden und in Seegraswiesen.
GU: Die Tiere sind Zwitter.
Soz. Verh./Vgs.: Sie sind Einzelgänger, die sich nur zur Paarung treffen.
Hält. B.: *C. luteorosa* ist ernährungsbedingt nicht für eine Aquarienhaltung geeignet.
Licht: Mittellichtzone.
ZU/Verm.: Die Vermehrung ist gleich wie bei anderen Arten der Gattung. In der sogenannten Zwitterdrüse werden Eier und Spermien reif, die sich jedoch nicht gegenseitig befruchten. Bei einem Zusammentreffen mit einem anderen Tier der gleichen Art werden die Spermien bei einer Kopulation übergeben. Diese "Fremdspermien" befruchten dann die Eier. Die Ablage der sehr kleinen Eier erfolgt in einer artcharakteristischen spiraligen Anordnung. Aus ihnen schlüpfen Larven, die einige Zeit mit Hilfe von Wimpernkränzen im Plankton schwimmen und dann zum Bodenleben übergehen. Eine Aufzucht im Aquarium ist nicht möglich.
FU: K; sie ernähren sich nur von Schwämmen der Gattung *Spongionella*, die im Aquarium bisher nicht länger gehalten werden konnten.
Bes.: Die Kiemen und Rhinophoren werden erst bei Berührung zurückgezogen; und zwar jeder Rhinophor und die Kiemen unabhängig voneinender. Aufgrund ihrer Färbung ist die Art leicht zu erkennen und nicht zu verwechseln.

T: 15 - 22° C, **L:** 5 cm

Hypselodoris tricolor, Mittelmeer

Hypselodoris tricolor (CANTRAINE, 1835)
Dreifarbige Sternschnecke

Vork.: Diese Art kommt im westlichen Mittelmeer und an der französischen Atlantikküste auf algenbewachsenen Hartböden und in *Posidonia*-Wiesen von 5 bis in etwa 50 m Tiefe vor.
GU: Die Tiere sind Zwitter.
Soz. Verh./Vgs.: Sie sind Einzeltiere, die sich jedoch zur Paarung treffen (siehe Foto).
Hält. B.: Über die Möglichkeiten, diese Tiere in Aquarien zu halten, ist nichts bekannt. Hauptproblem ist auch hier das Futter (siehe unten).
Licht: Mittellichtzone.
ZU/Verm.: Im Mittelmeer legen die Schnecken von April bis September die Eier in einer für diese Gruppe typischen, flachen Spirale mit einem Durchmesser von 0,5 mal 2,5 mm ab. Die weißen Eier messen nur etwa 0,1 mm im Querschnitt. Aus ihnen schlüpfen dann die planktonischen Larven.
FU: Leider ist völlig unbekannt, wovon sich diese Art ernährt. Aus diesem Grund muß auch eine Aqaurienhaltung - zumindest vorläufig - abgelehnt werden
Bes.: Die blaue Rückenfärbung kann wesentlich dunkler sein, als bei den auf dem Foto gezeigten Individuen. Wie bei allen ähnlich gebauten Arten sind auch bei dieser die Rhinophoren und die am Rücken liegenden Kiemen bei Gefahr in spezielle Scheiden zurückziehbar. Von *Hypselodoris tricolor* sind zwar einige Kenntnisse über die innere Anatomie, besonders über den Aufbau der Genitalorgane bekannt (SCHMEKEL und PORTMANN, 1982), über die Lebensweise und Ökologie weiß man jedoch sehr wenig.

T: 15 - 22° C, **L:** 2,5 cm

Chromodoris willani ist bisher nur von den Neuen Hebriden bekannt geworden. Aufgrund ihrer markanten Zeichnung läßt sie sich leicht von anderen, bisher beschriebenen *Chromodoris*-Arten unterscheiden.

Über die Gattung *Hypselodoris*

Die Gattung *Hypselodoris* wird oft mit *Chromodoris* verwechselt,. Es gibt jedoch folgende Unterschiede: *Hypselodoris* ist zwar auch prächtig gefärbt, ihr Körper ist aber länger und höher. Der Kopf ist im Vergleich zum Körper verbreitert. Die Kiemen sind einfach und in einem Kreis rund um den After angeordnet. Die Rhinophoren sind weit vorne postiert. Manteldrüsen sind den Mantelrand entlang vorhanden und besonders rückwärts konzentriert. Einige Arten der Gattung sind auf dieser (unten) und den nächsten Seiten abgebildet.

Hypselodoris cf. *californiensis* kommt nur an der Westküste Nordamerikas vor

Hypselodoris edenticulata aus der Karibik

Hypselodoris edenticulata. Ursprünglich wurde die Art von Florida beschrieben

Hypselodoris elegans, Mittelmeer

Hypselodoris elegans (CONTRAINE, 1835)
Hochsternschnecke

Vork.: Diese Art besiedelt das Mittelmeer und den angrenzenden östlichen Atlantik. Sie wurde auch im Golf von Biskaya, auf den Kanarischen Inseln und im Golf von Guinea, Westafrika, gefunden. Sie ist ab 5 m Tiefe auf bewachsenen Felsen relativ häufig anzutreffen.
GU: Sie sind Zwitter.
Soz. Verh./Vgs.: Die Schnecken sind Einzelgänger, die sich nur während der Paarungszeit zur Kopulation zu Paaren vereinigen.
Hält B.: Als Nahrungsspezialist sollte sie nicht oder nur kurzzeitig im Aquarium gehalten werden. Sie vertragen nur kurzfristig Temperaturen über 22° C.
Licht: Mittellichtzone.
ZU/Verm.: Sie vermehren sich über Eier und freischwimmende Veliger-Larven.
FU: K; diese Art ernährt sich nur von Schwämmen der Gattung *Ircinia* und ist deshalb kaum im Aquarium zu erhalten.
Bes.: Die Färbung kann etwas variieren, das gelb-grüne Muster haben jedoch alle Individuen.

T: 15 - 22° C, **L**: 12 cm, **BL**: ab 100 cm, **WB**: I, **WR**: u, **BS**: 4, **SG**: 4

Hypselodoris maridadilus wurde erst 1977 beschrieben, ist aber nicht selten

Hypselodoris sp., Aquarienaufnahme

Risbecia pulchella ist im Indo - Pazifik ziemlich häufig

Risbecia pulchella hat eine große Ähnlichkeit mit *Chromodoris annulata* (Seite 651)

Über die Gattung *Risbecia* (vorhergehende Seite)

Die äußeren Merkmale von Schnecken der Gattung *Risbecia* liegen zwischen jenen von *Chromodoris* und *Hypselodoris*. Der Körper ist hoch wie bei *Hypselodoris* und fest wie bei *Chromodoris*. Der Mantel überlappt den Fuß wie bei den *Chromodoris*-Arten, aber der Kopf ist verbreitert und der Fuß dehnt sich ziemlich weit hinter den Mantel aus, wie bei der Gattung *Hypselodoris*. Die Kiemen und Rhinophoren sind typisch für diese Familie, allerdings mit einem Zusatz: Die Kiemen schlagen rhythmisch über der Analpapille, auch wenn keine Strömung vorhanden ist. Von der auf der vorhergehenden Seite abgebildeten *Risbecia pulchella* (RÜPPELL & LEUCKART, 1828), die im Roten Meer und im Indo-Pazifik vorkommt, gibt es zwei Varianten: eine weiße mit großen orangefarbenen Flecken und eine zweite mit violettem Untergrund und kleinen Flecken. Die zur selben Familie gehörende *Chromodoris annulata* sieht zwar auf den ersten Blick sehr ähnlich aus (siehe Seite 651), besitzt aber die typische *Chromodoris*-Form und dunkle Ringe um Kiemen und Rhinophoren.

Über die Familie Dendrodorididae

Diese Familie unterscheidet sich mit Ausnahme der Warzenschnecken von allen anderen Sternschnecken durch das Fehlen von Kiefern und der Radula. Sie haben gut entwickelte Munddrüsen und einen Saugmuskel, mit dessen Hilfe sie krustenförmige Schwämme abweiden beziehungsweise durch ihre kleine Mundöffnung absaugen. Die Kiemen liegen auf der Rückenseite und sind um den After angeordnet. Die Dendrodorididae besiedeln hauptsächlich tropische Meere, sind aber auch im Mittelmeer und im Atlantik zu finden. Sie umfassen nur zwei Gattungen: *Dendrodoris* und *Doriopsilla*. Beide werden hier mit je einer Art vorgestellt.

Die *Dendrodoris*-Arten sind weich und schleimig und meist auch glatt; nur einige Arten besitzen am Rücken weiche Erhebungen. Die *Doriopsilla*-Arten haben einen festeren Körper mit feinen, in den Mantel eingebetteten Nadeln (Spiculae).

Dendrodoris limbata aus dem Mittelmeer. Links ist die typische gefärbte Form

Doriopsilla miniata kommt von Australien bis Südafrika und im östlichen Mittelmeer vor

Ordnung: Nudibranchia
Fam.: Polyceridae

Über die Familie Polyceridae

Die Kopflappen-Sternschnecken der Familie Polyceridae sind meist tropischer Herkunft. Einige Arten sind auch in gemäßigten Meeren, wie zum Beispiel im Mittelmeer zu finden. Der Körper ist normalerweise langgestreckt, der Mantel schmal und kurz, so daß der Fuß hinten hervorragt. Die Kiemen sitzen meist in der Mitte des Rückens, an dessen höchstem Punkt. Entlang der Kiemen oder rund um sie herum gibt es häufig irgendwelche Körperfortsätze, die entweder nach vorne gerichtet sind oder seitlich vom Mantelrand abstehen oder einfach am Rücken liegen. Die Rhinophoren (Rezeptoren für chemische Reize und Strömungen) sind fast immer blättrig ausgebildet. Sie sind in Scheiden zurückziehbar, die oft etwas erhoben sind. Die hier gezeigten Arten sind wohl die farbenprächtigsten aller Polyceriden. Viele Arten der Familie Polyceridae sind Nahrungsspezialisten, die sich meist von bestimmten Moostierchen (Bryozoa) ernähren. Im Bild rechts unten zeigt eine Aquarienaufnahme, daß sich *Gymnodoris ceylonica* auch an anderen Nudibranchiern vergreifen kann. Hier frißt sie gerade eine *Glossodoris*.

Gymnodoris sp. von der Küste Westaustraliens

Gymnodoris ceylonica lebt im Roten Meer und im Indo-Pazifik

Gymnodoris ceylonica erbeutet eine *Glossodoris atromarginata* (Aquarienaufnahme)

Ordnung: NUDIBRANCHIA
Fam.: Polyceridae

Über die Gattungen *Nembrotha, Roboastra* (Seite 672) und *Tambja* (Seite 674)

Diese drei Gattungen werden nur nach der Ausbildung ihrer Reibzunge und ihrer Geschlechtsorgane unterschieden und nicht nach äußeren Merkmalen. Sie sind alle relativ groß (bis 15 cm Länge), weich und sehr auffällig gefärbt. Sie sind nur in tropischen Gewässern im Flachwasser auf Korallenbruch zu finden. Als Räuber ernähren sie sich von aufwachsenden, seßhaften Tieren wie Moostierchen (Bryozoa), Manteltieren (Tunicata) und Nesseltieren (Cnidaria). Wie die anderen Arten der Familie Polyceridae haben auch sie keine Radula (Reibzunge) und können ihren engen Schlund, der als Saugpumpe wirkt, aus dem Kopf hervorstülpen. Da sie nicht so wählerisch sind wie die meisten anderen Nudibranchier, können manche Arten im Aquarium gehalten werden. Man kann sie mit kleinen Glasrosen (*Aiptasia* sp.) füttern, die in manchen Becken sogar zu einer Plage werden können.

Nembrotha cristata kommt im Westpazifik und auf den Philippinen vor

Nembrotha sp. aus Indonesien

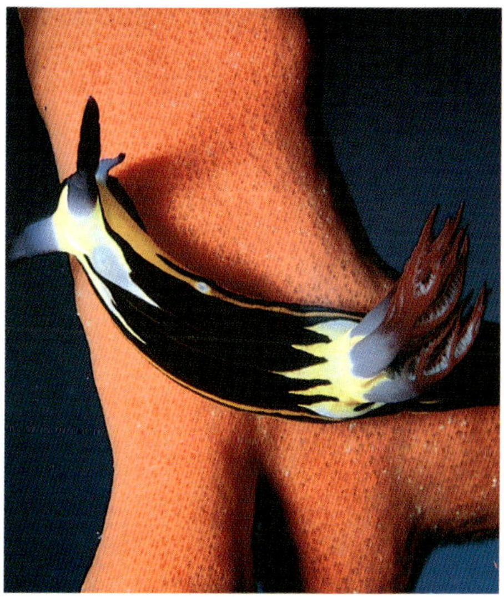

Diese nicht näher bestimmte Art der Gattung *Nembrotha* ist besonders schön gefärbt. Sie wurde im Roten Meer auf einem leuchtend roten Schwamm fotografiert. Es ist anzunehmen, daß sie sich von diesem Schwamm ernährt.

Ordnung: Nudibranchia
Fam.: Polyceridae

Nembrotha lineolata aus dem tropischen West - Pazifik und Indonesien

Einige Hinterkiemerschnekken können durch wellenförmige Bewegungen ihrer seitlichen Lappen (Parapodien) frei im Wasser schwimmen. Die bekannteste ist wohl die Spanische Tänzerin *Hexabranchus sanguineus* (siehe Seite 681). Hier ist eine nicht näher bestimmbare *Nembrotha*-Art aus dem Roten Meer abgebildet.

Über die Gattung *Polycera*

Die meisten Arten dieser Gattung werden nur weinge Zentimeter lang. Sie besitzen normalerweise nach vorne gerichtete Fortsätze am Kopf und ähnliche Anhänge neben den Kiemen. Im Gegensatz dazu weist *Gymnodoris* nur kleine Fortsätze und Überhänge des Mantels auf. Die Rhinophoren von *Polycera* sind lamelliert und haben keine Scheiden, in die sie zurückgezogen werden können. Sie sind durchwegs groß und ermöglichen den Tieren ihre Nahrung, die fast immer aus Moostierchen der Gattung *Bugula* besteht, zu wittern und gezielt zu erbeuten. Aufgrund dieser Spezialisierung sind sie kaum in Aquarien zu erhalten. Einige Arten sollen jedoch im Aquarium auch Polypen von Hydrozoen gefressen haben.

Polycera sp.

Polycera capensis

Polycera capensis

Polycera capensis, QUOY & GAIMARD, 1824, wurde unter vielen Synonymen beschrieben (z. B. als *P. nigrocrocea* BARNARD, 1927 oder *P. conspicua* ALLAN, 1932). Wie die beiden Fotos oben zeigen, kann die Färbung etwas variieren. Die Grundfarbe kann weiß bis grau sein, und das schwarze Pigment an der Rückenseite kann unterschiedlich kräftig ausgebildet sein. Die üblichen Farben der Gattung *Polycera* sind jedoch vorhanden: schwarz mit gelb-orange. Diese Art ist von Südafrika bis Australien bekannt, sie wird 5 cm lang und ernährt sich von Bryozoen (Moostierchen) der Gattung *Bugula*. Sie wird von der Gezeitenzone abwärts bis in mindestens 30 m Tiefe gefunden.

Roboastra arika

Roboastra sp.

Tambja abdere von Kalifornien

Tambja sp. bei der Paarung. Die Genitalorgane sind gut erkennbar

Tambja affinis, Rotes Meer

Tambja verconis zwischen federartigen Hydrozoenstöcken

Über die Gattung *Halgerda*

Alle Arten der Familie Asteronotidae kommen nur in tropischen Gewässern vor. Sie sind vom Taucher leicht zu entdecken, da sie selten versteckt leben und in Tiefen von 3 bis 40 m vorkommen. Die zur Gattung *Halgerda* gehörenden Arten sind in vielen Dingen gleich: Der etwa halbkugelförmige Rücken ist glatt, manchmal schleimig, aber trotzdem fest. Der weitere Aufbau gleicht einem Gebirge mit tiefen Schluchten, wobei zusammenlaufende Kämme gemeinsam spitze Kegel bilden. Ein weiteres ungewöhnliches Charakteristikum ist die Färbung der Rhinophoren (Riechorgane) und der Kiemen: Sie sind weiß bis gelb mit schwarzen Markierungen, egal wie das Tier sonst gefärbt ist. Von einigen Arten weiß man, daß sie sich von Schwämmen ernähren. Die Gattung *Halgerda* hat viele Gemeinsamkeiten mit der Gattung *Sclerodoris*, die in ähnlichen Verbreitungsgebieten anzutreffen ist. Weitere Gattungen der Familie sind: *Aphelodoris*, *Asteronotus* und *Artachaea*. Über die Haltung in Aquarien ist so gut wie nichts bekannt.

Halgerda sp. von den Philippinen

Halgerda sp. wurde auf den Malediven in 48 m Tiefe aufgenommen

Halgerda terramtuensis von Hawaii. Die Art wurde 1982 beschrieben

Halgerda willeyi

Halgerda willeyi, Rotes Meer

Über die Familie Kentrodorididae, Mittel - Sternschnecken

Der Name dieser Familie, welche die verschiedensten Formen von Nacktschnecken umfaßt, ist von *Kentrodoris* abgeleitet, einer Gattung, die völlig untypisch für diese Familie ist. Abgesehen von *Kentrodoris* sind die Arten dieser Familie in der Form oval und der Mantel überlappt den Fuß. Die dominierende Körperfarbe ist weiß oder gelb mit schwarzen oder braunen Punkten oder Flecken. Die Kiemen und die Rhinophoren, das sind Rezeptoren für chemische Reize und Strömungen, sind schwarz gefärbt. Wenn man die Mittel-Sternschnecken anfaßt, fühlen sie sich rauh an, da sie in ihren Mantel feine Nadeln eingelagert haben, die etwas vorstehen. Alle Arten ernähren sich von Schwämmen und sind deshalb in Aquarien kaum längere Zeit haltbar.

Über die Gattung *Jorunna*

Die Gattung *Jorunna* ist mit ihrem ovalen Körper und dem rauhen Mantel wesentlich typischer für die Familie der Kentrodorididae, als die namensgebende Gattung *Kentrodoris*. Sie umfaßt zahlreiche Arten tropischer und subtropischer Meere. Normalerweise sind die Tiere auffällig durch ihren Kontrast von dunklen Punkten und Ringen, die meist erhaben auf dem hellen Mantel angeordnet sind. Auf dem Foto rechts oben sind die schwarzen, im Mantel eingelagerten Nadeln, die als "Karyophyllidien" bezeichnet werden, gut zu erkennen. Sie dienen den Tieren zur Abwehr. *Jorunna funebris* (KELAART, 1858) aus dem Indo-Westpazifik ist leicht mit *J. zania,* MARCUS, 1976, aus Südafrika zu verwechseln.

Über die Gattung *Kentrodoris*

Es gibt nur eine einzige Art in dieser Gattung, nämlich *Kentrodoris rubescens,* BERGH, 1876. Sie besitzt einen sehr weichen, schleimigen Körper, der so hoch wie breit ist, mit einem hoch erhobenen Kiemenbüschel, hochgezogenen Fühlerscheiden und einem helmartigen vorderen Mantelrand. Sie wird mit 12 cm Länge recht groß. Man findet sie oft im Flachwasser der Lagunen. Sie kommt im gesamten Indo - Pazifik vor.

Jorunna funebris lebt im Indo-Westpazifik

Kentrodoris rubescens ist die einzige Art der Gattung

Ordnung: Nudibranchia
Fam.: Hexabranchidae

Über die Spanische Tänzerin *Hexabranchus sanguineus*

Die Familie besteht wahrscheinlich nur aus einer Gattung und einer Art, nämlich *Hexabranchus sanguineus* (RÜPPEL & LEUCKART, 1828). Auffallend ist der vergrößerte Mantelsaum, welcher beim kriechenden Tier seitlich zusammengerollt ist. Er wird entfaltet, wenn das Tier schwimmt. Dieses Schwimmen ist eines der auffälligsten Merkmale der Spanischen Tänzerin. Wird sie gestört, entfaltet sie den Mantel und grelle Farben und Muster leuchten auf, um Freßfeinde abzuschrecken. Durch Auf- und Abbeugen des Körpers sowie durch eine wellenförmige Bewegung des Mantelsaumes hebt sie vom Boden ab und schwimmt im freien Wasser. Daraus ergibt sich jene anmutige Fortbewegungsweise, die an die Flamenco-Tänzerin erinnert, die ihre mit Rüschen besetzten Röcke fliegen läßt. Ihre Rhinophoren (Strömungs- und chemische Sinnesorgane) sind mit Lamellen versehen und die Mundtentakel sind in große, flache Lappen ausgezogen. Die Kiemen können zum Teil zurückgezogen werden, jede extra direkt in den Mantel und nicht in eine gemeinsame Scheide.
Die Spanische Tänzerin ist sehr weit verbreitet. Man findet sie im Roten Meer, im tropischen Indopazifik und sogar im Atlantik. Während sie im Roten Meer durchwegs eine tiefrote Körperfärbung zeigt, entwickelt sie im Indopazifik interessante Farbmuster, deren Hauptton jedoch ein tiefes Rot bleibt. Die Bilder auf den folgenden Seiten zeigen verschiedene Färbungen. Diese Farbvarianten wurden früher auch als eigene Arten beschrieben (*H. marginatus*).
Die Spanische Tänzerin hat fast immer einen Mitreisenden, eine kleine, gut getarnte Garnele, nämlich *Periclimenes imperator* (siehe Meerwasseratlas Band I, Seite 528). Die Garnele frißt den Hautschleim des Wirtes und auch Substanzen, die darauf kleben bleiben. Sie kann aber auch ihren Wirt verlassen und Nahrung vom Boden oder die Ausscheidungen der Schnecke aufnehmen. Werden die beiden Partner länger im Aquarium gehalten, verläßt die Garnele meist den Wirt. Ausführliche Untersuchungen darüber sind bei SCHUHMACHER (Mar.Biol. 22/1973, 355ff) zu finden.
Der Laich von *H. sanguineus* ist charakteristisch und zeigt oft die Anwesenheit dieser schönen Schnecke an. Er besteht aus einem flachen Band, das ziemlich gewunden und gekräuselt ist. Er ist an einem Rand am Boden befestigt und spiralig aufgerollt. Die Eimasse variiert in der Farbe von rosa bis zu tief dunkelrot (Foto unten). Das Tier im oberen Bild legt gerade seinen Laich ab.
Obwohl sie in ihrer Nahrungswahl nicht so wählerisch sind, nehmen sie im Aquarium kaum Futter an. Im Freiwasser sollen sie verschiedenste Wirbellose, wie Schwämme, Würmer, Schnecken und Stachelhäuter fressen.

Hexabranchus sanguineus beim Ablaichen

Im Gelege von *Hexabranchus sanguineus* sind die vielen kleinen Eier erkennbar

Hexabrachnus sanguineus wird oft von einer kleinen Garnele begleitet

Diese Aufnahme von *Hexabranchus sanguineus* entstand im Aquarium

Die Spanische Tänzerin *Hexabranchus sanguineus* bei ihrer anmutigen Schwimmweise

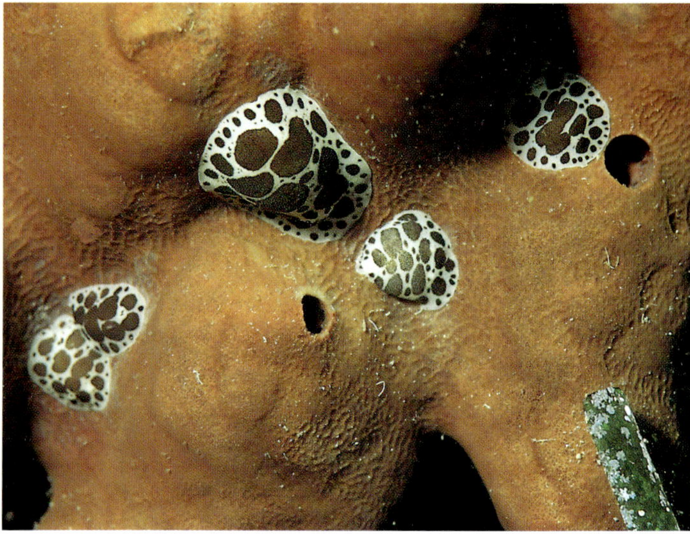

Peltodoris atromaculata, Mittelmeer

Peltodoris atromaculata BERGH, 1880
Leopardenschnecke

Vork.: Die Art ist im ganzen Mittelmeer häufig auf Hartböden ab 2 m Tiefe zu finden. Meist sitzen sie auf dem Feigenschwamm *Petrosia ficiformis*, der Überhänge und schattige Steilwände besiedelt.
GU: Die Tiere sind Zwitter.
Soz. Verh./Vgs.: Vor allem die Jungtiere sitzen oft in Gruppen auf dem Feigenschwamm.
Hält. B.: Eine Aquarienhaltung ist - nahrungsbedingt - kaum durchführbar. Nur wenn die Möglichkeit besteht, stets frische Feigenschwämme zu bekommen, lassen sich diese Schnecken länger im Aquarium halten.
Licht: Dämmerlichtzone.
ZU/Verm.: Vorwiegend zwischen Mai und August werden die Gelege in einer mehrfach gewundenen Spirale abgelegt. Die hell gefärbten Eier haben einen Durchmesser von 0,18 mm.
FU: K; Nahrungsspezialisten, die sich nur vom Feigenschwamm *Petrosia ficiformis* ernähren.
Bes.: Die Schnecken fühlen sich relativ hart und rauh an, da sie am Rücken kegelförmige, ledrige Tuberkel haben. Bei der geringsten Störung ziehen sie ihre Rhinophoren und Kiemen in spezielle Scheiden ein. Während man Jungtiere ausschließlich auf dem Feigenschwamm findet, gehen die Erwachsenen oft auf "Wanderschaft", vermutlich um einen Geschlechtspartner zu finden. Aufgrund ihrer Färbung sind sie leicht zu erkennen und nicht zu verwechseln.

T: 15 - 22° C, **L:** 5 - 10 cm

Platydoris argo, westliches Mittelmeer

Platydoris argo (LINNAEUS, 1767)
Rotbraune Ledernacktschnecke

Vork.: Diese Schnecken sind im gesamten westlichen Mittelmeer und im Ostatlantik an der französischen Küste zu finden. Sie leben auf Hartböden, überqueren aber auch gelegentlich größere Sandflächen.
GU: Sind nicht vorhanden, die Tiere sind simultane Zwitter, das heißt sie sind zur gleichen Zeit ♂♂ und ♀♀ (Gegensatz dazu ist der konsekutive Zwitter, hier findet eine Geschlechtsumwandlung statt).
Soz. Verh./Vgs.: Über die Biologie und Ökologie dieser Schneckenart ist nichts bekannt.
Hält. B.: Bisher ist nichts über eine Aquarienhaltung berichtet worden. Hauptproblem ist sicherlich die Nahrung, über die man noch wenig weiß.
Licht: Mittellicht- bis Dämmerlichtzone.
ZU/Verm.: Die Paarung findet im Sommer statt. Immer wieder kann man als Taucher zwei Tiere im "Gänsemarsch" hintereinander beobachten.
FU: Genauere Untersuchungen liegen nicht vor. Angeblich soll sie sich von Algen ernähren. In diesem Fall wäre eine Aquarienhaltung wohl möglich.
Bes.: Sind nicht bekannt.

T: 15 - 22° C, **L:** 10 cm

Ordnung: Nudibranchia
Fam.: Phyllidiidae

Über die Familie Phyllidiidae, Warzenschnecken

Man kann die Arten dieser Familie leicht an dem mit Warzen überdeckten Mantel erkennen. Außerdem tragen sie die Kiemen nicht auf dem Rücken, sondern zwischen dem Mantel und dem Fuß. Die drei abgebildeten Gattungen sehen fast gleich aus, unterscheiden sich aber durch die Lage des Afters und der Kopftentakel. Die Grundfarben schwarz und weiß herrschen vor, dazu kommt meist orange. Warzenschnecken sind sehr häufig im Korallenriff anzutreffen und leben kaum versteckt. Sie ernähren sich ausschließlich von Schwämmen. Einige Arten können Toxine abgeben, die kleine Fische und Krebse im Aquarium töten können.

Über die Gattung *Phyllidia*

Die Gattung *Phyllidia* umfaßt viele Arten; die meisten davon leben im Indo-Pazifik, zumindest zwei im Mittelmeer. In dieser Gattung liegt die Afteröffnung auf dem Rücken. Viele dem Taucher bekannte Arten sind bis heute noch nicht wissenschaftlich beschrieben. Auf einem der unteren Foto ist deutlich dokumentiert, wie Warzenschnecken fressen: *Phyllidia arabica* stülpt ihren mit "Munddrüsen" versetzten Pharynx (Schlund) heraus und verzehrt den Schwamm außerhalb ihres Körpers.

Phyllidia arabica, EHRENBERG, 1831, hat eine verworrene taxonomische Geschichte. Es scheint, daß die als *P. varicosa* bestimmten Exemplare in Wirklichkeit *P. arabica* sind. Sie unterscheiden sich besonders durch eine schwarze Linie auf der Sohle des Fußes von *P. arabica*. Die so oft erwähnte *P. varicosa* wurde wahrscheinlich seit ihrer Originalbeschreibung durch LAMARCK im Jahr 1801 nicht mehr gefunden.

Phyllidia arabica

P. arabica verzehrt einen Schwamm

Phyllidia arabica auf einem Schwamm aus dem Pazifik

Diese vier *Phyllidia*-Arten von den Malediven sind wissenschaftlich noch nicht exakt beschrieben. Die Gattungszugehörigkeit ist jedoch unbestritten feststellbar.

Phyllidia coelestis aus dem tropischen Indo - Pazifik.

Phyllidia coelestis bei diesem Individuum sind die Spitzen der Warzen orange gefärbt

Phyllidia dautzenbergi aus dem Roten Meer. Ihre Körperoberfläche ist glatter als die anderer Arten und ihre Rhinophoren sind farblos.

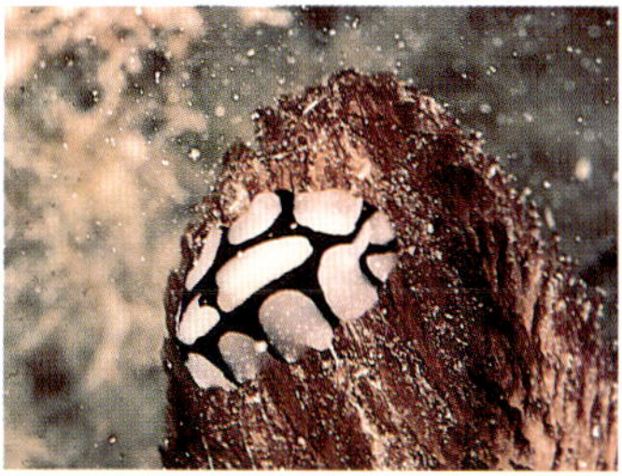

Phyllidia elegans von den Philippinen.

Phyllidia meandrina aus dem Indischen Ozean. Alle Arten dieser Gattung sind für Aquarien nicht geeignet. Einige können sogar Giftstoffe ins Wasser abgeben.

Phyllidia ocellata aus dem Westpazifik

Phyllidia ocellata undulata kommt nur im Roten Meer vor

Phyllidia pustulosa aus dem Roten Meer.

Phyllidia pustulosa ist mit 5 cm Länge eine der größten Arten der Gattung. Sie ist im Roten Meer und im ganzen Indopazifik weit verbreitet. Möglicherweise ist die östliche Form eine eigene Art. Die Färbung variiert, einige sind grün und schwarz.

Phyllidia ocellata, CUVIER, 1804, (Foto links oben), ist wahrscheinlich gar keine einzelne Art, sondern ein ganzer Komplex von einigen, einander sehr ähnlichen Arten, die alle im indopazifischen Bereich vorkommen. Es bestehen Unterschiede in der Ausbildung des Mantelmusters. Ausführliche Studien sind notwendig, um festzustellen, ob es sich um Populationen einer einzigen, sehr variablen Art oder um mehrere Arten handelt. Die im Foto links unten gezeigte Unterart *P. ocellata undulata,* YONOW, 1986, ist endemisch im Roten Meer. Bei ihr vereinigen sich die Augenflecken zu undulierenden Wellen, die sich über den ganzen Rücken hinwegziehen.

Phyllidia reedhokula. Erst 1991 von YONOW & DEBELIUS beschrieben!

Phyllidiopsis sp. auf den Malediven fotografiert

Über die Gattungen *Phyllidiopsis* und *Reyfria*

(diese und folgende Seite)

Im Unterschied zur Gattung *Phyllidia* und *Phyllidiopsis* tragen die Arten der Gattung *Reyfria* den After zwischen Fuß und Mantel am hinteren Körperteil. Fast alle *Reyfria*-Arten bleiben kleiner als die *Phyllidia*- und *Phyllidiopsis*-Arten. Viele Arten fassen sich rauh an und haben einen widerlichen Geruch. Die taxonomische Unterscheidung der einzelnen Arten geschieht nicht nach der äußeren Färbung, sie ist nur ein zusätzliches Hilfsmittel. Da vor allem die frühere Bestimmung nur nach alkoholkonservierten Museumsmaterial erfolgte, kannte man die Färbung oft gar nicht. Taxonomische Kriterien sind zum Beispiel die Ausbildung der Rhinophoren, die Anzahl der Kiemenblättchen und die Ausbildung der Rückenwarzen. Für die genauere Systematik wird aber heute immer mehr der Situs der Genitalorgane herangezogen. Dazu ist es natürlich notwendig, das Tier aufzupräparieren. Erst in letzter Zeit ist das Farbbild ein zusätzliches, wichtiges Merkmal für die Taxonomie dieser Tiere geworden.

Links: *Reyfria hennesi.* Sie wurde 1990 aus dem Indischen Ozean beschrieben

Reyfria ruepellii kommt im Roten Meer vor

Über die Familie Tethyidae, Schleierschnecken

Die Arten dieser Familie haben einen stark vergrößerten Kopf, der Fortsätze trägt. Am Rücken findet man Ausstülpungen, in die sich die leberähnliche Mitteldarmdrüse hineinzieht. Sie können mit ähnlichen Schwimmbewegungen wie die Spanische Tänzerin (Seite 680) kurze Strecken schwimmen. Von der Gattung *Tethys*, die tiefere Sandböden bewohnt, wird sogar berichtet, daß sie bis zur Wasseroberfläche schwimmen kann. Obwohl diese Tiere räuberisch sind, fehlt ihnen die sonst für die Weichtiere typische Radula. Sie ernähren sich von verschiedenen bodenbewohnenden Tieren, wie zum Beispiel von Heuschreckenkrebsen (*Squilla*), anderen Weichtieren, Stachelhäutern, kleinen Fischen und manchmal auch von Nesseltieren. Die im Mittelmeer lebende *Tethys fimbria* wurde schon in Aquarien gehalten und hat sogar dort abgelaicht. Die Laichschnur ist etwa 20 cm lang und 1 cm hoch. Jeweils 15 bis 20 nur 0,08 mm große Eier sind zu kleinen Eikapseln zusammengefaßt. Eine Nachzucht im Aquarium ist jedoch nicht möglich, da die Larven relativ lange im Plankton leben. Es gibt zwei Gattungen: *Tehtys* wird im Mittelmeer und im Atlantik gefunden, *Melibe* im Indo-Pazifik.

Diese Schleierschnecke aus dem Mittelmeer ist wissenschaftlich noch nicht beschrieben.

Über den Beutefang von *Dendronotus iris,* Iris - Baumschnecke

Diese eindrucksvolle Bildserie gelang Howard HALL (IKAN) an der Pazifikküste von Kalifornien. Zur Vorzugsspeise der Baumschnecken zählen Zylinderrosen, die sie auf interessante Weise erbeuten: Im Bild 1 nimmt sie die Witterung des Nessetieres auf. Dann kriecht sie ein Stück an der Röhre hoch (Bild 2) und richtet sich vor der Zylinderrose wie eine Kobra auf (Bild 3). Danach berührt sie wieder die Röhre (Bild 4) und befällt ihre Beute. Sie klammert sich mit ihren Kiefern - eine Radula fehlt ihr - am Nesseltier fest (Bild 5) und läßt sich sogar mit in die Röhre ziehen. Dort wird die Beute verspeist.

Bild 1

Bild 2

Bild 3. Wie eine Kobra richtet sich die Iris - Baumschnecke vor der Zylinderrose auf

Bild 4. *Dendronotus iris* nähert sich vorsichtig ihrer Beute.

Bild 5

Wie viele andere Nacktkiemerschnecken legt auch die Iris-Baumschnecke *Dendronotus iris* ihr Gelege zu ihrer Fressbeute. Die aufgewundene Laichschnur enthält tausende, sehr kleine Eier.

Ordnung: NUDIBRANCHIA
Fam.: Flabellinidae

Über die Familie Flabellinidae

Die Familie Flabellinidae gehört mit der Familie Glaucidae (Seite 702 bis 705) zur Unterordnung Aeolidacea. Diese Gruppe von Nacktkiemern umfaßt noch etwa 20 weitere Familien. Sie alle besitzen einen langgestreckten Körper, der nach hinten zu schmaler wird und spitz zusammenläuft. Am Rücken sitzen Gruppen oder Reihen von länglichen Fortsätzen, genannt Cerata. Diese enthalten Ausstülpungen von Drüsen des Verdauungstraktes (Mitteldarmdrüse) mit speziellen Säcken an ihren Enden, welche die Nesselzellen der verschlungenen Beutetiere speichern. Ihre Nahrung besteht nämlich hauptsächlich aus verschiedenen Hohltieren wie Hydroidpolypen, Seeanemonen, Weich- und Hartkorallen. Einige Arten fressen aber auch Moostierchen (Bryozoa) und andere Niedere Tiere sowie den Laich von anderen Nacktschnecken und von Fischen. Die Hohltiere (Cnidaria) haben in ihren Tentakeln eine Unzahl von kompliziert aufgebauten Nesselzellen, die ihnen zum Beutefang und als Verteidigung dienen. Es ist bisher noch nicht geklärt, wie es die Fadenschnecken schaffen, diese Zellen zu verspeisen, ohne daß diese "explodieren". Sie durchwandern jedenfalls den Körper und werden an den Spitzen der Cerata abgelegt. Bei einer Reihe von Arten werden die Nesselzellen so eingelagert, daß sie wie in den Tentakeln der Hohltiere funktionieren. Das heißt, es gibt Fadenschnecken, die nesseln können! Eine ganz besondere Leistung, die im ganzen Tierreich einmalig ist. Dazu kommt noch, daß viele Fadenschnecken mit ihren Rückenanhängen eine große Ähnlichkeit mit Anemonen haben - eine eindrucksvolle Mimikry. Ihre kräftige Färbung dient zur Abschreckung von Räubern, die sich den Mund vernesseln würden. Die Rückenanhänge sind normalerweise in grellen Farben gebändert und ebenso die langen, zarten Mundtentakel und die Rhinophoren. Letztere können rauh oder glatt und in Lamellen oder Ringe eingeteilt sein. Oft sind Augen an der Basis der Rhinophoren zu sehen. Die Fadenschnecken sind zwar häufig sehr auffällig gefärbt, aber trotzdem ist es sehr schwierig sie nach äußeren Merkmalen zu identifizieren. Die Reibzunge (Radula) ist hier ein weit besseres Unterscheidungsmerkmal. Die Rückenanhänge der weit verbreiteten Gattung *Flabellina* sind in Gruppen von parallelen oder hufeisenförmigen Linien angeordnet. Die Rhinophoren sind geringelt. Die auf den Spitzen des Vorderfußes befindlichen Tentakel sind weit ausgezogen und nach hinten umgebogen. Die Mundtentakel sind lang und beweglich.

Die Fadenschnecken, hier *Flabellina iodinea*, ernähren sich meist von Nesseltieren

Flabellina affinis, Mittelmeer

Flabellina affinis (GMELIN, 1791)
Violette Fadenschnecke

Vork.: Sie ist hauptsächlich im Mittelmeer verbreitet, wurde aber auch in Ghana gefunden. In 1 bis 70 m Tiefe ist sie fast ausschließlich auf ihrer Nahrung, den Hydrozoen *Eudendrium* zu finden.
GU: Wie alle Nacktkiemerschnecken sind auch sie Zwitter.
Soz. Verh./Vgs.: Mit Wirbellosen und kleinen Fischen vertragen sie sich gut.
Hält B.: Sie sind nur dann zu halten, wenn genügend Bäumchenpolypen *Eudendrium* vorhanden sind. Die Temperatur sollte nur kurzfristig über 20° C steigen.
Licht: Dämmerlichtzone.
ZU/Verm.: Sie legen von März bis Oktober mäanderförmige Gelege auf *Eudendrium* ab. Aus den kleinen Eiern (0,08 mm) schlüpfen bei 20° C nach 5 Tagen die Veliger-Larven.
FU: K; diese Fadenschnecke ernährt sich ausschließlich von den Polypen der Bäumchenhydrozoen (*Eudendrium*).
Bes.: Die Tiere sind Nahrungsspezialisten. Gelingt es aber, mehrere Stöcke von *Eudendrium* im Aquarium anzusiedeln, ist es auch möglich, diese wunderschön gefärbten Tiere zu halten und bei der Nahrungsaufnahme zu beobachten. Eine Nachzucht wird nicht möglich sein, auch wenn es zur Eiablage kommt. Bisher konnte die Metamorphose der freischwimmenden Veliger-Larve nicht beobachtet werden.

T: 15 - 20° C, **L**: 5 cm, **BL**: ab 100 cm, **WB**: I, **WR**: u, **BS**: 4, **SG**: 4

Eine unbeschriebene *Flabellina*-Art mit schwarzen Rhinophoren

Flabellina iodinea, Nordamerika

F. iodinea mit mäanderförmigem Laich

F. rubrolineata, Indo-Westpazifik.

Flabellina sp. aus dem Pazifik

Ordnung: Nudibranchia
Fam.: Glaucidae

Über die Gattung *Glaucus*

Die Gattung *Glaucus* ist für eine planktontische Lebensweise gut gerüstet: Die bis 4 cm lange *G. atlanticus* trägt seitlich drei flügelartige Anhänge, die lang und abgeflacht sind, um ihnen ein besseres Schweben im freien Wasser zu ermöglichen. Zusätzlich benutzt sie Luft oder Gas zum Auftrieb. Der Rücken ist dunkelblau, die Unterseite silbrig weiß. Dies macht die Schnecke von oben und von unten sehr schwer sichtbar. *Glaucus* ernährt sich hauptsächlich von an der Meeresoberfläche treibenden Quallen der Gattungen *Velella* (Segelqualle), *Physalia* (Portugiesische Galeere) und *Porpita*. Deren äußerst wirksame Nesselzellen werden geschluckt und in den Rückenanhängen gespeichert. Sie erzeugen starke Vernesselungen, wenn man die Fadenschnecken berührt.

Glaucus atlanticus

Glaucus atlanticus kommt zircumtropisch vor. Sie schwimmt an der Wasseroberfläche.

Phidiana crassicornis aus dem Ostpazifik

Über die Gattung *Phidiana*

Diese Gattung gehört auch zu der Familie Glaucidae, obwohl sie große Ähnlichkeit mit den Gattungen der Familie Flabellinidae aufweist (siehe vorhergehende Seiten). Die einzelnen Arten unterscheiden sich im Bau der Fortpflanzungsorgane und in der Struktur der Radula. Eine echte Artbestimmung kann also nur nach einer Sektion der Tiere erfolgen. Die bauchigen Rückenanhänge stehen in Reihen, die Rhinophoren - Rezeptoren für chemische Reize und für Strömungen - können glatt, geringelt oder mit Warzen versehen sein.

Phidiana crassicornis

Phidiana sp. aus dem Pazifik

Helle und dunkle Variante von *Phidiana crassicornis*

Pteraeolidia ianthina im Roten Meer aufgenommen

Pteraeolidia ianthina aus dem Indo - Pazifik

Über die Gattung *Pteraeolidia*

Die einzige bisher bekannte Art ist *Pteraeolidia ianthina* (ANGAS, 1884). Der gestreckte Körper ist bis zu 12 cm lang und hat tiefblaue, gestielte Rückenanhänge. Die Rhinophoren sind lamelliert. Sie ist eine von wenigen Fadenschnecken, die symbiotische Algen (Zooxanthellen) als Nahrungsquelle nützt. Ähnliches kennt man zum Beispiel von der hermatypischen (riffbildenden) Steinkorallen und einigen Anemonen (siehe Meerwasseratlas Band I, Seite 221). Die Rückenanhänge sind so angeordnet, daß sie einander nicht überlappen. Auf diese Weise können sie ein Maximum des einfallenden Lichtes aufnehmen. Die Tiere fressen Hydrozoen und bewahren deren Nesselzellen in den Spitzen der Rückenanhänge auf. Bei Angriff eines Feindes werden sie bei Berührung abgeschossen.

Pteraeolidia ianthina

Klasse: Scaphopoda

Über die Klasse Scaphopoda, Elefantenzahnschnecken

Die Elefantenzahnschnecken, die auch als Kahnfüßer oder Röhrenschaler bezeichnet werden, sind durch ihre drehrunde, leicht gebogene Schale charakterisiert. Sie läuft konisch zu und ist an beiden Enden geöffnet. Im Laufe der Entwicklung umwächst der Mantel die Larve und scheidet so die röhrenförmige Schale ab. Man kennt etwa 350 Arten, die alle im Meer vorkommen. Sie leben im Weichboden aller Weltmeere in verschiedenen Tiefen. Sie sind so in das Sediment eingegraben, daß ihr dünneres Hinterende gerade die Sedimentoberfläche erreicht. Hier liegt die Mantelhöhle, die über ihre ganze Oberfläche den Sauerstoff aufnimmt. Kiemen fehlen bei dieser Weichtierklasse. Am breiteren Ende liegt der zwiebelförmige Fuß, der durch Vorstrecken und Zurückziehen ein langsames, ruckartiges Vorwärtskriechen ermöglicht. Am Vorderende findet man auch Fangfäden (Captaculae), die mit einer klebrigen Keule versehen sind. Mit diesen suchen und erbeuten sie ihre Nahrung zwischen den Sandkörnern. Sie ernähren sich von kleinen Organismen; die meisten Arten bevorzugen Foraminiferen, das sind gehäusebauende Einzeller. Alle Arten besitzen eine Radula, die zum Zerkleinern und zum Weitertransport der Nahrung dient. Die Tiere sind getrenntgeschlechtlich, haben jedoch keine äußeren Geschlechtsunterschiede. Sie entwickeln viele kleine Eier und Spermien, die zur Befruchtung in das freie Wasser abgegeben werden. Es entwickelt sich eine trochophoraähnliche Larve, die einige Zeit im Plankton verbringt und sich dann am Sandboden niederläßt und eingräbt. Die Bestimmung der Arten geschieht nach äußeren Merkmalen der Schale. Ihre Feinde sind ähnlich denen der Muscheln: Raubschnecken wie *Natica*-Arten, Seesterne und benthische Fische, hier vor allem die Rochen.

Antalis tarentinum, Mittelmeer

Antalis tarentinum (LAMARCK, 1818)
Gewöhnlicher Elefantenzahn

Vork.: Diese Art kommt im gesamten Mittelmeer vor. Sie lebt dort in den Sandboden eingegraben (siehe allgemeiner Text).
GU.: Die Tiere sind getrenntgeschlechtlich, haben jedoch keine äußeren Geschlechtsmerkmale. Ihnen fehlen auch Kopulationsorgane.
Soz. Verh./Vgs.: Sie leben einzeln.
Hält. B.: Für eine Aquarienhaltung kommen sie kaum in Frage. Das Hauptproblem liegt in der Futterbeschaffung. Foraminiferen und die meisten anderen Bodenorganismen halten sich nur kurzfristig im nicht oder nur wenig durchströmten Sand. Eine Bodenfilterung, die den Sand von unten nach oben durchströmt, kann hier eventuell Abhilfe leisten. Grundbedingung ist jedenfalls ein mittlerer bis grober Sand aus einem gut beströmten Gebiet, der möglichst rasch in das Becken eingebracht wird.
Licht: Mittellichtzone.
ZU/Verm.: Die Laichzeit ist im April und Mai. Die 0,2 mm großen Eier werden in das freie Wasser abgegeben, wo die Befruchtung stattfindet. Danach schlüpft eine Schwimmlarve, die einige Zeit im Plankton verbringt.
FU: Sie ernähren sich von Kleinorganismen, hauptsächlich von im Sand vergrabenen Foraminiferen (Einzeller).
Bes.: Von dieser Art sind keine Besonderheiten bekannt.

T: 15 - 22° C, L: 6 cm, BL: ab 100 cm, WB: s, WR: u, BS: 3, SG: 3 - 4

Index

***Kursiv* = Lateinische Namen der Gattungen und Arten**

normal = Deutsche Namen, Familien und Unterordnungen

Kapitälchen = Stamm, Klasse, Unterklasse, Ordnungen

A

B

C

D

E

F

G

H

I

L

M

N

O

P

R

S

T

Literaturverzeichnis

Abbott, D.P. (1987): Observing marine invertebrates. Stanford University Press, Stanford, California, USA.
Adijodi, K.G. & Adiyodi, R.G. (1988): Reproductive biology of invertebrates. John Wiley & Sons, Chichester, N.Y., USA.
Amsler, K. (1984): Zauberwelt der Meere. Stürtz Verlag, Würzburg, Germany.
Baensch, H.A. & Debelius, H. (1992): Meereswasser-Atlas. Mergus Verlag, Melle, Germany.
Baensch, H.A. (1992): Neue Meereswasserpraxis. Tetra Verlag, Melle, Germany.
Bauchet, P., Danrigal, F. & Huyghens, S. (1978): Living seashells. Molluscs of the English Channel and Atlantic coasts. Blandford Press, Dorset, U.K.
Baumeister, W. (1990): Meeresaquaristik. Verlag Eugen Ulmer, Stuttgart, Germany.
Bellmann, H., Hausmann, K., Janke, K. & Schneider, H. (1991): Einzeller und Wirbellose. Die farbigen Naturführer. Bertelsmann Club, Gütersloh, Germany.
Bemert, G. & Ormond, R. (1981): Red sea coral reefs. Kegan Paul International, London-Boston.
Bennet, I. (1971): The Great Barrier Reef. Landsdowne Press, Sydney, Australia.
Bennet, I. (1966): The fringe of the sea. Rigby Ltd., Adelaide, Australia.
Brusca, G.J. & Brusca, R.C. (1978): A naturalist 's seashore guide: Common marine life of the northern California coast and adjacent shores. Mad River Press, Eureca, California, USA.
Brusca, R.C. & J.G. Brusca (1970): Invertebrates. Sinauer, Sunderland.
Carefood, T. (1977): Pacific seashores. A Guide to intertidal biology. University of Washington Press, Seattle, USA.
Clark, M. & Rowe, F.W. (1971): Monograph of shallow water Indopacific echinoderms. British Museum of Natural History, London, UK.
Clark, A.M. (1977): Starfishes and related echinoderms. TFH Publications Inc., Neptune City, New Jersey, USA.
Coleman, N. (1981): What shell is that ? Landsdowne Press, Sydney, Australia.
Colin, P.L. (1978): Caribbean reef invertebrates and plants. TFH Publications Inc., Neptun City, New Jersey, USA.
Czihak, G. & Dierl, W. (1961): *Pinna nobilis* L. Großes Zoologisches Praktikum 16a. Fischer Verlag, Stuttgart, Germany.
Dakin, W.J., Bennet, I. & Pope, E. (1963): Australian seashores. Angus & Robertson, Sydney, Australia.
Dance, P.(1977): Das große Buch der Meeresmuscheln. Ulmer, Stuttgart, Germany.
Devaney, D.M. (1977): Reef and shore fauna of Hawaii. Bernice P. Bishop Press, Honululu, Hawaii, USA.
Ditlev, H. (1980): A field guide to the reef-building corals of the Indo-Pacific. Scandinavian Science Press, Klampenborg, Denmark.
Doubilet, D. (1989): Light in the sea. Swan Hill Press, Oxford, N.Y., Frankfurt.
Edwards, A.J. & Head, St.M. (1987): Red Sea. Pergamon Press. Oxford, N.Y., Frankfurt.
Endean, R. (1982): Australia's Great Barrier Reef. University of Queensland Press, St. Lucia, London, UK.
Fechter, R. & Falkner, G. (1990): Weichtiere. Europäische Meeres- und Binnenmollusken. Steinbachs Naturführer. Mosaik Verlag, München.
Fielding, A. & Robinson, E. (1987): An underwater guide to Hawaii. University of Hawaii Press, Honululu, USA.

Fioroni, P. & Meister, G. (1974) *Loligo vulgaris* Lam. Gemeiner Kalmar. Großes Zoologisches Praktikum 16c/2. Fischer Verlag, Stuttgart, Germany.
Fischer, A. (1975): Juwelen des siebenten Kontinents. Molden Verlag, München, Germany.
Fricke, H.W. (1972): Korallenmeer. Belser Verlag, Stuttgart, Germany.
Friedrich, H. ((1965): Meeresbiologie. Borntraeger, Berlin, Germany.
Garnet, J.R. (1968): Venomous Australian animals dangerous to man. CLS Publications, Parkville.
George, D. & George, J. (1979): Marine life. An Illustrated Encyclopedia of Invertebrates in the Sea. Harrap, London, UK.
Gessner, F. (1957): Meer und Strand. VEB Deutscher Verlag der Wissenschaften, Berlin, Germany.
Gillett, K. (1976): The Australian Great Barrier Reef in Colour. A.W. Reed, Sydney, Australia.
Glynn, P.W. & Wellington, G.M. (1983): Corals and coral reefs of the Galapagos island. University of California Press, Berkeley, USA.
Göthel, H. (1992): Farbatlas Mittelmeerfauna. Niedere Tiere und Fische. Ulmer Verlag, Stuttgart.
Götting, K.- J. (1974): Malakozoologie. Grundriß der Weichtierkunde. Fischer Verlag, Stuttgart, Germany.
Gosliner, T. (1987): Nudibranchs of southern Africa. Brill, Leiden, Niederlande.
Gosner, K.L. (1979): A field guide to the Atlantic seashore. Houghton Mifflin C., Boston, USA.
Gotshall, D.W. & Laurent, L. L. (1979): Pacific Coast Subtidal Marine Invertebrates. Sea Challengers, Monterey, California, USA.
Grzimek, B. (1971): Enzyklopädie des Tierreiches. Band 1 und 3. Weichtiere und Stachelhäuter, Kindler Verlag, Zürich, Schweiz.
Guille, A.P., Laboutte & Menou, J.L. (1986): Guide des étoiles de mer, oursins et autres échinoderms du lagon de Nouvelle-Calédonie. Édition de L'Orston, Collection Faune Tropical 25, Frankreich.
Habe, T. (1971): Shells of Japan. Hoikusha Publishing Co., Osaka, Japan.
Harmelin, J. K., Vacelet, J. & Petron, Ch. (1987): Méditerranée vivante. Glénat Grenoble, Schweiz.
Harris, V.A. (1990): Sessile animals of the seashore. Chapman and Hall, N.Y., USA.
Haywood, M. & Wells, S. (1989) : The manual of marine invertebrates. Salamander Books Limited, London, New York.
Heezen, B. C. & Hollister, C.D. (1971): The face of the deep. Oxford University Press, N.Y., USA.
Hobson, E. & Chave, E.H. (1972): Hawaiian reef animals. University of Hawaii Press, Honululu, Hawaii, USA.
Human, P. (1992): Reef creature identification. Florida, Caribbean, Bahamas. New World Publications, Jacksonville, Florida, USA.
Jaeckel, S.H. (1957): Kopffüßer Tintenfische. Neue Brehm Bücherei. Zimsen Verlag, Wittenberg, Germany.
Jamgoux, M. & Lawrence, J.M. (1989): Echinoderm studies. Balkema Publishers, Rotterdam, Niederlande.
Janke, K. & Kremer, B.P. (1988): Düne, Strand und Wattenmeer. Kosmos Naturführer. Frankh Verlag, Stuttgart, Germany.

Literaturverzeichnis

Johnson, M.E. & Snook, H.J. (1927): Seashore animals of the Pacific. Dover Publications, N.Y., USA.

Jones, O.A. & Endean, R. (1976): Biology and geology of coral reefs. Vol.1-3. Academic Press, N.Y., London, San Francisco.

Kaestner, A.: Lehrbuch der speziellen Zoologie. VEB Gustav Fischer Verlag, Jena, Germany.

Kandel, E.R.(1979): Behavioral biology of *Aplysia*. A contribution to the comparative study of opisthobranch molluscs. Freeman Co., U.S.A.

Kaplan, E.H. (1982): A filed guide to coral reefs. Houghton Mifflin Company, Boston, USA.

Kerstitch, A. (1989): Sea of Cortez marine invertebrates. Sea Challenger, Monterey, California, USA.

Kipper, H.E. (1986): Das optimale Meerwasseraquarium. Aqua Documenta Verlag, Bielefeld, Germany.

Kotzloff, E.N. (1987): Marine invertebrates of the Pacific northwest. University of Washington Press, Seattle, USA.

Kühlmann, D. (1984): Das lebende Riff. Landbuch Verlag, Hannover, Germany.

Kühlmann, D., Kilias, R. & Rauschert, M. (1993): Wirbellose Tiere Europas. Neumann Verlag, Radebeul, Germany.

Kükenthal, W. & Matthes, E. (1960): Leitfaden für das zoologische Praktikum. Gustav Fischer Verlag, Stuttgart, Germany.

Lalli, C.M. & Gilmer, R.W. (1989): Pelagic snails. The biology of holoplanctonic gastropod mollusks. Stanford University Press, Stanford.

Lange, J. & Kaiser, R. (1991): Niedere Tiere tropischer und kalter Meere. Ulmer Verlag, Stuttgart, Germany.

Lawrence, J. (1987): A functional biology of echinoderms. Croom Helm, London, UK.

Levine, J.S. & Rotman, J.L. (1985): Faszinierende Unterwasserwelten. Birkhäuder Verlag, Basel, Schweiz.

Lindner G. (1975): Muscheln und Schnecken der Weltmeere. BLV, München, Germany.

Loughurst, A.R. (1981): Analysis of marine ecosystems. Academic Press, London, UK.

Mackie, G.O. (1976): Coelenterate ecology and behavior. Plenum Press, N.Y., USA.

Margalef, R. (1985): Western Mediterranean. Pergamon Press, Oxford, UK.

Matthes, D. (1978): Tiersymbiosen und ähnliche Formen der Vergesellschaftung. Fischer Verlag, Stuttgart, Germany.

Mayland, H.J. (1979): Niedere Tiere im Aquarium. Wirbellose im Meeresaquarium. Philler Verlag, Minden, Germany.

Möhres, F.P. (1964): Welt unter Wasser. Tiere des Mittelmeeres. Belser Verlag, Stuttgart, Germany.

Moosleitner, H. & Patzner, R.A. (in Druck): Mittelmeer. Niedere Tiere. Naglschmid Verlag, Stuttgart, Germany.

Morris, P.A. (1966): A field guide to Pacific coast shells. Mifflin Co., Boston, USA.

Morris, R.H., Abbott, D.P. & Haderlie, E.C. (1980): Intertidal invertebrates of California. Stanford University Press, Stanford, California, USA.

Muscatine, L. & Lenhoff, H.M. (1974): Coelenterate biology: Reviers and new perspectives. Academic Press, N.Y., USA.

Nesis, K.N. (1987): Cephalopods of the world. Squids, cuttlefishes, octopuses, and allies. T.F.H. Publications Inc., Neptune City, New Jersey, USA.

Nichols, D. (1967): Echinoderms. Hutchinson University Library, London, UK.
Nordsieck, F. (1968): Die europäischen Meeres-Gehäuseschnecken (Prosobranchia). Vom Eismeer bis Kapverden und Mittelmeer. Fischer Verlag, Stuttgart, Germany.
Nordsieck, F. (1969): Die europäischen Meeresmuscheln (Bivalvia). Vom Eismeer bis Kapverden, Mittelmeer und Schwarzes Meer. Fischer Verlag, Stuttgart, Germany.
North, W.J. (1976): Underwater California. Berkely, University of California Press, California, USA.
Olivier P.G. (1992): Bivalved seashells of the Red Sea. Hemmen Verlag, Wiesbaden, Germany.
Patzner, R. & Debelius, H. (1984): Partnerschaft im Meer. Pfriem Verlag, Wuppertal, Germany.
Pearse,V., Pears, M. & Buchsbaum, M. (1987): Living invertebrates. Blackwell Sciences Publication, Palo Alto, California, USA.
Poppe, G.T. & Goto, Y. (1991): European seashells. Vol 1. Hemmen Verlag, Wiesbaden, Germany.
Probst, K. & Lange J. (1975): Das große Buch der Meeresaquaristik. Ulmer Verlag, Stuttgart, Germany.
Randall, R.H. & Meyers, R.F. (1983): The corals. Guide to the costal resources of Guam. University Press of Guam.
Ray, C. & Ciampi, E. (1956): The underwater guide to marine life. A. S. Barnes, San Diego, California, USA.
Remane, A., Storch, V. & Welsch, U. (1985): Kurzes Lehrbuch der Zoologie. Fischer Verlag, Stuttgart, Germany.
Ricketts, E.F. & Calvin, J. (1968): Between Pacific Tides. Fourth Edition. Revised by J.W. Hedgepeth. Stanford University Press, Stanford, California, USA.
Riedl, R. (1983): Fauna und Flora der Adria. Paul Parey, Hamburg, Germany.
Roper, C.F.E., Sweeney, M.J. & Nauen, C.E. ((1984): Cephalopods of the world. An annotated and illustrated catalogue of species of interest to fisheries. FAO. Fish. Synop. Vol. 125.
Rose, K.J. (1980): Classification of the animal kingdom. David Mckay Company Inc., N.Y., USA.
Ruppert, E.E. & Fox, R. S. (1988): Seashore Animals Of The Southeast. A guide to common shallow-water invertebrates of the southeastern Atlantic coast. University of South Carolina Press, South Carolina, USA.
Salvini-Plawen, L.v. (1971): Schild- und Furchenfüßer. Neue Brehm Bücherei. Zimsen Verlag, Wittenberg, Germany.
Saunders, W.B. & Landman, N.H. (Hrsg.)(1987): *Nautilus*. The biology and paleobiology of a living fossil. Plenum Press, New York, USA.
Schmekel, L. & Portmann, A. (1982): Opisthobranchia des Mittelmeeres. Nudibranchia und Saccoglossa. Springer Verlag, Heidelberg, Germany.
Schmid, P. & Paschke, D. (1987): Rotes Meer. Niedere Tiere. Naglschmid Verlag, Stuttgart, Germany.
Schuhmacher, H. (1976): Korallenriffe. BLV Verlag, München, Germany.
Sefton, N. & Webster, St. K. (1986): Caribbean reef invertebrates. Sea Challenger, Monterey, California, USA.
Sharabati, D. (1984): Red Sea Shells. Routledge & Kegan Paul, Boston, USA.
Shepherd, S.A. & Thomas, I.M. (1982): Marine invertebrates of southern Australia. Woolman, Government Printer, Adelaide, Australia.
Sheppard, Ch.R.C. (1983): A natural history of the coral reef. Blandford Press.

Literaturverzeichnis

Shirai S. (1970): The story of pearls. Japan Publications, Tokio.
Smith, R.I. & Carlton, J. (1975): Lights Manual: Intertidal invertebrates of the central California coast. University of California Press, Berkeley, USA.
Spies, G. (1989): Praxis Meerwasseraquarium. Landbuch-Verlag, Hannover, Germany.
Stephenson, T.A. & Stephenson, A. (1972): Life between tidemarks and rocky shore. W.H. Freeman, San Francisco, USA.
Sterrer, W. (1986): Marine fauna und flora of Bermuda. John Wiley & Sons, N.Y., Chichester, Brisbane, Toronto.
Sweeney, M, Roper, C.F.E., Mangold, K.M., Clarke, M.R. & Boletzky, S.v. (1992): "Larval" and juvenile cephalopods. A manual for their identification. Smithsonian Contributions to Zoology 513. Smithsonian Institution Press, Washington, USA.
Thompson, T.E. (1976): Biology of opisthobranch molluscs. Ray Society, London, UK.
Thompson, T.E. (1976): Nudibranchs. T.F.H. Publications Inc., Neptune City, New Jersey, USA.
Thompson, T.E. (1988): Molluscs: Benthic opisthobranchs. Linnean Society, London, UK.
Valentin, C. (1986): Faszinierende Unterwasserwelt des Mittelmeeres. Einblicke in die Meeresbiologie küstennaher Lebensräume. Pacini Editore, Paul Parey, Hamburg, Germany.
Veron, J.E.N.: Corals of Australia and the Indo-Pacific. Angus & Robertson Publishers, London, UK.
Vine, P. (1986): Red sea invertebrates. IMMEL Publishing, London, UK.
Von Prahl, H., Brando, A. & Erhardt, H. (1988): Arrecifes del Caribe Colombiano.Villegas Editores, Bogotá, Kolumbien.
Von Prahl, H. & Erhardt, H. (1985): Colombia - Corales y arrecifes coralinos. FEN-Colombia, Bogotá, Kolumbien.
Voss, G.L. (1976): Seashore life of Florida and the Caribbean. Seamann Publishing, Miami, Florida, USA.
Walls, J.G. (1982): Encyclopedia of marine invertebrates. T.F.H. Publications Inc., Neptune City, New Jersey, USA.
Wilkens, P. (1987): Niedere Tiere im tropischen Seewasseraquarium. Engelbert Pfriem Verlag, Wuppertal - Elberfeld, Germany.
Wilkens, P. & Birkholz, J. (1986): Niedere Tiere. Röhren-, Leder- und Hornkorallen. Pfriem Verlag, Wuppertal - Elberfeld, Germany.
Wood, E. (1989): Coral Reefs. Salamander Book, London, UK.
Zann, L.P. (1980): Living together in the sea. T.F.H. Publications Inc., Neptun City, New Jersey, USA.
Zea, S. (1987): Esponjas del Caribe Colombiano. Catálogo Científico, Bogotá, Kolumbien.
Zeiller, W.: (1974): Tropical marine invertebrates of southern Florida and the Bahama islands. John Wiley & Sons, N.Y., London, Toronto.
Zlatarski, V. N. & Estalella, N.M. (1982): Les scléractinaires de Cuba. Édition de l'Academie bulgare des Sciences, Sofia, Bulgarien.

Fotoverzeichnis

Charles Anderson: 513, 602, 615, 627.
Hans A. Baensch: 42, 74, 139, 144 u, 148, 312, 434.
Clay Bryce: 43, 140, 177, 184, 210, 372, 550, 551, 582, 593, 595 u., 606 o, 608.
Mr. Conet: 649 u., 651 u., 656 u., 659 o., 670 o., 671 u.l., 674 u.
Helmut Debelius: 640, 647 u., 652 o., 660 u., 662 (2), 673 o., 676 o., 677 u., 681 o., 686 u.l., 688 o., 689 u., 690 o., 694 o.
Dieter Eichler: 185, 294, 295.
Harry Erhardt: 23, 25 u., 26, 27, 31 o., 32, 33, 34, 35, 36, 37, 38, 39, 40, 41, 44, 45, 46, 47, 48, 49, 50, 51, 52, 53, 55 o., 56, 57, 58, 59, 61 o. + u., 62, 63, 64, 65, 66, 67, 68, 69, 70, 71, 72, 73, 75, 77 o. + u., 78, 79, 80, 81, 82, 83, 84, 85, 86, 87, 88, 89, 90, 91, 92, 93, 94, 96, 97, 99, 100, 101, 103 o. + u., 104, 105, 106, 107, 108, 110, 111, 113 o. + u., 114, 115, 116, 117, 118, 120, 121, 122, 123, 124 o. + u., 125, 126, 142, 143, 145, 146, 147, 149, 150, 151, 153 o. + u., 154, 155, 157, 158, 159, 160, 161, 162, 164, 165, 168, 169, 170, 171, 172, 173, 174, 175, 176, 186, 207, 211, 212, 213, 214, 215, 216, 218, 220, 221, 222, 223, 225, 226, 227, 229, 230, 231, 232, 233, 234, 235, 236, 237, 250, 251, 252, 253, 254, 255, 256, 257, 259, 260, 261, 262, 263, 264, 265, 266, 267, 268, 269, 270, 271, 272, 273, 274, 275, 276, 277, 278, 279, 280, 281, 282, 283, 284, 285, 286, 287, 288, 289, 290, 291, 292, 293, 296, 297, 298, 299, 300, 301, 303, 309, 311, 322, 323, 324, 325, 326, 327, 328, 329, 330, 331, 332, 333, 334, 335, 363, 364, 365, 366, 367, 368, 369, 370, 371, 373, 374, 375, 376, 377, 378, 379, 380, 381, 382, 383, 384, 385, 386, 387, 388, 389, 390, 391, 392, 393, 394, 395, 396, 397, 398, 399, 400, 401, 402, 403, 404, 405, 406, 407, 408, 409, 410, 411, 412, 413, 414, 415, 416, 417, 418, 419, 420, 421, 422, 423, 424, 425, 426, 427, 428, 429, 430, 431, 432, 433, 435, 436, 437, 438, 440, 441, 442, 443, 444, 445, 446, 447, 448, 449, 450, 451, 452, 453, 454, 455, 456, 457, 458, 459, 460, 461, 462, 463, 464, 465, 466, 467, 468, 469, 470, 471, 473, 474, 475, 476, 477, 478, 481, 482, 483, 484, 485, 486, 487, 488, 489, 490, 491, 502, 508, 519, 521, 526, 527, 529, 530, 531, 532, 533, 534, 535, 536, 537, 539, 565, 573, 574, 575, 576, 578, 581, 584, 585, 586, 587, 589 u., 597 (2), 598, 607, 610, 611, 612, 614, 617, 619, 620, 623 (2), 625, 626, 629.
Wolfgang Fiedler: 645 o., 650 u., 652 u.r., 653 (2), 655 u., 663 u., 668, 675, 687 m.r., u.l. + u.r., 689 m., 693.
Herbert Frei: 654 o., 681 u., 687 m.l., 691 o.
Helmut Göthel: 665 o.
Otto Gremblewski - Strate: 13, 55 u., 110, 119, 127, 144 o., 249, 308, 512, 516, 517, 588, 589 o, 603 u.r., 630 (2), 631 (2).
Großkopf: 217, 219, 228, 238, 439.
Howard Hall: 637 u., 639 (2), 659 u., 703 u.l.

Fotoverzeichnis

Johann Hinterkircher: 180, 496, 507, 509, 511, 518, 545 o., 564, 571, 580 (2), 590 (2), 597 u., 601, 605, 606 u., 616 (2), 621, 628.
Reimund Hübner: 661.
Bildarchiv IKAN: 313, 554, 644, 645 u., 647 o., 650 o., 651 o., 666, 667 o., 669 o., 671 o. + u.r., 679 u., 682 o., 686 u.r., 691 u., 696 (3), 697 (3), 699, 700, 701 m.l. + m.r. + u.l.
Scott Johnson: 701 u.r., 702 o., 703 u.r., 705 u.
Alex Kerstitch: 687 o., 701 o.
Gerhard Krämer: 514.
Rudie Kuiter: 643 o., 649 o., 672 u., 705 o.
Horst Moosleitner: 95, 179, 182, 188, 192, 193, 498, 510, 547, 562 o., 609, 695.
John Neuschwander: 663 o.
Arend van den Nieuwenhuizen: 197, 599, 667 u., 682 u.
Aaron Norman: 568, 592, 594, 595 o., 596 u., 600 (2), 618, 622, 660 o., 672 o.
Horst Owsjanny: 596 o.
Robert A. Patzner: 31 u., 258, 306, 307 (2), 310, 541 (2), 545 u., 546, 548, 549, 552, 553, 562 u., 563, 569, 570, 572, 577, 579, 583, 604, 613, 624, 657, 658, 684, 685, 707.
Peter Reiserer: 683.
Ingo Riepl: 655 o., 669 u.
Ed Robinson: 676 u.
Arnd Rödiger: 603 u.l.
Ingo Schulz: 209.
Manfred Sieger: 141, 156, 163, 166, 167, 528.
Dietrich Stüber: 362 (8).
W. A. Tomey: 208.
Horst Uecker: 189, 515.
Boris Unger: 25 o., 191, 472.
Herwarth Voigtmann: 656 o., 692.
Bill Wood: 673 u.
Norbert Wu: 12, 181, 183, 194 (2), 195 (2), 196 (2), 495, 497, 499, 500 (2), 501 (2), 520, 566 (2), 567 (2), 704 o.
Natalie Yonow: 637 o., 641 (2), 643 u., 652 u.l., 654 u., 665 u., 670 u., 674 o., 677 o., 679 o., 688 u., 689 o., 690 u., 694 u., 702 u., 703 o., 704 u.

Die Autoren

Dr. Harry Erhardt ist Mitarbeiter am Institut für Zoologie und Vergleichende Anatomie an der Universität in Kassel.
Geboren 1938 in Riga (Lettland) und aufgewachsen im Osten Deutschlands, erlernte er den Beruf des Bergmanns und studierte nach dem Abitur an der Universität in Gießen Biologie mit Schwerpunkt Zoologie. Ausgestattet mit einem Promotionsstipendium des Deutschen Akademischen Austauschdienstes (DAAD) ging Dr. Erhardt 1969 für mehrere Jahre nach Südamerika, um entlang der karibischen Küste Kolumbiens über die Fruchtbarkeit verschiedener Nutzfische zu arbeiten. Dr. Erhardt taucht und fotografiert seit über 30 Jahren in fast allen tropischen und subtropischen Meeren. Viele hundert Tauchstunden verbrachte er an karibischen Riffen und berufliche und private Tauchreisen führten ihn in den Pazifik, den Indischen Ozean und an das Große Barrierriff nach Australien. Sein "Hausmeer" ist und bleibt das Mittelmeer, wo 1963 alles angefangen hatte. Sein besonderes Interesse gilt den Wirbellosen Tieren im Meer, über die er schreibt und über die er in Vorträgen berichtet. Seit 1963 hat Dr. Erhardt sein fotografisches System nicht gewechselt. Als Liebhaber des Mittelformates und der ROLLEI-Technik fotografiert er auch heute noch mit einer ROLLEIFLEX 3,5 F in einem ROLLEIMARIN-Gehäuse in Verbindung mit den Rolleinaren I und II. Die Ergebnisse seiner fotografischen Ausbeute sind in diesem Band manifestiert.

Die Autoren

Dr. Horst Moosleitner, geb. am 30.7.1936, ist Direktor einer Grundschule bei Hallein (Österreich) und freier Mitarbeiter der Universität Salzburg.
Er kam zur Biologie über den Umweg des Tauchens, einem Hobby, dem er bereits als Junge von 14 Jahren verfallen war. Schon 1959 begann er, von Anfang an sehr erfolgreich unter Wasser zu fotografieren und reiste zunächst nach Dalmatien, Griechenland und Kreta und schon 1961 mit dem PKW an das Rote Meer. Mit der Unterwasser-Fotografie begann auch die Laufbahn als Autor in einschlägigen Zeitschriften. Um sein Wissen auf eine solide Basis zu stellen, studierte er neben seinem Beruf an der Universität Salzburg Biologie und schloß 1977 mit einer Dissertation über das Gehirn des Pfauenschleimfisches ab. Seither veröffentlichte er neben einigen wissenschaftlichen Arbeiten etwa 200 Aufsätze in Aquarien- und Tauchzeitschriften und arbeitete an zahlreichen Büchern mit. Seine bevorzugten Arbeitsgebiete sind Fische, Seeanemonen und Seesterne, das Verhalten der Meerestiere, die verschiedenartigsten Formen des Zusammenlebens ("Symbiosen"), sowie die Herstellung von Bestimmungshilfen anhand äußerer Merkmale für Taucher und Aquarianer, welche die in der wissenschaftlichen Systematik übliche Aufpräparation der Tiere unnötig machen.